冲压工艺与模具设计

主编　李　雅

北京理工大学出版社
BEIJING INSTITUTE OF TECHNOLOGY PRESS

内 容 简 介

本书将技能训练与理论知识紧密结合，按项目教学模式编写。在提出项目任务之前，明确学生需掌握的知识目标与技能目标，让学生带着任务学习相关理论知识，然后利用所学知识完成项目任务。

全书共分八个项目，内容包括：项目一认识冲压加工；项目二冲压基本原理；项目三冲裁工艺与冲裁模设计；项目四弯曲工艺与弯曲模设计；项目五拉深工艺与拉深模设计；项目六其他成形工艺与模具设计；项目七多工位级进模设计；项目八冲压工艺规程编制。

本书可作为高等院校材料成型及控制工程专业、机械工程专业的教材或参考书，也可作为工程技术人员自学用书和参考书。

图书在版编目（CIP）数据

冲压工艺与模具设计/李雅主编．—北京：北京理工大学出版社，2018.3

ISBN 978－7－5682－5332－1

Ⅰ.①冲…　Ⅱ.①李…　Ⅲ.①冲压－生产工艺②冲模－设计　Ⅳ.①TG38

中国版本图书馆 CIP 数据核字（2018）第 036701 号

出版发行／北京理工大学出版社有限责任公司

社　　址／北京市海淀区中关村南大街 5 号

邮　　编／100081

电　　话／(010) 68914775（总编室）

(010) 82562903（教材售后服务热线）

(010) 68948351（其他图书服务热线）

网　　址／http://www.bitpress.com.cn

经　　销／全国各地新华书店

印　　刷／三河市华骏印务包装有限公司

开　　本／787 毫米×1092 毫米　1/16

印　　张／18.5

字　　数／434 千字

版　　次／2018 年 3 月第 1 版　2018 年 3 月第 1 次印刷

定　　价／69.50 元

责任编辑／杜春英

文案编辑／杜春英

责任校对／周瑞红

责任印制／施胜娟

前言

Qianyan

冷冲压在工业生产中的应用十分广泛。近 20 年来，我国的冲压工艺、模具设计与制造水平得到迅速提升，相关行业对冲压生产与管理、冲压模具设计与制造从业人员“质”与“量”的需求与日俱增。

本教材遵循“以就业为导向，工学结合”的原则，以实用为基础，根据企业的实际需求进行内容选取，以项目教学模式编写，突出培养机械类应用型人才解决实际问题的能力。

本书共分八个项目，内容包括：认识冲压加工、冲压基本原理、冲裁工艺与冲裁模设计、弯曲工艺与弯曲模设计、拉深工艺与拉深模设计、其他成形工艺与模具设计、多工位级进模设计、冲压工艺规程编制。

本书由李雅任主编，程禹霖、张丽娜、朱宇、周维智参与编写。程禹霖编写项目一、二，李雅编写项目三、四、五，张丽娜编写项目六，朱宇编写项目七，周维智编写项目八。本书由史安娜教授主审。

由于编者水平有限，书中难免存在疏漏和不妥之处，诚请广大读者提出宝贵意见。

编　者

Contents

目录

项目一　认识冲压加工 …… 001

任务 1　冲压的特点及应用 …… 001
任务 2　冲压加工的分类 …… 003
任务 3　常用冲压材料 …… 005

项目二　冲压基本原理 …… 011

任务 1　塑性成形的基本概念 …… 011
任务 2　塑性成形的基本规律 …… 013

项目三　冲裁工艺与冲裁模设计 …… 021

任务 1　冲裁原理 …… 022
任务 2　冲裁件工艺性分析 …… 028
任务 3　确定工艺方案 …… 032
任务 4　模具结构设计 …… 034
任务 5　冲裁工艺计算 …… 046
任务 6　冲裁模主要零部件的设计与选用 …… 067
任务 7　冲压设备的选择与校核 …… 114

项目四　弯曲工艺与弯曲模设计 …… 121

任务 1　弯曲变形过程分析 …… 121
任务 2　弯曲件质量分析 …… 125
任务 3　弯曲工艺设计 …… 133
任务 4　弯曲工艺计算 …… 136
任务 5　弯曲模设计 …… 140

项目五　拉深工艺与拉深模设计 …… 158

任务 1　拉深变形过程分析 …… 158

目 录

任务 2　无凸缘圆筒形件拉深工艺设计 …… 165

任务 3　有凸缘圆筒形件拉深工艺设计 …… 172

任务 4　非直壁旋转体零件拉深工艺设计 …… 179

任务 5　盒形件拉深工艺设计 …… 183

任务 6　拉深工艺设计 …… 189

任务 7　拉深模设计 …… 196

项目六　其他成形工艺与模具设计 …… 209

任务 1　翻边 …… 210

任务 2　胀形 …… 216

任务 3　缩口 …… 223

项目七　多工位级进模设计 …… 229

任务 1　多工位级进模排样设计 …… 229

任务 2　多工位级进模主要零部件设计 …… 246

任务 3　多工位级进模的典型结构 …… 267

项目八　冲压工艺规程编制 …… 276

参考文献 …… 289

项目一　认识冲压加工

知识目标

（1）了解冲压的定义、特点、应用现状及发展趋势。

（2）了解冲压工序的分类方法。

（3）了解常用冲压材料的牌号、特点、用途及供应状态。

（4）熟悉冲床的典型结构、工作过程和技术参数。

技能目标

（1）能判断所给冲压件包含的冲压工序。

（2）能为冲压件选择合理的材料。

项目描述

本项目以典型冲压件为工作对象，主要介绍冲压加工的特点和分类，以及冲压材料的合理选择。

任务1　冲压的特点及应用

任务描述

通过教师讲解与自主学习，了解冲压加工与其他加工方法的不同，以及冲压加工的应用领域。

相关知识

一、冲压的概念

冲压是指利用安装在压力机上的模具对板料、带料、管料和型材等施加外力，使之产生塑性变形或分离，从而获得所需形状和尺寸的工件的加工方法。冲压生产的产品称为冲压件，冲压所用的模具称为冲模。由于冲压加工常在室温下进行，因此称为冷冲压。冲压加工的原材料一般为板料或带料，故也称为板料冲压。

板料、模具和冲压设备是构成冲压加工的三个必备要素，如图1－1所示。

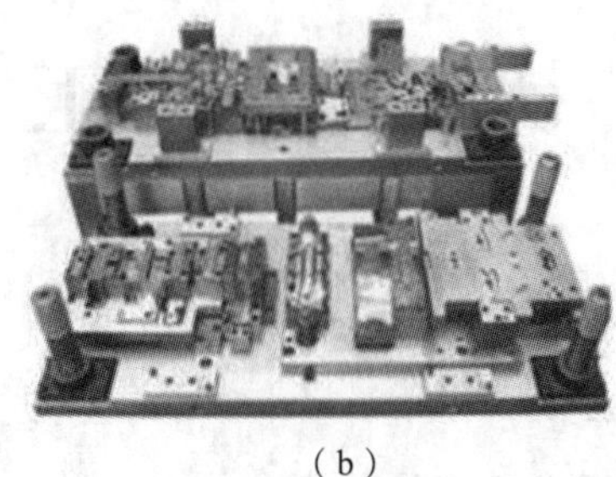

（a）　　（b）　　（c）

图1-1　冲压加工三要素

（a）冲压设备；（b）模具；（c）板料

二、冲压的特点及应用

与机械加工及塑性加工的其他方法相比，冲压加工无论是在技术方面还是在经济方面都具有许多独特的优点。主要表现如下：

（1）生产率高，操作简单，对操作工人几乎没有技术要求，易于实现机械化和自动化。

（2）尺寸精度高，互换性好。模具与产品有“一模一样”的关系，同一副模具生产出来的同一批产品尺寸一致性高，具有较好的互换性。

（3）材料利用率高。普通冲压的材料利用率一般可达70%～85%，有的高达95%，几乎无须进行切削加工即可满足普通的装配和使用要求。

（4）可得到其他加工方法难以加工或无法加工的形状复杂的零件，如壁厚为0.15 mm的薄壳拉深件。

（5）由于塑性变形和加工硬化的强化作用，可得到质量小、刚性好且强度大的零件。

（6）无须加热，可以节省能源，且表面质量好。

（7）批量越大，产品成本越低。

由此可见，冲压集优质、高效、低能耗、低成本于一身，这是其他加工方法不能与之媲美的，因此冲压的应用十分广泛。如汽车、拖拉机行业中，冲压件的比例占零件总数的60%～70%；在电视机、录音机、计算机等产品中占到80%以上；在自行车、手表、洗衣机、电冰箱等日用家电行业占到85%以上；在电子仪表行业中，冲压件占到35%；还有日常生活中诸如各种不锈钢餐具等。从精细的电子元件、仪表指针到重型汽车的覆盖件、大梁以及飞机蒙皮等，均需进行冲压加工。图1-2所示为冲压的应用举例。

图1-2　冲压的应用举例

任务 2　冲压加工的分类

任务描述

通过对冲压件形状的分析，准确判断各个冲压件所包含的冲压工序。

相关知识

冲压加工几乎应用于国民经济的所有行业，冲压加工出来的产品形状、尺寸、精度、批量、原材料等各不相同，因此冲压加工方法也就多种多样。主要有以下几种分类方式。

一、按变形性质分类

1. 分离工序

板料在受到外力作用之后，应力超过了材料的强度极限，材料的一部分与另一部分沿一定的轮廓线发生断裂而分开，从而获得一定形状和尺寸的产品，此类冲压工序统称为分离工序，如落料、冲孔、切断、切边、剖切和切口等。具体如表 1－1 所示。

表 1－1　分离工序

工序名称	工序简图	工序特征
落料		切断线是封闭的，落下的部分是制件，剩余部分是废料
冲孔		切断线是封闭的，落下的部分是废料，剩余部分是制件
切断		用剪刀或模具切断板料，切断线不是封闭的
切边		将制件边缘处形状不规整的部分冲裁下来

续表

工序名称	工序简图	工序特征
剖切		将对称形状的半成品沿着对称面切开，成为制件
切口（舌）	切舌	将板料局部切开而不分离，切口部分材料发生弯曲

2. 成形工序

板料在受到外力作用之后，应力超过了材料的屈服极限，在材料不被破坏的前提下，经过塑性变形，从而获得一定形状和尺寸的产品，此类冲压工序统称为成形工序，如弯曲、拉深和局部成形等。具体如表 1－2 所示。

表 1－2　成形工序

工序名称	工序简图	工序特征
弯曲		将板料弯成一定角度或一定形状
拉深		将毛坯拉成任意形状的空心件
翻边		将板料上的孔或外缘翻成直壁
缩口		使空心件或管状件端部的径向尺寸缩小
胀形		使空心件或管状件的径向尺寸加大

续表

工序名称	工序简图	工序特征
起伏		使板料局部凹陷或凸起
压印		压印是强行局部排挤材料，在工件表面形成浅凹花纹、图案、文字或符号，但在压印表面的背面并无对应于浅凹花纹的凸起

二、按变形区受力性质分类

1. 伸长类成形

变形区最大主应力为拉应力，破坏形式为拉裂，其特征是变形区材料厚度减小，如胀形等。

2. 压缩类成形

变形区最大主应力为压应力，破坏形式为起皱，其特征是变形区材料厚度增大，如拉深等。

三、按基本变形方式分类

1. 冲裁

使材料沿封闭或不封闭的轮廓剪裂而分离的冲压工序称为冲裁，如冲孔和落料等。

2. 弯曲

将材料弯成一定角度或形状的冲压工序称为弯曲，如压弯、卷边和扭曲等。

3. 拉深

将平板毛坯拉成空心件，或将空心件的形状和尺寸用拉深模做进一步改变的冲压工序称为拉深，有不变薄拉深和变薄拉深两种。

4. 成形

使材料产生局部变形，以改变零件或毛坯形状的冲压工序称为成形，如翻边、缩口、胀形、压印和起伏等。

任务3　常用冲压材料

任务描述

通过对冲压件应用领域、冲压材料的分析，实现给定冲压件的合理选材。

相关知识

冲压材料是冲压加工三要素之一，材料选择得合理与否，直接影响到冲压产品的性能、质量和成本，还影响到冲压工艺过程及后续加工的复杂程度，因此合理选材十分重要。

冲压所用的材料，不仅要满足产品设计的性能要求，还应满足冲压工艺要求和冲压后的加工要求（如切削加工、焊接和电镀等）。

一、板料的冲压成形性能

冲压成形性能是指冲压材料对冲压加工的适应能力。材料的冲压成形性能好，是指其便于冲压加工，能用简单的模具、较少的工序、较长的模具寿命得到高质量的工件。因此，冲压成形性能是一个综合性的概念，它涉及的因素很多，主要体现为抗破裂性、贴模性和形状冻结性三个方面。

（1）抗破裂性是指金属薄板在冲压成形过程中抵抗破裂的能力，反映的是各种冲压成形工艺的成形极限，即板料在冲压成形过程中能达到的最大变形程度，一旦材料的变形超过这个极限就会产生废品。

（2）贴模性是指板料在冲压成形过程中获得模具形状的能力。影响贴模性的因素有很多，成形过程中发生的内皱、翘曲、塌陷和鼓起等缺陷都会使贴模性降低。

（3）形状冻结性是指零件脱模后保持其在模内形状的能力。影响形状冻结性的最主要因素是回弹，零件脱模后，常因回弹过大而产生较大的形状误差。

二、板料冲压成形试验方法

冲压成形性能的好坏可以利用板料的力学性能指标衡量，这些性能指标可以通过试验获得。板料的冲压性能试验方法有很多，一般可分为直接试验法和间接试验法两类。

1. 直接试验法

直接试验法是采用专用设备模拟实际冲压工艺过程进行试验。GB/T 15825—2008 规定了金属薄板成形性能和试验方法，共分 8 个部分，分别是：金属薄板成形性能和指标、通用试验规程、拉深与拉深载荷试验、扩孔试验、弯曲试验、锥杯试验、凸耳试验及成形极限图（FLD）测定指南。

图 1－3 所示的锥杯试验就是 GB/T 15825. 6—2008 规定的用来在锥杯试验机上测试金属薄板“拉深＋胀形”复合成形性能指标的工艺试验。试验时，把圆片试样平放到锥形凹模孔内，通过钢球对试样加压，进行锥杯成形，直到杯底侧壁发生破裂时停机，然后以锥杯口处相对的两个凸耳峰点为基准测量锥杯口在此处的最大外径 D_{max}，以锥杯口处相对的两个凸耳谷底为基准测量锥杯口在此处的最小外径 D_{min}，并用它们计算平均锥杯值或相对锥杯值，作为“拉深＋胀形”复合成形性能指标的衡量依据。

这类试验方法的试样所处的应力状态和变形特点基本上与实际的冲压过程相同，所以能直接可靠地鉴定板料类冲压成形性能，但由于需要专用设备，给实际使用带来不便。

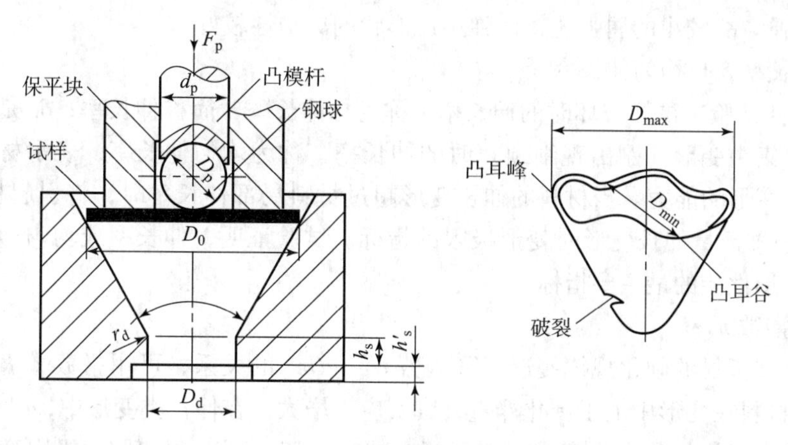

图 1-3　锥杯试验

2. 间接试验法

间接试验法有拉伸试验、剪切试验、硬度试验和金相试验等。由于试验时试件的受力情况与变形特点都与实际冲压时有一定的差别，这些试验所得结果只能间接反映板料的冲压成形性能。但由于这些试验在通用试验设备上即可进行，故常常被采用。下面仅对最常用的间接试验——拉伸试验做介绍。

取图 1-4 所示的拉伸试样，然后在万能材料试验机上进行拉伸。根据试验结果或利用自动记录装置，可得到图 1-5 所示应力与应变之间的关系曲线，即拉伸曲线。

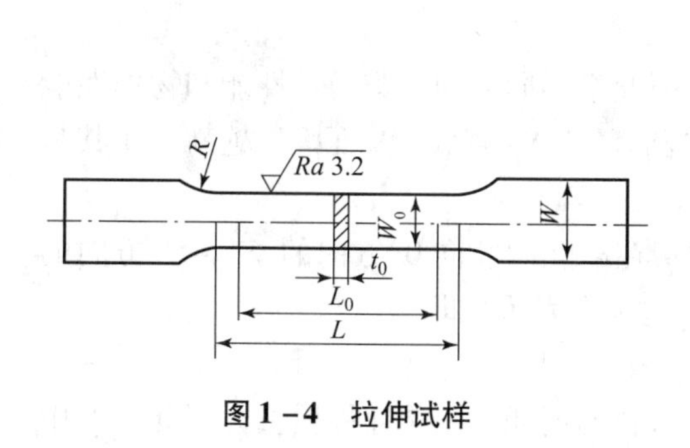

图 1-4　拉伸试样

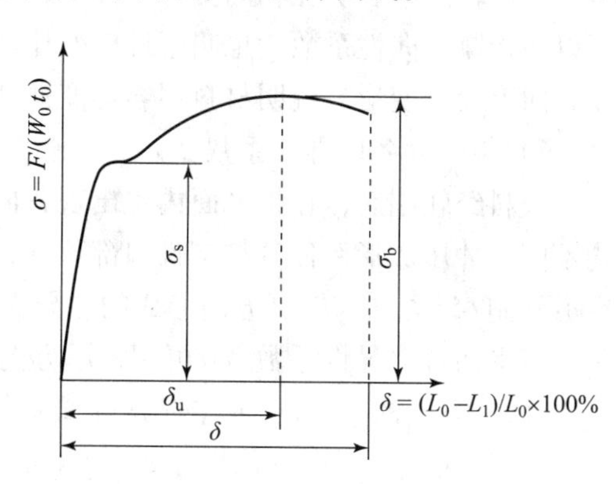

图 1-5　拉伸应力-应变曲线

通过拉伸试验可测得板料的各项力学性能指标。板料的力学性能与冲压成形性能有很紧密的关系，可从不同角度反映板材的冲压成形性能，简要说明如下。

1）屈服极限 σ_s

屈服极限小，材料容易屈服。同时，变形抗力小，成形后回弹小，贴模性和形状冻结性能好。但在压缩类变形时，易起皱。

2）屈强比 σ_s/σ_b

屈强比 σ_s/σ_b 对板料冲压成形性能影响较大，σ_s/σ_b 小，板料由屈服到破裂的塑性变形阶段长（变形区间大），有利于冲压成形。一般来讲，较小的屈强比对板料各种成形工艺中的抗破裂性有利，而且成形曲面零件时，容易获得较大的拉应力使成形形状得以稳定（冻结），减少回弹。故较小的屈强比，回弹小，形状的冻结性较好。

3）总伸长率 δ 与均匀伸长率 δ_u

δ 是在拉伸试验中试样破坏时的伸长率，称为总伸长率，简称伸长率；δ_u 是在拉伸试验开始产生局部集中变形（刚出现细颈）时的伸长率，称为均匀伸长率，表示材料产生均匀或稳定的塑性变形的能力。当材料的伸长变形超过材料局部伸长率时，将引起材料的破裂，所以 δ_u 也是一种衡量伸长变形时变形极限的指标。试验证明，伸长率或均匀伸长率是影响翻孔、扩孔成形性能的最主要指标。

4）硬化指数 n

大多数金属板材的硬化规律接近于幂函数 $\sigma = C\varepsilon^n$ 的关系，可用指数 n 表示其硬化性能。n 值大，材料在变形中加工硬化严重，真实应力增大。在伸长类变形中，n 值大，变形抗力大，从而使变形均匀化，具有扩展变形区、减少毛坯局部变薄和增大极限变形参数等作用。尤其是对于复杂形状的曲面零件的拉深成形工艺，当毛坯中间部分的胀形成分较大时，n 值的上述作用对冲压性能的影响更为显著。

5）板厚方向性系数 γ

板厚方向性系数 γ，也称为 γ 值，是板料试样拉伸试验中宽度应变 ε_b 与厚度应变 ε_t 之比，表达式为

$$\gamma = \varepsilon_b / \varepsilon_t \tag{1-1}$$

γ 值的大小，表明板材在受单向拉应力作用时，板材平面方向和厚度方向上的变形难易程度的比较。即表明在相同受力条件下，板材厚度方向上的变形性能和平面方向上的差别。所以叫板厚方向性系数，也叫塑性应变比。γ 值越大，则板材平面方向上越容易变形，而厚度方向上较难变形，说明材料不容易变薄和起皱，这对冲压成形是非常有利的。

6）板平面各向异性系数 $\Delta\gamma$

板料经轧制后，在板平面内也出现各向异性，因此沿不同方向，其力学性能和物理性能均不同，冲压成形后使其拉深件口部不齐，出现“凸耳”。$\Delta\gamma$ 越大，“凸耳”越高。尤其是在沿轧制45°方向与轧制方向形成的差异更为突出。

板平面各向异性系数 $\Delta\gamma$ 可用板厚方向性系数 γ 在沿轧制纹向0°方向的 $\gamma_{0°}$、45°方向的 $\gamma_{45°}$ 和90°方向的 $\gamma_{90°}$（分别取其试样试验）之平均差别来表示，即

$$\Delta\gamma = (\gamma_{0°} + \gamma_{90°} - 2\gamma_{45°})/2 \tag{1-2}$$

由于 $\Delta\gamma$ 会增加冲压成形工序（切边工序）和材料的消耗，影响冲件质量，因此生产中应尽量设法降低 $\Delta\gamma$ 值。

三、常用的冲压材料及其性能

1. 常用的冲压材料

常用的冲压材料多为各种规格的板料、带料等，它们的尺寸规格均可在有关标准中查得。在生产中常把板料切成一定尺寸的条料或片料进行冲压加工。在大批生产中，可将带料在滚剪机上剪成所需宽度，用于自动送料的冲压加工。

冷冲压常用材料有：

（1）黑色金属：普通碳素钢、优质碳素钢、碳素结构钢、合金结构钢、碳素工具钢、

不锈钢、硅钢、电工用纯铁等。

（2）有色金属：紫铜、无氧铜、黄铜、青铜、纯铝、硬铝、防锈铝、银及其合金等。

在电子工业中，冲压用的有色金属还有镁合金、钛合金、钨、钼、钽铌合金、康铜、铁镍软磁合金（坡莫合金）等。

（3）非金属材料：纸板、各种胶合板、塑料、橡胶、纤维板、云母等。

部分常用冲压金属板料的力学性能如表 1－3 所示。

表 1－3 部分常用冲压金属板料的力学性能

材料名称	牌号	材料状态	抗剪强度 τ/MPa	抗拉强度 σ_b/MPa	伸长率 δ/%	屈服强度 σ_s/MPa
电工用纯铁 $w(C)<0.025\%$	DT1、DT2、DT3	已退火	180	230	26	—
普通碳素钢	Q195	未退火	260～320	320～400	28～33	200
	Q235		310～380	380～470	21～25	240
	Q275		400～500	500～620	15～19	280
优质碳素结构钢	08F	已退火	220～310	280～390	32	180
	08		260～360	330～450	32	200
	10		260～340	300～440	29	210
	20		280～400	360～510	25	250
	45		440～560	550～700	16	360
	65Mn		600	750	12	400
不锈钢	1Cr13	已退火	320～380	400～470	21	—
	1Cr18Ni9Ti	热处理退软	430～550	540～700	40	200
铝	L2、L3、L5	已退火	80	75～110	25	50～80
		冷作硬化	100	120～150	4	—
铝锰合金	LF21	已退火	70～110	110～145	19	50
硬铝	LY21	已退火	105～150	150～215	12	—
		淬硬后冷作硬化	280～320	400～600	10	340
纯铜	T1、T2、T3	软态	160	200	30	7
		硬态	240	300	3	—
黄铜	H62	软态	260	300	35	—
		半硬态	300	380	20	200
	H68	软态	240	300	40	100
		半硬态	280	350	25	—

2. 冲压用新材料及其性能

随着汽车、电子、家用电器及日用品等工业的迅速发展，对与其相关的金属薄板生产及成形技术提出了更高的要求，出现了很多新型的冲压用板材，包括高强度钢板、双相钢板、耐蚀钢板、涂层板及复合板材等。表1－4所示为新型冲压薄板的发展趋势。

表1－4　新型冲压薄板的发展趋势

内容	发展趋势	效果与目的
厚度	厚→薄	产品轻型化、节能和降低成本
强度	低→高	
组织	单相→双相 ↘加磷、加钛	提高薄板强度和冲压性能
板层	单相→涂层、叠合 ↘复合层、夹层	耐蚀、外表外观好，提高冲压性能，抗振动，降低噪声
功能	单一→多个 一般→特殊	实现新功能

（1）高强度钢板是用普通钢板加以强化处理而得到的钢板。日本研制的用于汽车零件的高强度钢板的抗拉强度已达600～800 MPa，而普通冷轧软钢板的抗拉强度只有300 MPa。高强度钢板具有使产品料厚减薄、质量减小、节省能源、降低成本等优点。

（2）双相钢板也称复合组织钢板，由铁素体相和马氏体相组成，可由低碳钢或低合金钢经临界区处理或控制轧制而得到。这类钢具有高强度和高延性的良好配合，已成为一种强度高、成形性好的新型冲压用钢，已成功应用于汽车产业等。典型的双相钢板屈服强度σ_s为310 MPa，抗拉强度σ_b为655 MPa。

（3）耐蚀钢板的耐蚀能力强，一般包括两类。一类是加入新元素的耐蚀钢板，如耐大气腐蚀钢板等。我国研制的耐大气腐蚀钢板中，有10CuPCrNi（冷轧）和9CuPCrNi（热轧），其耐蚀性是普通碳素钢板的3～5倍。另一类是在表面涂或镀一层耐蚀材料，也为涂层板的一种。

（4）涂层板是指在耐蚀钢板中镀覆金属层的钢板。在涂层板中，各种涂覆有机膜层的板材具有更好的耐蚀、防表面损伤性能，因此正被大量用作各类结构件。

（5）复合板材，即在钢板的表面涂覆塑料或将不同金属板叠合在一起（如冷轧叠合）等的板材，后一种也称为叠合复合板。这类复合板材破裂时的变形比单体材料破裂时的变形要大，其基本材料特性值（如硬化指数n值）变大。图1－6所示为防振复合板材组成示意图。

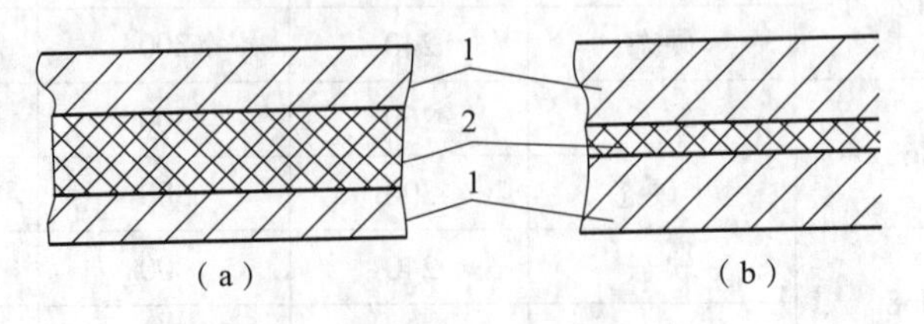

图1－6　防振复合板材组成示意图

（a）钢板厚0.2～0.3 mm，塑料厚0.3～0.5 mm；（b）钢板厚0.3～1.6 mm，塑料厚0.05～0.20 mm

1—钢板；2—塑料

项目二　冲压基本原理

知识目标

（1）了解冲压的受力和应力特点，各种冲压类型所遵循的应力和应变规律，冲压加工的成形障碍。

（2）了解冲压加工的基本规律和基本准则。

技能目标

能利用冲压基本原理解释常见的冲压现象。

项目描述

本项目主要介绍金属塑性变形、变形的实质、物理变化及变形的基本规律，影响金属塑性及变形抗力的主要因素，并说明相应的注意点和金属塑性变形的趋向性及冲压成形的控制。

任务1　塑性成形的基本概念

任务描述

理解弹性变形、塑性变形、塑性指标、变形抗力、内力和应力等概念。

相关知识

一、弹性与弹性变形

弹性是指物体在外力作用下发生形状和尺寸的改变，当外力撤销后即能恢复原有形状和尺寸的性质。这种随外力消失能完全恢复原始形状和尺寸的变形称为弹性变形。

二、塑性与塑性成形

塑性是指金属在外力作用下，能稳定地发生永久变形而不破坏其完整性的能力，它是金属加工性能的重要指标。金属材料在外力的作用下，利用其塑性而使其成形并获得一定力学性能的加工方法称为塑性成形，也称为塑性加工或压力加工。

金属的塑性大小不是固定不变的，在同一变形条件下，不同的材料具有不同的塑性，同一种材料在不同的变形条件下又会出现不同的塑性。影响金属塑性的因素很多，除了金属本身的晶格类型、化学成分和金相组织等内在因素外，受力状态、变形方式、变形温度、变形速度等外部因素对其影响也很大。影响金属塑性的主要因素如表 2－1 所示。

表 2－1　影响金属塑性的主要因素

影响因素	影响规律
成分及组织结构	面心立方结构的金属塑性高于体心立方结构，密排六方结构的塑性最差。组成金属的元素越少（如纯金属和固溶体），塑性越好；组织分布越均匀，塑性越好
应力状态	在应力状态中，压应力数量越多，数值越大，金属表现出来的塑性越好；反之，拉应力数量越多，数值越大，金属表现出来的塑性越差
变形温度	温度升高有利于金属塑性的提高
变形速度	变形速度对金属塑性的影响比较复杂，多数金属的塑性随变形速度的升高而降低，但随着变形速度的继续增大，塑性又会增加

冲压所用的金属绝大多数为多晶体。多晶体是由许多位向不同的晶粒组成的，晶粒之间存在晶界，因此多晶体的塑性变形包括晶粒内部变形（又称晶内变形）和晶界变形（又称晶间变形）两种。

晶内变形的主要方式为晶粒内部的滑移与孪生。所谓滑移，是指晶体（此处可理解为单晶体或多晶体中的一个晶粒）在力的作用下，晶体的一部分沿一定的晶面（称为滑移面）和晶向（称为滑移方向）相对于晶体的另一部分发生相对移动或切变，在宏观上表现为塑性变形。孪生是晶体在切应力的作用下，晶体的一部分沿着一定的晶面（称为孪生面）和晶向（称为孪晶方向）发生均匀切变。孪生变形后，晶体的变形部分与未变形部分构成了镜面对称关系。滑移和孪生都是通过位错运动实现的。

通常常温下的晶间变形难于晶内变形。板料冲压主要是板料的晶内变形，晶间变形只起次要作用。

三、塑性指标

塑性指标是用来衡量金属材料塑性好坏的一种数量上的指标，通常以材料开始破坏时的塑性变形量来表示，可以借助各种试验方法来测定。常用的试验方法有拉伸试验、压缩试验和扭转试验等，如利用拉伸试验可以测定材料的伸长率、断面缩减率等。此外，还有模拟各种实际塑性加工过程的试验方法，如板料成形中常用的胀形试验（杯突试验）、拉深试验、弯曲试验和拉深－胀形复合试验等则可用来测量板料的胀形、拉深、弯曲及拉－胀复合成形的性能指标。

四、变形抗力

变形抗力是指金属在一定变形条件下，单位面积上抵抗塑性变形的力，该力的大小反映金属产生塑性变形的难易程度，通常用单向应力状态（单向拉伸、单向压缩）下所测定的流动应力来表示。

五、内力与应力

在外力的作用下，金属体内产生的与外力相平衡的力即内力，其值与外力大小相等，并随外力产生而产生，随外力卸去而消失。单位面积上作用的内力称为应力。

冲压过程即板料在设备和模具施加的外力作用下在板料内部产生的内力而引起的变形。

任务 2　塑性成形的基本规律

任务描述

利用所学的冲压基本原理，解释常见的冲压现象，并能控制冲压的变形趋向。

相关知识

一、应力、应变状态

1. 应力状态

金属在塑性变形时，应力状态非常复杂。为了研究变形金属各部位的应力状态，通常在变形物体中任意取一点，以该点为中心截取一个微小的单元六面体，并在六面体的各面上画出所受的应力和方向，这种图称为应力状态图，如图 2－1（a）所示。如果按适当的方向截取正六面体，可以使该六面体的各个面上只有正应力 σ 而无切应力 τ，则此应力状态图称为主应力图，如图 2－1（b）所示。根据主应力方向及组合不同，主应力图共有 9 种，如图 2－2 所示。

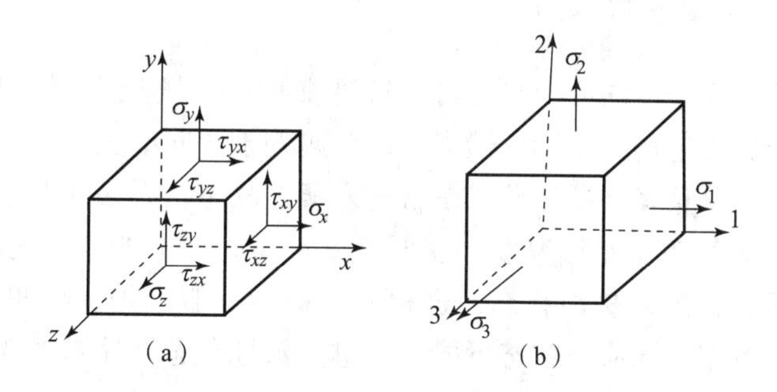

图 2－1　点应力状态图

（a）任意坐标系中；（b）主轴坐标系中

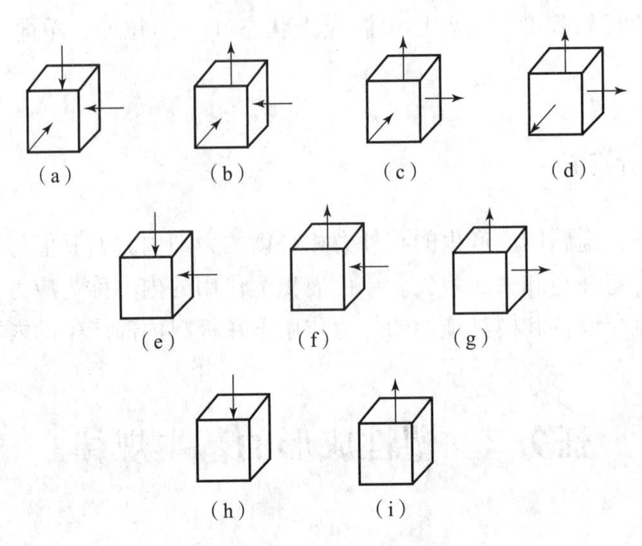

图 2-2 9 种主应力图

当3个主应力的大小都相等，即 $\sigma_1 = \sigma_2 = \sigma_3$ 时，称为球应力状态。深水中的微小物体所处的就是这样一种应力状态，习惯上常将三向等压应力称为静水压力。在静水压作用下的金属，其塑性将提高，承受较大的塑性变形也不会破坏，静水压越大，塑性提高越多，这种现象称为静水压效应。静水压效应对塑性加工很有利，应尽量利用它。

2. 应变状态

物体受到外力后，其内部质点要产生相应的变形，应变是表示变形大小的一个物理量，与主应力状态对应的是主应变状态。尽管金属材料在塑性变形时会产生形状和尺寸的改变，但体积几乎不发生变化，因此可以认为金属材料塑性变形时体积保持不变，即满足

$$\varepsilon_1 + \varepsilon_2 + \varepsilon_3 = 0 \quad (2-1)$$

由此可知，不可能出现3个同向的主应变和单向应变，于是主应变状态图只能画出3种，如图2-3所示。

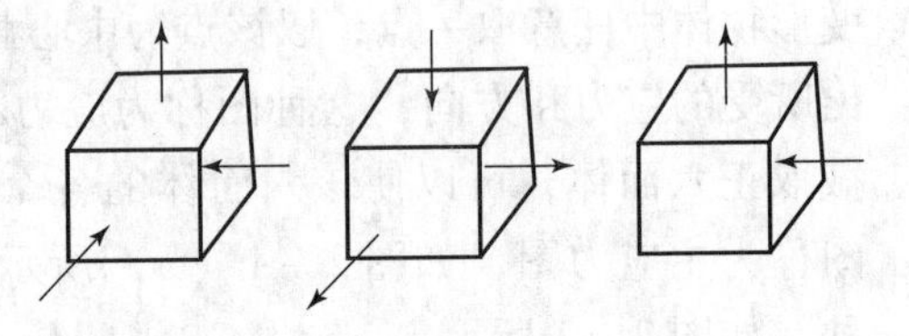

图 2-3 3 种主应变图

二、屈服准则（塑性条件）

当变形金属中某点处于单向应力状态时，只要该点的应力达到材料的屈服强度，该点就处于塑性状态，即开始产生塑性变形。但当变形金属处于两向或三向应力状态下，显然不能用某一个方向上的应力分量来判断该质点是否进入塑性状态，而必须考虑其他应力影响。研究表明，在一定的变形条件（变形温度、变形速度）下，只有当各应力分量间符合一定关系时，质点才开始屈服，进入塑性状态，这种关系称为屈服准则，也叫塑性条件或塑性方程，它是描述受力物体中不同应力状态下的质点进入塑性状态并使塑性变形继续进行所必须遵守的力学条件。这种力学条件一般可表示为

$$\sigma_1 - \sigma_3 = \beta\sigma_s \quad (2-2)$$

式中，σ_1、σ_3 为值最大、最小的主应力，拉应力取正，压应力取负（MPa）；σ_s 为材料屈服强度（MPa）；β 为主应力影响系数，$\beta = 1.00 \sim 1.15$，当 $\sigma_1 = \sigma_2$ 或 $\sigma_2 = \sigma_3$ 时（σ_2 为中间

主应力）$\beta=1.00$，$\sigma_2=\frac{1}{2}(\sigma_1+\sigma_3)$ 时 $\beta=1.15$。

由式（2-2）可知，材料产生塑性变形主要取决于最大主应力与最小主应力之差，中间主应力对塑性变形的影响不大（不超过 $15\%\sigma_s$）。在具体分析计算时，在应力分量未知的情况下，β 可取近似平均值 1.10。

三、塑性变形时应力与应变的关系

弹性变形时，应力与应变之间的关系是线性可逆的，与应变历史无关；塑性变形时，应力与应变之间的关系是非线性不可逆的，应变的大小不仅取决于应力的大小，还与应变历史有关。

目前常用的塑性变形时的应力与应变关系主要有两大理论：增量理论和全量理论。增量理论描述的是材料处于塑性状态时，塑性应变增量（或应变速率）与应力之间的关系；全量理论描述的是应力与全量应变的关系。由于增量理论在实际应用上有一定的不便，这里主要介绍全量理论。

全量理论认为，在简单加载（即各应力分量按同一比例增长）的条件下，主应变差与主应力差成比例。即

$$\frac{\varepsilon_1-\varepsilon_2}{\sigma_1-\sigma_2}=\frac{\varepsilon_2-\varepsilon_3}{\sigma_2-\sigma_3}=\frac{\varepsilon_3-\varepsilon_1}{\sigma_3-\sigma_1}=C \tag{2-3}$$

由式（2-3）可以推出塑性变形时应力与应变之间的关系。如：

（1）当 $\varepsilon_1=\varepsilon_2$ 时，可以推出 $\sigma_1=\sigma_2$。

（2）当 $\sigma_1>\sigma_2>\sigma_3$ 时，可以推出 $\varepsilon_1>\varepsilon_2>\varepsilon_3$。

（3）当 $\varepsilon_2=0$ 时，可以推出 $\sigma_2=\frac{\sigma_1+\sigma_3}{2}$。

根据式（2-3）并结合体积不变定律，可以得到如下结论：

（1）塑性变形时，应力与应变不是一一对应的关系，即拉应力作用的方向上不一定是拉应变，压应力不一定对应压应变。

（2）应力为零的方向上有可能产生应变；应变为零的方向上可能产生应力。

（3）在绝对值最大的主应力或主应变方向，应力与应变是一一对应的，即在该方向上，最大的拉应力产生最大的拉应变，最大的压应力产生最大的压应变。

四、加工硬化规律

1. 硬化现象

冲压加工通常是在常温下进行的，必然伴随着加工硬化现象的发生。即随着塑性变形程度的增加，金属的变形抗力（即每一瞬间的屈服强度 σ_s）增加，硬度提高，而塑性和塑性指标（δ、ψ）降低。

在冲压加工中，需要辩证地看待加工硬化现象。一方面通过加工硬化可以减少过大的局部变形，使变形更趋均匀，有利于提高材料的成形极限；另一方面加工硬化使材料的变形抗

力增加，进一步塑性变形困难，甚至要在后续成形工序前增加退火工序。因此必须研究和掌握加工硬化规律以及它们对冲压工艺的影响，使其在实际生产中得到充分的应用，例如汽车冲压件利用塑性变形来提高其强度和刚度，枪弹弹壳和火炮药筒利用冲压后材料强度提高这一特性使弹壳顺利抽出等，都是加工硬化在冲压中的应用。

表示变形抗力随变形程度增加而变化的曲线称为硬化曲线，又称为真实应力曲线，它可以通过拉伸试验得到。真实应力曲线与材料力学中的条件应力曲线不同。条件应力曲线是加载瞬间的载荷除以变形前试样的原始截面积得到的，没有考虑变形过程中试样截面积的变化，显然是不准确的；而真实应力曲线是按各加载瞬间的载荷除以该瞬间试样的截面积得到的，因此真实应力曲线能真实反映变形材料的加工硬化现象。应力曲线图如图 2－4 所示。

2. 卸载弹性恢复规律

由图 2－5 可知，在弹性变形范围 *OA* 段内，应力与应变的关系是直线函数关系，若在此范围内卸载，应力、应变仍然按照线段 *OA* 回到原点，变形完全消失。但如果变形进入塑性变形范围 *AB* 段，如到达 $B(\sigma, \varepsilon)$ 点时卸载，应力与应变的关系却按另一条直线 *BC* 逐渐降低，不再重复加载时的路径，而是与加载时弹性变形的直线 *OA* 平行，直至载荷为零。此时加载时的总变形 ε 就分为两部分：ε_s 保留下来，成为永久变形；ε_t 则完全消失，此即加载后的弹性恢复现象。

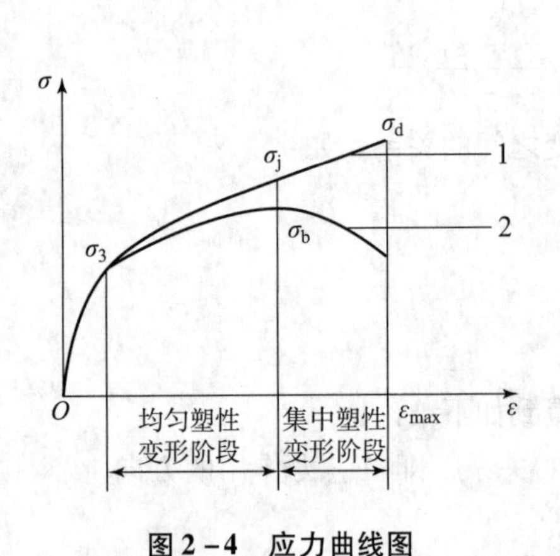

图 2－4　应力曲线图

1—真实应力曲线；2—条件应力曲线

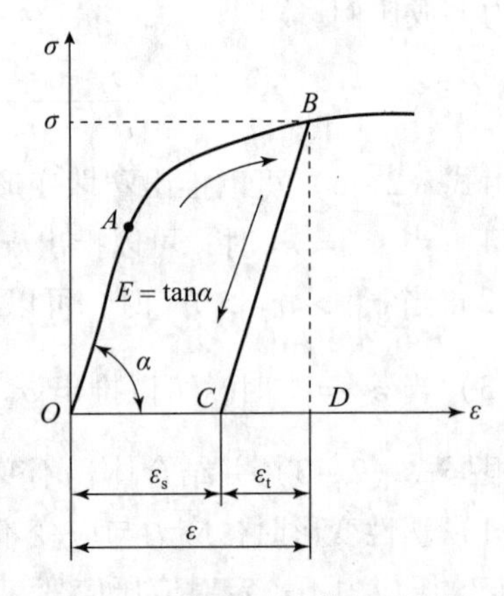

图 2－5　卸载弹性恢复示意图

由此可以看出，只要是塑性变形，无论变形到何种程度，总变形都是由弹性变形 ε_t 和塑性变形 ε_s 两部分组成，其中的弹性变形部分在卸载后要完全消失，这种现象导致工件的形状和尺寸发生变化，变得与加载时不一样，进而影响到产品的尺寸精度。

五、变形毛坯的力学特点

1. 变形毛坯的分区

板料在进行各种冲压成形时，可以把变形毛坯分为变形区和非变形区。变形区是正在进行特定变形的区域；非变形区可以是经历了变形的已变形区，或尚未参与变形的待变形区，也可以是在冲压成形的全过程中都不参与变形的不变形区，还有在变形过程中起传递变形力的传力区。图 2-6 所示为基本冲压成形工序拉深、翻孔和缩口变形过程中的毛坯各区的分布，具体划分情况如表 2-2 所示。

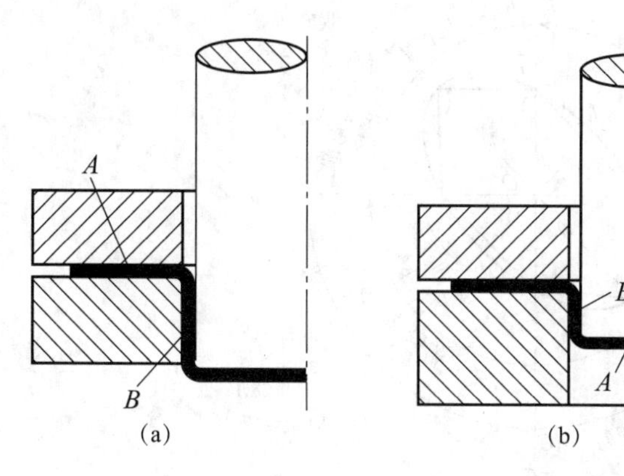

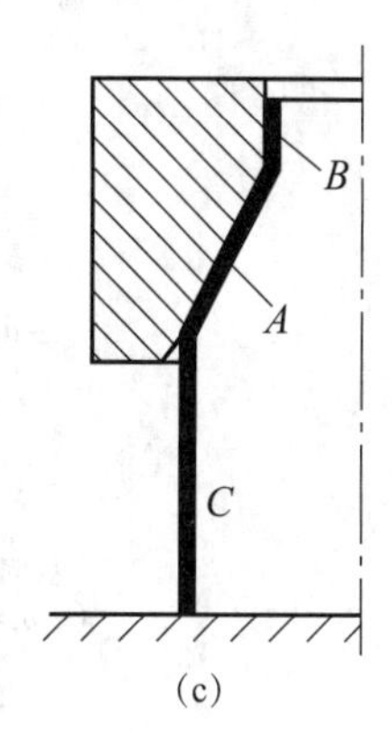

图 2-6　毛坯各区划分

(a) 拉深；(b) 翻孔；(c) 缩口

表 2-2　冲压变形毛坯各区划分情况

冲压方法	变形区	非变形区		
		已变形区	待变形区	传力区
拉深	*A*	*B*	无	*B*
翻孔	*A*	*B*	无	*B*
缩口	*A*	*B*	*C*	*C*

2. 变形区的应力与应变特点

绝大多数板料冲压变形都是平面应力状态，一般在板料表面上不受力或受数值不大的力，所以可以认为在板厚方向上的应力数值为零。使毛坯变形区产生塑性变形的应力是在板料平面内相互垂直的两个主应力。除弯曲变形外，大多数情况下可以认为这两个主应力在厚度方向上的数值是不变的。因此，可以把所有冲压变形方式按毛坯变形区的受力情况（应力状态）和变形特点从变形力学的角度归纳为以下 4 种情况：

（1）冲压毛坯变形区受两向拉应力的作用（σ_r、σ_θ、σ_t 分别为径向、切向和厚向应力）。

在轴对称变形时，可以分为以下两种情况：$\sigma_r > \sigma_\theta > 0$，且 $\sigma_t = 0$；$\sigma_\theta > \sigma_r > 0$，且 $\sigma_t = 0$。

这两种情况的冲压应力图处于图 2-7（a）中的 *GOH* 和 *AOH*（第Ⅰ象限）范围内，冲压变形图则处于图 2-7（b）中的 *AON* 及 *AOC* 范围内，与此相对应的变形是平板毛坯的局部胀形、内孔翻边、空心毛坯的胀形等伸长类变形。

（2）冲压毛坯变形区受两向压应力的作用。

在轴对称变形时，可以分为以下两种情况：$\sigma_r < \sigma_\theta < 0$，且 $\sigma_t = 0$；$\sigma_\theta < \sigma_r < 0$，且 $\sigma_t = 0$。

这两种情况的冲压应力图处于图 2-7（a）中的 *COD* 和 *DOE*（第Ⅲ象限）范围内，冲

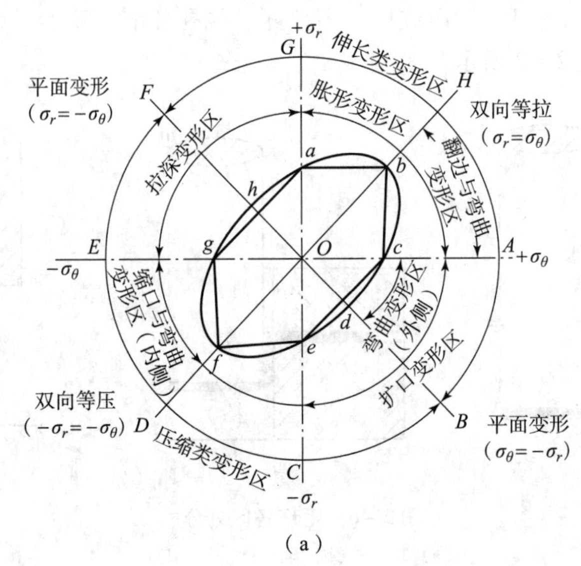

(a)

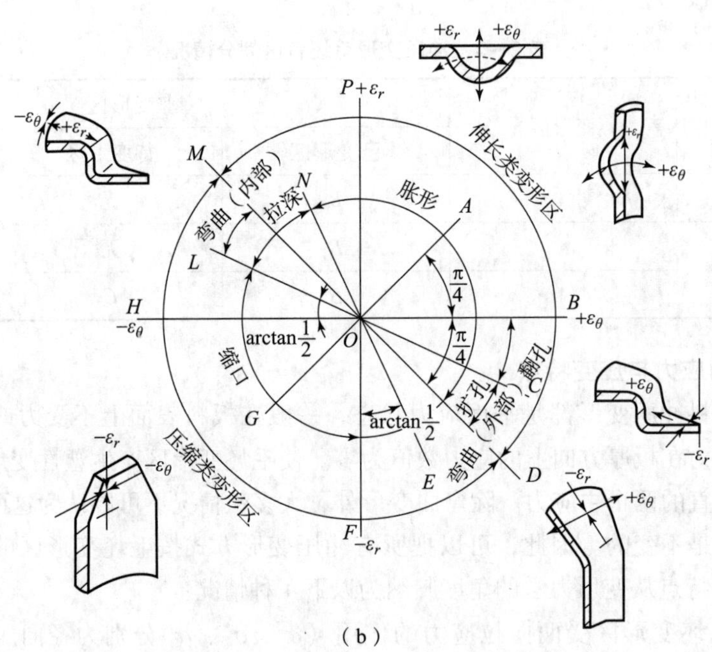

(b)

图 2-7　冲压应力、变形图

(a) 冲压应力图；(b) 冲压变形图

压变形图则处于图 2-7（b）中的 *GOE* 及 *GOL* 范围内，与此相对应的变形是缩口变形等压缩类变形。

（3）冲压毛坯变形区受异号应力的作用，且拉应力的绝对值大于压应力的绝对值。

在轴对称变形时，可以分为以下两种情况：$\sigma_r > 0 > \sigma_\theta$，且 $\sigma_t = 0$ 及 $|\sigma_r| > |\sigma_\theta|$；$\sigma_\theta > 0 > \sigma_r$，且 $\sigma_t = 0$ 及 $|\sigma_\theta| > |\sigma_r|$。

这两种情况的冲压应力图处于图 2-7（a）中的 *GOF* 和 *AOB* 范围内，冲压变形图则处于图 2-7（b）中的 *MON* 及 *COD* 范围内，与此相对应的变形是扩孔等伸长类变形。

（4）冲压毛坯变形区受异号应力的作用，且压应力的绝对值大于拉应力的绝对值。

在轴对称变形时，可以分为以下两种情况：$\sigma_r > 0 > \sigma_\theta$，且 $\sigma_t = 0$ 及 $|\sigma_\theta| > |\sigma_r|$；$\sigma_\theta > 0 > \sigma_r$，且 $\sigma_t = 0$ 及 $|\sigma_r| > |\sigma_\theta|$。

这两种情况的冲压应力图处于图2－7（a）中的 *EOF* 和 *BOC* 范围内，冲压变形图则处于图2－7（b）中的 *MOL* 及 *DOE* 范围内，与此相对应的变形是拉深等压缩类变形。

综合上面4种受力情况的分析结果，可以把全部冲压变形概括为两大类别：伸长类变形与压缩类变形。当作用于毛坯变形区内的拉应力的绝对值最大时，在这个方向上的变形一定是伸长变形，称这种冲压变形为伸长类变形。伸长类变形包括冲压变形图中的 *MON*、*NOA*、*AOB*、*BOC* 及 *COD* 5个区。当作用于毛坯变形区内的压应力的绝对值最大时，在这个方向上的变形一定是压缩变形，称这种冲压变形为压缩类变形。压缩类变形包括冲压变形图中的 *MOL*、*LOH*、*HOG*、*GOE* 及 *EOD* 5个区。

不论是伸长类变形还是压缩类变形，不论问题发生在变形区还是非变形区，其失效形式无非有两种类型：受拉部位发生缩颈断裂和受压部位发生失稳起皱。

六、最小阻力定律

在塑性变形中，当金属质点有向几个方向移动的可能时，它向阻力最小的方向移动，此即最小阻力定律，它是判断变形体内质点塑性流动方向的依据。

影响金属流动的因素主要是材料本身的特性和应力状态，而应力状态与冲压工序的性质、工艺参数和模具结构参数（如凸模、凹模工作部分的圆角半径，摩擦和间隙等）有关。最小阻力定律说明了在冲压生产中金属板料流动的趋势，利用最小阻力定律可以有效地控制金属板料的变形趋向性。

如图2－8（a）所示的结构，环形毛坯在凸模施加的力 F 的作用下，有可能产生图2－8（b）所示的毛坯外径 D_0 减小的拉深变形，或图2－8（c）所示的外径不变、底孔孔径 d_0 变大的翻孔变形，或图2－8（d）所示的厚度减薄的胀形变形。即环形毛坯在模具的作用下有三种变形趋向（拉深、翻边、胀形），到底产生哪种变形，取决于该种变形所需力的大小。

当 D_0、d_0 都较小，并满足条件 $D_0/d_p < 1.5 \sim 2.0$，$d_0/d_p < 0.15$ 时，宽度为（$D_0 - d_p$）的环形部分产生塑性变形所需的力最小而成为弱区，因而产生外径收缩的拉深变形，得到拉深件［图2－8（d）］；当 D_0、d_0 都较大，并满足条件 $D_0/d_p > 2.5$，$d_0/d_p < 0.2 \sim 0.3$ 时，宽度为（$d_p - d_0$）的内环形部分产生塑性变形所需的力最小而成为弱区，因而产生内孔扩大的翻孔变形，得到翻孔件［图2－8（c）］；当 D_0 较大、d_0 较小甚至为零，并满足条件 $D_0/d_p > 2.5$，$d_0/d_p < 0.15$ 时，坯料外环的拉深变形和内环的翻孔变形阻力都很大，结果使凸、凹模圆角及附近的金属成为弱区而产生厚度变小的胀形变形，得到胀形件［图2－8（d）］。胀形时，坯料的外径和内孔尺寸都不发生变化或变化很小，成形仅靠坯料的局部变薄来实现。

同样通过改变模具几何尺寸或力的大小也能实现不同的变形方式，这就说明使需要的变形方式所需的力最小，即使需要的变形区域为弱区是控制冲压件变形趋向的关键。

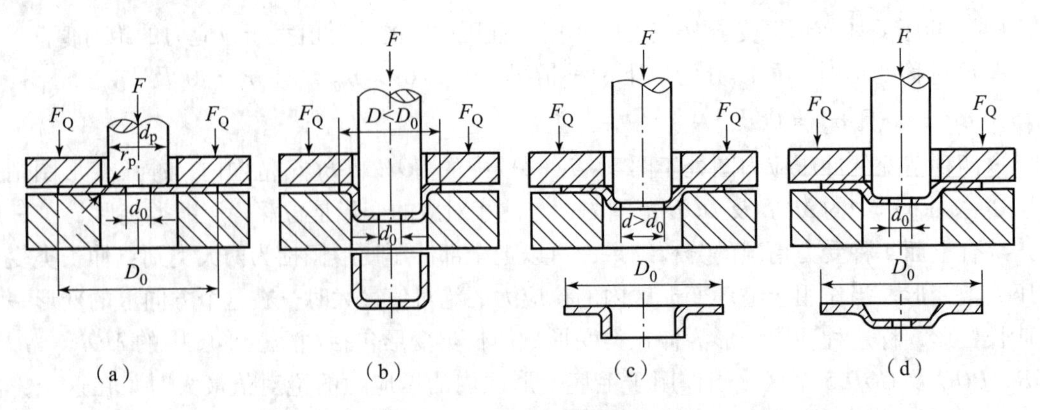

图 2-8　环形毛坯的变形趋向

（a）变形前的工具与毛坯；（b）拉深；（c）翻边；（d）胀形

项目三　冲裁工艺与冲裁模设计

知识目标

（1）了解冲裁变形过程。

（2）掌握冲裁间隙的确定，模具刃口尺寸计算，排样设计，冲裁力和压力中心的确定，冲裁工艺设计。

（3）掌握冲裁模的分类，冲裁模结构分析，以及冲裁模零部件设计。

（4）熟悉冲压件工艺分析的过程及冲裁模设计的程序，冲裁工艺与冲裁模设计的方法和步骤，冲压模具标准。

技能目标

（1）能根据冲裁件进行冲裁工艺分析及计算。

（2）具备设计中等复杂冲裁模具的能力。

（3）会查设计手册选用冲裁模标准件。

（4）会设计工作零件。

项目描述

通过一个实例介绍冲裁件工艺设计、模具设计的全过程。

冲制如图 3－1 所示的垫片，材料为 10 钢，料厚为 1.5 mm，大批量生产，要求完成垫片冲裁工艺性分析及模具结构设计并绘制模具主要零件图。

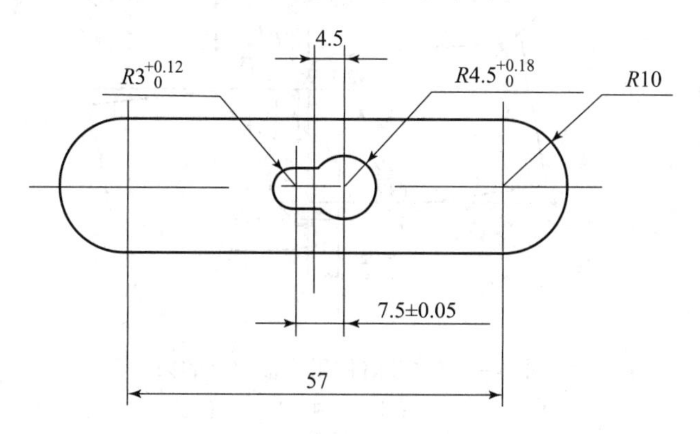

图 3－1　垫片零件图

任务1　冲裁原理

任务描述

理解冲裁时板料的受力特点以及冲裁变形所经历的三个阶段，能够正确识读冲裁件断面的四个分区，并能分析冲裁件断面质量的优劣，有针对性地提出提高断面质量的措施。

相关知识

冲裁是冲压工艺最基本的工序之一，在冲压工艺中应用极广。它既可以直接冲出成品零件，也可以为弯曲、拉深和成形等其他冲压工序准备毛坯，还可以在已成形的工件上进行再加工，如切边、切舌、冲孔等工序。落料和冲孔是两道最基本的冲裁工序。

冲裁所使用的模具叫冲裁模，它是冲裁过程由必不可少的工艺装备。根据冲裁变形机理的不同，冲裁工艺可以分为普通冲裁、精密冲裁和微冲裁。本任务只探讨普通冲裁。

一、冲裁变形分析

1. 冲裁变形时板料的受力分析

图3－2所示为无压料装置的模具对板料进行冲裁时的情形。当凸模下行至与板料接触时，板料受到凸模、凹模端面的作用力。凸模、凹模之间存在冲裁间隙，使凸模、凹模施加于板料的力产生一个力矩 M。在无压料板压紧装置冲裁时，力矩使材料产生弯曲，故模具与板料仅在刃口附近的狭小区域内保持接触，接触宽度为板厚的20%～40%。并且，凸模、凹模作用于板料垂直压力呈不均匀分布，随着模具刃口靠近而急剧增大。其中：

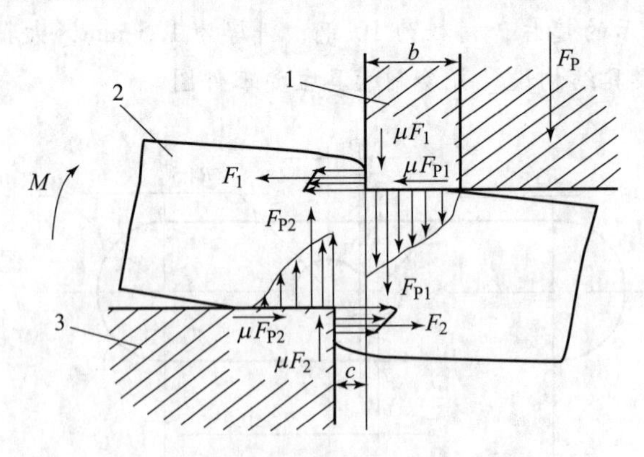

图3－2　冲裁时作用于板料上的力

1—凸模；2—板料；3—凹模

F_{P1}，F_{P2}——凸模、凹模对板料的垂直作用力；

F_1，F_2——凸模、凹模对板料的侧压力；

μF_{P1}，μF_{P2}——凸模、凹模端面与板料间的摩擦力，其方向与间隙大小有关，但一般指向模具刃口；

$\mu F_1, \mu F_2$——凸模、凹模侧面与板料间的摩擦力。

冲裁时，由于板料弯曲的影响，其变形区的应力状态是复杂的，且与变形过程有关。对于无压料板压紧材料的冲裁，其变形区应力状态如图3-3所示，其中：

A点（凸模侧面）：凸模下压引起轴向拉应力 σ_3，板料弯曲与凸模侧压力引起径向压应力 σ_1，而切应力 σ_2 为板料弯曲引起的压应力与侧压力引起的拉应力的合成应力。

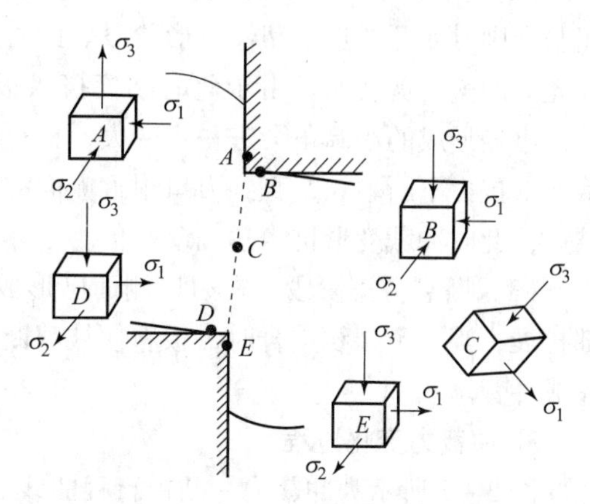

图3-3　冲裁时板料的应力状态图

B点（凸模端面）：凸模下压及板料弯曲引起的三向压缩应力。

C点（断裂区中部）：沿径向为拉应力 σ_1，垂直于板平面方向为压应力 σ_3。

D点（凹模端面）：凹模挤压板料产生轴向压应力 σ_3，板料弯曲引起径向拉应力 σ_1 和切向拉应力 σ_2。

E点（凹模侧面）：凸模下压引起轴向拉应力，由板料弯曲引起的拉应力与凹模侧压力引起的压应力合成产生应力 σ_1 与 σ_2，该合成应力可能是拉应力，也可能是压应力，与间隙大小有关。一般情况下，该处以拉应力为主。

2. 冲裁变形过程

冲裁变形过程就是利用冲裁模具使板料发生分离的过程，如果模具间隙合适，整个过程可以分为三个阶段。冲裁变形过程如图3-4所示。

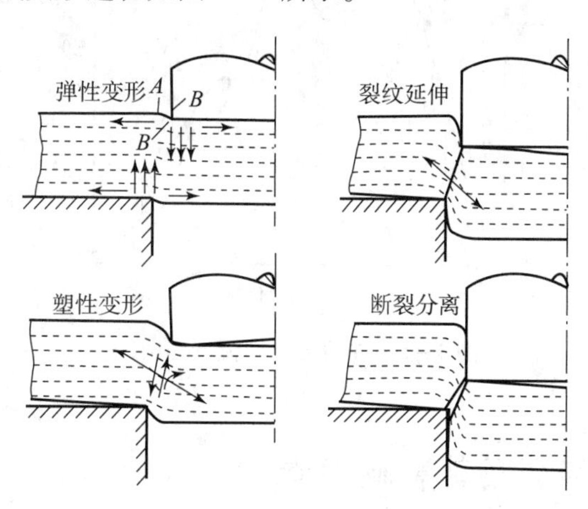

图3-4　冲裁变形过程

（1）弹性变形阶段。在凸模压力下，材料首先产生弹性压缩，由于凸、凹模之间有间隙C，板料受到弯矩M的作用，产生拉伸和弯曲变形，使凹模上的板料向上翘曲，凸模下面的材料略挤入凹模洞口，两者的过渡处（凸、凹模刃口处）形成很小的圆角，间隙越大，弯曲和上翘越严重。此时板料内部的应力没有达到材料的屈服极限。

（2）塑性变形阶段。凸模继续下压，施加给板料的力不断增大，当材料内的应力满足屈服准则时便开始进入塑性变形阶段。此时锋利的凸模和凹模刃口对板料进行塑性剪切，形成光亮的塑性剪切面。由于此时凸模挤入板料的深度增大，会有更多的材料被挤入凹模孔口，已经形成的小圆角会进一步变大，材料的塑性变形程度增大，变形区材料硬化加剧，冲裁变形抗力不断增大，直到刃口附近侧面的材料由于拉应力的作用出现微裂纹时，塑性变形结束，此时冲裁变形抗力达到最大值。

（3）断裂分离阶段。在刃口侧面已形成的上下微裂纹随凸模的继续下压不断向材料内部扩展，当上下裂纹重合时，板料便被剪断分离。随后，凸模将分离的材料推入凹模孔内，完成冲裁。

3. 冲裁力变化过程

图 3－5 所示为冲裁力－凸模行程曲线。从图中可明显看出，冲裁变形过程中的三个阶段与力学课程中的低碳钢拉伸试验得到的条件应力－应变曲线相似，因此板料的冲压性能可以通过在待冲的板料上截取试样利用拉伸的试验方法获取相关的参数来衡量。冲压工艺过程中出现的很多现象也可以通过低碳钢的拉伸试验曲线加以说明。图 3－5 中的 *OA* 段是冲裁的弹性变形阶段；*AB* 段是塑性变形阶段，*B* 点为冲裁力的最大值，在此点材料开始剪裂；*BC* 段为微裂纹扩展直至材料分离的断裂阶段；*CD* 段主要是用于克服摩擦力将冲件推出凹模孔口时所需的力。

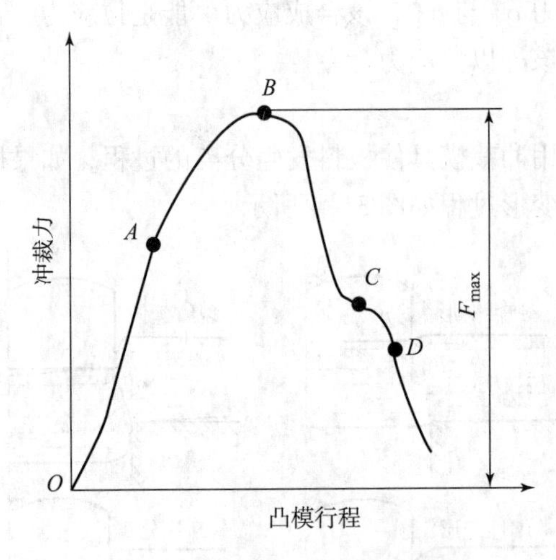

图 3－5　冲裁力－凸模行程曲线

二、冲裁断面特征及其影响因素

冲裁件质量是指断面状况、尺寸精度和形状误差。断面应尽可能垂直、光洁、毛刺小。尺寸精度应该保证在图样规定的公差范围之内。零件外形应该满足图样要求，表面尽可能平直，即拱弯小。影响零件质量的主要因素有材料性能、间隙大小及均匀性、刃口锋利程度、模具精度以及模具结构形式等。

1. 冲裁件断面特征

正常间隙下，冲裁件断面由塌角带、光亮带、断裂带和毛刺四个部分组成，如图 3－6 所示。

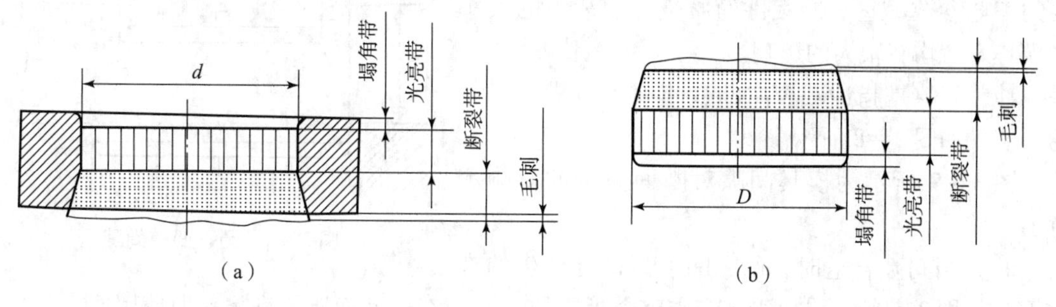

图 3－6　冲裁件断面质量

(a) 冲孔件；(b) 落料件

(1) 塌角带 (或圆角带)。塌角带开始于弹性变形阶段，在塑性变形阶段变大，是刃口附近的材料产生弯曲和拉伸变形的结果，材料的塑性越好，模具间隙越大，塌角带越大。

(2) 光亮带。光亮带形成于塑性变形阶段，是由于锋利的凸、凹模刃口对板料进行塑性剪切而形成的，由于同时受到模具侧面的挤压力，该区不仅光亮且与板平面垂直，是断面上质量最好的区域，当间隙合适时，光亮带占板料厚度的 1/3～1/2。

(3) 毛刺。毛刺开始于冲裁变形过程的塑性变形阶段，形成于断裂分离阶段。这是由于材料在凸、凹模刃口处产生的微裂纹不在刃尖处 (图 3－7)，而是在距刃尖不远的模具侧面处，裂纹的产生点和刃尖的距离 h 即毛刺的高度。在普通冲裁中，毛刺是不可避免的。毛刺的存在影响了冲压件的使用，因此毛刺越小越好。

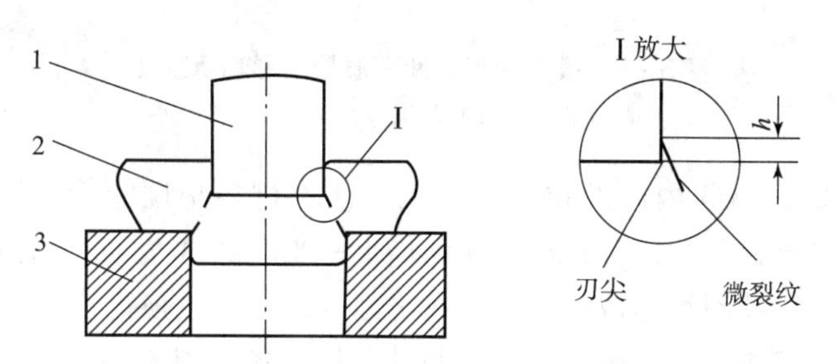

图 3－7　毛刺产生的位置

1—凸模；2—板料；3—凹模

(4) 断裂带。断裂带形成于冲裁变形的断裂分离阶段，是裂纹向板料内部扩展的结果，是冲裁件断面上质量最差的部分，不仅粗糙且带有斜度。

上述四个区域所占比例与被冲材料性能、模具间隙、模具刃口状态等多种因素有关。通常光亮带越宽，毛刺和塌角带越小，断裂带越小，断面质量越好。

2. 冲裁件断面质量影响因素

1) 材料的力学性能

当材料具有较好的塑性时，可以推迟微裂纹的产生，从而延长刃口对板料的塑性剪切时间，扩大光亮带的范围，同时也增大了塌角带。而塑性差的材料容易被拉断，材料被剪切不久就出现裂纹，使断面光亮带所占的比例小，圆角小，大部分是粗糙的断裂面。

2）冲裁间隙

冲裁间隙是冲裁加工、模具设计中一个非常重要的工艺参数，它对冲裁件的质量、冲裁力的大小和模具寿命均有很大的影响。

冲裁间隙是指冲裁模中凸、凹模刃口横向尺寸的差值，如图3－8所示。

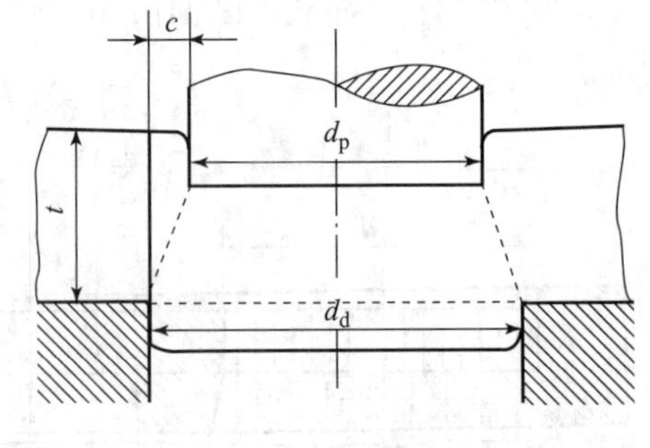

图3－8　凸、凹模间隙

图3－9所示为模具间隙对断面质量的影响示意图。

（1）当间隙合适时，凸、凹模刃口处产生的裂纹重合［图3－9（a）］，光亮带占整个板厚的1/3～1/2，断面质量满足普通使用要求。

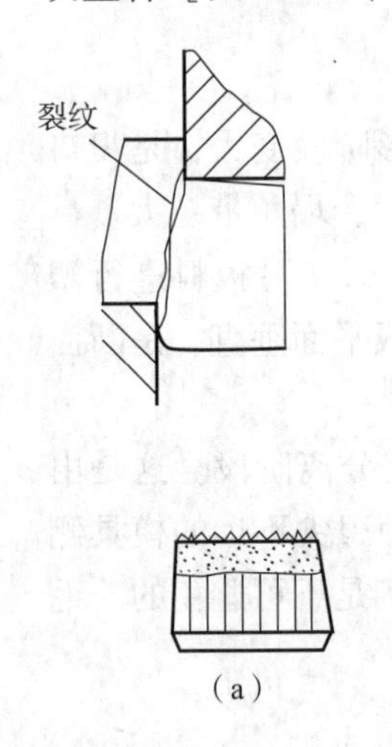

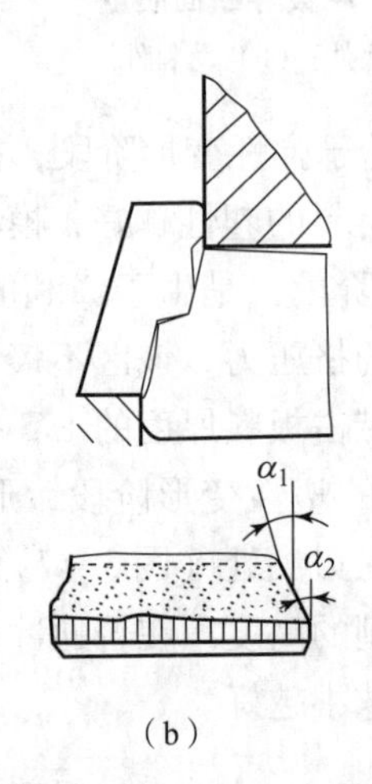

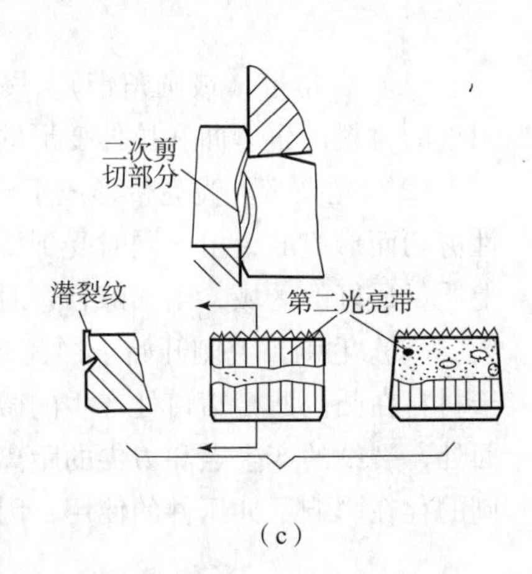

图3－9　模具间隙对断面质量的影响示意图

（a）间隙合理；（b）间隙过大；（c）间隙过小

（2）间隙过大时，材料内部的拉应力增大，使得材料塑性降低，拉伸断裂发生的早，于是断裂带变宽，光亮带所占比例减小，塌角增大。当间隙过大时，凸、凹模刃口处产生的裂纹不重合，形成两条拉裂纹，位于两条裂纹之间的材料将被强行拉断，制件的断面上形成两个斜度的断裂带，毛刺又高、厚、大，冲裁件质量下降［图3－9（b）］。

（3）间隙过小时，材料内部的压应力增大，使得材料塑性提高，裂纹推迟产生，使光亮带所占比例增加，塌角减小，断面质量较好，但如果间隙过小，凸、凹模刃口处产生的裂纹不会重合，位于两条裂纹之间的材料将被二次剪切，形成第二光亮带或断续的光亮块，同时部分材料被挤出，在表面形成薄而高的毛刺［图3－9（c）］。

3）模具刃口状态

冲裁凸、凹模要求其刃口锋利，以便于材料分离并保持良好的断面质量。但模具使用一段时间后其刃口会磨损变钝，利用磨钝的刃口进行冲裁时，由于增大了挤压作用和减小了应力集中现象，冲压件的塌角带和光亮带增大，产生的裂纹偏离刃口，凸、凹模间金属在剪裂前有很大的拉伸，这就使冲裁断面上产生明显的毛刺。当凸、凹模刃口磨钝后，即使间隙合理也会在冲压件上产生根部粗大的毛刺。图3－10所示为模具刃口状态对断面质量的影响。

当凸模刃口磨钝时，会在落料件上端产生毛刺［图 3－10（a）］；当凹模刃口磨钝时，会在冲孔件的孔口下端产生毛刺［图 3－10（b）］；当凸、凹模刃口同时磨钝时，则冲裁件上、下端都会产生毛刺［图 3－10（c）］。

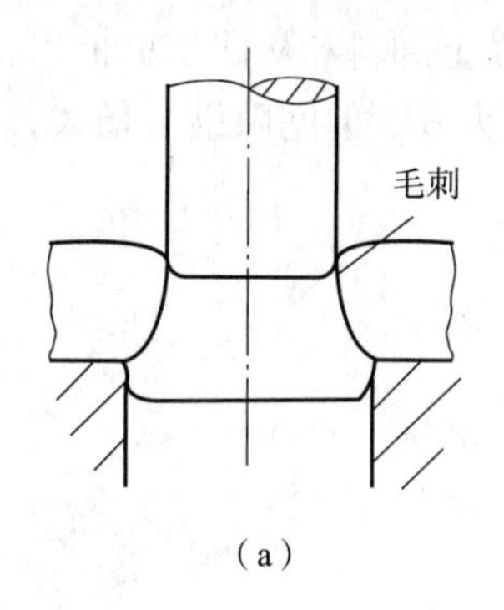

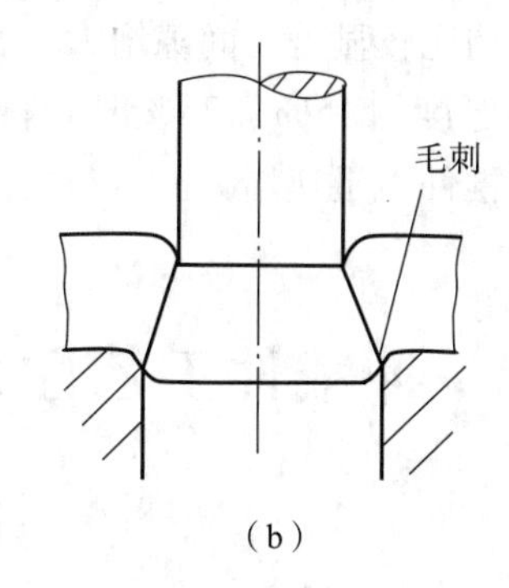

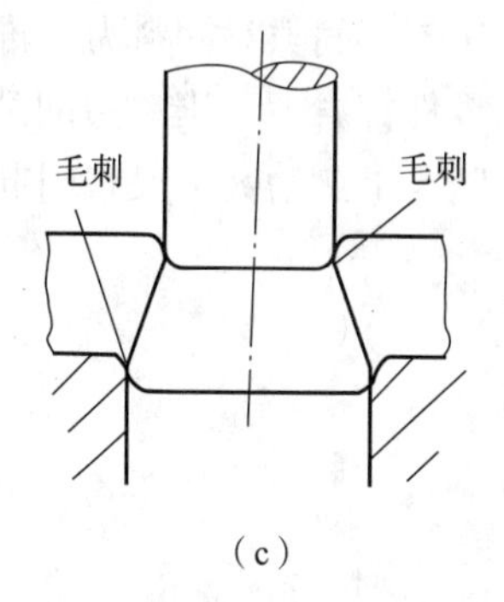

图 3－10　模具刃口状态对断面质量的影响

（a）凸模磨钝；（b）凹模磨钝；（c）凸、凹模均磨钝

三、冲裁间隙对其他方面的影响

1. 间隙对冲裁件尺寸精度的影响

间隙大小适当时，落料件的尺寸等于凹模尺寸，冲孔件尺寸等于凸模尺寸；间隙过大，冲裁后因材料弹性恢复，冲裁件向实体方向收缩，落料件尺寸小于凹模尺寸，冲孔尺寸将会大于凸模尺寸；间隙过小，冲裁件尺寸向实体的反方向胀大，落料尺寸将会大于凹模尺寸，冲孔尺寸将会小于凸模尺寸。图 3－11 中的曲线表达了间隙对冲裁件精度的影响。

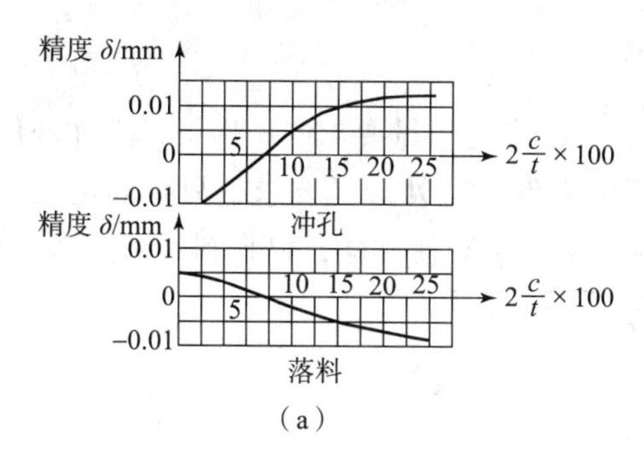

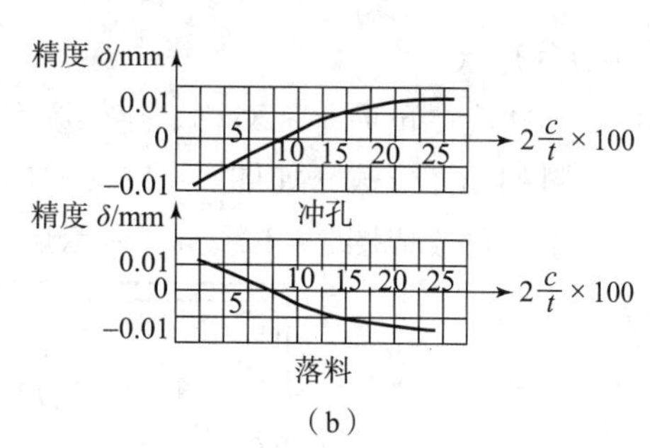

图 3－11　间隙对冲裁件精度的影响

（a）15 钢，$t=3.5$ mm；（b）45 钢，$t=2$ mm

2. 间隙对模具寿命的影响

模具寿命受各种因素的综合影响，间隙是影响模具寿命诸因素中的主要因素之一。冲裁过程中，凸模与被冲的孔之间，凹模与落料件之间均有摩擦，而且间隙越小，模具作用的压应力越大，摩擦也越严重。所以过小的间隙对模具寿命极为不利。而较大的间隙可使凸模侧面与材料间的摩擦减小，并减缓由于受到制造和装配精度限制而出现的间隙不均匀现象的不利影响，从而提高模具寿命。

3. 间隙对冲裁工艺力的影响

随着间隙的增大，材料所受的拉应力增大，材料容易断裂分离，因此冲裁力减小，通常冲裁力的降低并不显著，当单边间隙为材料厚度的5% ~20%时，冲裁力的降低不超过5% ~10%。间隙对卸料力、推件力的影响比较显著。间隙增大后，从凸模上卸料和从凹模里推出零件都省力，当单边间隙达到材料厚度的15% ~25%时卸料力几乎为零。但间隙继续增大，因为毛刺增大，又将引起卸料力、推件力迅速增大。

任务2　冲裁件工艺性分析

任务描述

从结构工艺性（尤其是极限尺寸）、经济性、材料等方面对垫片的冲裁工艺性进行分析，如果工艺性不好，能提出相应的修改方案。

相关知识

冲裁件的工艺性是指冲裁件对冲裁工艺的适应性。一般情况下，对冲裁件工艺性影响最大的是几何形状、尺寸和精度要求。良好的冲裁工艺性应能满足材料较省、工序较少、模具加工较易、寿命较长、操作方便及产品质量稳定等要求。

一、冲裁件结构工艺性

1. 冲裁件形状

冲裁件形状应尽量简单、对称、排样废料少。在满足质量要求的条件下，把冲裁件设计成少、无废料的排样形式。如图3－12（a）所示零件，若外形无要求，只要满足三孔位置达到设计要求，可改成图3－12（b）所示形状，采用无废料排样，材料利用率提高40%。

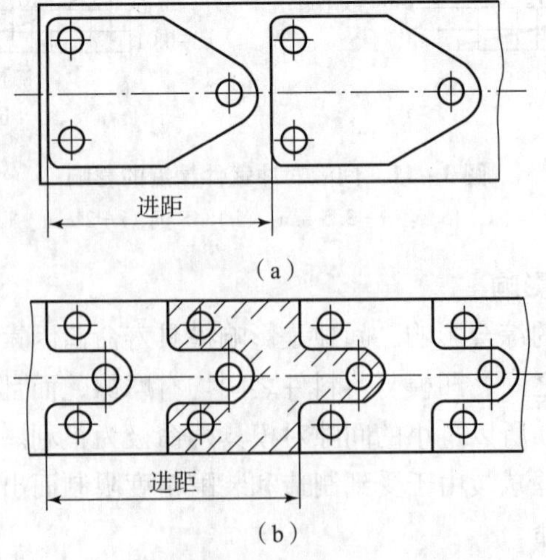

图3－12　冲裁件形状对工艺性的影响示例

2. 最小圆角半径

冲裁件的外形和内孔应避免尖锐的清角，宜有适当的圆角。这样做的目的是便于模具的加工，减少热处理变形，减少冲裁时尖角处的崩刃和过快磨损。冲裁件的最小圆角半径允许值如表 3-1 所示。如果是少、无废料排样冲裁或者采用镶拼模具时，可不要求冲裁件有圆角。

表 3-1　冲裁件的最小圆角半径允许值

工序	连接角度	黄铜、纯铜、铝	软钢	合金钢
落料	≥90°	0.18t	0.25t	0.35t
	<90°	0.35t	0.50t	0.70t
冲孔	≥90°	0.20t	0.30t	0.45t
	<90°	0.24t	0.60t	0.90t
注：t 为材料厚度，当 $t<1$ mm 时，均以 $t=1$ mm 计算。				

3. 冲裁件孔的最小尺寸

冲裁件上孔的尺寸受到凸模强度的限制，不能太小，否则凸模易折断或压弯。图 3-13（a）所示为无保护装置凸模冲小孔模具，其所能冲出的最小孔径如表 3-2 所示。图 3-13（b）所示为有保护装置凸模冲小孔模具，其所能冲出的最小孔径如表 3-3 所示。

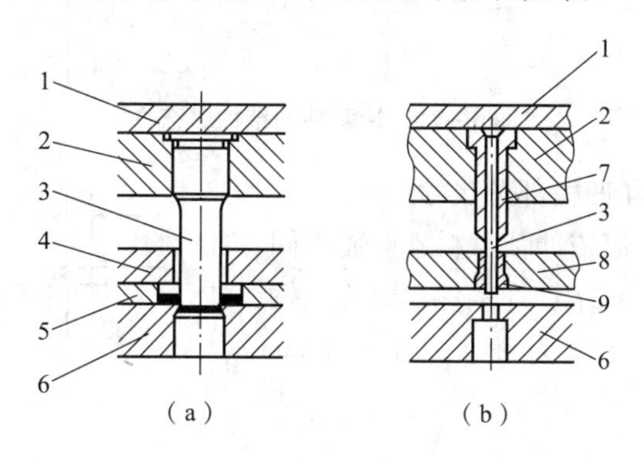

图 3-13　冲孔模具

（a）无保护装置冲孔模；（b）有保护装置冲孔模

1—垫板；2—固定板；3—凸模；4—刚性卸料板；5—导料板；6—凹模；7—保护套；8—弹性卸料板；9—小导套

表 3-2　无保护装置凸模冲孔的最小尺寸

材料	形状			
	圆形	矩形	圆形	矩形
硬钢	1.3t	1.0t	0.5t	0.4t
软钢及黄铜	1.0t	0.7t	0.35t	0.3t
铝	0.8t	0.5t	0.3t	0.28t
酚醛层压布（纸）板	0.4t	0.35t	0.3t	0.25t
注：t 为材料厚度（mm）。				

表3-3　有保护装置凸模冲孔的最小尺寸

材料	高碳钢	低碳钢、黄铜	铝、锌
圆孔直径 d	$0.5t$	$0.35t$	$0.3t$
长方孔宽度 b	$0.45t$	$0.3t$	$0.28t$
注：t 为材料厚度（mm）。			

4. 最小孔距、孔边距

冲裁件的孔与孔之间、孔与边缘之间的距离 c、c'（图3-14）不能太小，否则模具强度不够或使冲裁件变形。一般取 $c \geqslant 1.5t, c' \geqslant t$（$t$ 为料厚），但不得小于0.8 mm。若在弯曲或拉深件上冲孔，冲孔位置与件壁间距（图3-15）应满足 $l \geqslant R + 0.5t, l_1 \geqslant R_1 + 0.5t$。

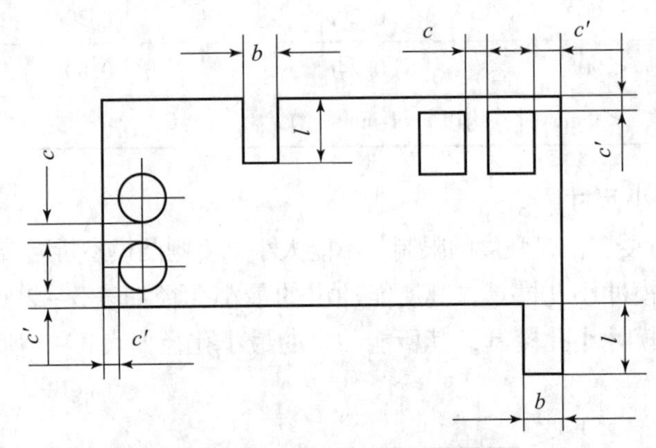

图3-14　冲裁件的结构工艺性

5. 冲裁件上的悬臂和凹槽部分尺寸

如图3-14所示，b 值依冲裁材料不同而不同。冲裁件材料为高碳钢时，$b \geqslant 2t$；冲裁件材料为黄铜、纯铜、铝、软钢时，$b \geqslant 1.5t$（t 为料厚，当 $t<1$ mm 时，按 $t=1$ mm 计算）。

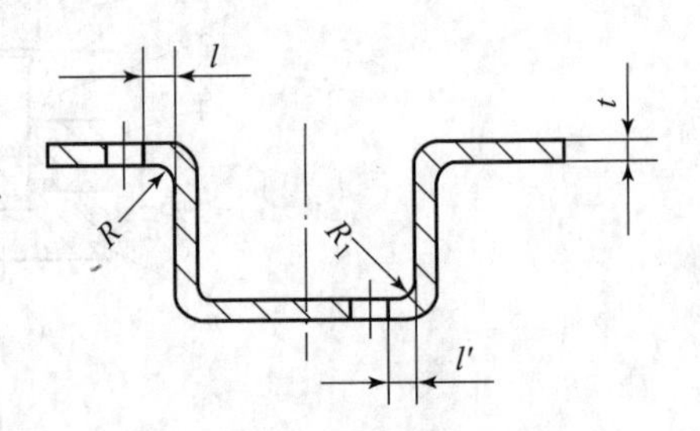

图3-15　弯曲件的冲孔位置

二、冲裁件的精度和断面粗糙度

1. 精度

冲裁件的经济精度一般不高于IT11级，最高可达IT8～IT10级，冲孔比落料的精度约高一级，冲裁件的尺寸公差、孔中心距的公差如表3-4、表3-5所示。

表3-4　冲裁件内形与外形尺寸公差

材料厚度/mm	普通冲裁模				精密冲裁模			
	零件尺寸/mm							
	<10	10～50	50～100	150～300	<10	10～50	50～150	150～300
0.2～0.5	$\frac{0.08}{0.05}$	$\frac{0.10}{0.08}$	$\frac{0.14}{0.12}$	0.20	$\frac{0.025}{0.02}$	$\frac{0.03}{0.04}$	$\frac{0.05}{0.08}$	0.08

续表

材料厚度/mm	普通冲裁模				精密冲裁模			
	零件尺寸/mm							
	<10	10~50	50~100	150~300	<10	10~50	50~150	150~300
0.5~1	$\frac{0.12}{0.05}$	$\frac{0.16}{0.08}$	$\frac{0.22}{0.12}$	0.30	$\frac{0.03}{0.02}$	$\frac{0.04}{0.04}$	$\frac{0.06}{0.08}$	0.10
1~2	$\frac{0.18}{0.06}$	$\frac{0.22}{0.12}$	$\frac{0.30}{0.16}$	0.50	$\frac{0.04}{0.03}$	$\frac{0.06}{0.06}$	$\frac{0.08}{0.10}$	0.12
2~4	$\frac{0.24}{0.08}$	$\frac{0.28}{0.12}$	$\frac{0.40}{0.20}$	0.70	$\frac{0.06}{0.04}$	$\frac{0.08}{0.08}$	$\frac{0.10}{0.12}$	0.15
4~6	$\frac{0.30}{0.10}$	$\frac{0.35}{0.15}$	$\frac{0.50}{0.25}$	1.00	$\frac{0.10}{0.06}$	$\frac{0.12}{0.10}$	$\frac{0.15}{0.15}$	0.20

注：1. 表中分子为外形的公差值，分母为内孔的公差值。
2. 普通冲裁模指模具工作部分，导向部分零件按 IT7~IT8 级制造，高级冲裁模按 IT5~IT6 级制造。

表 3-5　冲裁件孔中心距公差

材料厚度/mm	普通冲裁模			精密冲裁模		
	零件尺寸/mm					
	<50	50~150	150~300	<50	50~150	150~300
<1	±0.10	±0.15	±0.20	±0.03	±0.05	±0.08
1~2	±0.12	±0.20	±0.30	±0.04	±0.06	±0.10
2~4	±0.15	±0.25	±0.35	±0.06	±0.08	±0.12
4~6	±0.20	±0.30	±0.40	±0.08	±0.10	±0.15

2. 断面粗糙度

冲裁件的断面粗糙度一般为 *Ra* 12.5~50 μm，最高可达 *Ra* 6.3 μm，具体数值如表 3-6 所示。

表 3-6　一般冲裁件断面的近似粗糙度

材料厚度/mm	≤1	1~2	2~3	3~4	4~5
粗糙度 *Ra*/μm	6.3	12.5	25	50	100

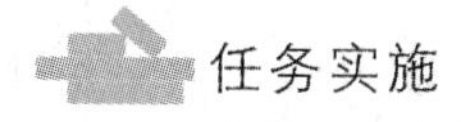任务实施

冲裁件工艺性分析

1. 结构工艺性

该零件形状简单，是由圆弧和直线构成的，无悬臂、凹槽、尖角，孔边距为 5.5 mm，

大于1.5倍料厚。零件的精度要求和生产批量符合冲裁工艺要求，故冲压工艺性良好。

2. 精度

由表3－4可知，中间孔的形状精度属于普通冲裁精度，因此可以通过普通冲裁方式保证零件的精度要求。

3. 材料

10钢为低碳钢，具有良好的塑性，适合冲裁加工。

综上所述，该零件具有良好的冲裁工艺性，适合冲裁加工。

任务3　确定工艺方案

任务描述

基于冲裁件的结构特点，提出冲裁工艺方案，并从批量、精度、成本、操作等方面选出最优方案。

相关知识

所谓工艺方案，是指用哪几种基本冲压工序，按照何种冲压顺序，以怎样的工序组合方式完成冲裁件的冲裁加工。图3－1所示的冲裁件需要落料和冲孔两道冲压工序完成，而这两道冲压工序是一步一步地分别完成还是同时完成，这就是工序的组合问题。工艺方案是在工艺分析的基础上结合产品的生产批量确定的。冲裁工艺方案可分为单工序冲裁、复合冲裁和级进冲裁。

单工序冲裁是在压力机一次行程中，在模具单一的工位上完成单一工序的冲压；复合冲裁是在压力机一次行程中，在模具的同一工位上同时完成两道或两道以上冲压工序；级进冲裁是把冲裁件的若干个冲压工序排列成一定的顺序，在压力机一次行程中条料在冲模的不同工序位置上，分别完成工件所要求的工序，在完成所有要求的工序后，以后每次冲程都可以得到一个完整的冲裁件。

1. 冲裁工序的组合

冲裁工序组合方式可根据表3－7确定。

表3－7　单工序冲裁、复合冲裁和级进冲裁比较

比较项目	单工序冲裁	复合冲裁	级进冲裁
冲压精度	较低	较高（IT8～IT11）	一般（IT10～IT13）
冲压生产率	低，压力机一次行程内只能完成一个工序	较高，压力机一次行程内可完成两个及两个以上工序	高，压力机在一次行程内能完成多个工序
实现操作机械化、自动化的可能性	较易，尤其适合于多工位压力机上实现自动化	难，制件和废料排除较复杂，可实现部分机械化	容易，尤其适应于单机上实现自动化

续表

比较项目	单工序冲裁	复合冲裁	级进冲裁
生产通用性	通用性好，适合于中小批量生产	通用性差，仅适合于大批量生产	通用性较差，仅适合于中小型零件的大批量生产
冲模制造的复杂性和价格	结构简单，制造周期短，价格低	复杂性和价格较高	低于复合模

对于一个工件，可能得出多种工艺方案，必须对这些方案进行比较，选取在满足工件质量与生产率的要求下，模具制造成本低、寿命长、操作方便又安全的工艺方案。

如果采用复合冲裁，还要考虑复合模最小壁厚问题。由于内外缘之间的壁厚取决于冲裁件的孔边距，所以当冲裁件孔边距较小时必须考虑凸凹模强度。为保证凸凹模强度，其壁厚不应小于允许的最小值。如果小于允许的最小值，就不宜采用复合模进行冲裁。

倒装复合模的冲孔废料容易积存在凸凹模型孔内，所受胀力大，凸凹模最小壁厚要大些。正装复合模的冲孔废料由装在上模的打料装置推出，凸凹模型孔内不积存废料，胀力小，最小壁厚可小于倒装复合模的凸凹模最小壁厚值。目前复合模的凸凹模最小壁厚值按经验数据确定，倒装复合模的最小壁厚如表 3－8 所示。

表 3－8　倒装复合模的最小壁厚　　mm

材料厚度	0.1	0.15	0.2	0.4	0.5	0.6	0.7	0.8	0.9	1	1.2	1.4	1.5	1.6
最小壁厚	0.8	1	1.2	1.4	1.6	1.8		2.3	2.5	2.7	3.2	3.6	3.8	4
材料厚度	1.8	2	2.2	2.4	2.6	2.8	3	3.2	3.4	3.6	4	4.5	5	5.5
最小壁厚	4.4	4.9	5.2	5.6	6	6.4	6.7	7.1	7.4	7.7	8.5	9.3	10	12

二、冲裁顺序的安排

当采用单工序或级进冲压的方式进行加工时，是先落料还是先冲孔，就存在一个冲裁顺序的问题。

1. 级进冲裁的顺序安排

（1）先冲孔或切口，最后落料或切断，将工件与条料分离。先冲出的孔可用作后续工序的定位。在定位要求较高时，则可冲出专供定位用的工艺孔。

（2）采用定距侧刃时，定距侧刃切边工序安排与首次冲孔同时进行，以便控制送料步距。采用两个定距侧刃时，可以安排成一前一后，也可并列布置。

2. 多工序工件用单工序冲裁时的顺序安排

（1）先落料使毛坯与条料分离，再冲孔或冲缺口。后续各冲裁工序的定位基准要一致，以避免定位误差和尺寸链换算。

（2）冲裁大小不同、相距较近的孔时，为了减小孔的变形，应先冲大孔，后冲小孔。

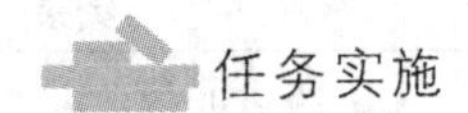

任务实施

该零件需要落料和冲孔两道工序完成，可采用的方案有三种：

方案一：单工序冲裁，先落料再冲孔。

方案二：复合冲裁，落料、冲孔同时完成。

方案三：级进冲裁，先冲孔再落料。

分析上述三种方案，方案一中模具结构简单，但需要两道工序、两副模具，生产率较低，难以满足大量生产时对效率的要求；方案二中只需一副模具，冲裁件的几何精度、尺寸精度和平面度容易保证，生产率比方案一高，但模具结构较方案一复杂，操作较不方便；方案三也只需要一副模具，操作方便安全，生产率高，冲出的零件精度介于方案一和方案二之间。综合以上因素考虑，选用方案二，即采用复合冲裁。

任务4　模具结构设计

任务描述

根据不同冲裁模的结构特点，确定合适的冲裁模结构。

相关知识

一、冲裁模分类

冲裁模的形式很多，一般可按下列不同特征分类。

（1）按工序性质分类，可分为落料模、冲孔模、切断模、切边模、切口模、剖切模、整修模、精冲模等。

（2）按工序组合程度分类，可分为单工序模、复合模和级进模。

（3）按自动化程度分类，可分为手动模、半自动模和自动模。

二、典型冲裁模结构认知

尽管有的冲裁模很复杂，但总体上都分为上模和下模两个部分，上模一般固定在压力机的滑块上，并随滑块一起运动，下模固定在压力机的工作台上。下面分别叙述各类冲裁模的结构、工作原理、特点及应用场合。

1. 单工序模

单工序模是只完成一种工序的冲裁模，如落料模、冲孔模、切边模、剖切模等。单工序模可以有多个凸模，但其完成的工序类型相同。

1）落料模

常见的落料模有以下三种形式：

（1）无导向敞开式落料模。

其特点是结构简单，制造周期短，成本较低，但模具本身无导向，需依靠压力机滑块进行导向，安装模具时调整凸、凹模间隙较麻烦且不易均匀。因此冲裁件质量差，模具寿命短，操作不够安全。一般适用于冲裁精度要求不高、形状简单、批量小的冲裁件。

图3－16所示为无导向固定卸料式落料模。上模由凸模2和模柄1（与上模座做成一体）组成。凸模2直接用一个螺钉吊装在模柄1上。下模由凹模5、下模座6、固定卸料板3、导料板4和定位板7组成，凹模镶入下模座中，并用4个螺钉连接，2个销钉定位。导料板与固定卸料板制成一体，送料方向的定距由定位板来完成。

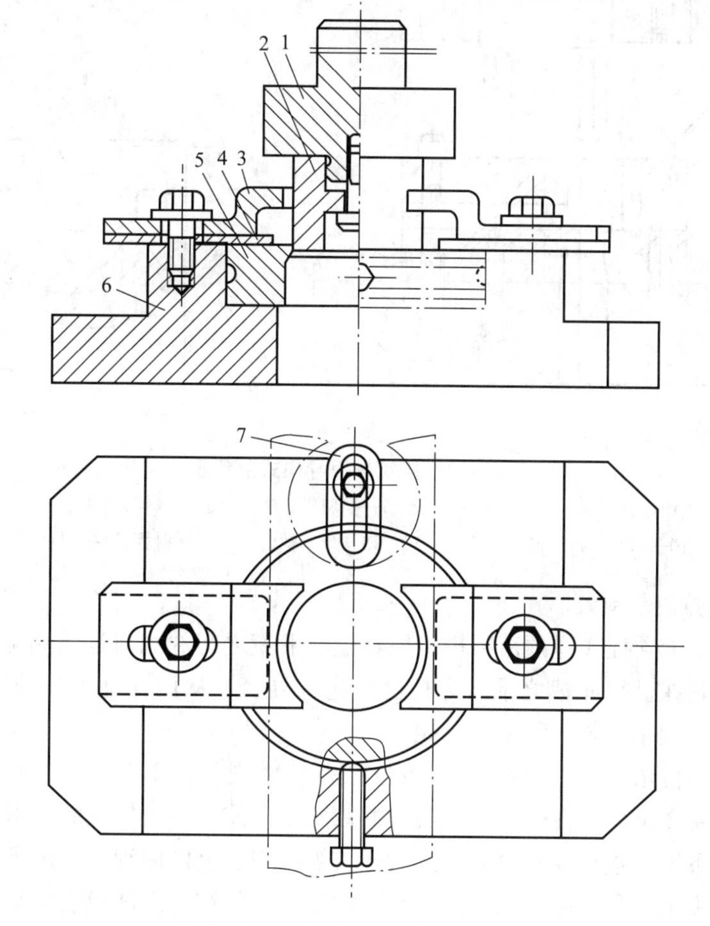

图3－16　无导向固定卸料式落料模

1—上模座和模柄；2—凸模；3—固定卸料板；4—导料板；5—凹模；6—下模座；7—定位板

（2）导板式落料模。

图3－17所示为固定导板导向式落料模。该模具的主要特点是上模与下模的导向是靠凸模6和导板3的小间隙配合（H7/h6）实现的。这类模具的安装调整比无导向式模具方便，工件质量比较稳定，模具寿命较高，操作安全。这种模具的缺点是必须采用行程可调压力机，保证使用过程中凸模与导板不脱离，以保持其导向精度，甚至在刃磨时也不允许凸模与导板脱离，以免损害其导向精度。常用于料厚大于0.3 mm的简单冲压件。

凸模6和凸模固定板11的型孔可采用H9/h8的间隙配合，而无须一般模具采用的过渡配合。这是因为凸模与导板已有了良好的配合且始终不脱离。

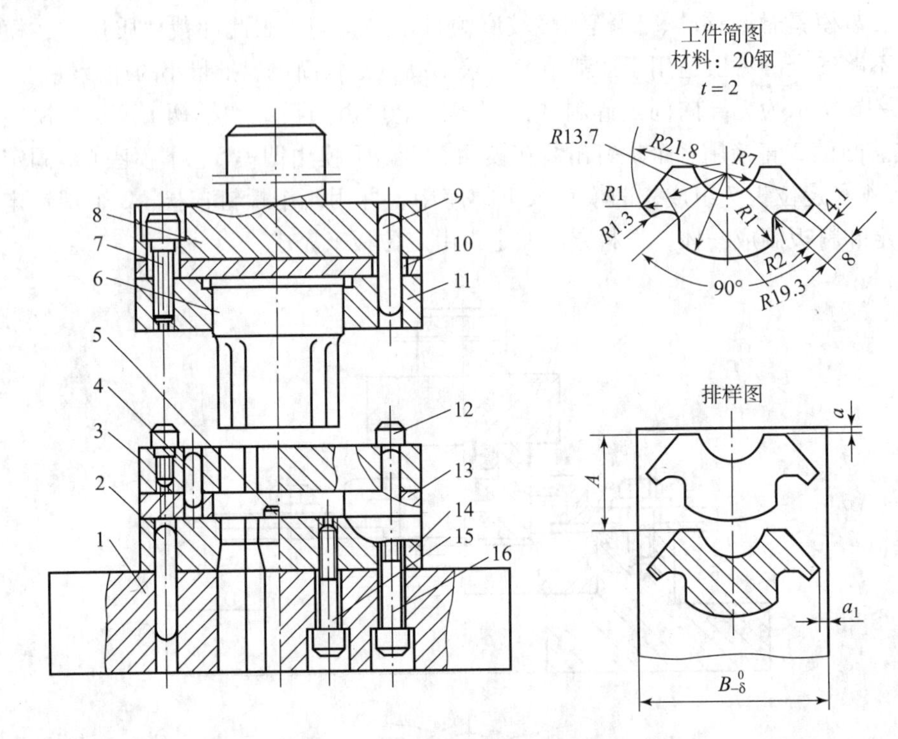

图3-17　固定导板导向式落料模

1—下模座；2，4，9—销；3—导板；5—挡料销；6—凸模；7—螺钉；8—上模座；10—垫板；11—凸模固定板；12，15，16—螺钉；13—导料板；14—凹模

（3）导柱式弹顶落料模。

图3-18所示为导柱式弹顶落料模，模具上、下模之间的相对运动用导柱19和导套20导向。凸、凹模具在进行冲裁之前，导柱已经进入导套，从而保证了冲裁过程中落料凸模10和落料凹模12之间间隙的均匀性。

条料的送进定位依靠固定挡料销18和导料销23实现，弹压卸料装置由卸料板11、卸料螺钉3和卸料弹簧2组成。在凸、凹模进行冲裁工作之前，由于橡胶的作用，卸料板先压住板料，上模继续下压时进行冲裁分离，此时橡胶被压缩。上模回程时，由于橡胶恢复，推动卸料板把箍在凸模上的条料卸下来。同时采用弹顶顶出的结构从凹模模面上取出工件，工件的变形小，平面度高。

导柱式冲裁模导向比导板模可靠，其精度高，寿命长，使用安装方便，但轮廓尺寸较大，模具较重，制造工艺复杂，成本较高。它广泛用于生产量大、精度要求高的冲裁件。

2）冲孔模

冲孔模的结构与一般落料模相似。但冲孔模有其自己的特点，特别是冲小孔模具，必须考虑凸模的强度和刚度，以及快速更换凸模的结构。在已成形零件侧壁上冲孔时，要设计凸模水平运动方向的转换机构。

（1）侧壁冲孔模。

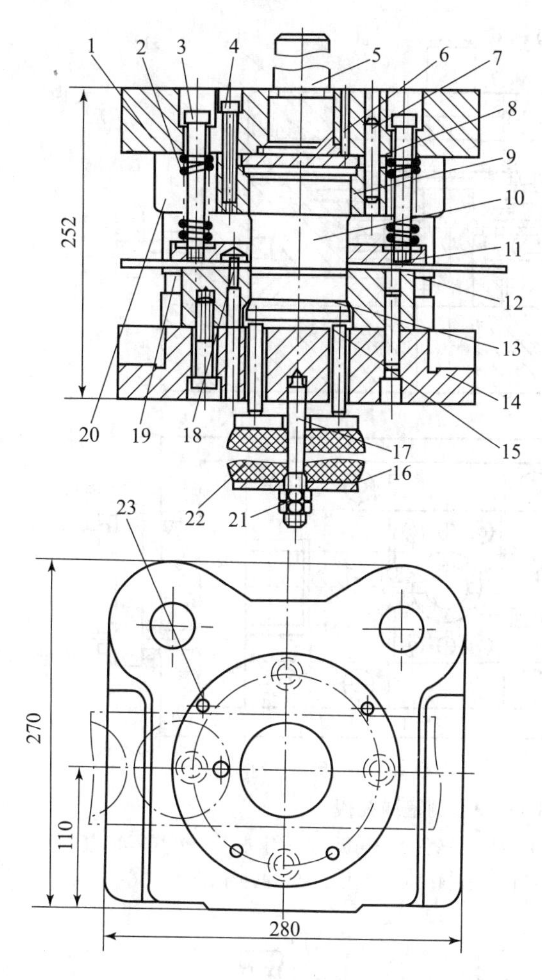

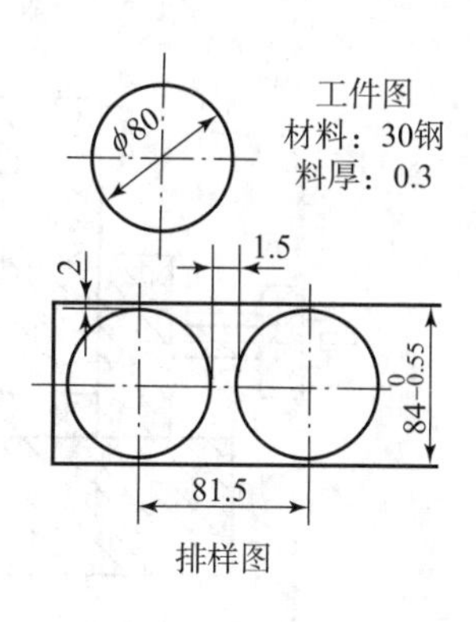

图 3－18　导柱式弹顶落料模

1—上模座；2—卸料弹簧；3—卸料螺钉；4—螺钉；5—模柄；6—防转销；7—销；8—垫板；9—凸模固定板；10—落料凸模；11—卸料板；12—落料凹模；13—顶件板；14—下模座；15—顶杆；16—圆板；17—螺栓；18—固定挡料销；19—导柱；20—导套；21—螺母；22—橡皮；23—导料销

图 3－19 所示为侧壁冲孔模。它的工作过程是：将毛坯放进模具，由冲孔凹模 13 的外形进行定位，压料板 12 将毛坯压紧在凹模的上表面，冲孔凸模 14 在斜楔 7、滑块 6 的驱动下向左运动完成冲孔，冲孔结束后，上模回程，斜楔上行，滑块在复位装置的作用下带动凸模退出凹模，同时压料板上行，取出工件，废料由冲孔凸模直接从凹模孔内推出。这副模具的特点是采用斜楔实现水平冲压。

（2）单工序多凸模冲孔模。

图 3－20 所示为单工序多凸模冲孔模，电动机转子片上的 37 个槽孔均在一次冲程中完成。冲孔前将毛坯套在定位块 14 上，模具采用双导向装置。模具靠导柱 6 与导套 7 对上、下模导向。同时，卸料板通过导套 8 与导套 7 滑配，使卸料板以导套为导向，增加了工作的可靠性与稳定性。推件采用推件力较大的刚性装置，对于多孔冲模或卸料力较大的工件，能可靠地卸下冲件。

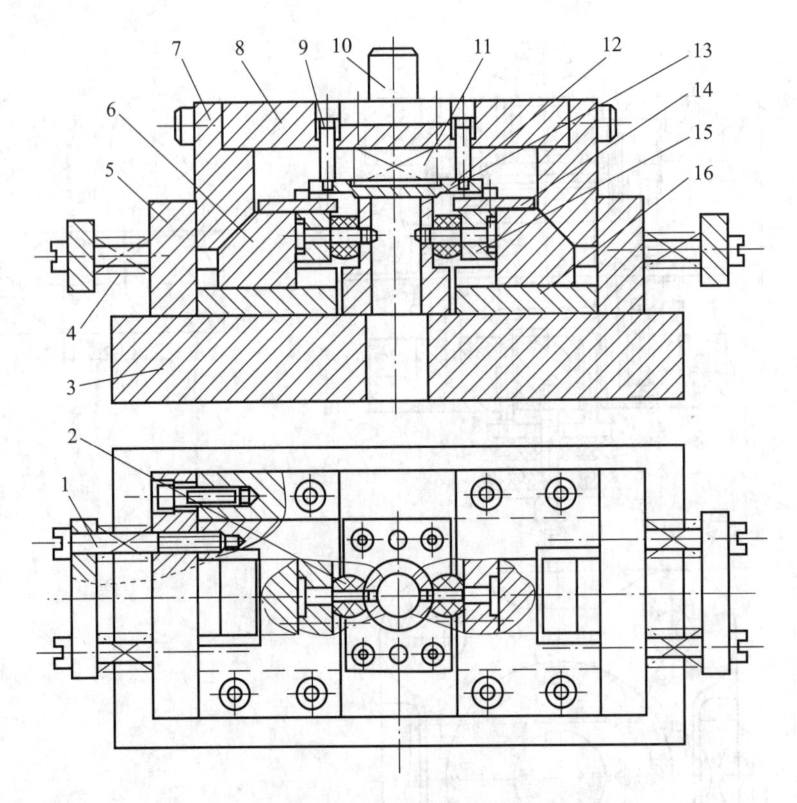

图 3-19　侧壁冲孔模

1，9—螺钉；2—橡胶；3—下模板；4，11—弹簧；5—托板；6—滑块；7—斜楔；8—上模板；10—模柄；12—压料板；13—冲孔凹模；14—冲孔凸模；15—凸模固定板；16—底座

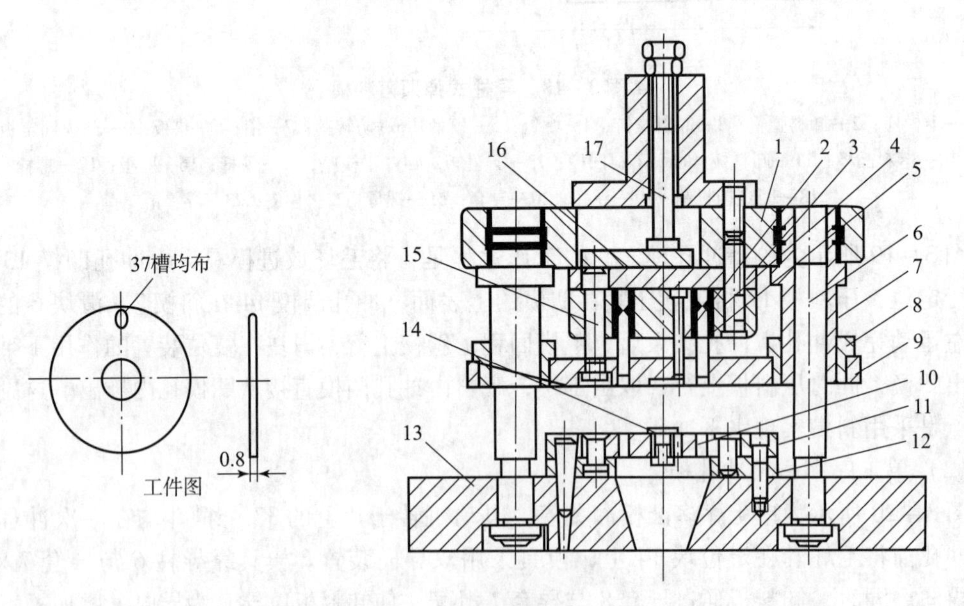

图 3-20　单工序多凸模冲孔模

1—上模座；2—标记槽凸模；3—凸模垫板；4—凸模固定板；5—槽形凸模；6—导柱；7，8—导套；9—卸料板；10—凹模；11—凹模套圈；12—下垫板；13—下模座；14—定位块；15—推杆螺钉；16—推板；17—打杆

（3）冲小孔模。

图 3－21 所示为短凸模多小孔冲孔模，用于冲裁孔多而尺寸小的冲裁件。工件板厚为 2 mm，孔径为 1.2 mm，材料为 Q235 钢。模具结构采用缩短凸模长度的方法来防止其在冲裁过程中产生弯曲变形而折断。采用这种结构制造比较容易，凸模使用寿命也较长。这副模具采用冲击块 5 冲击凸模进行冲裁工作。小凸模由小压板 7 进行导向，而小压板由两个小导柱 6 进行导向。当上模下行时，大压板 8 与小压板 7 先后压紧工件，小凸模 2、3、4 上端露出小压板 7 的上平面，上模压缩弹簧继续下行，冲击块 5 冲击凸模 2、3、4 对工件进行冲孔。卸件工作由大压板 8 完成。厚料冲小孔模具的凹模洞口漏料必须顺畅，防止废料堵塞损坏凸模。冲裁件在凹模上由定位板 9 与 1 定位，并由后侧压块 10 使冲裁件紧贴定位面。

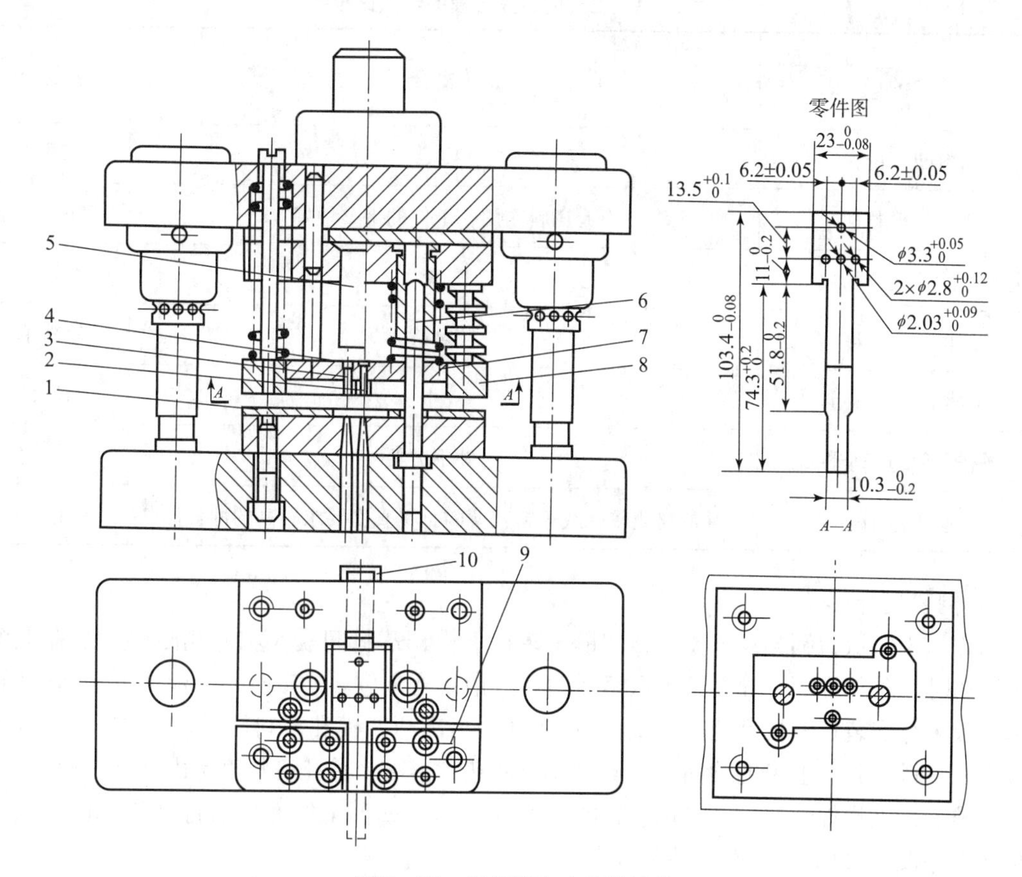

图 3－21　短凸模多小孔冲孔模

1，9—定位板；2，3，4—凸模；5—冲击块；6—小导柱；7—小压板；8—大压板

2. 复合模

复合模能在压力机一次行程内，完成落料、冲孔及拉深等数道工序。在完成这些工序的过程中，冲件材料无须进给移动。复合模设计的难点是如何在同一工位上合理布置好几对凸、凹模。

图 3－22 所示为落料/冲孔复合模的基本结构。在模具的下方是落料凹模，且凹模中间装着冲孔凸模；而上方是凸凹模，外形是落料的凸模，内孔是冲孔的凹模。由于落料凹模装在下模，该结构为顺装复合模（又称正装复合模）；若落料凹模在上模，则为逆装复合模（又称倒装复合模）。表 3－9 所示为两种复合模的特点比较。

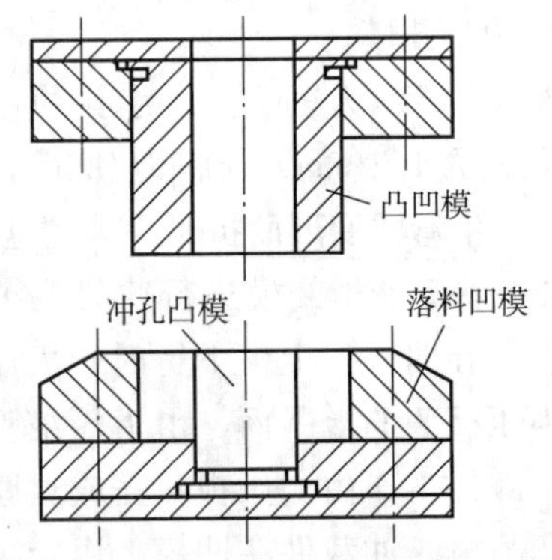

图 3－22　落料/冲孔复合模的基本结构

表 3－9　正、倒装复合模的特点比较

特点＼模具类型	正装复合模	倒装复合模
落料凹模位置	下模	上模
工件的平整性	有压料作用，工件的平整性好	较差
除料、除件装置的数量	三套	两套
结构复杂程度	较复杂	较简单
可冲工件孔边距	较小	较大
操作方便与安全性	出件不方便	比较方便
应用范围	冲制材质较软或板料较薄的且平直度要求较高的冲裁件	应用广泛

1）倒装复合模

图 3－23 所示为倒装复合模，凸凹模 3 装在下模，落料凹模 5 和冲孔凸模 6 装在上模。模具工作时，条料沿两个导料销 1 送至活动挡料销 2 处定位。冲裁时，上模向下运动，因弹压卸料板 4 与安装在凹模型孔内的推件板 10 分别高出凸凹模和落料凹模的工作面约 1 mm，故首先将条料压紧。上模继续向下，同时完成冲孔和落料。冲孔废料直接由冲孔凸模从凸凹模内孔推下，无顶件装置，结构简单，操作方便。卡在凹模中的冲件由打杆 7、推板 8、推杆 9 和推件板 10 组成的刚性推件装置推出。

倒装复合模的冲孔废料由冲孔凸模从凸凹模内孔推下，其结构简单，操作方便。但凸凹模内积存废料，胀力较大，因此倒装复合模因受凸凹模最小壁厚的限制，不易冲制孔壁过小的工作。同时，采用刚性推件的倒装复合模，板料不是处在被压紧的状态下冲裁，因而平整度不高。这种结构适用于冲裁较硬或厚度大于 0.3 mm 的板料。

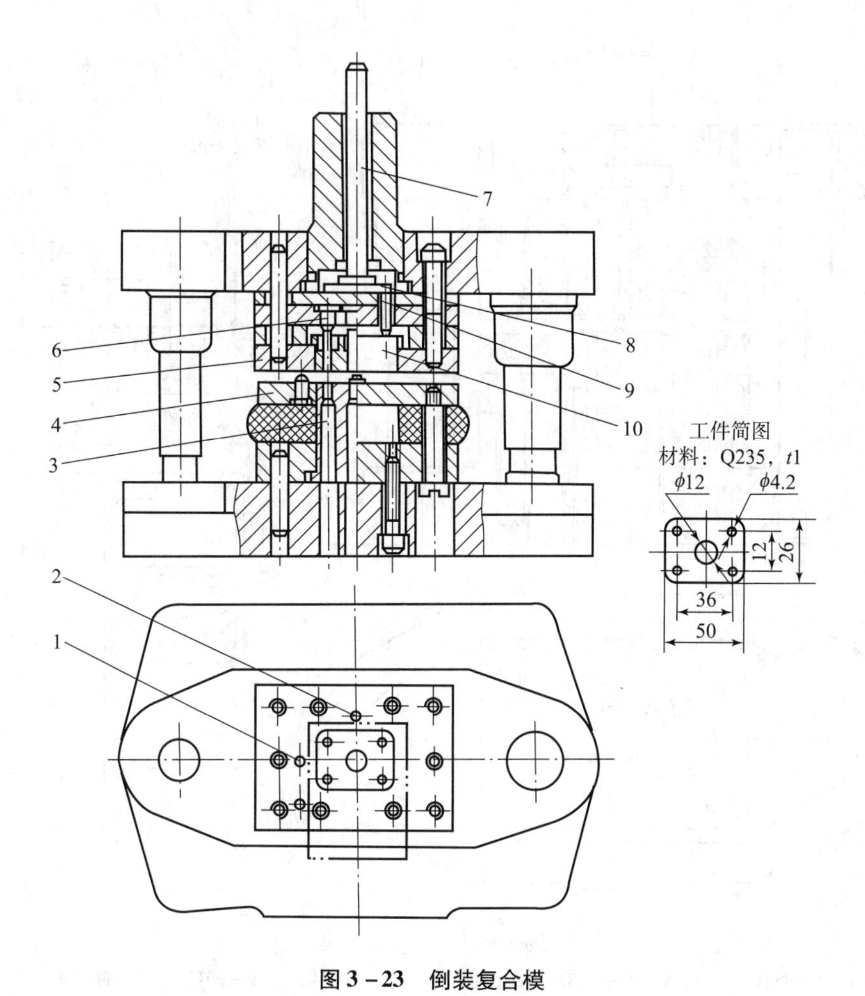

图 3－23　倒装复合模

1—导料销；2—挡料销；3—凸凹模；4—弹压卸料板；5—落料凹模；6—冲孔凸模；7—打杆；8—推板；9—推杆；10—推件板

2）正装复合模

图 3－24 所示为正装复合模，凸凹模 6 装在上模，落料凹模 8 和冲孔凸模 11 装在下模。模具工作时，条料沿两个导料销 13 送至活动挡料销 12 处定位。冲裁时，上模向下运动，依靠凸凹模外形和落料凹模 8 进行落料，落下的冲件卡在凹模中，同时冲孔凸模与凸凹模内孔进行冲孔，冲孔废料卡在凸凹模孔内。卡在凹模中的冲件由顶件装置从凹模中顶出。该模具采用装在下模座底下的弹顶器推动顶杆和顶件块，弹性元件的高度不受模具有关空间的限制，顶件力的大小容易调节，可获得较大的顶件力。卡在凸凹模内的冲孔废料由推件装置推出。每冲裁一次，冲孔废料被推下一次，凸凹模孔内不积存废料，胀力小，不易破裂。由于采用了固定挡料销和导料销，因此在卸料板上需钻出让位孔，或者采用活动导料销和挡料销。

正装复合模工作时，板料是在压紧状态下分离的，因此冲出的工件平直度较高。但冲孔废料落在下模工作面上不易清除，有可能影响操作和安全，从而影响生产率。

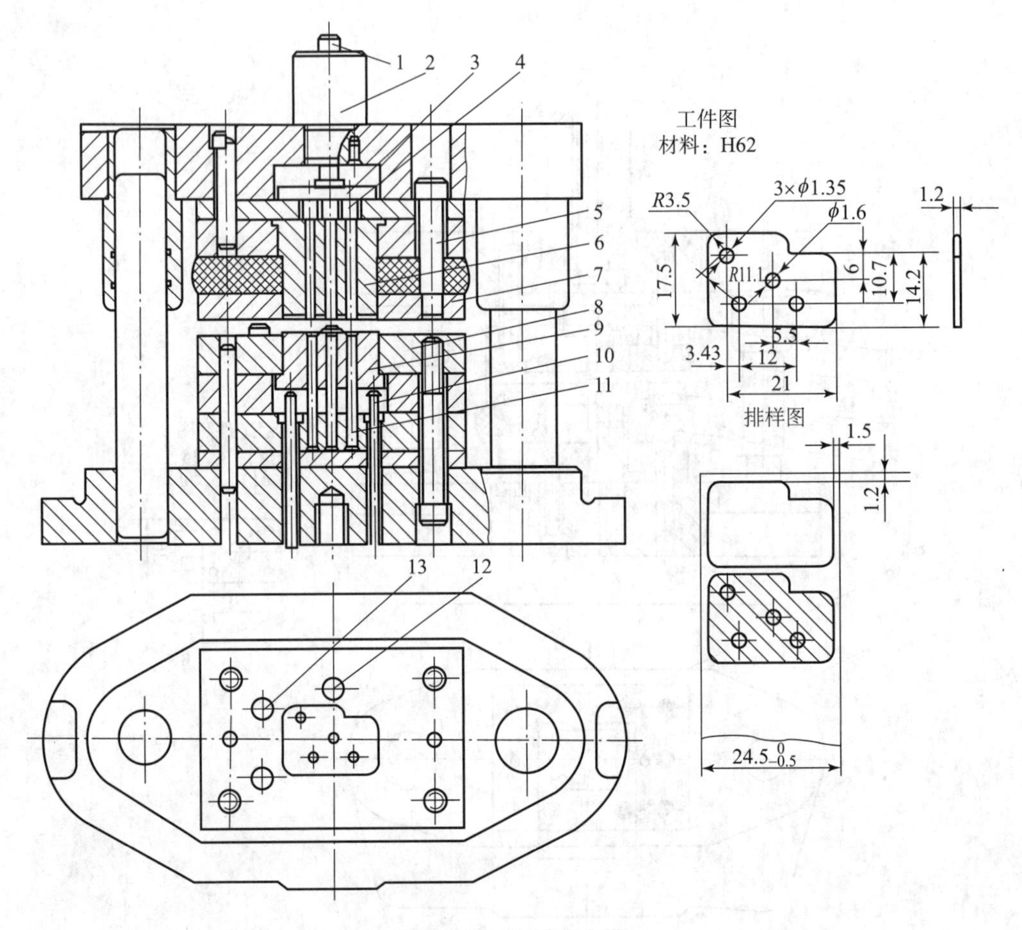

图 3－24　正装复合模

1—打杆；2—旋入式模柄；3—推板；4—推杆；5—卸料螺钉；6—凸凹模；7—卸料板；8—落料凹模；9—顶件块；10—带肩顶杆；11—冲孔凸模；12—挡料销；13—导料销

3. 级进模

级进模是在压力机一次行程中完成多道工序的模具，它具有操作安全的显著特点，模具强度较高，寿命较长，使用级进模便于冲压生产自动化，可以采用高速压力机生产，但级进模较难保证内、外形相对位置的一致性。材料的定位和送进是级进模设计中的关键问题。

根据级进模定位零件的特征，级进模有以下两种典型结构。

（1）固定挡料销和导正销定位的级进模。图 3－25 所示为固定挡料销和导正销定位的级进模。工作零件包括冲孔凸模 3、落料凸模 4、凹模 7，定位零件包括导板兼卸料板 5、始用挡料销 10、固定挡料销 8、导正销 6。上下模靠导板兼卸料板 5 导向。工作时，用手按住始用挡料销限定条料的初始位置，进行冲孔。始用挡料销在弹簧作用下复位后，条料再送进一个步距，以固定挡料销粗定位；落料时以装在落料凸模端面上的导正销进行精定位，保证零件上的孔与外缘的相对位置精度。模具的导板兼作卸料板和导料板。采用这种级进模，当冲压件的形状不适合用装在凸模上的导正销定位时，可在条料上的废料部分冲出工艺孔，利用装在凸模固定板上的导正销进行导正。

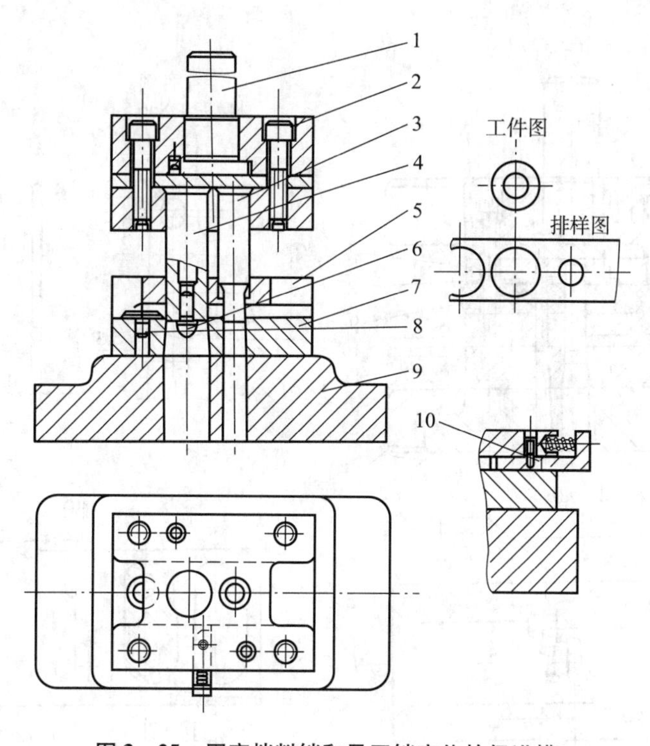

图 3－25　固定挡料销和导正销定位的级进模

1—模柄；2—上模座；3—冲孔凸模；4—落料凸模；5—导板兼卸料板；6—导正销；7—凹模；8—固定挡料销；9—下模座；10—始用挡料销

（2）侧刃定距的级进模。图 3－26 所示为双侧刃定距的冲孔落料级进模。侧刃是特殊功用的凸模，其作用是在压力机每次冲压行程中，沿条料边缘切下一块长度等于步距的料边。由于沿送料方向上，侧刃前后两导料板的间距不同，前宽后窄形成一个凸肩，所以条料上只有切去料边的部分能通过，通过的距离即等于步距。为了减少料尾损耗，尤其是对于工位较多的级进模，可采用两个侧刃前后对角排列的方式，该模具就是这样排列的。此外，由于该模具冲裁的板料较薄（0.3 mm），又是侧刃定距，所以需要采用弹压卸料代替刚性卸料。

侧刃定距的级进模定位精度较高，生产效率高，送料操作方便，但材料的消耗增加，冲裁力增大。

三、装配图识读方法及步骤

1. 装配图构成

一幅完整的模具装配图一般应包含以下几部分内容：

（1）主视图。主视图通常是模具闭合状态下的全剖视图，将料以涂黑的方式在模具中画出。

（2）俯视图。俯视图多数为拿掉上模以后留下的下模俯视图，必要时也绘制上模俯视图，并要求将条料轮廓或单个毛坯以双点画线的形式在俯视图中画出。

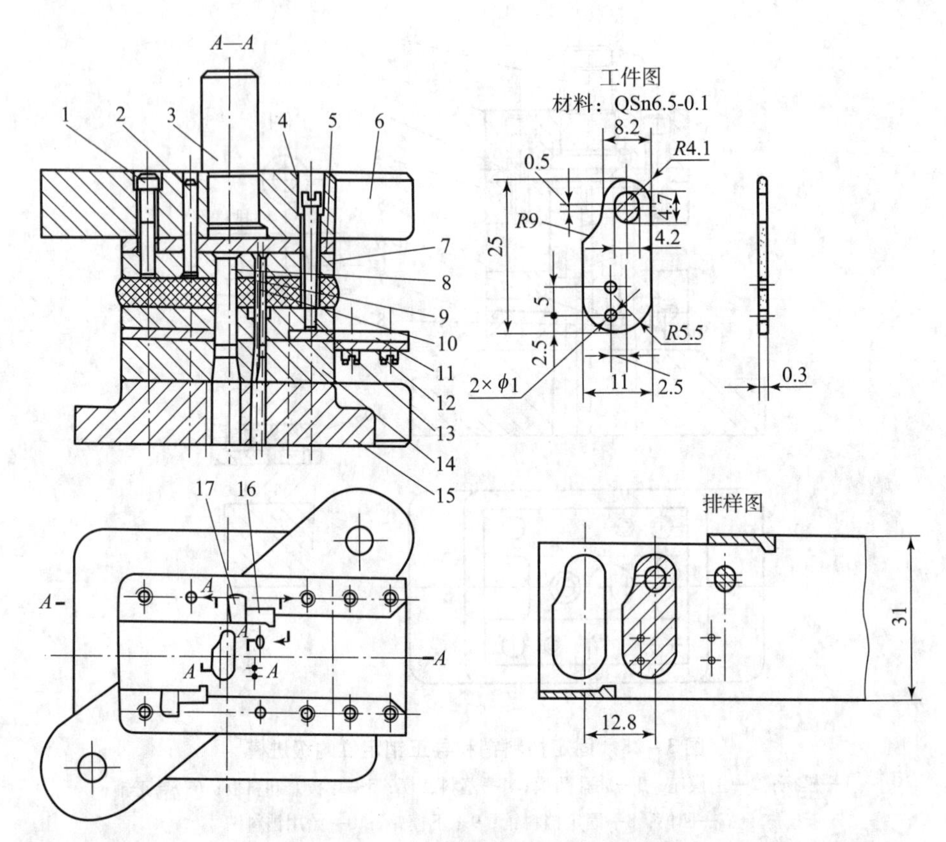

图 3－26　双侧刃定距的冲孔落料级进模

1—内六角圆柱头螺钉；2—销钉；3—模柄；4—卸料螺钉；5—垫板；6—上模座；7—凸模固定板；8，9，10—凸模；11—导料板；12—承料板；13—卸料板；14—凹模；15—下模座；16—侧刃；17—侧刃挡块

（3）工件图。工件图是本副模具冲压出来的工件，一般放在图样的右上角，并要求以其在模具中的冲压方位放置，一般情况下不要改变其方向。

（4）排样图。如果本次冲压中含有落料工序，则需要将排样图摆放在工件图的下方。排样图的摆放方式（横放或竖放）与其送进模具的方向一致，一般不做改动。排样图不是每副模具装配图中都有的，只有包含落料工序时才需要绘出，否则不需要绘制。

（5）必要的局部视图。如采用主、俯视图还不能完全表达清楚模具各零件之间的装配关系，则需要在装配图的合适位置放置一些局部剖视图。

（6）技术要求。在明细表的上方或左边书写模具装配过程中需要达到的技术要求。

（7）标题栏和明细表。按照国家标准要求放置在图样的右下角，标题栏中需要注明模具名称等相关信息。

2. 装配图识读方法及步骤

掌握上述基本知识后，看懂模具图是有一定方法和步骤可循的。

（1）看工件图。由图样右上角摆放的工件图可大概判断出该副模具所能完成的冲压工序的性质，如落料、冲孔、冲槽、弯曲和拉深等。

（2）看排样图（在有排样图的情况下）。由排样图可判断该副模具是单工序模、复合模还是级进模。如图 3－24 所示右上角的工件需要落料和冲孔两道工序完成，而本图中含有排样图，说明落料一定是在本副模具中完成的，那么就可以断定该副模具不是单工序模，应该是复合模或者级进模。如果在排样图上看到落料和冲孔的形状在条料的两个不同位置，则说明是级进冲压；如果落料和冲孔的形状在条料的同一个位置，则说明是复合冲压。因此，从排样图就可以判定该副模具的类型。不仅如此，由排样图还可以判断条料送进模具的方向。如图 3－24 所示的排样图，表明条料是从前往后送进模具的，因此定位零件的位置就可以进行初步的判断。

（3）看主视图。简单结构的模具可先看主视图，再结合俯视图；复杂的级进模具可先从俯视图看起。看主视图时按照工作零件——定位零件——压料、卸料、送料零件——导向零件——固定零件的顺序看，即由图的中心向外看。

①找凸模和凹模。从主视图上找到涂黑的料和冲下来的工件，如果有一个零件是穿过板料并进入另一个零件的孔中，则该零件就是凸模，如图 3－18 中的件 10 为凸模。找到凸模后，凹模就是与之配合的带孔的零件，如图 3－18 中的件 12 即凹模。

②找定位零件。定位零件的作用是确定毛坯送到模具中的准确位置，因此定位零件在冲压的开始阶段要与毛坯接触。如果送进模具中的是条料，则既要控制条料的送进方向（保证不送偏），又要控制条料的送进距离，因此需要在模具中设置导向的导料装置和控制送进距离的挡料装置。这两个零件通常可以从俯视图中找到，在送料的前方并在搭边处与条料接触的即挡料零件，如图 3－24 中的件 12（挡料销）。在送料的左右方向上且与条料接触的即导料零件，如图 3－24 中的件 13（导料销）。至于送料方向，一般情况下可以由排样图的放置方向判断，当排样图水平放置时（图 3－26），说明条料是从右向左送进模具中的；当条料垂直放置时，说明送料方向是从前往后送进模具中的（图 3－24）。如果送进模具中的是单个毛坯，则只需根据毛坯的外形或内孔的形状设置定位板（图 3－27 中的件 1）、定位销（图 3－27 中的件 2）或定位块（图 3－27 中的件 4）。

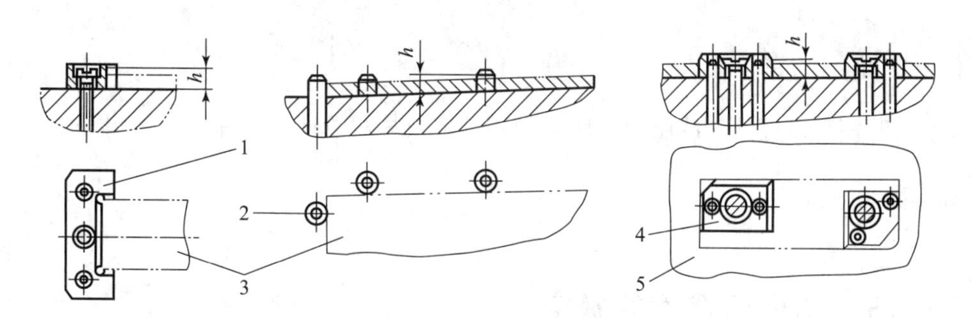

图 3－27　单个毛坯定位示意图

1—定位板；2—定位销；3，5—（单个）毛坯；4—定位块

③找压料、卸料、送料零件。这类零件的作用是每次冲压结束后，取出模具中的工件和废料，因此这类零件在冲压结束时要与板料接触。当判断出模具类型之后，即可知道冲压结束后有哪些东西需要从模具中取出，如为单工序的落料模，则需要在冲压结束后从模具中取出工件和条料，如图 3－18 所示；如为落料/冲孔复合模，则需要取出冲孔废料、工件和条料，如图 3－24 所示；如为落料/冲孔级进模，则与复合模一样需取出冲孔废料、工件和条

料等。因此，不同类型的模具需设置不同的出件装置。

冲模中的卸料装置结构通常只有两种形式——刚性卸料装置和弹性卸料装置，而且卸料装置只与凸模有关，通常是套在凸模外面的。如果采用弹性卸料装置，则在模具中应该可以找到弹性元件——弹簧或橡胶，而弹簧和橡胶在模具图中有其独特的画法，极易辨认。因此只要没有在图中找到弹簧或橡胶，说明用的是刚性卸料装置。刚性卸料装置只有一块板，直接通过螺钉、销钉固定在凹模上（通常是在导料板的上方），如图 3－25 中的件 5。如果在模具中找到弹簧或橡胶，说明采用的是弹性卸料装置。弹性卸料装置由卸料板、卸料螺钉和弹性元件三个零件组成，只要判断出采用了弹性卸料装置，就能找到这三个零件。

④找导向零件。导向零件的作用是保证上模部分沿正确的方向运动。最常见的导向装置是导柱导套。冷冲模的标准规定，导柱导套在模座上的安装位置只有四种——后侧、中间、对角和四角，它们的结构是固定的，故这部分零件比较好找。

⑤找固定零件。固定零件的作用是将上述各零件连接固定成一个整体，分别组成上模部分和下模部分，并保证最终能与设备相连。在模具中的安装位置一般从上到下依次为模柄、上模座、垫板、凸模固定板、下模座等，以及连接和定位用的螺钉和销钉。

任务实施

模具的结构形式确定：

该件的孔边距为 5.5 mm，查表 3－8，采用倒装复合模结构，最小孔边距为 3.8 mm，满足要求。另外，倒装复合模结构简单，清理工件较容易，因此采用倒装复合模结构。

任务 5　冲裁工艺计算

任务描述

完成凸凹模刃口尺寸、冲压力、压力中心计算及排样设计与计算。

相关知识

一、凸、凹模间隙值的确定

凸、凹模间隙对冲裁件断面质量、尺寸精度、模具寿命以及冲裁力、卸料力、推件力等有较大影响，所以必须选择合理的间隙。冲裁间隙数值主要依据制件质量要求，根据经验数值来选用。汽车、拖拉机等行业，其制件尺寸公差较大，可采用较大间隙值，如表 3－10 所示。电子、电器、仪表等行业对制件断面质量和尺寸精度要求较高，可选用较小间隙值，如表 3－11 所示。

表 3－10　冲裁模初始间隙 $2c$（汽车、拖拉机行业）　mm

材料厚度	08、10、35、09Mn、Q235		16Mn		40、50		65Mn	
	$2c_{min}$	$2c_{max}$	$2c_{min}$	$2c_{max}$	$2c_{min}$	$2c_{max}$	$2c_{min}$	$2c_{max}$
小于 0.5	极小间隙							
0.5	0.040	0.060	0.040	0.060	0.040	0.060	0.040	0.060
0.6	0.048	0.072	0.048	0.072	0.048	0.072	0.048	0.072
0.7	0.064	0.092	0.064	0.092	0.064	0.092	0.064	0.092
0.8	0.072	0.104	0.072	0.104	0.072	0.104	0.064	0.092
0.9	0.092	0.126	0.090	0.126	0.090	0.126	0.090	0.126
1.0	0.100	0.140	0.100	0.140	0.100	0.140	0.090	0.126
1.2	0.126	0.180	0.132	0.180	0.132	0.180		
1.5	0.132	0.240	0.170	0.240	0.170	0.240		
1.75	0.220	0.320	0.220	0.320	0.220	0.320		
2.0	0.246	0.360	0.260	0.380	0.260	0.380		
2.1	0.260	0.38	0.280	0.400	0.280	0.400		
2.5	0.260	0.500	0.380	0.540	0.380	0.540		
2.75	0.400	0.560	0.420	0.600	0.420	0.600		
3.0	0.460	0.640	0.480	0.660	0.480	0.660		
3.5	0.540	0.740	0.580	0.780	0.580	0.780		
4.0	0.610	0.880	0.680	0.920	0.680	0.920		
4.5	0.720	1.000	0.680	0.960	0.780	1.040		
5.5	0.940	1.280	0.780	1.100	0.980	1.320		
6.0	1.080	1.440	0.840	1.200	1.140	1.500		
6.5			0.940	1.300				
8.0			1.200	1.680				

注：冲裁皮革、石棉和纸板时，间隙取 08 钢的 25%。

表 3－11　落料、冲孔模刃口初始间隙 $2c$（电器、仪表行业）　mm

材料厚度	软铝		紫铜、黄铜、软钢（$w(C)=0.08\%\sim0.2\%$）		杜拉铝、中等硬钢（$w(C)=0.3\%\sim0.4\%$）		硬钢（$w(C)=0.5\%\sim0.6\%$）	
	$2c_{min}$	$2c_{max}$	$2c_{min}$	$2c_{max}$	$2c_{min}$	$2c_{max}$	$2c_{min}$	$2c_{max}$
0.2	0.008	0.012	0.010	0.014	0.012	0.016	0.014	0.018
0.3	0.012	0.018	0.015	0.021	0.018	0.024	0.021	0.027
0.4	0.016	0.024	0.020	0.028	0.024	0.032	0.028	0.036

续表

材料厚度	软铝		紫铜、黄铜、软钢（w(C)=0.08%～0.2%）		杜拉铝、中等硬钢（w(C)=0.3%～0.4%）		硬钢（w(C)=0.5%～0.6%）	
	$2c_{min}$	$2c_{max}$	$2c_{min}$	$2c_{max}$	$2c_{min}$	$2c_{max}$	$2c_{min}$	$2c_{max}$
0.5	0.020	0.030	0.025	0.035	0.030	0.040	0.035	0.045
0.6	0.02	0.036	0.030	0.042	0.036	0.048	0.042	0.054
0.7	0.028	0.042	0.035	0.049	0.042	0.056	0.049	0.063
0.8	0.032	0.048	0.040	0.056	0.048	0.064	0.056	0.072
0.9	0.036	0.054	0.045	0.063	0.054	0.072	0.063	0.081
1.0	0.040	0.060	0.050	0.070	0.060	0.080	0.070	0.090
1.2	0.060	0.084	0.072	0.096	0.084	0.108	0.096	0.120
1.5	0.075	0.105	0.090	0.120	0.105	0.135	0.120	0.150
1.8	0.090	0.126	0.108	0.144	0.126	0.162	0.144	0.180
2.0	0.100	0.140	0.120	0.160	0.140	0.180	0.160	0.200
2.2	0.132	0.176	0.154	0.198	0.176	0.220	0.198	0.242
2.5	0.150	0.200	0.175	0.225	0.200	0.250	0.225	0.275
2.8	0.168	0.224	0.196	0.252	0.224	0.280	0.252	0.308
3.0	0.180	0.240	0.210	0.270	0.240	0.300	0.270	0.330
3.5	0.245	0.315	0.280	0.350	0.315	0.385	0.350	0.420
4.0	0.280	0.360	0.320	0.400	0.360	0.440	0.400	0.480
4.5	0.315	0.405	0.360	0.450	0.405	0.495	0.450	0.540
5.0	0.350	0.450	0.400	0.500	0.450	0.550	0.500	0.600
6.0	0.480	0.600	0.540	0.660	0.600	0.720	0.660	0.780
7.0	0.560	0.700	0.630	0.770	0.700	0.840	0.770	0.910

冲裁间隙值的选用，还可根据不同情况灵活掌握。例如，冲小孔而导板导向又较差时，为防止凸模受力大而折断，间隙可取大一些，但这时废料易带出凹模表面，所以凸模上应装上弹性顶杆或采取以压缩空气从凸模端部小孔吹出等措施。凹模孔形式为锥形时，其间隙应比圆柱小。采用弹顶装置向上出件时，其间隙值可比下落出件大50%左右。高速冲压时，模具温度增高，间隙应增大，如每分钟行程超过200次，间隙值可增大约10%。硬质合金冲模由于热膨胀系数小，其间隙值可比钢模大30%。在同样条件下，非圆形应比圆形的间隙大。冲孔所取间隙可比落料略大。

对于冲件精度低于IT14级，断面无特殊要求的冲件，还可采用较大的间隙，以利于提高冲模寿命。

二、凸、凹模刃口尺寸的确定

冲裁件的尺寸及尺寸精度主要取决于模具刃口的尺寸及尺寸精度，模具的合理间隙值也要靠模具刃口尺寸及制造精度来保证。正确确定模具刃口尺寸及其制造公差，是设计冲裁模的主要任务之一。

1. 确定凸、凹模刃口尺寸的原则

（1）由于凸模与凹模之间存在间隙，落下的料或冲出的孔都带有锥度。在测量和使用中，落料件是以大端尺寸为基准，冲孔孔径是以小端尺寸为基准。落料件的大端尺寸等于凹模尺寸，冲孔件的小端尺寸等于凸模尺寸。因此，落料模应先决定凹模尺寸，用减小凸模尺寸的措施来保证合理间隙；冲孔模应先决定凸模尺寸，用增大凹模尺寸的措施来保证合理间隙。

（2）考虑刃口的磨损对冲件尺寸的影响：刃口磨损后尺寸变大，其刃口的基本尺寸应接近或等于冲件的最小极限尺寸；刃口磨损后尺寸减小，应取接近或等于冲件的最大极限尺寸。这样，在凸模和凹模磨损到一定程度的情况下，仍能冲出合理的制件。凸模与凹模的间隙则取最小合理间隙值。

（3）考虑冲件精度与模具精度间的关系，在选择模具制造公差时，既要保证冲件的精度要求，又要保证有合理的间隙值。一般冲模精度较冲件精度高 2 ~ 3 级。如果制件未给定公差，可参考表 3 – 4 和表 3 – 5 给定公差。冲压件的尺寸公差按“入体”原则标注，落料件上极限偏差为零，下极限偏差为负；冲孔件下极限偏差为零，上极限偏差为正。

2. 刃口尺寸的计算方法

模具加工方法通常有分开加工法和配作加工法，两者的区别如表 3 – 12 所示。由于模具加工方法不同，凸模与凹模刃口部分尺寸的计算公式与制造公差的标注也不同。

表 3 – 12　两种加工模具的方法比较

模具加工方法	分开加工法	配作加工法
定义	凸模和凹模分别按照各自的图样加工到最后的尺寸	先加工基准模，非基准模的刃口尺寸根据已加工好的基准模刃口的实际尺寸，按照最小合理间隙配作
优点	凸、凹模可以并行制造，缩短了模具的制造周期；模具零件可以互换	模具间隙由配作时保证，降低了模具加工难度；只需绘制详细的基准模零件图，绘图工作量减小
缺点	需分别绘制凸、凹模的零件图，模具间隙靠模具加工精度保证，增加了模具的加工难度	非基准模必须在基准模制造完成后才能制造，模具制造周期长
应用情况	随着模具制造技术的发展，实际生产中绝大多数的模具都是采用分开加工法制造，配作加工法的应用已越来越少	

1）凸模与凹模分开加工时模具刃口尺寸的计算

采用这种方法，是指凸模和凹模分别按图纸标的尺寸和公差进行加工。冲裁间隙由凸模、凹模刃口尺寸和公差来保证。要分别标注凸模和凹模刃口尺寸与制造公差，优点是具有互换性，但受到冲裁间隙的限制，适用于圆形或简单形状的冲压件。要保证初始间隙值小于最大合理间隙 $2c_{max}$，必须满足下列条件：

$$|\delta_p| + |\delta_d| \leqslant 2c_{max} - 2c_{min} \tag{3-1}$$

否则，制造的模具间隙已超过允许变动范围 $2c_{min} \sim 2c_{max}$，影响模具的使用寿命。

如果不满足条件，可取 $\delta_p = 0.4 \times (2c_{max} - 2c_{min})$，$\delta_d = 0.6 \times (2c_{max} - 2c_{min})$。

（1）落料。

设工件的尺寸为 $D_{-\Delta}^{\ 0}$，根据计算原则，落料时以凹模为设计基准。首先确定凹模尺寸，使凹模基本尺寸接近或等于制作轮廓的最小极限尺寸，再减小凸模尺寸以保证最小合理间隙值 $2c_{min}$。其计算公式如下：

$$D_d = (D_{max} - x\Delta)_{\ 0}^{+\delta_d} \tag{3-2}$$

$$D_p = (D_d - 2c_{min})_{-\delta_p}^{\ 0} = (D_{max} - x\Delta - 2c_{min})_{-\delta_p}^{\ 0} \tag{3-3}$$

式中 D_d——落料凹模的基本尺寸，mm；

D_p——落料凸模的基本尺寸，mm；

D_{max}——落料件最大极限尺寸，mm；

$2c_{min}$——凸模、凹模最小初始双面间隙，mm；

δ_p——凸模下极限偏差，按 IT6 选用，或按表 3-13 选取，mm；

δ_d——凹模上极限偏差，按 IT7 选用，或按表 3-13 选取，mm；

x——系数，其作用是使冲裁件的实际尺寸尽量接近冲裁件公差带的中间尺寸，与工件制造精度有关，可查表 3-14 确定。

（2）冲孔。

设工件的尺寸为 $d_{\ 0}^{+\Delta}$，根据计算原则，冲孔时以凸模为设计基准。首先确定凸模尺寸，使凸模基本尺寸接近或等于制作轮廓的最大极限尺寸，再增大凹模尺寸以保证最小合理间隙值 $2c_{min}$。其计算公式如下：

$$d_p = (d_{min} + x\Delta)_{-\delta_p}^{\ 0} \tag{3-4}$$

$$d_d = (d_p + 2c_{min})_{\ 0}^{+\delta_d} = (d_{min} + x\Delta + 2c_{min})_{\ 0}^{+\delta_d} \tag{3-5}$$

式中 d_d——冲孔凹模的基本尺寸，mm；

d_p——冲孔凸模的基本尺寸，mm；

d_{min}——冲孔件最小极限尺寸，mm。

在同一工步中冲出制件两个以上孔时，凹模型孔中心距 L_d 按下式确定：

$$L_d = (L_{min} + 0.5\Delta) \pm 0.125\Delta \tag{3-6}$$

式中 L_d——同一工步中凹模孔距基本尺寸，mm；

L_{min}——制件孔距最小极限尺寸，mm；

Δ——制件公差，mm。

表 3-13　规则形状（圆形、方形）凸、凹模刃口制造偏差　　mm

基本尺寸	凸模偏差 δ_p	凹模偏差 δ_d
≤18	-0.020	+0.020
18~30		+0.025
30~80		+0.030
80~120	-0.025	+0.035
120~180	-0.030	+0.040
180~260		+0.045
260~360	-0.035	+0.050
360~500	-0.040	+0.060
>500	-0.050	+0.070

表 3-14　系数 x

材料厚度 t/mm	非圆形			圆形	
	1	0.75	0.5	0.75	0.5
	制件公差 Δ/mm				
<1	≤0.16	0.17~0.35	≥0.36	<0.16	≥0.16
1~2	≤0.20	0.21~0.41	≥0.42	<0.20	≥0.20
2~4	≤0.24	0.25~0.44	≥0.50	<0.24	≥0.24
>4	≤0.30	0.31~0.59	≥0.60	<0.30	≥0.30

例 3-1　冲制图 3-28 所示零件，材料为 Q235 钢，料厚 $t=1$ mm。计算冲裁凸、凹模刃口尺寸及公差。

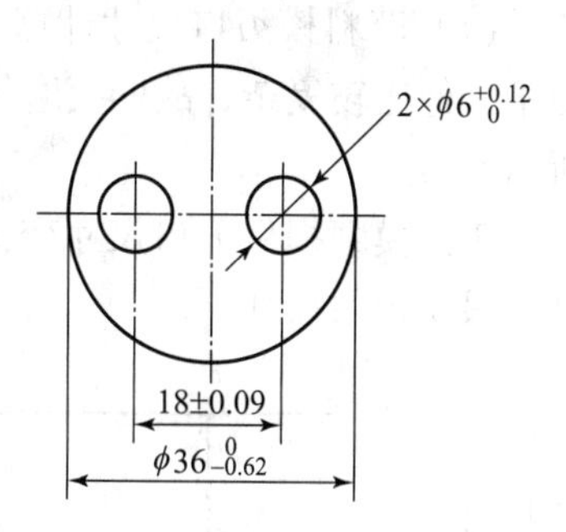

图 3-28　零件图

解：由图 3-28 可知，该零件属于无特殊要求的一般冲裁件。$\phi36$ 由落料获得，$2\times\phi6$ 及尺寸 18 由两冲孔同时获得。查表 3-10，$2c_{min}=0.10$ mm，$2c_{max}=0.14$ mm，则

$$2c_{max}-2c_{min}=0.14\ \text{mm}-0.10\ \text{mm}=0.04\ \text{mm}$$

由表 3-14 得 $\phi36^{\ 0}_{-0.62}$，$x=0.5$；$\phi6^{+0.12}_{\ 0}$，$x=0.75$。

①冲孔（$\phi6^{+0.12}_{\ 0}$）。

由表 3-13 得，凸、凹模的制造偏差为 $\delta_p=0.02$ mm，$\delta_d=0.02$ mm。

$$d_p=(d_{min}+x\Delta)^{\ 0}_{-\delta_p}=(6+0.75\times0.12)^{\ 0}_{-0.02}\ \text{mm}=6.09^{\ 0}_{-0.02}\ \text{mm}$$

$$d_d=(d_p+2c_{min})^{+\delta_d}_{\ 0}=(6.09+0.10)^{+0.02}_{\ 0}\ \text{mm}=6.19^{+0.02}_{\ 0}\ \text{mm}$$

校核：

$$|\delta_p|+|\delta_d|\leqslant 2c_{max}-2c_{min}$$

$$0.02+0.02\leqslant 0.14-0.10$$

0.04（左边）=0.04（右边）（满足间隙公差条件）

②落料（$\phi36^{\ 0}_{-0.62}$）。

由表 3－13 得，凸、凹模的制造偏差为 $\delta_p=0.02$ mm，$\delta_d=0.03$ mm。

$$D_d=(D_{max}-x\Delta)_{0}^{+\delta_d}=(36-0.5\times0.62)_{0}^{+0.03}\ \text{mm}=35.69_{0}^{+0.03}\ \text{mm}$$

$$D_p=(D_d-2c_{min})_{-\delta_p}^{0}=(35.69-0.10)_{-0.02}^{0}\ \text{mm}=35.59_{-0.02}^{0}\ \text{mm}$$

校核：

$$|\delta_p|+|\delta_d|\leqslant 2c_{max}-2c_{min}$$

$$0.02+0.03\leqslant 0.14-0.10$$

$$0.05\ (\text{左边})>0.04\ (\text{右边})\ (\text{不满足间隙公差条件})$$

此时可取 $\delta_p=0.4\times(2c_{max}-2c_{min})=0.4\times0.04\ \text{mm}=0.016\ \text{mm}$

$$\delta_d=0.6\times(2c_{max}-2c_{min})=0.6\times0.04\ \text{mm}=0.024\ \text{mm}$$

故有 $D_d=35.69_{0}^{+0.024}\ \text{mm}$，$D_p=35.59_{0}^{+0.016}\ \text{mm}$

③孔距尺寸（18 ±0.09）。

$$L_d=(L_{min}+0.5\Delta)\pm0.125\Delta$$
$$=\{[(18-0.09)+0.5\times0.18]\pm0.125\times0.18\}\ \text{mm}=(18\pm0.023)\ \text{mm}$$

2）凸模和凹模配作加工时模具刃口尺寸的计算

对于形状复杂或料薄的冲压件，为了保证冲裁凸、凹模间有一定的间隙值，必须采用配作加工。此方法是先做好其中的一件（凸模或凹模）作为基准件，然后以此基准件的实际尺寸来配制加工另一件，使它们之间保持一定的间隙。这种加工方法的特点是：

（1）模具的冲裁间隙在配制中保证，不必受到 $|\delta_p|+|\delta_d|\leqslant 2c_{max}-2c_{min}$ 条件限制，加工基准件时可适当放宽公差，使加工容易。根据经验，普通冲裁模具的制造偏差 δ_p 或 δ_d 一般可取 $\Delta/4$（Δ 为制件公差）。

（2）尺寸标注简单，只在基准件上标注尺寸和制造公差，配制件只标注公称基本尺寸并标明配作所留的间隙值。但该方法制造的凸模、凹模是不能互换的。

这时计算基准件的刃口尺寸，需要根据模具的磨损情况按不同方法计算。

（1）落料模刃口尺寸计算。如图 3－29（a）所示落料件，以凹模为基准模，配制凸模，由于工件比较复杂，故凹模磨损后刃口尺寸有变大、变小和不变三种情况，如图 3－29（b）所示。

①凹模磨损后刃口尺寸变大的，如图 3－29（b）中尺寸 A_{d1}、A_{d2}、A_{d3}，计算时应使其具有最小极限尺寸。

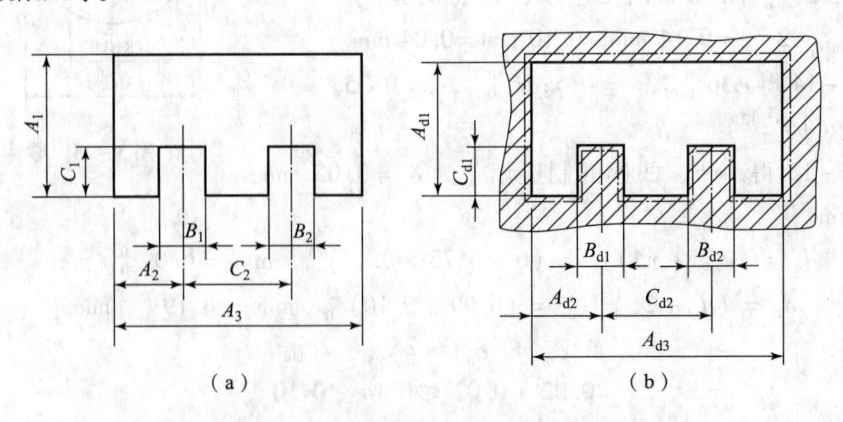

图 3－29　形状复杂落料件的尺寸分类及凹模磨损情况

②凹模磨损后刃口尺寸变小的，如图3－29（b）中尺寸 B_{d1}、B_{d2}，计算时应使其具有最大极限尺寸。

③凹模磨损后刃口尺寸大小不变的，如图中尺寸 C_{d1}、C_{d2}，计算时按凹模孔距公式进行。

（2）冲孔模刃口尺寸计算。如图3－30（a）所示冲孔件，以凸模为基准模，配作凹模，凸模磨损后刃口尺寸也有变大（a_{p1}、a_{p2}）、变小（b_{p1}、b_{p2}、b_{p3}）和不变（c_{p1}、c_{p2}）三种情况，如图3－30（b）所示。

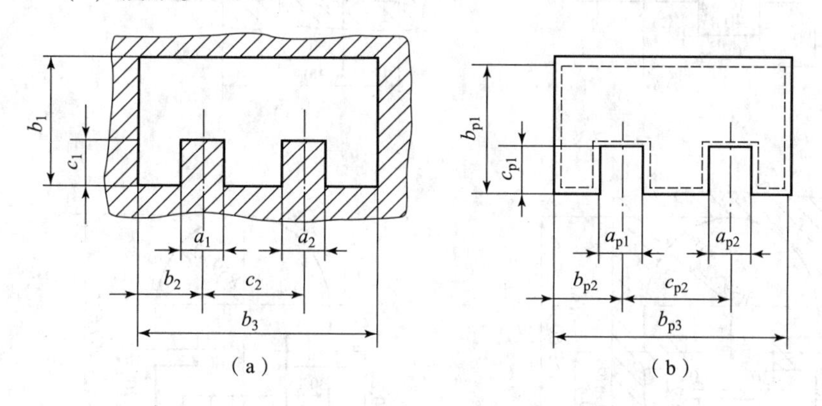

图3－30　形状复杂冲孔件的尺寸分类及凸模磨损情况

配作加工时，凸、凹模尺寸的计算公式如表3－15所示。

表3－15　配作加工时凸、凹模尺寸的计算公式

工序性质	制件尺寸	凸模尺寸	凹模尺寸
落料	$A_{-\Delta}^{\ 0}$	按凹模实际尺寸配制，其双面间隙为 $2c_{\min} \sim 2c_{\max}$	$A_j = (A_{\max} - x\Delta)_{\ 0}^{+0.25\Delta}$
	$B_{\ 0}^{+\Delta}$		$B_j = (B_{\text{mim}} + x\Delta)_{-0.25\Delta}^{\ 0}$
	$C \pm \Delta$		$C_j = (C_{\min} + 0.5\Delta) \pm 0.125\Delta$
冲孔	$a_{-\Delta}^{\ 0}$	$a_j = (a_{\max} - x\Delta)_{\ 0}^{+0.25\Delta}$	按凸模实际尺寸配制，其双面间隙为 $2c_{\min} \sim 2c_{\max}$
	$b_{\ 0}^{+\Delta}$	$b_j = (b_{\min} + x\Delta)_{-0.25\Delta}^{\ 0}$	
	$c \pm \Delta$	$c_j = (c_{\max} + 0.5\Delta) \pm 0.125\Delta$	
注：A_j，B_j，C_j—凹模刃口尺寸（mm）；a_j，b_j，c_j—凸模刃口尺寸（mm）；A,B,C,a,b,c—工件基本尺寸（mm）；Δ—工件的公差（mm）；x—系数，其值见表3－14。			

例3－2　冲制如图3－31所示的零件，材料20钢，料厚 $t=2$ mm，按配作加工方法计算该冲裁件的凸模、凹模的刃口尺寸及制造公差。

解：由图3－31可知，该零件属于落料件，其基准件为凹模，图3－31（b）虚线为凹模轮廓磨损后的变化。按配作加工方法，只需计算落料凹模刃口尺寸及制造公差，凸模刃口尺寸由凹模的实际尺寸按间隙要求配作。

①根据图3－31（b），凹模磨损后变大的尺寸有 $A_{d1}(120_{-0.72}^{\ 0})$、$A_{d2}(70_{-0.6}^{\ 0})$、$A_{d3}(160_{-0.8}^{\ 0})$、$A_{d4}(R60)$。其中 $A_{d2}(70_{-0.6}^{\ 0})$、$A_{d4}(R60)$ 为半磨损尺寸，制造偏差 $\delta = 0.25\Delta/2$；为保证圆弧 $R60$ 与尺寸120相切，$R60$ 无须用公式计算，直接取 A_{d1} 计算值的一半。

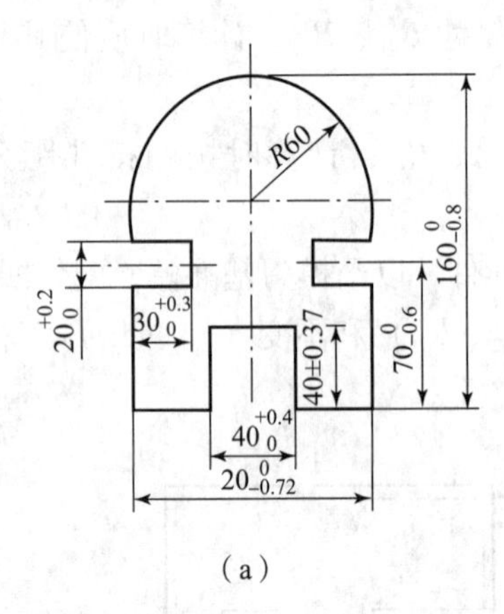

（a）

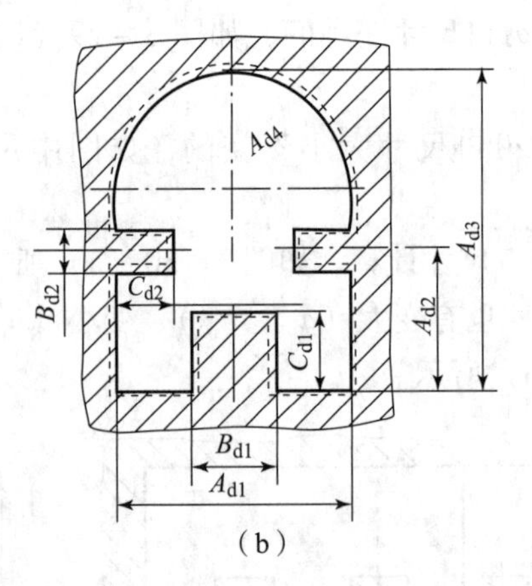

（b）

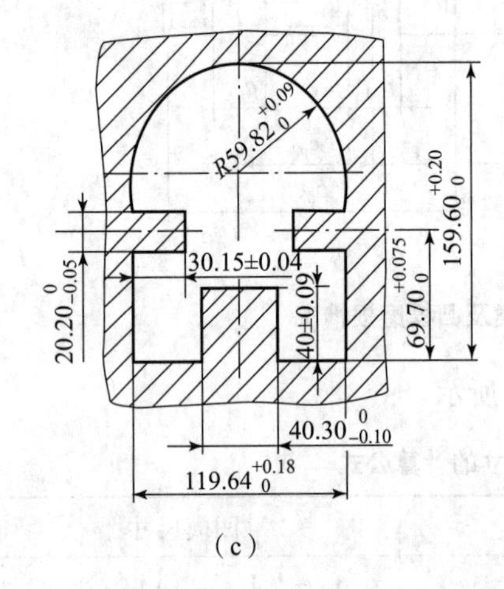

（c）

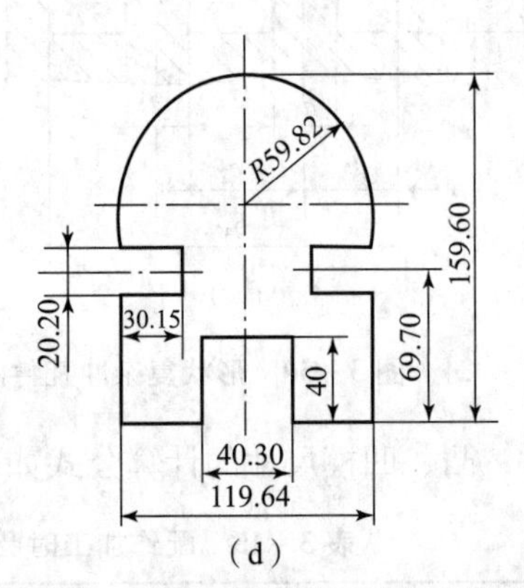

（d）

技术要求：刃口尺寸按落料凹模的实际刃口尺寸配作，保证双面间隙值0.12～0.16 mm。

图3－31　冲裁件与落料凹模、凸模刃口尺寸

（a）冲裁件；（b）凹模轮廓磨损图；（c）落料凹模刃口计算尺寸；（d）落料凸模配制尺寸

刃口尺寸计算公式：$A_j = (A_{max} - x\Delta)_{0}^{+0.25\Delta}$。

由表3－14得，对于以上要计算的尺寸，其磨损系数均为$x = 0.5$。

$$A_{d1} = (120 - 0.5\times0.72)_{0}^{+0.25\times0.72}\ \text{mm} = 119.64_{0}^{+0.180}\ \text{mm}$$

$$A_{d3} = (160 - 0.5\times0.8)_{0}^{+0.25\times0.8}\ \text{mm} = 159.60_{0}^{+0.200}\ \text{mm}$$

$$A_{d2} = (70 - 0.5\times0.6)_{0}^{+0.25\times0.6/2}\ \text{mm} = 69.70_{0}^{+0.075}\ \text{mm}$$

$$A_{d4} = A_{d1}/2 = 119.62/2 = 59.82_{0}^{+0.18/2}\ \text{mm} = 59.82_{0}^{+0.090}\ \text{mm}$$

②根据图3－31（b），凹模磨损后变小的尺寸有$B_{d1}(40_{0}^{+0.40})$、$B_{d2}(20_{0}^{+0.2})$。

刃口尺寸计算公式：$B_j = (B_{min} + x\Delta)_{-0.25\Delta}^{0}$。

由表3－14得，B_{d1}、B_{d2}的磨损系数为$x_{d1} = 0.75$，$x_{d2} = 1$。

$$B_{d1} = (40 + 0.75\times0.40)_{-0.25\times0.40}^{0}\ \text{mm} = 40.30_{-0.100}^{0}\ \text{mm}$$

$$B_{d2} = (20 + 1\times0.20)_{-0.25\times0.20}^{0}\ \text{mm} = 20.20_{-0.050}^{0}\ \text{mm}$$

③根据图3－31（b），凹模磨损后不变的尺寸有$C_{d1}(40\pm0.37)$、$C_{d2}(30_{0}^{+0.3})$。

刃口尺寸计算公式：$C_j = (C_{min} + 0.5\Delta)\pm0.125\Delta$。

$$C_{d1} = [(40 - 0.37 + 0.5\times0.74)\pm0.125\times0.74]\ \text{mm} = (40\pm0.09)\ \text{mm}$$

$C_{d2} = [(30 + 0.5 \times 0.3) \pm 0.125 \times 0.3]\text{mm} = (30.15 \pm 0.038)\text{ mm}$

④凸模刃口尺寸确定。查表3－11，冲裁合理间隙$2c_{min} = 0.12\text{ mm}$，$2c_{max} = 0.16\text{ mm}$，故凸模刃口尺寸按凹模相应部位的尺寸配作，保证双边间隙为0.12～0.16 mm。该冲裁件落料凹模和凸模的刃口尺寸标注如图3－31所示。

三、冲裁工艺力计算

冲裁过程中的主要工艺力有冲裁力、卸料力、推件力和顶件力。计算冲裁工艺力的目的为：选择冲压设备；校核模具强度。

1. 冲裁力计算

冲裁力是指冲裁过程中凸模对板料施加的压力，它的大小随凸模行程不断变化，这里指冲裁过程中所需的最大压力F_{max}。当用普通平刃口模具冲裁时，其冲裁力F_P可按下式计算：

$$F_P = K_P l t \tau \tag{3-7}$$

式中　K_P——安全系数，一般取1.3；

t——材料厚度，mm；

l——冲裁周边总长，mm；

τ——材料抗剪强度，MPa。

当查不到材料抗剪强度τ时，可用抗拉强度σ_b代替τ，此时$K_P = 1$。

2. 冲裁力的计算机辅助计算

对于复杂的工件，冲裁周长是很难手工计算的，可利用UG软件先建模，然后执行“分析”/“测量”/“简单长度”命令，选取要查询的工件边缘，系统自动弹出查询结果。例如选择工件的外边缘，查询结果如图3－32所示。

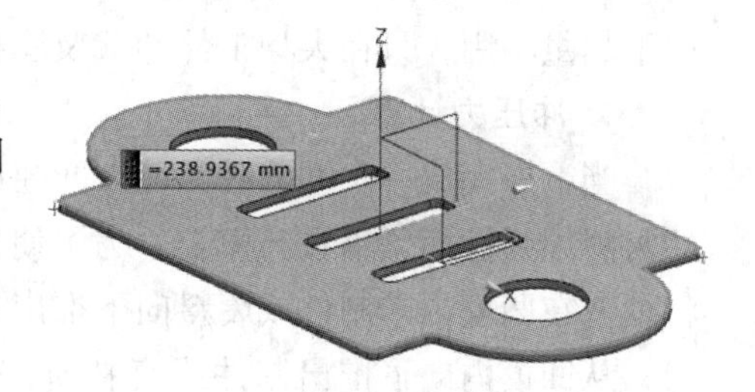

图3－32　工件外边缘长度

该工件材料为Q235，料厚为1 mm，查表1－3得$\tau = 345$ MPa，代入式（3－7）中，有

$$F_P = K_P l t \tau = 1.3 \times 239 \times 1 \times 345 = 107\ 191.5 = 107.19\ (\text{kN})$$

3. 降低冲裁力的方法

当冲裁力过大时，可用下述方法降低：

（1）将材料加热冲裁，材料抗剪强度τ可大大降低，从而降低冲裁力。但材料加热后产生氧化皮，冲裁过程中会产生拉深现象。此法一般只适于材料厚度大、表面质量及精度要求不高的零件。

（2）在多凸模冲模中，将凸模做成不同高度，使各凸模冲裁力的顶峰值不同时出现，结构如图3－33所示。对于薄材料，H一般取材料厚度t，对于厚材料则取材料厚度的一半。

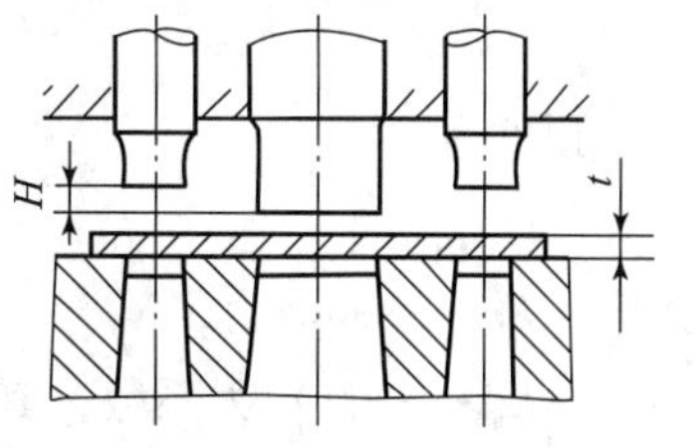

图3－33　凸模阶梯布置

（3）刃口做成一定斜度。为了得到平整的零件，落料

时凹模做成一定斜度，凸模为平刃口，而冲孔时，则凸模做成一定斜度，凹模为平刃口，结构如图 3－34 所示。一般斜刃数值列于表 3－16 中。

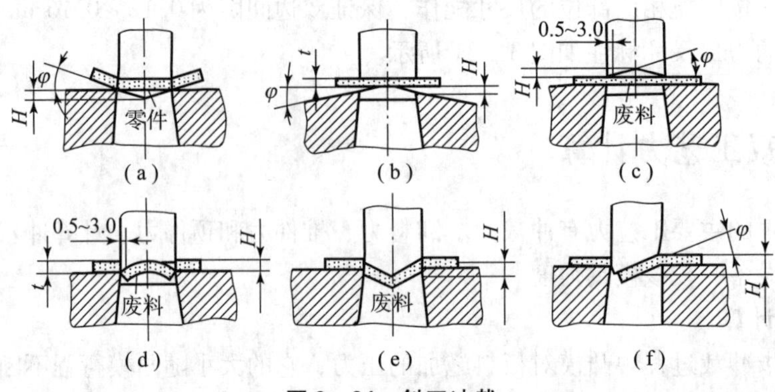

图 3－34　斜刃冲裁

(a)、(b) 落料凹模为斜刃；(c)、(d)、(e) 冲孔凸模为斜刃；(f) 用于切口或切断的单边斜刃

表 3－16　一般采用的斜刃数值

材料厚度 t/mm	斜刃高度 H/mm	斜刃角 φ/(°)
<3	$2t$	<5
3～10	t～$2t$	<8

斜刃冲模虽降低了冲裁力，但增加了模具制造和修磨的难度，刃口也易磨损，故一般情况下尽量不用，只在大型工件冲裁及厚板冲压中采用。

4. 冲压力计算

当上模完成一次冲裁后，冲入凹模内的制件或废料因弹性扩张而梗塞在凹模内，模面上的材料因弹性而紧箍在凸模上。为了使冲裁工作继续进行，必须将箍在凸模上的材料刮下，将梗塞在凹模内的制件或废料向下推出或向上顶出。从凸模上刮下材料所需的力，称为卸料力；从凹模内向下推出制件或废料所需的力，称为推件力；从凹模内向上顶出制件所需的力，称为顶件力。

影响卸料力、推件力和顶件力的因素很多，要精确计算是很困难的。在实际生产中常采用经验公式计算：

卸料力：

$$F_{卸} = K_{卸} F_{P} \tag{3-8}$$

推件力：

$$F_{推} = nK_{推} F_{P} \tag{3-9}$$

顶件力：

$$F_{顶} = K_{顶} F_{P} \tag{3-10}$$

式中　F_{P}——冲裁力，N；

$K_{卸}$——卸料力系数，其值参见表 3－17；

$K_{推}$——推件力系数，其值参见表 3－17；

$K_{顶}$——顶件力系数，其值参见表 3－17；

n——梗塞在凹模内的制件或废料数量。$n = h/t$，h 为直刃口部分的高，mm；t 为材料厚度，mm。

卸料力和顶件力还是设计卸料装置和弹顶装置中弹性元件的依据。

表 3－17　卸料力、推件力及顶件力系数

冲裁材料			$K_{卸}$	$K_{推}$	$K_{顶}$
纯铜、黄铜			0.020～0.060	0.030～0.090	
铝、铝合金			0.025～0.080	0.030～0.070	
钢	材料厚度/mm	≤0.1	0.060～0.075	0.100	0.140
		>0.1～0.5	0.045～0.055	0.065	0.080
		>0.5～2.5	0.040～0.050	0.050	0.060
		>2.5～6.5	0.030～0.040	0.040	0.050
		>6.5	0.020～0.030	0.025	0.030

5. 冲裁总力计算

冲裁时，压力机的公称压力必须大于或等于冲裁时各工艺力的总力 $F_{总}$。

$$F_{压} \geqslant F_{总} \quad (3-11)$$

式中　$F_{压}$——所选压力机的吨位；

$F_{总}$——冲裁时的总力。

根据模具结构形式的不同，冲裁时的总力也不同。

采用弹压卸料装置和下出件模具时：

$$F_{总} = F_{P} + F_{卸} + F_{推} \quad (3-12)$$

采用弹压卸料装置和上出件模具时：

$$F_{总} = F_{P} + F_{卸} + F_{顶} \quad (3-13)$$

采用刚性卸料装置和下出件模具时：

$$F_{总} = F_{P} + F_{推} \quad (3-14)$$

四、压力中心计算

冲裁模的压力中心是指冲裁力合力的作用点。在设计冲裁模时，其压力中心要与冲床滑块中心相重合，否则冲模在工作中就会产生偏心弯矩，使冲模发生歪斜，从而会加速冲模导向机构的不均匀磨损，冲裁间隙得不到保证。刃口迅速变钝，将直接影响冲裁件的质量和模具的使用寿命。同时冲床导轨与滑块之间也会发生异常磨损。冲模压力中心的确定，对大型复杂冲模、无导柱冲模、多凸模冲孔及多工序连续模冲裁尤为重要。因此，在设计冲模时必须确定模具的压力中心，并使其通过模柄的轴线，从而保证模具压力中心与冲床滑块中心重合。

1. 简单形状工件压力中心的计算

（1）对称形状的零件，其压力中心位于刃口轮廓图形的几何中心上，如图 3－35 所示。

（2）圆弧段的压力中心（图 3－36），可按下式进行计算：

$$y = R\frac{\sin\alpha}{\pi\alpha/180^\circ} = \frac{Rs}{b} \tag{3-15}$$

式中 y——圆弧重心与圆心的距离，mm；

R——圆弧半径，mm；

α——圆弧中心角，(°)；

s——两端点之间的直线距离，mm；

b——圆弧长度，mm。

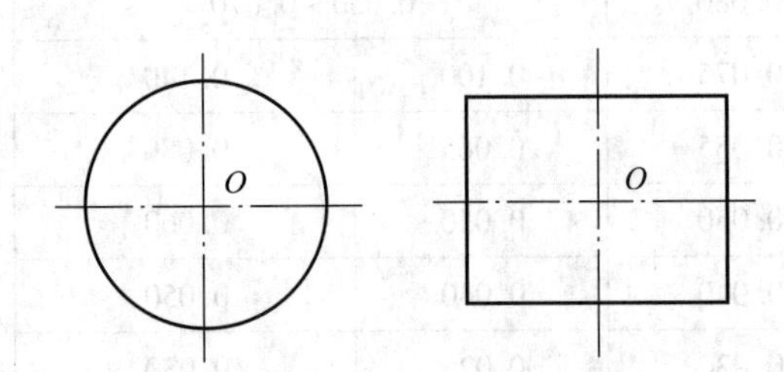

图 3－35　对称形状零件的压力中心

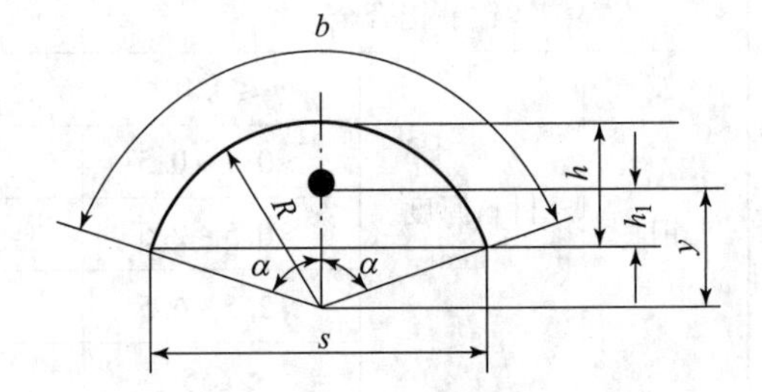

图 3－36　圆弧段的压力中心

2. 形状复杂零件压力中心的计算

形状复杂的零件，按下列公式求冲模压力中心的坐标值（x_0，y_0）（参看图 3－37）：

$$x_0 = \frac{L_1x_1 + L_2x_2 + \cdots + L_nx_n}{L_1 + L_2 + \cdots + L_n} \tag{3-16}$$

$$y_0 = \frac{L_1y_1 + L_2y_2 + \cdots + L_ny_n}{L_1 + L_2 + \cdots + L_n} \tag{3-17}$$

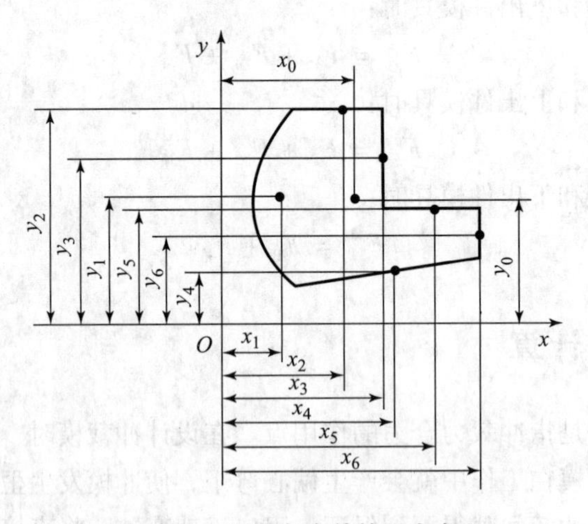

图 3－37　形状复杂件的压力中心

3. 多凸模模具压力中心的计算

对于多凸模的模具（图 3－38），可以先确定每个凸模的压力中心，然后按上述原理求出模具的压力中心。

4. 压力中心的计算机求解

对于形状特别复杂的冲裁件，很难用理论计算的方法求解压力中心。这时，就要借助计算机来求解。通常冲裁轮廓各部分的冲裁力与轮廓线的长度成正比，同时冲裁力沿轮廓均匀分布，因此求轮廓各部分冲裁力的合力作用点，即压力中心，可转化为求轮廓线的重心位置。如果料厚是一致的，可进一步转化为求轮廓线的质心。

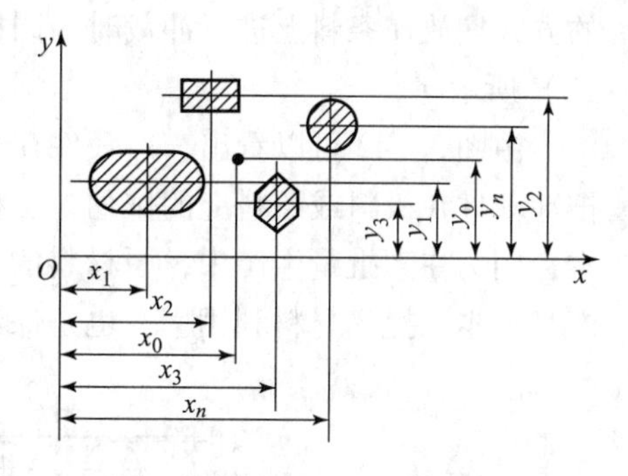

图 3－38　多凸模模具压力中心

我们常用的绘图软件有很多，这里以 UG 软件为例，轮廓线不具有质心的性质，因此可以在拉伸时利用偏置命令，把轮廓线向内外同时偏置相同的微小距离，拉伸后，即可得到一个将轮廓线包含在中间位置的实体，再去查询这个实体的质心，这个质心即可近似认为是模具的压力中心。偏置距离大小的选取将直接影响结果的准确性，理论上讲，距离越小越好，考虑到软件的可操作性，这里选取 0.1 mm。

在 UG 的草绘界面中绘制图 3－39 所示的草图（外形和内孔采用复合冲裁，同时冲击），完成后退出草图，然后执行“拉伸”命令，设置“偏置”类型为“两侧”，“开始”设为“－0.1”，“结束”设为“0.1”，结果如图 3－40 所示。单击“分析”／“测量体”命令，框选外形和所有内孔，在弹出的对话框中查询质心（即压力中心）信息，如图 3－41 所示。

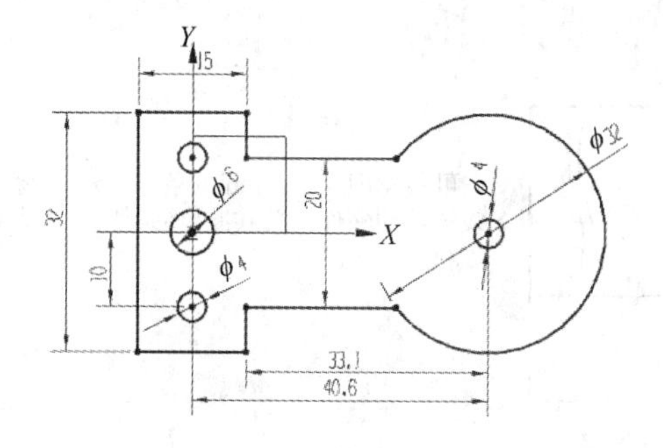

图 3－39　草图

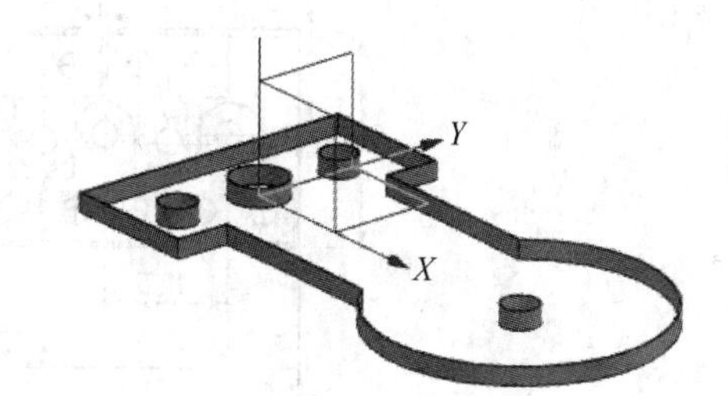

图 3－40　拉伸后的薄壁件

测量质量属性

显示的质量属性

体积	= 100.310181891 mm^3
面积	=1103.412185574 mm^2
质量	= 0.000785493 kg
重量	= 0.007703054 N
回转半径	= 24.391706215 mm
质心	= 18.440604547, 0.000000000, 1.000000000 mm

图 3－41　质心信息

五、排样设计

1. 冲裁件的排样

冲制图 3－42（a）所示零件，选用的板料规格为 1 420 mm × 710 mm，当将零件以不同的方式摆放在条料上进行冲裁时，同样一块板料最终得到的零件数量却不相同，如图 3－42（b）所示。

由图 3－42 可以看出，冲裁件在条料上不同的放置方式将影响原材料的利用程度。这里把冲裁件在板料或条料上的排列方法称为排样。排样的合理与否将直接影响到产品的最终成本，因为在大批量生产中，原材料的成本占产品成本的 60% 以上。合理的排样不仅能降低产品成本，提高材料利用率，也是保证冲裁件质量及模具寿命的有效措施。

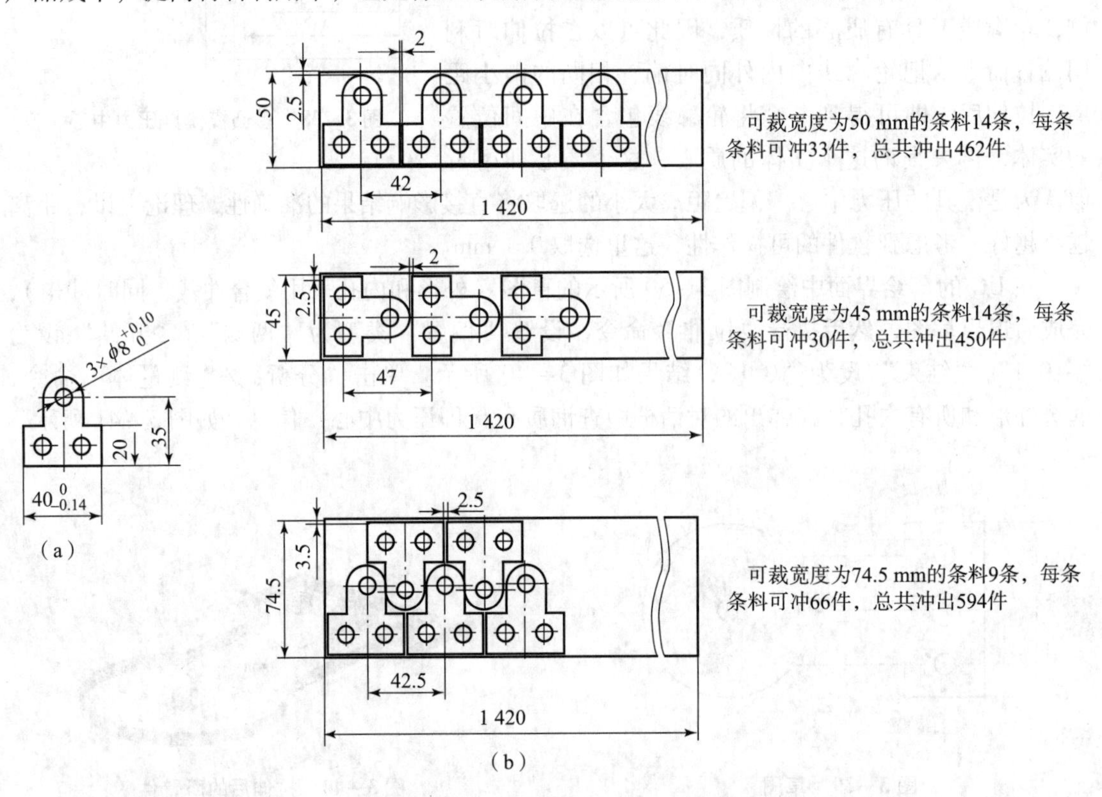

图 3－42　冲裁件在条料上的摆放方式与材料利用情况的对比

2. 材料利用率

材料利用率是指冲裁件的实际面积与所用板料面积的百分比，它是衡量合理利用材料的经济指标。

一个进距内的材料利用率 η 为

$$\eta = \frac{A_{件}}{BS} \times 100\% \tag{3-18}$$

式中　$A_{件}$——冲件的面积，mm^2；

B——料宽，mm；

S——步距，mm。

从式（3－18）可以看出，若能减少废料面积，则材料利用率就高。废料可分为工艺废料与结构废料两种（图 3－43）。结构废料由工件的形状特点决定，一般不能改变；搭边和余料属工艺废料，是与排样形式及冲压方式有关的废料，设计合理的排样方案，减少工艺废料，才能提高材料利用率。

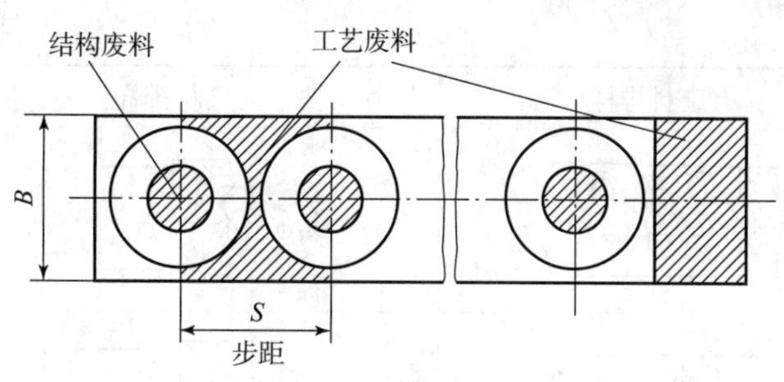

图 3-43　废料分类

3. 排样方式

根据材料经济利用程度，排样方式可分为有废料、少废料和无废料排样三种。根据制件在条料上的布置形式，排样又可分为直排、斜排、对排、混合排和多排等多种形式。

（1）有废料排样法，如图 3-44（a）所示，沿制件的全部外形轮廓冲裁，在制件之间及制件与条料侧边之间，都有工艺余料（称搭边）存在。因留有搭边，所以制件质量和模具寿命较高，但材料利用率降低。

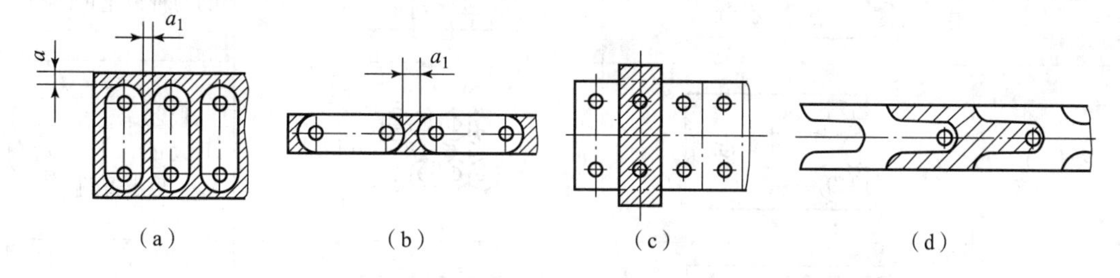

图 3-44　排样

（2）少废料排样法，如图 3-44（b）所示，沿制件的部分外形轮廓切断或冲裁，只有制件之间（或制件与条料侧边之间）留有搭边，材料利用率有所提高。

（3）无废料排样法。无废料排样就是无工艺搭边，制件直接由切断条料获得。图 3-44（c）、（d）所示为步距为 2 倍制件宽度的一模两件的无废料排样。

采用少、无废料排样法，材料利用率高，有利于一次冲程获得多个制件，且可以简化模具结构，降低冲裁力。但是，因条料本身的公差以及条料导向与定位所产生的误差将直接影响冲压件，所以冲裁件的尺寸精度较低。同时，因模具单面受力（单边切断时），不但会加剧模具的磨损，降低模具的寿命，而且直接影响到冲裁件的断面质量。因此，设计排样时必须统筹兼顾、全面考虑。

每种排样类型都有不同的排样形式，如单排、多排、直排和斜排等。表 3-18 所示为排样形式示例。

表 3-18　排样形式示例

排样形式	有废料排样	少、无废料排样	应用范围
直排			方形、矩形零件

续表

排样形式	有废料排样	少、无废料排样	应用范围
斜排		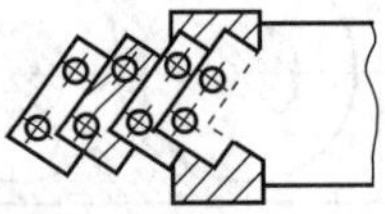	椭圆形、L形、T形、S形零件
直对排	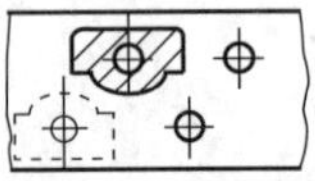	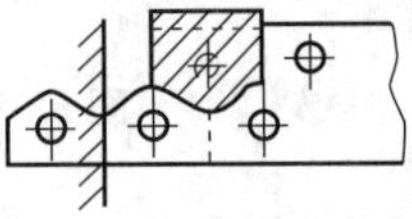	梯形、三角形、半圆形、T形、Ⅱ形零件
斜对排	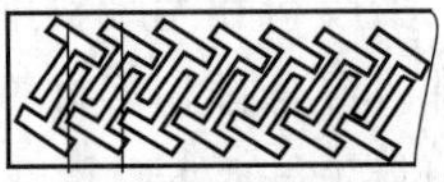	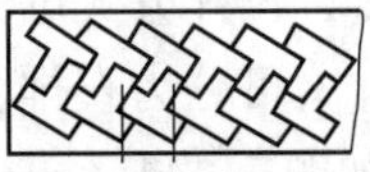	T形零件
混合排	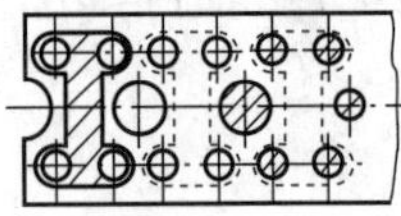	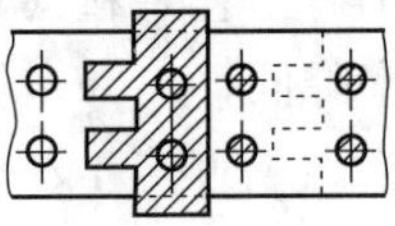	材料与厚度相同的两种以上的零件
多行排	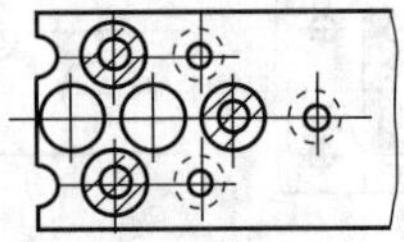	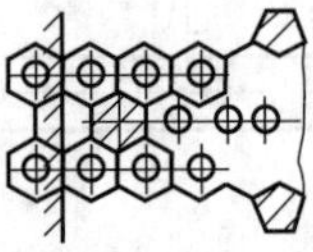	批量较大、尺寸不大的圆形、六角形、矩形零件
整裁搭边	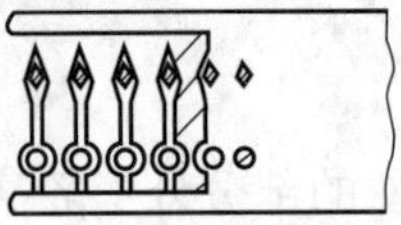	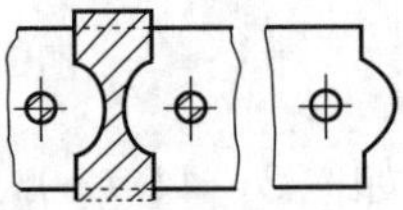	细长零件
分次裁搭边	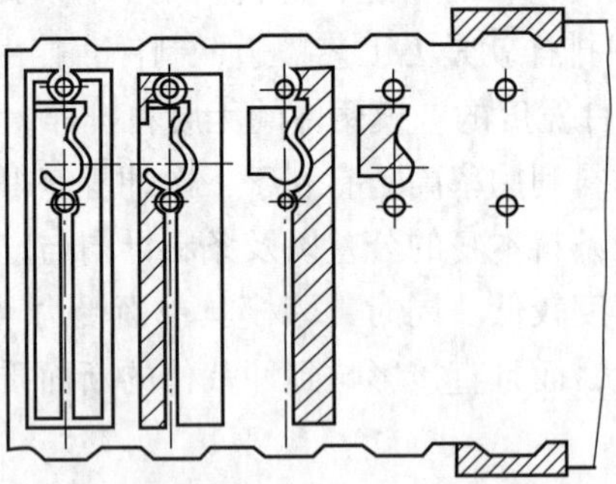		

4. 搭边

排样时，冲件之间以及冲件与条料侧边之间留下的余料叫搭边。它的作用是补偿剪板下料及定位误差，保证冲出合格的冲件，并保证条料有一定刚度，便于送料。

搭边太大，浪费材料。搭边过小，冲裁时容易翘曲或被拉断，不仅会增大冲件毛刺，有时还会将材料拉入凸、凹模间隙中损坏模具刃口，降低模具寿命，或影响送料工作。在进行冲压工艺设计时，搭边值应在保证其作用的前提下尽量取较小值。搭边值是由经验确定的，目前常用的有数种，低碳钢搭边值可参见表3－19。

表 3 – 19　搭边 a 和 a_1 数值（低碳钢）　　mm

材料厚度 t	圆件及圆角 $r > 2t$		矩形件边长 $l \leqslant 50$		矩形件边长 $l > 50$ 或圆角 $r \leqslant 2t$	
	工件间 a_1	沿边 a	工件间 a_1	沿边 a	工件间 a_1	工件间 a
0.25 以下	1.8	2.0	2.2	2.5	2.8	3.0
0.25 ~ 0.50	1.2	1.5	1.8	2.0	2.2	2.5
0.50 ~ 0.80	1.0	1.2	1.5	1.8	1.8	2.0
0.80 ~ 1.20	0.8	1.0	1.2	1.5	1.5	1.8
1.20 ~ 1.60	1.0	1.2	1.5	1.8	1.8	2.0
1.60 ~ 2.00	1.2	1.5	1.8	2.5	2.0	2.2
2.00 ~ 2.50	1.5	1.8	2.0	2.2	2.2	2.5
2.50 ~ 3.00	1.8	2.2	2.2	2.5	2.5	2.8
3.00 ~ 3.50	2.2	2.5	2.5	2.8	2.8	3.2
3.50 ~ 4.00	2.5	2.8	2.5	3.2	3.2	3.5
4.00 ~ 5.00	3.0	3.5	3.5	4.0	4.0	4.5
5.00 ~ 12.00	$0.6t$	$0.7t$	$0.7t$	$0.8t$	$0.8t$	$0.9t$

注：对于其他材料，应将表中数值乘以下列系数：中等硬度钢 0.9，硬钢 0.8，硬黄铜 1.0 ~ 1.1，硬铝 1.0 ~ 1.2，软黄铜、纯铜 1.2，铝 1.3 ~ 1.4，非金属 1.5 ~ 2.0。

5. 步距的确定

步距也称进距，是指模具每冲裁一次，条料在模具上前进的距离，其值的大小与排样方式及工作的形状和尺寸有关。当单个步距内只冲裁一个零件时，送料距离的大小等于条料上两个相邻零件对应点之间的距离。

6. 条料宽度的确定

在排样方案和搭边值确定之后，就可以确定条料的宽度和导料板之间的距离。在确定条料宽度时，必须考虑到模具的结构中是否采用侧压装置和侧刃，应根据不同结构分别进行计算。

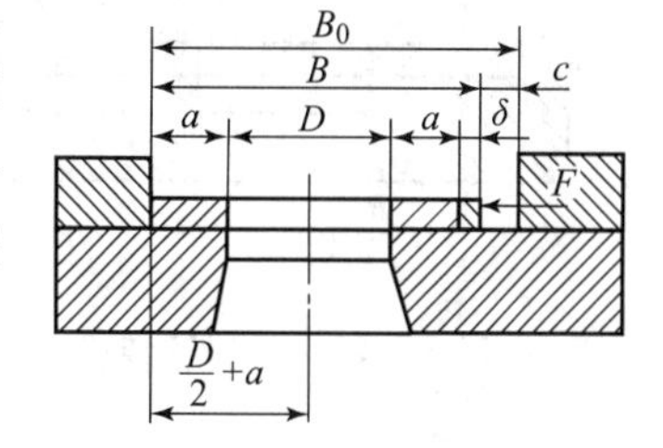

图 3 – 45　有侧压装置

1）有侧压装置（图 3 – 45）

有侧压装置的模具能使条料始终紧靠同一侧导料板送进，因此只需在条料与另一侧导料板间留有间隙，故按下式计算：

$$B = (D + 2a + \delta)_{-\delta}^{\ 0} \tag{3-19}$$

式中　B——条料宽度的基本尺寸，mm；

D——条料宽度方向零件轮廓的最大尺寸，mm；

a——侧面搭边，mm，查表3－19；

δ——条料下料宽度剪切公差，mm，查表3－20。

导料板之间的距离

$$B_0 = B + c \tag{3-20}$$

式中 c——条料与导料板之间的间隙，mm，查表3－20。

表3－20 条料与导料板之间间隙 mm

材料宽度 B	条料厚度 t							
	≤1		1～2		2～3		>3～5	
	δ	c	δ	c	δ	c	δ	c
≤50	0.4	0.1	0.5	0.2	0.7	0.4	0.9	0.6
50～100	0.5	0.1	0.6	0.2	0.8	0.4	1.0	0.6
100～150	0.6	0.2	0.7	0.3	0.9	0.5	1.1	0.7
150～220	0.7	0.2	0.8	0.3	1.0	0.5	1.2	0.7
220～300	0.8	0.3	0.9	0.4	1.1	0.6	1.3	0.8

2）无侧压装置（图3－46）

无侧压装置的模具，应考虑在送料过程中因条料的摆动而使侧面搭边减少的问题。为了补偿侧面搭边的减少，条料宽度应增加一个条料可能的摆动量，故按下式计算：

$$B = [D + 2(a + \delta) + c]_{-\delta}^{\ 0} \tag{3-21}$$

导料板之间的距离

$$B_0 = B + c \tag{3-22}$$

3）有侧刃定距（图3－47）

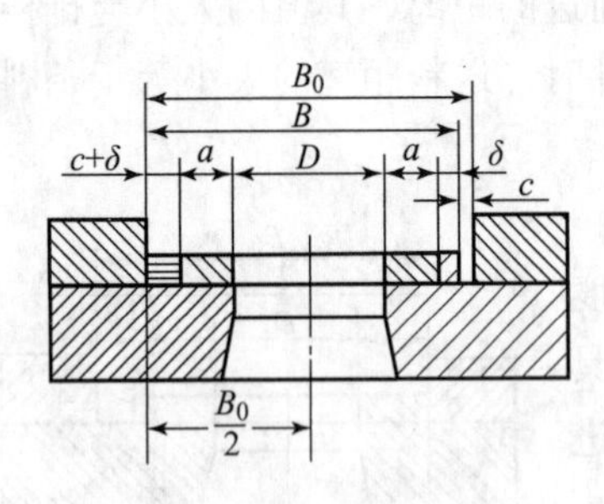

图3－46 无侧压装置

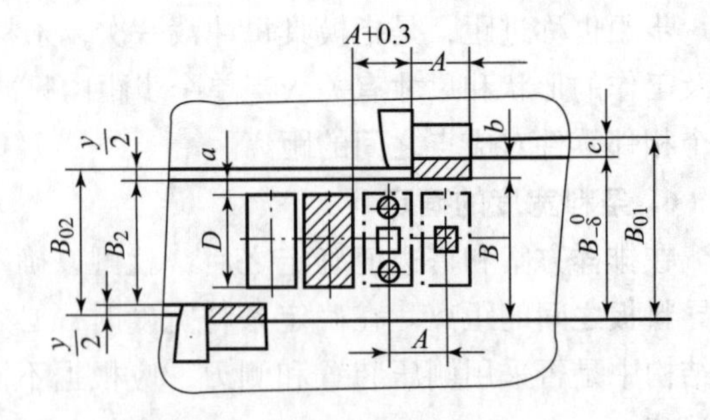

图3－47 侧刃定位的条料宽度

当条料用定距侧刃定位时，条料宽度必须考虑侧刃切去的宽度（图3－47）。此时条料宽度 B 可按下式计算：

$$B = B_2 + nb = (D + 2a + nb)_{-\delta}^{\ 0} \tag{3-23}$$

导料板之间的距离为

$$B_{01} = B + c;\ B_{02} = B_2 + y = D + 2a + y \tag{3-24}$$

式中　b——侧刃余料，金属材料取1.0～2.5 mm，非金属材料取1.5～4.0 mm（薄料取小值，厚料取大值）；

n——侧刃个数；

y——侧刃冲切后条料与导料板之间的间隙，常取0.1～0.2 mm（薄料取小值，厚料取大值）。

7. 排样图的绘制

排样设计的结果以排样图表达。一张完整的排样图，应标注条料宽度尺寸$B_{-\Delta}^{\ 0}$、条料长度L、板料厚度t、步距S、工件间搭边a_1和侧搭边a，并习惯以剖面线表示冲压位置，以反映冲压工序的安排，如图3－48所示。排样图是模具结构设计的依据之一，通常绘制在模具总装图的右上角。

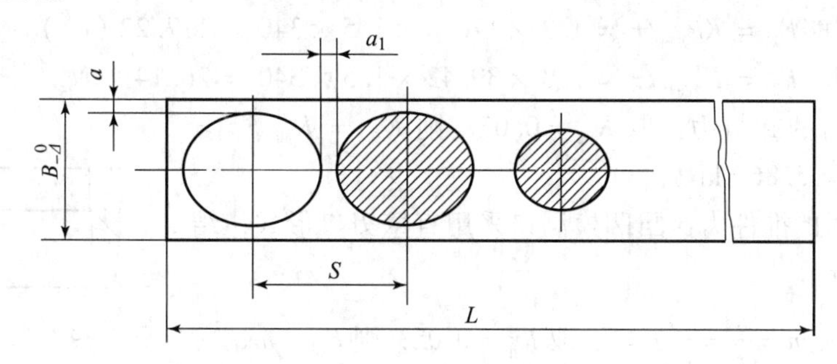

图3－48　排样图示例

任务实施

1. 凸、凹模刃口尺寸计算

查表得间隙值$2c_{min}=0.132$ mm，$2c_{max}=0.24$ mm，该制件结构较为简单，采用凸、凹模分开加工。对于半径尺寸，间隙值取c_{min}，凸、凹模制造公差取$\delta_p/2$，$\delta_d/2$。

1）落料部分的凸模、凹模刃口尺寸

（1）$R10$。

查表3－4，得$R10$的公差为0.22，标注公差为$10_{-0.22}^{\ 0}$，查表3－14得$x=0.5$。

$$D_d=(D_{max}-x\Delta)_{\ 0}^{+\delta_d/2}=(10-0.5\times0.22)_{\ 0}^{+0.010}=9.89_{\ 0}^{+0.010}$$

$$D_p=(D_d-2c_{min})_{-\delta_p/2}^{\ 0}=(9.89-0.066)_{-0.010}^{\ 0}=9.62_{-0.010}^{\ 0}$$

校核：$|\delta_p|+|\delta_d|=0.02+0.02<2c_{max}-2c_{min}=0.108$，间隙满足条件。

（2）57。

查表3－4，得57的公差为±0.20，标注公差为57±0.20。

$$L_d=(L_{min}+0.5\Delta)\pm0.125\Delta=57\pm0.05\text{，取}L_d=57\pm0.01\text{。}$$

2）冲孔部分的凸模、凹模刃口尺寸

（1）$R3_{\ 0}^{+0.12}$。

查表3－14得$x=0.75$。

$$d_p=(d_{min}+x\Delta)_{-\delta_p/2}^{\ 0}=(3+0.75\times0.12)_{-0.010}^{\ 0}=3.09_{-0.010}^{\ 0}$$

$$d_d=(d_p+2c_{min})_{\ 0}^{+\delta_d/2}=(3.09+0.066)_{\ 0}^{+0.010}=3.30_{\ 0}^{+0.010}$$

校核同上。

(2) $R4.5^{+0.18}_{0}$。

查表 3-14 得 $x=0.75$。

$$d_{\mathrm{p}} = (d_{\min} + x\Delta)^{\ 0}_{-\delta_{\mathrm{p}}/2} = (4.5 + 0.75 \times 0.18)^{\ 0}_{-0.010} = 4.64^{\ 0}_{-0.010}$$

$$d_{\mathrm{d}} = (d_{\mathrm{p}} + 2c_{\min})^{+\delta_{\mathrm{d}}/2}_{0} = (4.64 + 0.066)^{+0.010}_{0} = 4.71^{+0.010}_{0}$$

校核同上。

(3) 7.5 ± 0.05。

$$L_{\mathrm{d}} = (L_{\min} + 0.5\Delta) \pm 0.125\Delta = 7.5 \pm 0.013，取 L_{\mathrm{d}} = 7.5 \pm 0.01。$$

2. 冲压力计算

在 UG 中画出冲压件，查询落料周长 176.8 mm，冲孔周长 39.42 mm。

(1) 落料力：$F_1 = Kl_{落料}t\tau = 1.3 \times 176.8 \times 1.5 \times 340 = 117.22$ (kN)。

(2) 冲孔力：$F_2 = Kl_{冲孔}t\tau = 1.3 \times 39.42 \times 1.5 \times 340 = 26.14$ (kN)。

(3) 落料时的卸料力：取 $K_{卸} = 0.05$，则 $F_{卸} = K_{卸} F_1 = 0.05 \times 117.22 = 5.86$ (kN)。

(4) 冲孔时的推件力：凸凹模洞口采用直壁刃口形式，结构如图 3-49 所示。

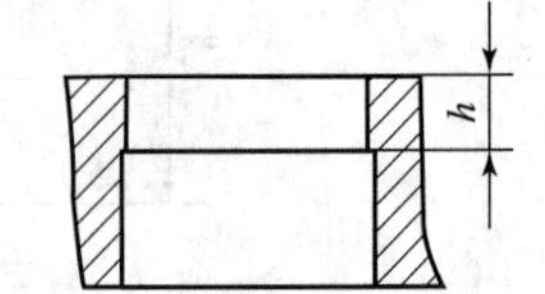

图 3-49 凸凹模刃口形式

$h=9$ mm，则 $n=\dfrac{h}{t}=\dfrac{9}{1.5}=6$，取 $K_{推}=0.05$，则 $F_{推}=nK_{推}\cdot F_2=6\times0.05\times26.14=7.84$ (kN)。

$$F_{总} = F_1 + F_2 + F_{卸} + F_{推} = 117.22 + 26.14 + 5.86 + 7.84 = 157.06 \text{ (kN)}$$

3. 压力中心确定

在草绘中绘制图 3-50 所示截面，在拉伸时将“偏置”设为“两侧”，“值”设为“0.1”，得到图 3-51 所示的实体，测量其质心坐标为 (0.328 438 556, 0)，压力中心偏移量很小，故可认为压力中心即图中坐标原点。

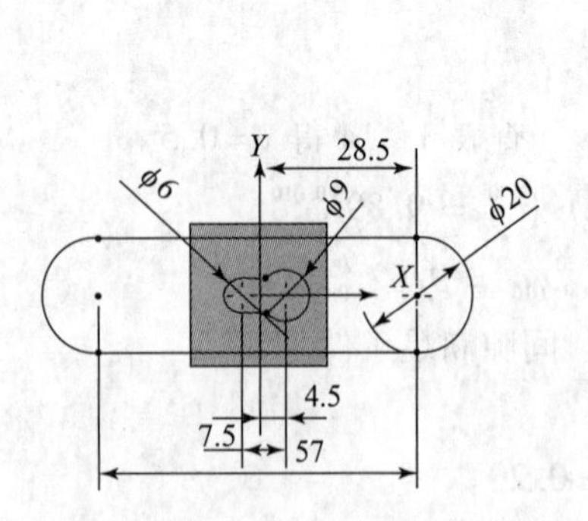

图 3-50 草绘截面

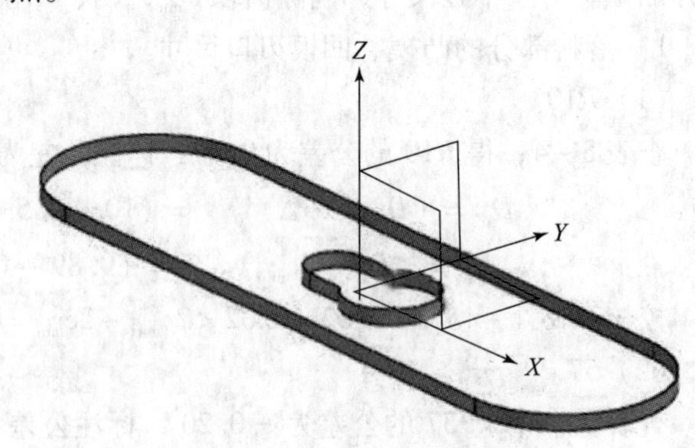

图 3-51 拉伸后实体

4. 排样设计

1) 排样方式

该零件的形状宜采用直排的有废料排样方案。

2) 排样工艺计算

(1) 计算面积。直接计算冲压件毛坯面积有些困难，可利用计算机辅助设计方法，画出冲压件，查询面积，得 $A = 1\ 356\ \text{mm}^2$。

(2) 确定料宽和步距。查表 3－19 得搭边值工件间 $a_1 = 1.8$ mm，沿边 $a = 2.0$ mm，则

料宽：$B = 77 + 2 \times 2 = 81$ (mm)。

步距：$S = 20 + 1.8 = 21.8$ (mm)。

(3) 画排样图。根据计算结果画排样图，如图 3－52 所示。

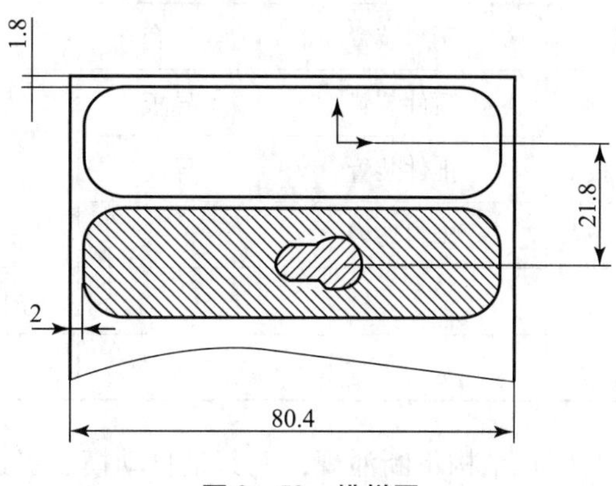

图 3－52　排样图

(4) 一个进距的材料利用率。

$$\eta = \frac{A}{SB} = \frac{1\ 356\ \text{mm}^2}{21.8\ \text{mm} \times 81\ \text{mm}} \times 100\% = 76.8\%$$

任务 6　冲裁模主要零部件的设计与选用

任务描述

完成工作零件（凸模、凹模、凸凹模），定位零件，卸料、推件、顶件零件，标准模架，连接与固定零件等的设计。

相关知识

一、冲模零件的分类

尽管各类冲裁模的结构形式和复杂程度不同，但组成模具的零件种类是基本相同的，根据它们在模具中的功用和特点，可以分成两类。

(1) 工艺零件。这类零件直接参与完成工艺过程并和毛坯直接发生作用，包括工作零件、定位零件、卸料和压料零件。

(2) 结构零件。这类零件不直接参与完成工艺过程，也不与毛坯直接发生作用，包括导向零件、支撑零件、紧固零件和其他零件。

冲模零件的详细分类如表 3－21 所示。

表 3－21　冲模零件分类

工艺零件			结构零件		
工作零件	定位零件	卸料和压料零件	导向零件	支撑零件	紧固零件
凸模	挡料销	卸料装置	导柱	上、下模座	螺钉
凹模	始用挡料销	压料装置	导套	模柄	销钉
凸凹模	导正销	顶件装置	导板	凸、凹模固定板	键
	定位销、定位板	推件装置	导筒		
	导料销、导料板	废料切刀		垫板	
	侧刃、侧刃挡块			限位支撑装置	
	承料板				

应该指出，由于新型的模具结构不断涌现，尤其是自动模、级进模等的不断发展，模具零件也在增加。传动零件及用以改变运动方向的零件（如侧模、滑板、铰链接头等）用得越来越多。

目前，冷冲模最新标准有 GB/T 2851—2008、GB/T 2861. 1—11—2008、JB/T 7645—2008 ~ JB/T 7649—2008。

二、工作零件设计

1. 凸模

1）凸模的结构类型

（1）标准圆凸模。按 JB/T 5825—2008 规定，圆凸模有三种结构形式：A 型圆凸模、B 型圆凸模及快换圆凸模。其中，A 型圆凸模的结构形式如图 3－53（a）所示，直径尺寸范围 d = 1. 1 ~ 30. 2 mm。

B 型圆凸模的结构形式与 A 型稍有不同，它没有中间过渡段，如图 3－53（b）所示。直径尺寸范围 d = 3. 0 ~ 30. 2 mm。

快换圆凸模的结构形式如图 3－53（c）所示，其固定段按 h6 级制造，与固定板为小间隙配合，便于更换。而 A 型和 B 型圆凸模的固定段均按 m6 级制造。

（2）凸缘式凸模。如图 3－54 所示，凸缘式凸模的工作段截面一般是非圆形的，而固定段截面则取圆形、方形、矩形等简单形状，以便加工固定板的型孔。但当固定段取圆形时，必须在凸缘边缘处加骑缝螺钉或销钉。凸缘式凸模工作段的加工工艺性不好，因此当刃口形状复杂时不宜采用。

（3）直通式凸模。直通式凸模的截面形状沿全长是一样的，便于成形磨削或线切割加工，且可以先淬火后精加工，因此得到了广泛应用。直通式凸模的固定方法有以下几种：

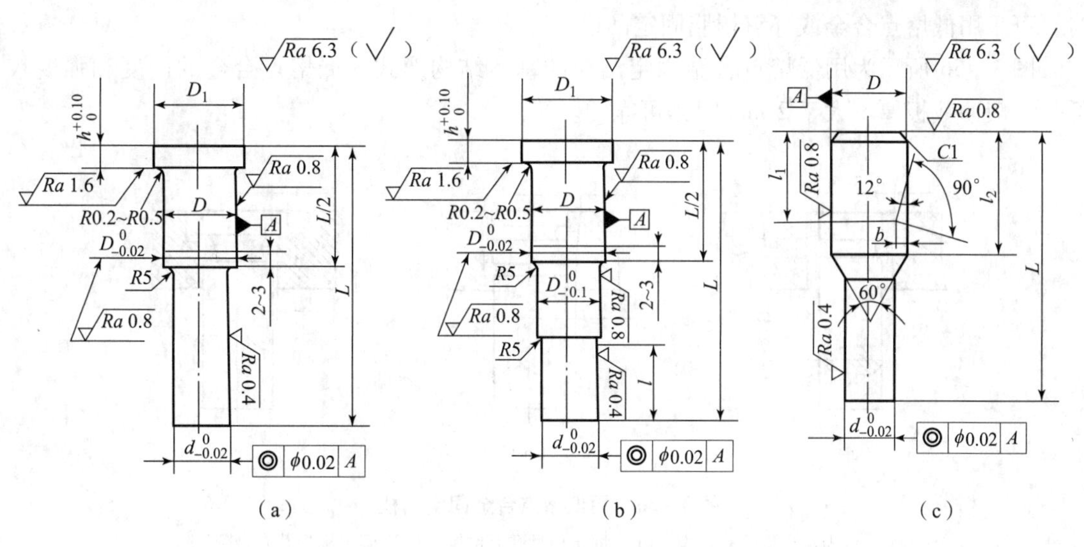

图 3-53　标准圆凸模

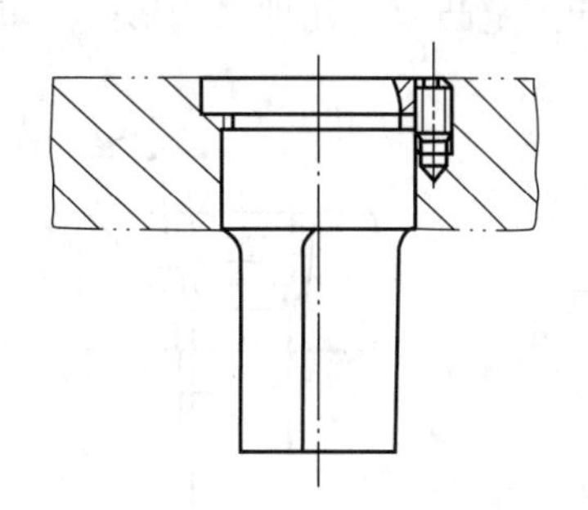

图 3-54　凸缘式凸模

①用螺钉吊装固定凸模。图 3-55 给出三种固定凸模的结构形式。其中，图 3-55（a）的固定板不加工固定凸模的型孔，因此需增加两个销子对凸模进行定位；图 3-55（b）、（c）的固定板要加工出型孔，通常按凸模实际尺寸配作成 H7/n6 配合。

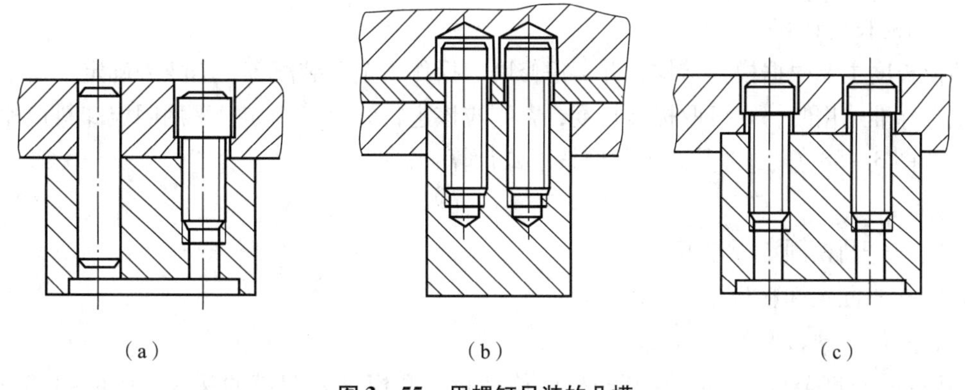

图 3-55　用螺钉吊装的凸模

（a）固定板不加工型孔；（b）固定板有通型孔；（c）固定板有不通型孔

②用低熔点合金或环氧树脂固定凸模。当凸模截面尺寸较小、不允许用螺钉吊装固定

时，可采用低熔点合金或环氧树脂固定凸模。

图 3 - 56 所示为用低熔点合金固定凸模的基本结构形式。低熔点合金的硬度和强度较低，一般冲裁板厚不大于 2 mm 时是可靠的。

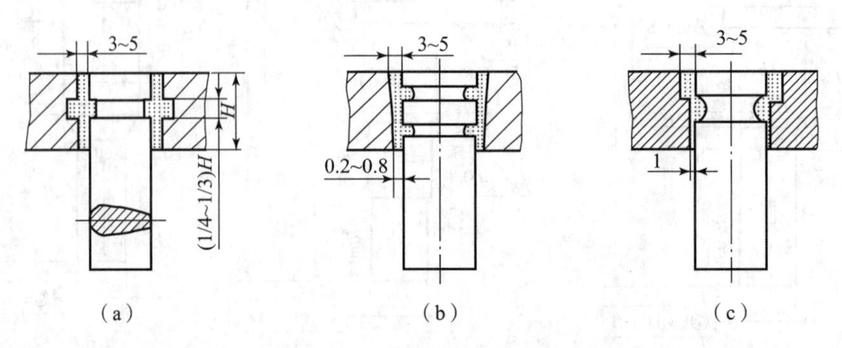

图 3 - 56　用低熔点合金固定凸模

(a) 固定板型孔有槽沟；(b) 固定板型孔有倒锥；(c) 固定板型孔有台阶

图 3 - 57 所示为用环氧树脂固定凸模的几种结构形式及其适用范围。

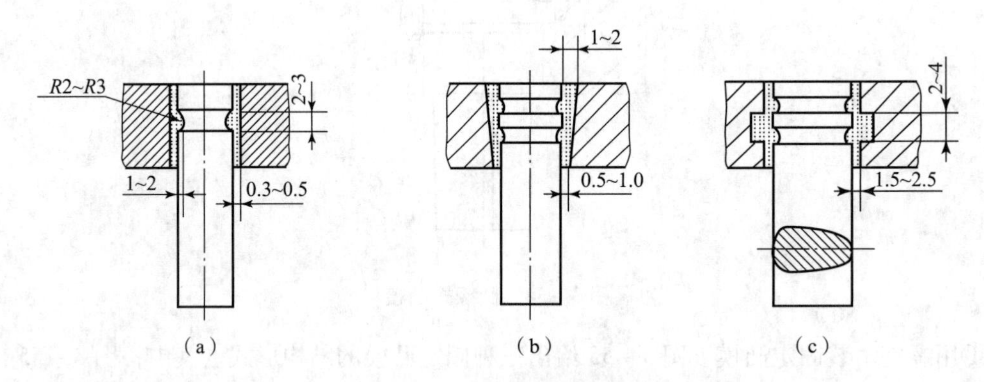

图 3 - 57　用环氧树脂固定凸模

(a) 用于板厚不大于 0.8 mm；(b) 用于板厚不大于 2 mm；(c) 用于板厚大于 2 mm

2）凸模长度计算

凸模长度主要根据模具结构，并考虑修磨、操作安全、装配等的需要来确定。当按冲模典型组合标准选用时，则可取标准长度，否则应该进行计算。例如，采用固定卸料板和导料板冲模［图 3 - 58（a）］，其凸模长应按下式计算：

$$L = h_1 + h_2 + h_3 + h \tag{3-25}$$

式中　h_1 ——凸模固定板厚度，mm；

h_2 ——固定卸料板厚度，mm；

h_3 ——导料板厚度，mm；

h ——长度余量，mm，包括凸模的修磨量、凸模进入凹模的深度（0.5 ~ 1.0 mm）、凸模固定板与卸料板之间的安全距离（一般取 10 ~ 20 mm）等。

如果是弹压卸料装置［图 3 - 58（b）］，则没有导料板厚度 h_3 这一项，而应考虑固定板至卸料板间弹性元件的高度。

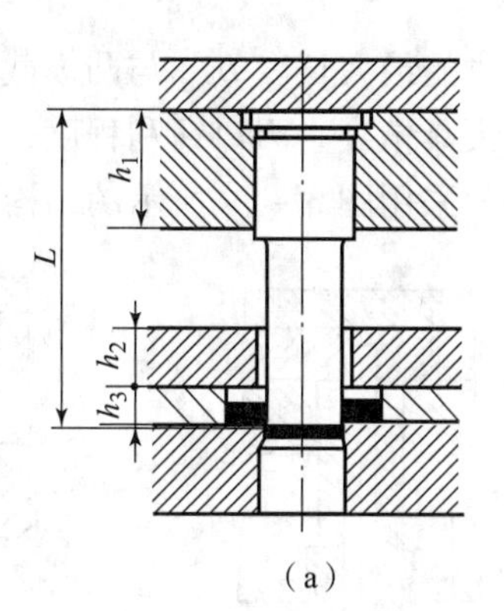

（a）

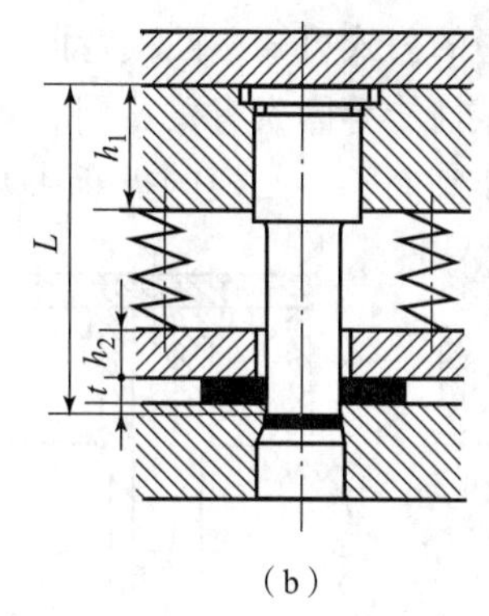

（b）

图 3 – 58　凸模长度

有时为了安装适当的弹簧，让弹簧能正常工作，按照上述方法计算出的凸模长度还要进行适当调整，并参考国家标准得出凸模的实际长度。冷冲模国家标准对凸模长度已系列化，长度有 30 mm、32 mm、34 mm、36 mm、38 mm、40 mm、42 mm、45 mm、48 mm、50 mm、52 mm、55 mm、58 mm、60 mm、65 mm、70 mm、80 mm、90 mm、100 mm 等。

3）凸模材料

模具刃口要求有较高的耐磨性，并能承受冲裁时的冲击力，因此应有较高的硬度与适当的韧性。形状简单且模具寿命要求不高的凸模可选用 T8A、T10A 等碳素工具钢制造；形状复杂且模具有较高寿命要求的凸模应选 Cr12、Cr12MoV、CrWMn、SKD11、D2 等合金工具钢制造，HRC 取 58 ~ 62；要求高寿命、高耐磨性的凸模，可选硬质合金材料制造。

4）凸模的强度与刚度校核

一般情况下，凸模的强度和刚度是足够的，没必要进行校核，但是当凸模的截面尺寸很小而冲裁的板料厚度较大，或者根据结构需要确定的凸模特别细长时，必须进行承压能力和抗纵向弯曲能力两方面的校验，以保证凸模设计的安全。冲裁凸模的强度校核计算公式如表 3 – 22 所示。

表 3 – 22　冲裁凸模的强度校核计算公式

校核内容	计算公式			式中符号意义
弯曲应力	简图	无导向（图中标注：d、L）	有导向（图中标注：d、L）	L —凸模允许的最大自由长度，mm； d —凸模工作部分最小直径，mm； F —凸模纵向所承受的压力，N； J —凸模最小截面惯性矩，mm^4； t —材料厚度，mm； τ —冲裁材料的抗剪强度，MPa； ［σ］—凸模材料的抗剪强度，MPa
压应力	圆形	$L_{max} \leqslant 95\dfrac{d^2}{\sqrt{F}}$	$L_{max} \leqslant 270\dfrac{d^2}{\sqrt{F}}$	
	非圆形	$L_{max} \leqslant 416\sqrt{\dfrac{J}{F}}$	$L_{max} \leqslant 1\ 180\sqrt{\dfrac{J}{F}}$	
	圆形	$d \geqslant \dfrac{4t\tau}{[\sigma]}$		
	非圆形	$A \leqslant \dfrac{F}{[\sigma]}$		

据表 3－22 中的公式可知，凸模弯曲不失稳时的最大长度 L_{max} 与凸模截面尺寸、冲裁力的大小等材料机械性能等因素有关，同时还受到模具精度、刃口锋利程度、制造过程、热处理等影响。为防止细而长小凸模的折断和失稳，常采用图 3－59 所示的结构进行保护。

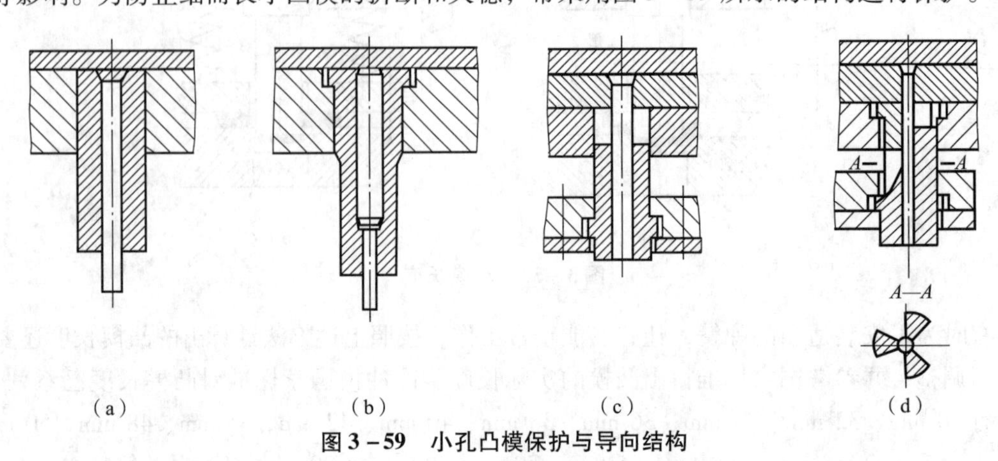

图 3－59　小孔凸模保护与导向结构

2. 凹模

凹模是模具中最关键的零件之一，在典型结构的冲模中，可以根据凹模的结构和尺寸设计或选用模具中的多个零件，因此凹模设计很关键。凹模设计主要解决凹模的结构及固定方式、凹模的刃口形式和凹模的外形设计。

1）凹模的结构及固定方式

凹模结构有整体式、组合式和镶块式三种。

（1）整体式凹模。根据冷冲模标准 JB/T 7643. 1—2008 和 JB/T 7643. 4—2008，整体式凹模有矩形和圆形两种，如图 3－60 所示，材料选择可参考凸模选材，热处理硬度为 60 ~ 64 HRC。

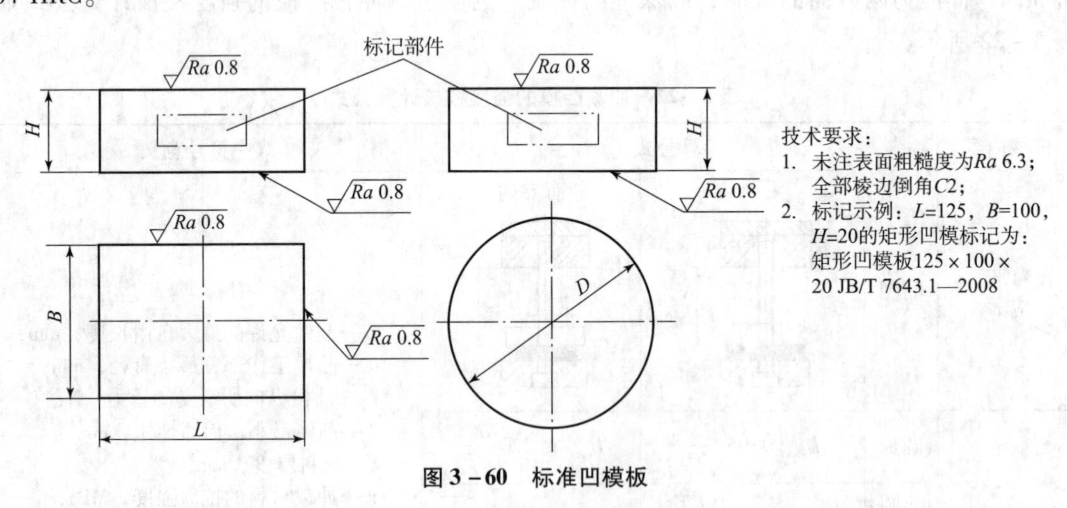

图 3－60　标准凹模板

整体式凹模是普通冲裁模最常用的结构形式，优点是模具结构简单，强度较好，装配比较容易、方便；缺点是一旦刃口局部磨损或损坏就需要整体更换，同时由于凹模的非工作部分也是采用工具钢，所以制造成本较高。这种结构形式适用于中小型冲压件的模具。由于平面尺寸较大，可以直接利用螺钉和销钉将其固定在下模座上，如图 3－61 所示。

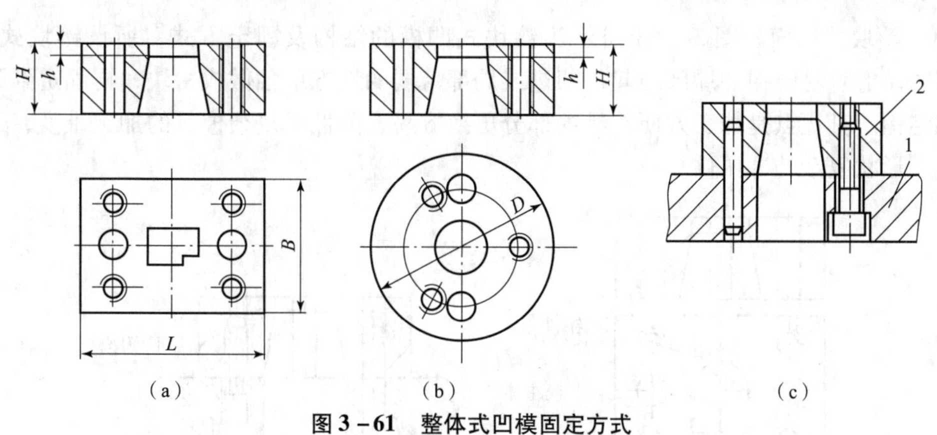

图 3-61　整体式凹模固定方式

(a) 矩形凹模；(b) 圆形凹模；(c) 整体式凹模固定方式

1—下模座；2—凹模

(2) 组合式凹模。根据冷冲模标准 JB/T 5830—2008，圆形组合式凹模有 A 型和 B 型两种，可以冲制直径 d 为 1 ~ 36 mm 的圆形工件（d 的增量是 0.1 mm）。由于凹模尺寸较小，需要采用凹模固定板固定后，再通过螺钉和销钉与下模座连接（这是与整体凹模的区别），如图 3-62 所示。这种结构的优点是：节省模具材料；模具刃口磨损后，只需更换凹模，维修方便，降低维修成本。

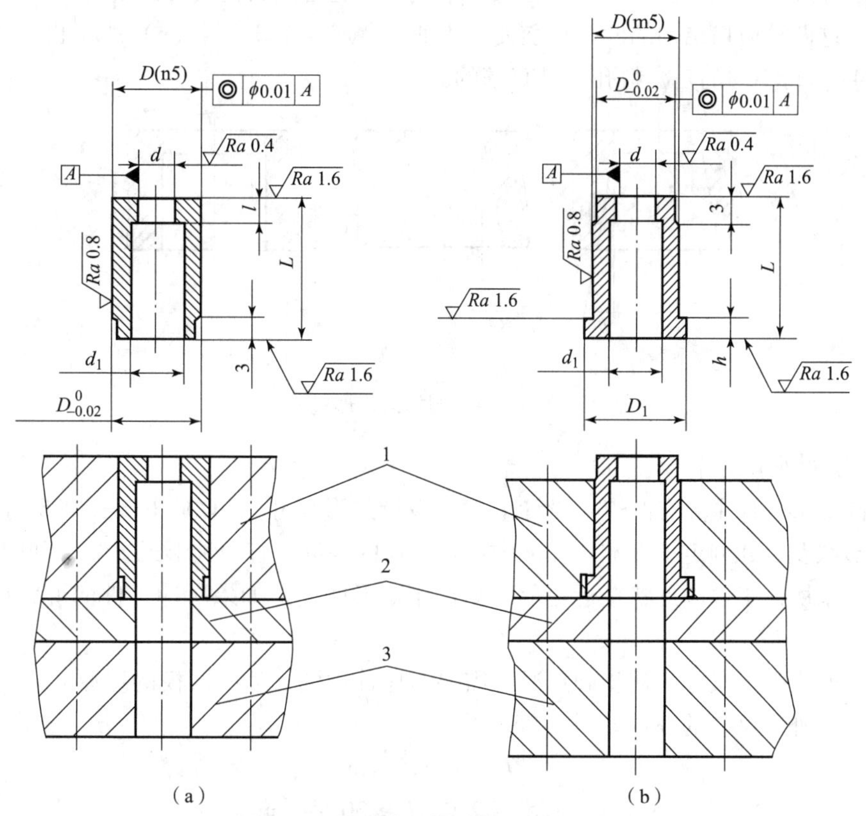

图 3-62　组合凹模结构及固定方式

(a) A 型圆凹模及固定方式；(b) B 型圆凹模及固定方式

1—凹模固定板；2，3—下模座

（3）镶块式凹模。图 3 - 63 所示为镶块式凹模的结构及固定方式。所谓镶块式凹模，是指将凹模上容易磨损的局部凸起、凹进或局部薄弱的地方单独做成一块，再固定到凹模主体上的结构。其优点是加工方便，易损部分更换容易，降低了复杂模具的加工难度，适于冲制窄臂、形状复杂的冲压件。

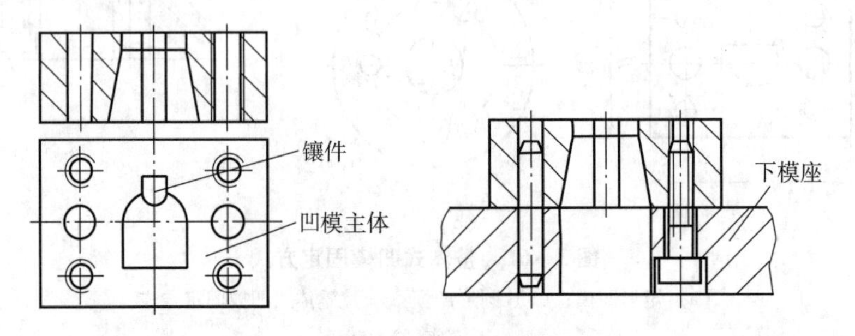

图 3 - 63　镶块式凹模

2）凹模的刃口形式

凹模的刃口形式主要有图 3 - 64 所示的三种结构。其中，图 3 - 64（a）所示的结构是直壁刃口并有带斜度的漏料孔，这种结构的刃口强度较高，修模后刃口尺寸不变，漏料孔由于带有斜度，有利于漏料。图 3 - 64（b）所示为斜壁刃口，刃口强度不如直壁刃口高，刃口修模后尺寸发生变化，但刃口内不容易集聚废料。随着电火花线切割技术在模具制造上的大量使用，这两种刃口结构的凹模目前使用得非常普遍。图 3 - 64（c）所示也为直壁刃口，与图 3 - 64（a）不同的是漏料孔也是直壁的。

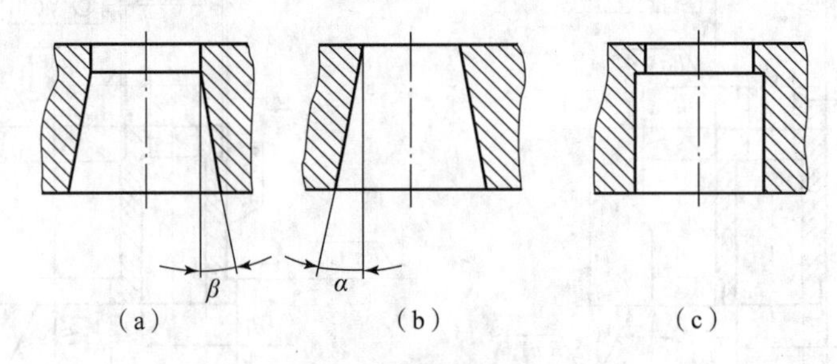

图 3 - 64　凹模刃口形式

3）凹模的外形设计

凹模的外形设计主要有两点：设计形状和设计外形尺寸。JB/T 7643—2008 对冷冲模凹模外形的形状及尺寸制定了标准。标准中规定凹模的外形只有两种形式：矩形和圆形。通常情况下，如果所冲工件的形状接近矩形，则选用矩形凹模；如果所冲工件的形状接近圆形，则选用圆形凹模。

整体式凹模外形尺寸的初步确定通常需要考虑冲件的尺寸、凹模的壁厚 c，可以借助经验公式。凹模外形尺寸的确定如图 3 - 65 所示。

$$H = Kb \geqslant 15\ \text{mm} \tag{3-26}$$

$$c = (1.5 \sim 2.0)H \geqslant 30 \sim 40\ \text{mm} \tag{3-27}$$

由此得到凹模外形的计算尺寸为

$$H = Kb \tag{3-28}$$

$$L = D_b + 2c \tag{3-29}$$

$$B = D_a + 2c \tag{3-30}$$

式中　H——凹模的厚度（高度），mm；

b——工件的最大外形尺寸，mm；

K——系数，根据表 3－23 选用；

c——凹模壁厚，mm；

D_a，D_b——凹模刃口尺寸，mm。

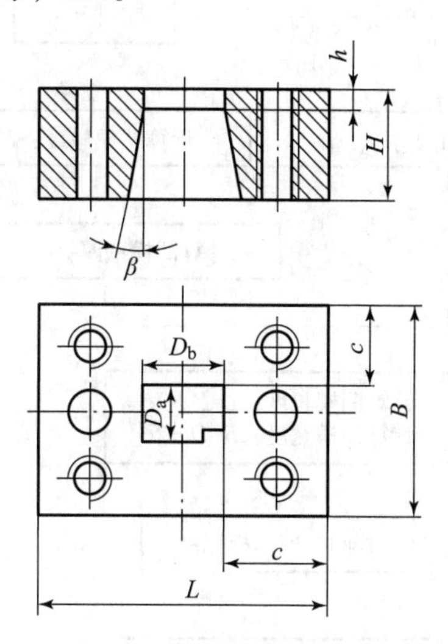

图 3－65　凹模外形尺寸的确定

图 3－65 中的 h 和 β 如表 3－24 所示。

表 3－23　凹模厚度修正系数 K

孔口尺寸 b/mm \ 料厚 t/mm	0.5	1.0	2.0	3.0	>3.0
<50	0.30	0.35	0.42	0.50	0.60
50～100	0.20	0.22	0.28	0.35	0.42
100～200	0.15	0.18	0.20	0.24	0.30
>200	0.10	0.12	0.15	0.18	0.22

表 3－24　凹模刃口 h 和 β 值

料厚 t/mm	α/(′)	β/(°)	刃口高度 h/mm	备注
<0.5	15	2	≥4	表列 α 值适用于钳工加工，采用线切割加工时 $\alpha = 5' \sim 20'$
0.5～1.0			≥5	
1.0～2.5			≥6	
2.5～6.0	30	3	≥8	
>6.0			≥10	

实际上，上述经验公式计算出来的尺寸只是凹模外形的计算尺寸，此外，凹模用销钉和螺钉固定时，其螺孔与凹模刃口边缘的距离，螺孔、销孔至凹模外边缘的距离，均不应过小，以防强度降低。一般取孔径值的 1 ~2 倍（小孔取大值，大孔取小值）；螺孔与销孔之间的距离一般不应小于 3 ~5 mm。

外形的实际尺寸通常需要查阅标准 JB/T 7643. 1—2008 和 JB/T 7643. 4—2008 得到。冲裁凹模外形尺寸设计可以参照图 3 -66。

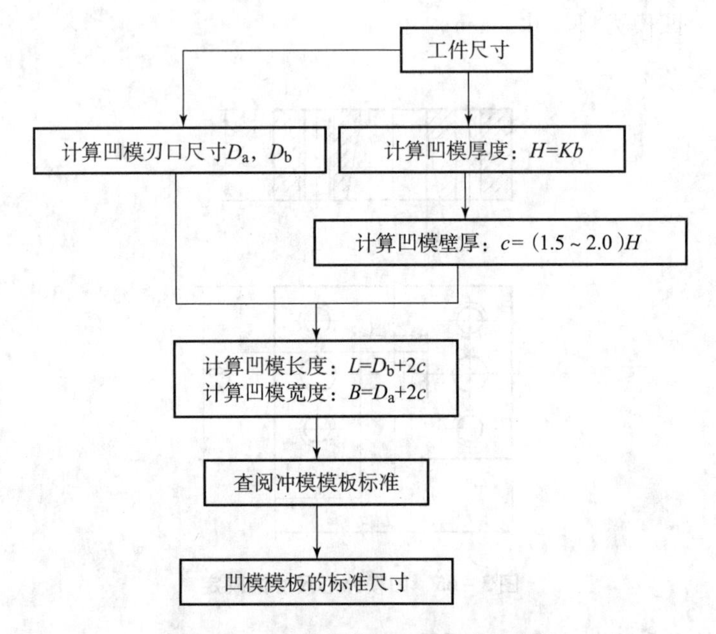

图 3 -66　冲裁凹模外形尺寸确定步骤

冷冲模国家标准对凹模周界值已系列化，如表 3 -25 所示。

表 3 -25　矩形和圆形凹模外形尺寸

矩形凹模的长度和宽度 $L\times B$	矩形和圆形凹模厚度 h	圆形凹模直径 d
63×50，63×63	10，12，14，16，18，20	63
80×63，80×80，100×63，100×80，100×100，125×80	12，14，16，18，20，22	80，100
125×100，125×125，（140）×80，（140）×100	14，16，18，20，22，25	125
（140）×125，（140）×（140），160×100，160×125，160×（140），200×100，200×125	16，18，20，22，25，28	（140）
160×160，200×（140），200×160，250×125，250×（140）	16，20，22，25，28，32	160
200×200，250×160，250×200，（280）×160	18，22，25，28，32，35	200
250×250，（280）×200，（280）×250，315×200	20，25，28，32，35，40	250
315×250	20，28，32，35，40，45	（280），315
注：括号内的尺寸尽可能不采用。		

三、定位零件设计

冲模的定位零件是用来控制条料的正确送进及单个坯料在模具中的正确位置。条料在模具送料平面内必须有两个方向的限位：一是条料沿正确送进方向上（轴向）一次送进的距离（步距）限位，称为送料步距或挡料；二是条料沿正确送进方向上（侧面）的送进限位，称为送料导向或导料。

当冲制件的毛坯是块料或工序件时，其定位基本也是上述两个方向上的限位，只是定位零件的结构形式与条料的有所不同而已。

导向的定位零件有导料销、导料板、侧压板等；属于块料或工序件的定位零件有定位销、定位板等。选择定位方式及定位零件时应满足坯料形式、模具结构、冲件精度和生产率等要求。

1. 定距零件

常见的定距零件有挡料销、导正销和侧刃。挡料销又分为固定挡料销和活动挡料装置。活动挡料装置包括弹簧弹顶挡料装置、回带式挡料装置和始用挡料装置，它们的作用都是控制条料送进模具的距离，即控制步距。

1）固定挡料销

标准结构的固定挡料销（JB/T 7649.10—2008）如图 3-67 所示，因为结构简单、制造容易，所以广泛应用于手工送料的模具中。使用时直接将其杆部以 H7/m6 固定在凹模上[图 3-67（b）]，头部起挡料作用。操作方法是送料时使挡料销的头部挡住搭边进行定位，冲裁结束后人工将条料抬起使其头部越过搭边再次送料。挡料销的选用依据料厚，如表 3-26 所示。

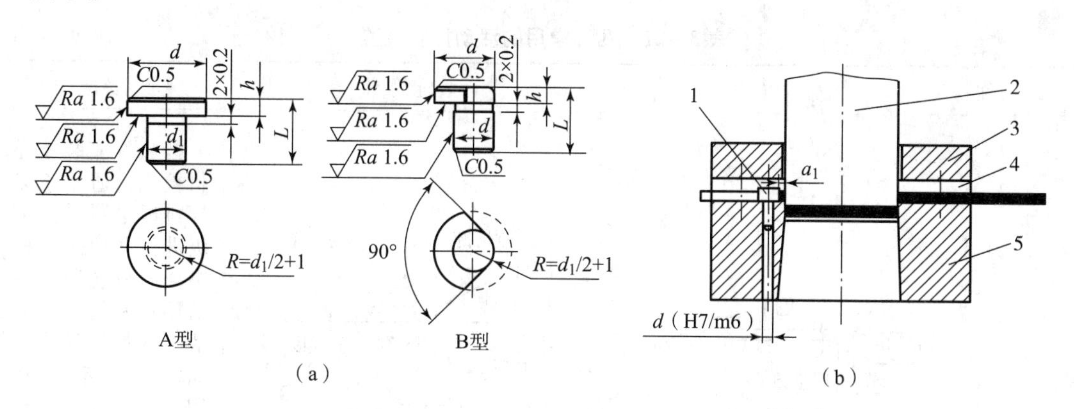

图 3-67　固定挡料销及装配方式

（a）A 型和 B 型标准挡料销；（b）固定挡料销的装配

1—挡料销；2—凸模；3—卸料板；4—导料板；5—凹模

表 3-26　挡料销头部高度尺寸 *h*

材料厚度 t/mm	<1	1~3	>3
h/mm	2	3	4

由于安装固定挡料销杆部的销孔离凹模刃口较近，削弱了凹模的强度，因此在标准中还有一种钩形挡料销，如图 3－68（a）所示。这种挡料销安装杆部的销孔距离凹模刃口较远，不会削弱凹模强度。但为了防止钩头在使用过程中发生转动，需加防转销防转，如图 3－68（b）所示。

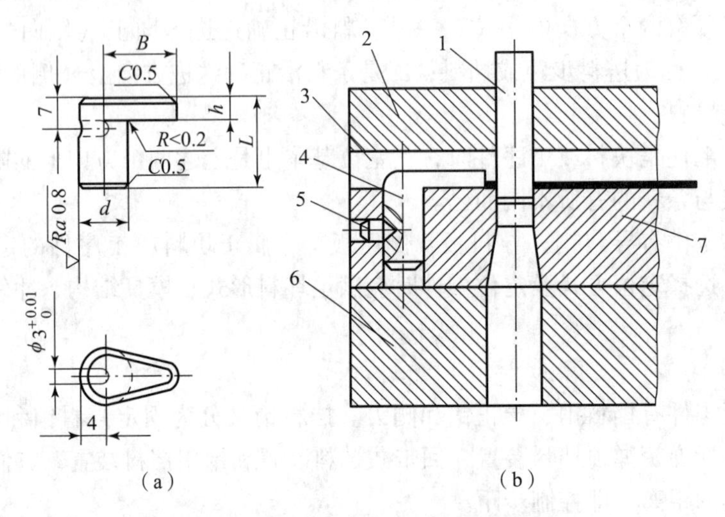

图 3－68　钩形挡料销的结构及装配方式

（a）钩形挡料销；（b）钩形挡料销的装配

1—凸模；2—刚性卸料板；3—导料板；4—钩形挡料销；5—防转销；6—下模座；7—凹模

2）活动挡料装置

表 3－27 所示为几种常见活动挡料装置的标准结构及装配方式。挡料销（块）推荐选用 45 钢，热处理硬度为 43～48 HRC。

表 3－27　几种常用的活动挡料装置

序号	名称	挡料销（块）	装配简图	特点及应用
1	始用挡料装置	Ra 1.6；H；H_1；d；6；6；C0.5；B；L	刚性卸料板；导料板；始用挡料块；弹簧；弹簧芯柱；凹模；H；$D_1\frac{H8}{d11}$；2～4；0.5～1.0；$S\frac{H11}{d11}$；H8	挡料块安装于导料板内，适用于以导料板送料导向的级进模和单工序模中。送料前用手压始用挡料块，使其滑出导料板的导料面，起到定位作用，不用时撤去外力，始用挡料块会在弹簧的作用下退回导料板内。主要用于首次冲压时挡料，需要与其他挡料装置配合使用

续表

序号	名称	挡料销（块）	装配简图	特点及应用
2	弹簧弹顶挡料装置	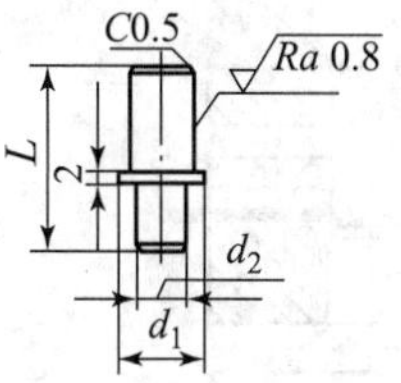	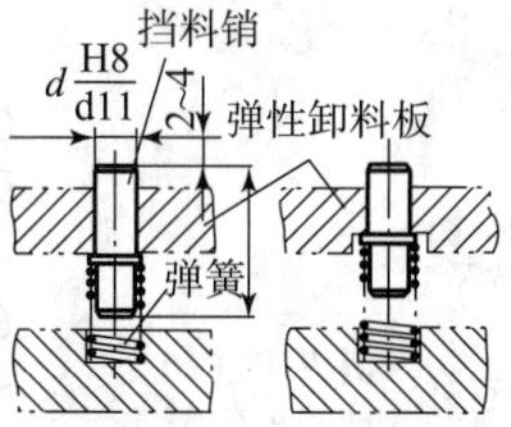	挡料销安装于弹性卸料板内，适用于手工送料的带弹性卸料板的倒装复合模，依靠凸出于卸料板的杆部挡住条料的搭边进行定位
3	扭簧弹顶挡料装置	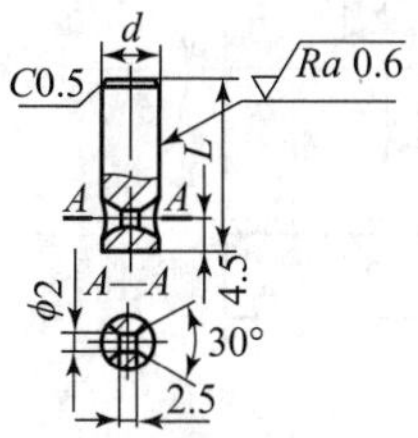	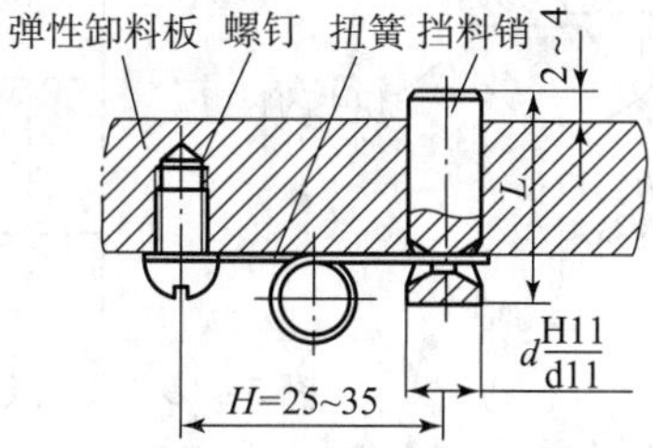	挡料销安装于弹性卸料板内，适用于手工送料的带弹性卸料板的倒装复合模，依靠凸出于卸料板的杆部挡住条料的搭边进行定位
4	回带式挡料装置	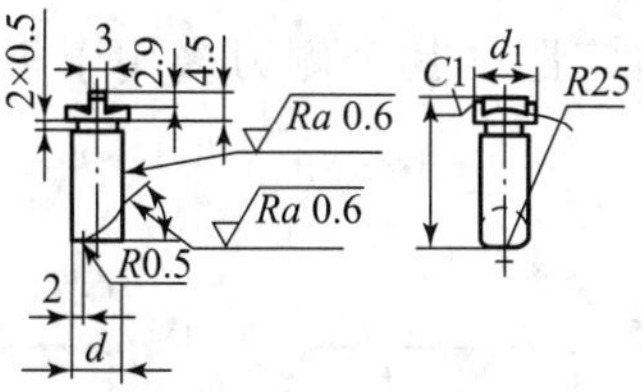	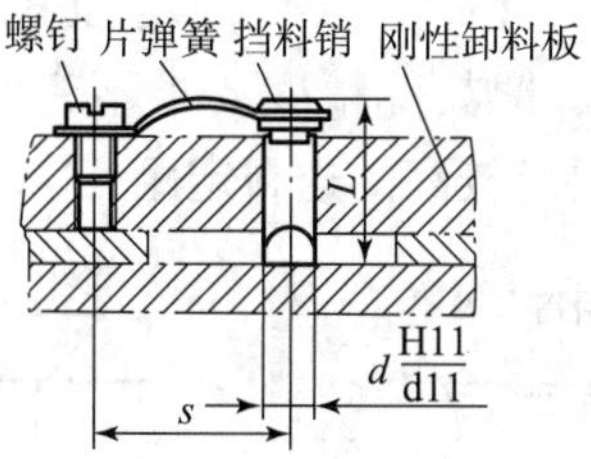	挡料销安装于刚性卸料板内，适用于带刚性卸料装置的手工送料的模具。送料时搭边碰撞斜面使挡料销跳起并越过搭边，再将条料后拉，使挡料销挡住搭边定位。即每次送料都要先推后拉，做方向相反的两个动作，操作比较麻烦
5	橡胶弹顶挡料装置	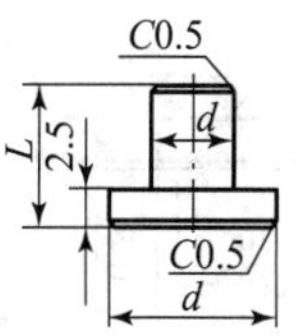	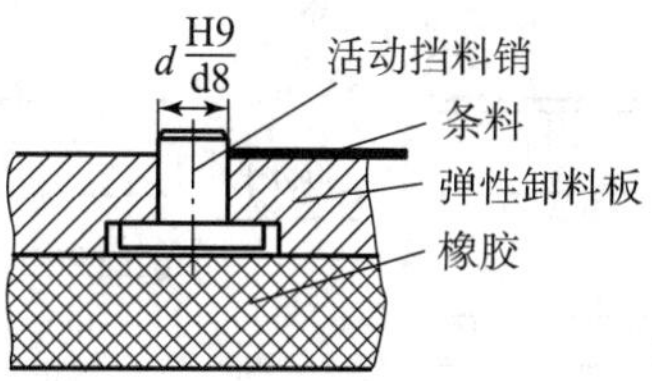	挡料销安装于弹性卸料板内，适用于手工送料的带弹性卸料板的倒装复合模，依靠凸出于卸料板的杆部挡住条料的搭边进行定位

上述挡料装置一般只适用于手工送料的模具中，无法实现自动化冲压。侧刃和导正销则可以用于自动送料的模具中进行定位。

3）侧刃

在级进模中，为了限定条料送进距离，在条料侧边冲切出一定形状缺口的工作零件，称为侧刃。侧刃通常与导料板配合使用，其定位原理是依靠导料板的台阶或侧刃挡块挡住条料，再利用侧刃冲切掉长度等于进距的料边后，条料送进模具一个进距，如图 3－69 所示。侧刃定位可靠，可以单独使用，通常用于薄料、定距精度和生产效率要求较高的级进模。

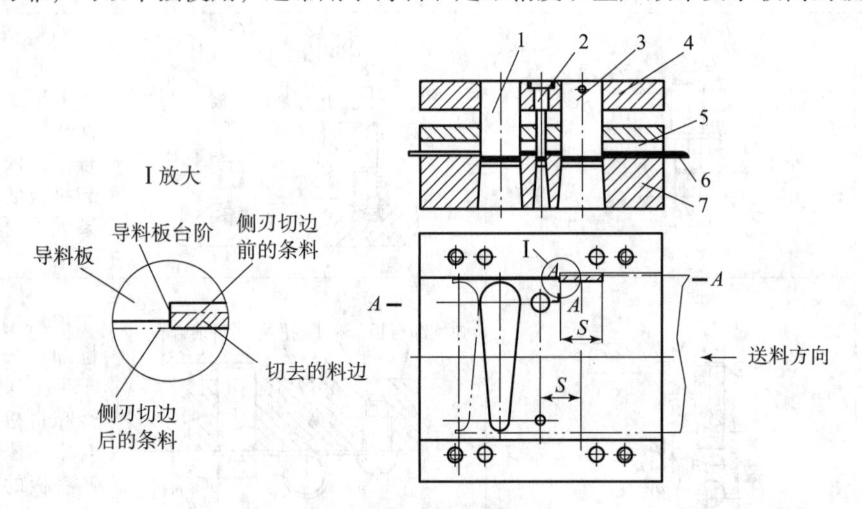

图 3－69　侧刃定距原理

1—落料凸模；2—冲孔凸模；3—刃凸模；4—固定板；5—导料板；6—条料；7—凹模

侧刃有标准件，其标准结构如图 3－70 所示。按侧刃的工作端面形状不同分为Ⅰ型和Ⅱ型两类。Ⅰ型为带导向的侧刃，多用于厚度在 1 mm 以上较厚板料的冲裁。按侧刃的截面形状分为ⅠA 型、ⅠB 型、ⅠC 型、ⅡA 型、ⅡB 型、ⅡC 型。其中ⅠA、ⅡA 型侧刃一般用于板料厚度小于 1.5 mm、冲裁件精度要求不高的送料定距；其余侧刃多用于板料厚度小于 0.5 mm、冲裁件精度要求较高的送料定距。

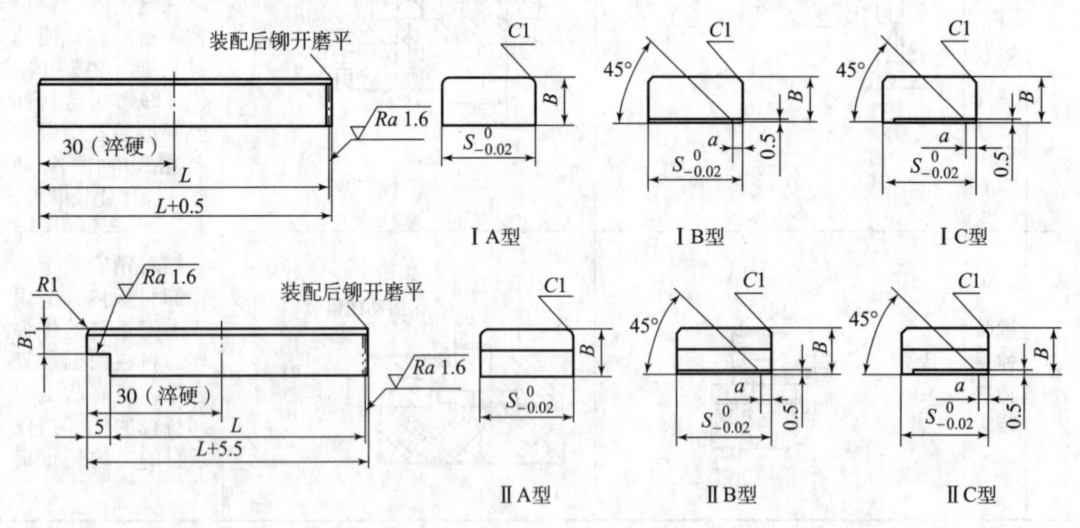

图 3－70　侧刃

标准侧刃凸模的选用依据是步距，其宽度尺寸 b 原则上等于送料步距。侧刃凹模按凸模的实际尺寸配制，留单边间隙。侧刃数量可以为一个，也可以是两个。两个侧刃可以在条料两侧并列布置，也可以对角布置。对角布置能够保证料尾的充分利用。侧刃推荐 T10A，热处理硬度为 56～60 HRC。

在实际生产中，往往遇到两侧边或一侧边有一定形状的冲裁件，如图 3-71 所示。对这种零件，如果用侧刃定距，则可以设计与侧边形状相应的特殊侧刃，这种侧刃既可定距，也可冲裁零件的部分轮廓，侧刃的截面形状由冲裁件的形状决定。

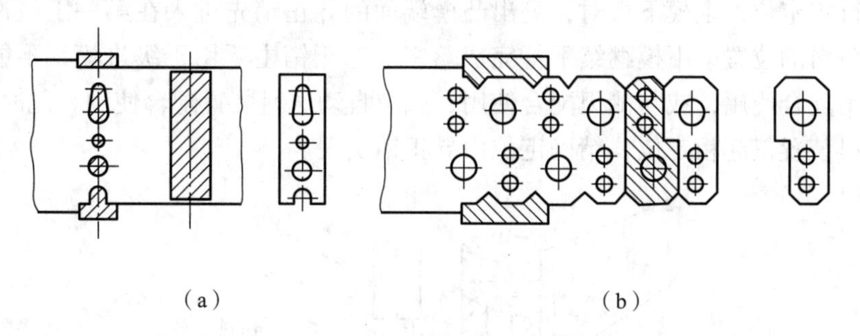

图 3-71　特殊侧刃

由于导料板通常选用 45 钢，热处理硬度为 28～32 HRC，因此为防止导料板被侧刃磨损，侧刃通常与侧刃挡块配合使用。侧刃挡块安装在导料板内，为标准结构，有 A 型、B 型和 C 型三种，如图 3-72 所示。侧刃挡块推荐选用 T10A，热处理硬度为 56～60 HRC。

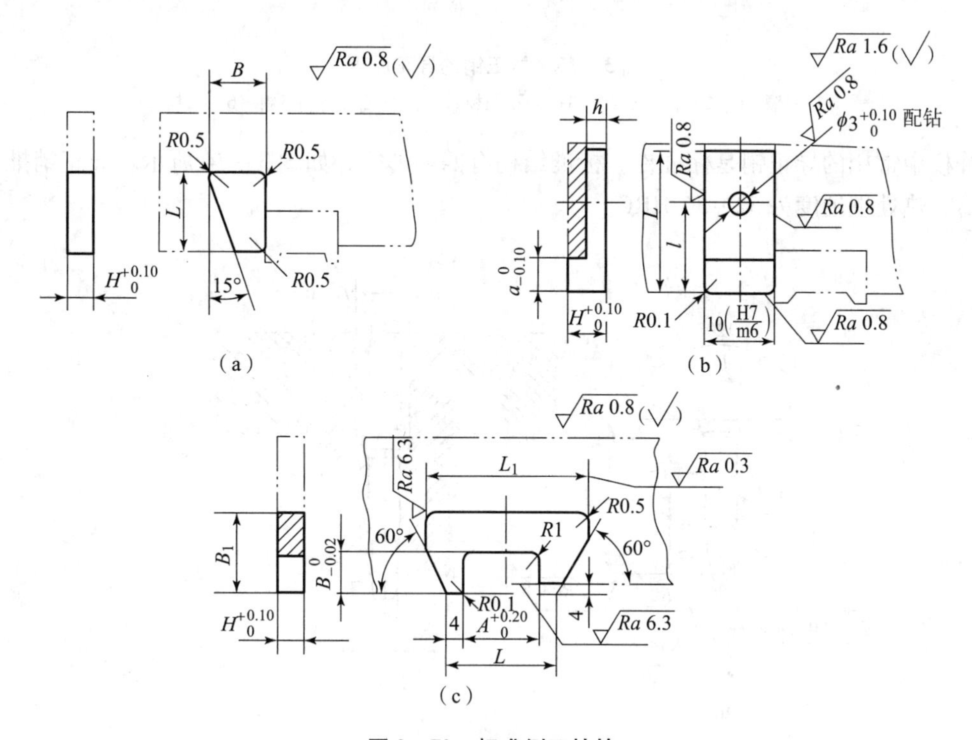

图 3-72　标准侧刃挡块

(a) A 型；(b) B 型；(c) C 型

4）导正销

导正销是与导正孔配合，确定制件正确位置和消除送料误差的圆柱形零件。

使用导正销的目的是消除送进导向和送料定距或定位板等粗定位的误差。导正销是模具唯一能对坯料起精确定位的零件。其定位原理是导正销先进入已冲制的导正孔中以导正条料位置，其后凸模才开始进行冲压。

图 3－73 所示为导正销的导正原理。此时导正销 4 装于落料凸模 2 内，使头部突出凸模端面，条料送进模具，在第一工位完成冲孔后上模回程，条料继续送进，在第二工位首先由挡料销 1 进行粗定位，上模下行时，突出凸模端面的导正销先进入在第一工位冲好的孔中，以准确确定条料的位置，下模继续下行完成落料。导正销主要用于级进模，不能单独使用，必须与挡料销配合使用，或与侧刃配合使用，或与自动送料装置配合使用，此时挡料销、侧刃和自动送料装置仅起粗定位，精确定位由导正销实现。

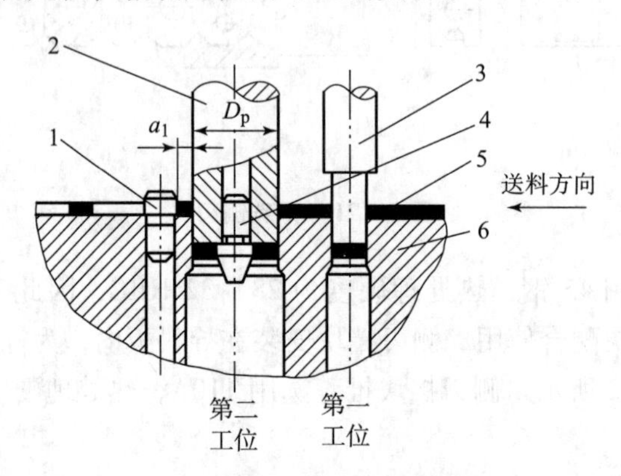

图 3－73　导正销的导正原理

1—挡料销；2—落料凸模；3—冲孔凸模；4—导正销；5—条料；6—凹模

冲模中常用的导正销是标准件，标准结构有四种形式，如图 3－74 所示。导正销推荐选用 T8A，热处理硬度为 52～56 HRC。

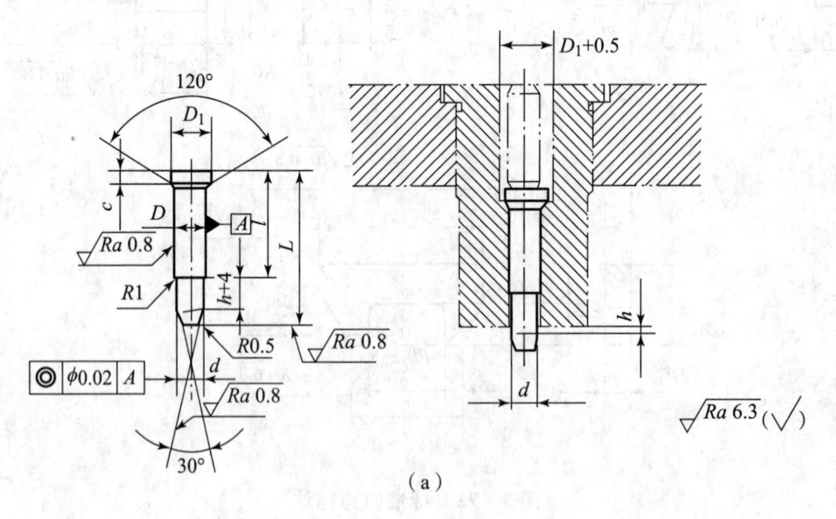

图 3－74　导正销形式

(a) A 型

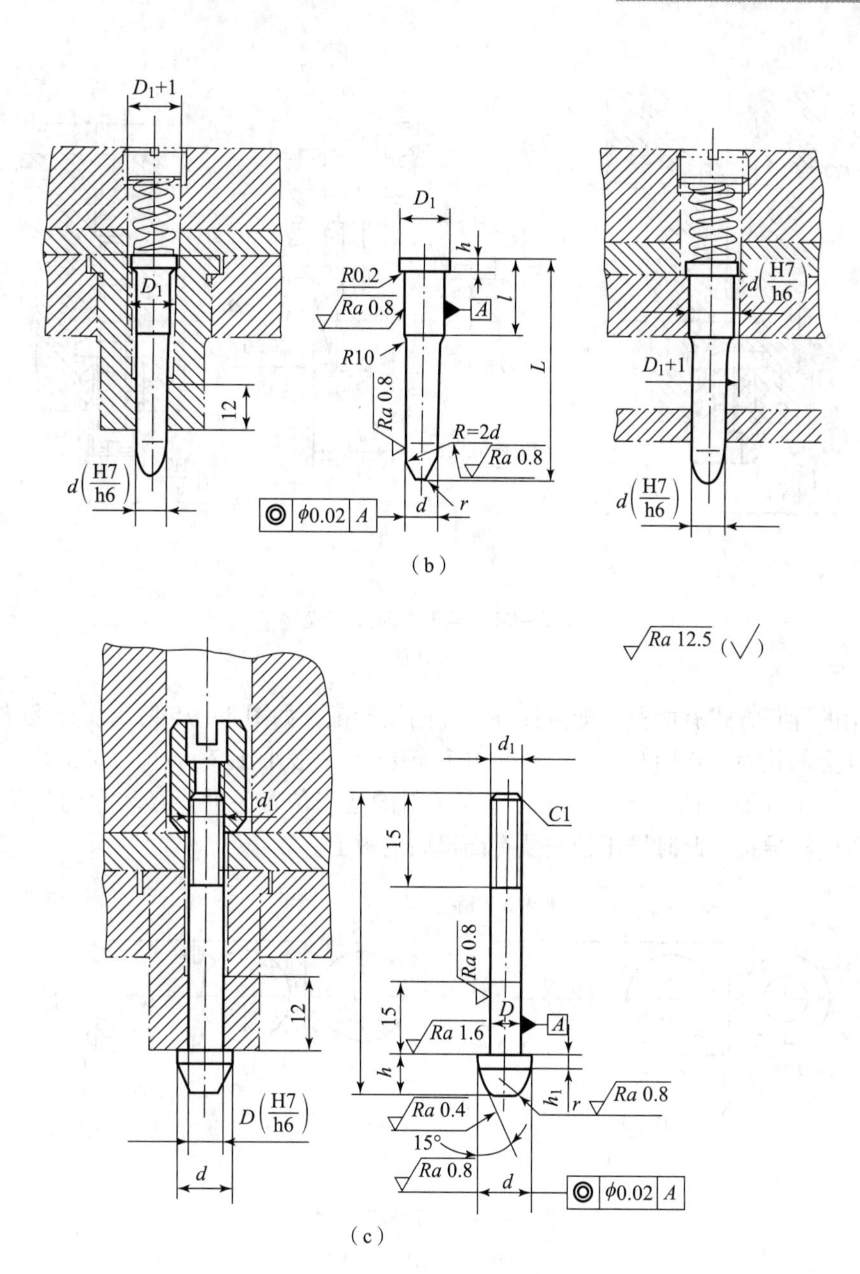

图 3-74　导正销形式（续）

(b) B 型；(c) C 型

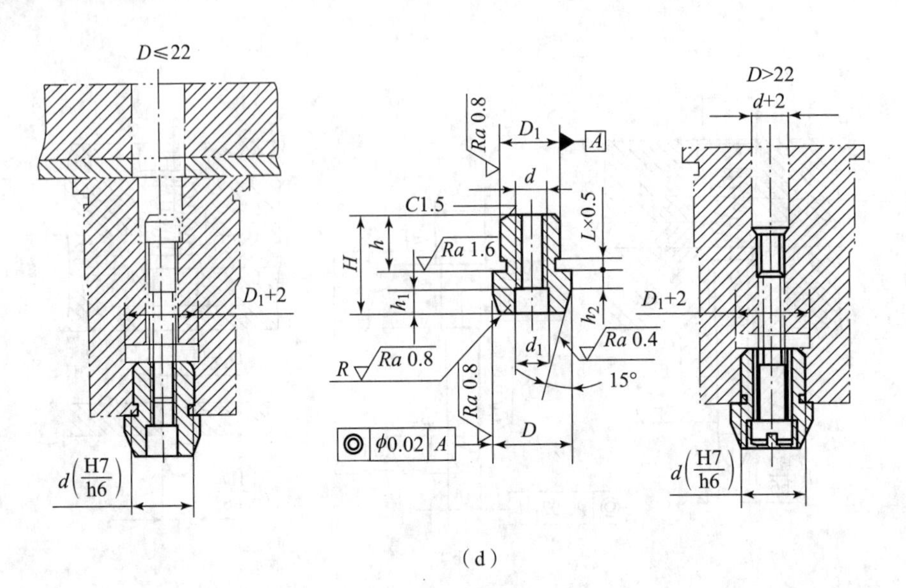

（d）

图 3－74　导正销形式（续）

（d）D 型

导正销的导正方式有两种，即直接导正和间接导正，如图 3－75 所示。直接导正是指直接利用工件上的孔为导正销孔，当工件的孔径较小（一般小于 2 mm），或孔的精度要求较高或料薄时，不宜采用直接导正，此时宜在条料的适当位置另冲直径较大的工艺孔进行导正，即采用间接导正，此时导正销安装有凸模固定板上。

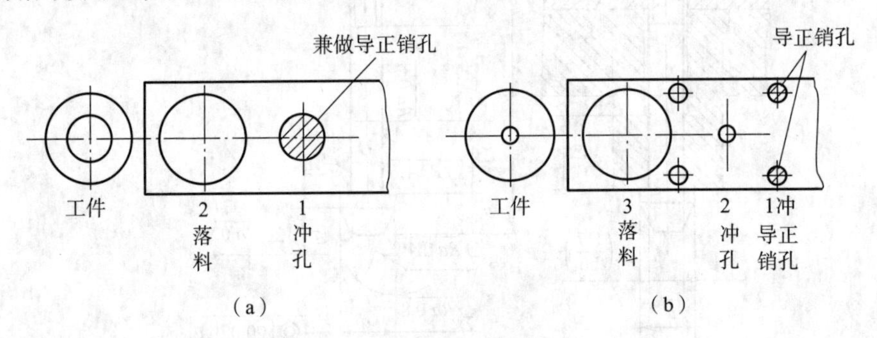

（a）　　　　　　　　　　（b）

图 3－75　两种导正方式

（a）直接导正；（b）间接导正

2. 导料零件

常见的导料零件有导料板、导料销和侧压装置，它们的作用是保证条料沿正确的方向送进模具。

1）导料板

常见的导料板结构有两种形式，一种是标准结构，一种是非标准结构。

JB/T 7648. 5—2008 规定了导料板的标准结构和尺寸，如图 3－76（a）所示。使用时通常为两块，分别设在条料两侧，利用螺钉和销钉直接固定在凹模上，如图 3－76（b）、（c）所示。导料板的规格依据所冲条料厚度选用，通常导料板的厚度是条料厚度的 2.5～4.0 倍（料厚时取小值，但标准导料板的厚度 $H=4\sim18$ mm）。非标准结构的导料板与卸料板做成一个整体，如图3－76（d）所示。导料板间距离应等于条料宽度加上一个间隙值，推荐材料45钢，热处理硬度为28～32 HRC。

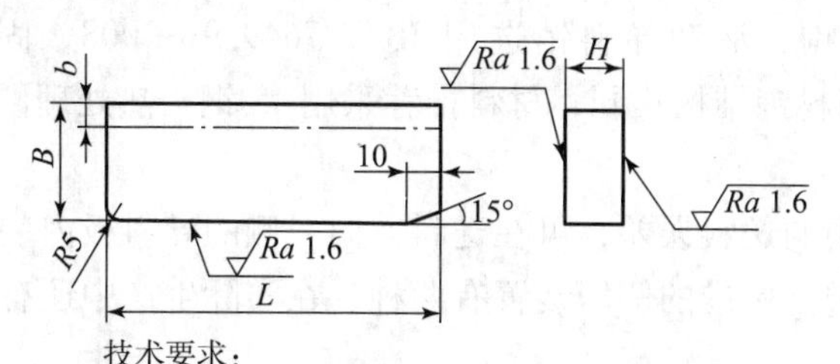

技术要求：
1. 未注表面粗糙度为Ra 6.3；全部棱边倒角C2；
2. 标记示例：L=125，B=20，H=6的导料板标记为：导料板125×20×6 JB/T 7648.5—2008

（a）

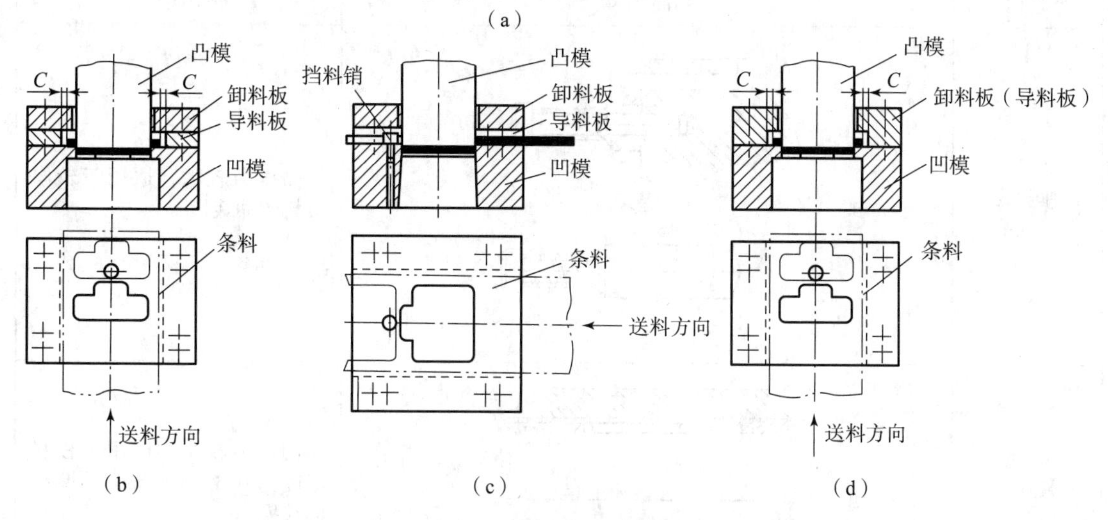

图3－76　导料板结构及固定方式

（a）标准导料板结构；（b）、（c）标准导料板装配位置；（d）导料板与卸料板做成一体

2）导料销

导料销至少需设两个，并位于条料的同侧，从右向左送料时，导料销通常装在后侧[图3－77（a）]；从前向后送料时，导料销通常装在左侧[图3－77（b）]。导料销可直接

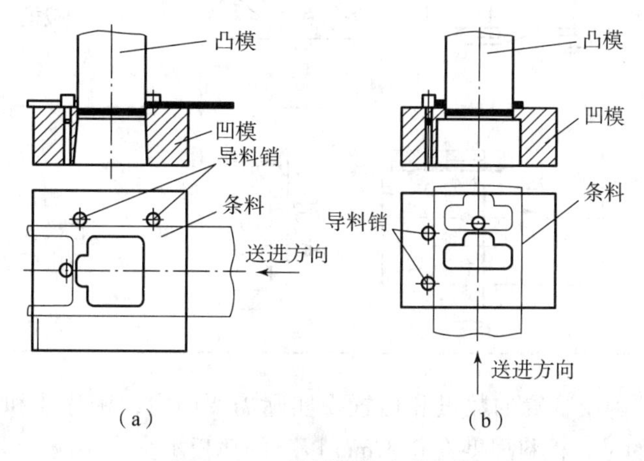

图3－77　导料销的安装位置

固定在凹模面上，也可以设在弹压卸料板上（一般为活动式的），还可以设在固定板或下模座平面上（此时需用导料螺钉）。

导料销可选用标准结构，活动导料销选用 JB/T 7649.9—2008，固定导料销与 JB/T 7649.10—2008 中的固定挡料销结构相同，材料推荐采用45 钢，热处理硬度为43 ~48 HRC。

3）侧压装置

为减小条料在导料板中的送料误差，可在送料方向一侧的导料板内装侧压装置，使条料始终紧靠另一侧导料板送进。标准的侧压装置有两种，在实际生产中还有两种非标准的侧压装置，如表3 –28 所示。

表3 –28　侧压装置

名称	简图	适用场合
弹簧式	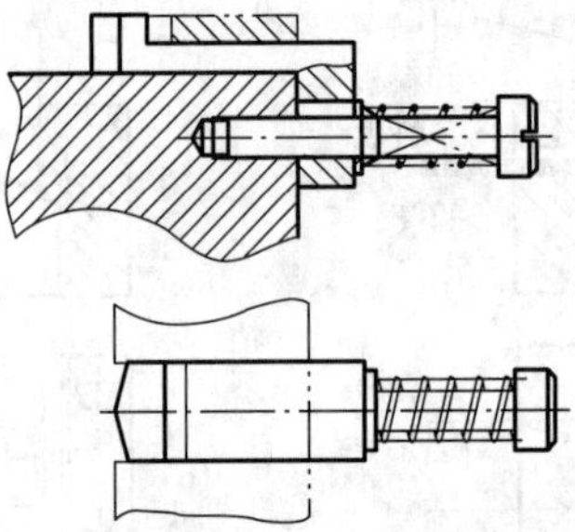	侧压力较大，适用于较厚板料的冲裁模
簧片式	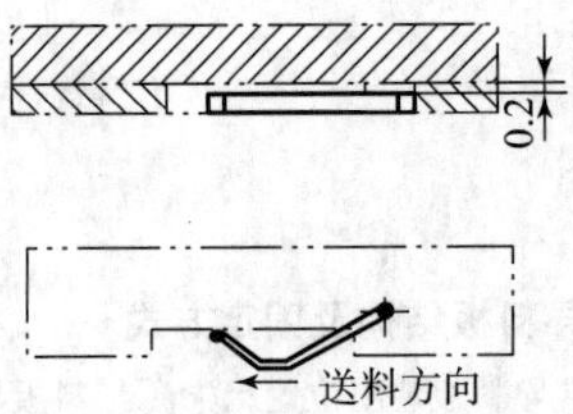 0.2 送料方向	侧压力较小，适用于板料厚度为 0.3 ~1.0 mm 的薄板冲裁模
簧片压块式	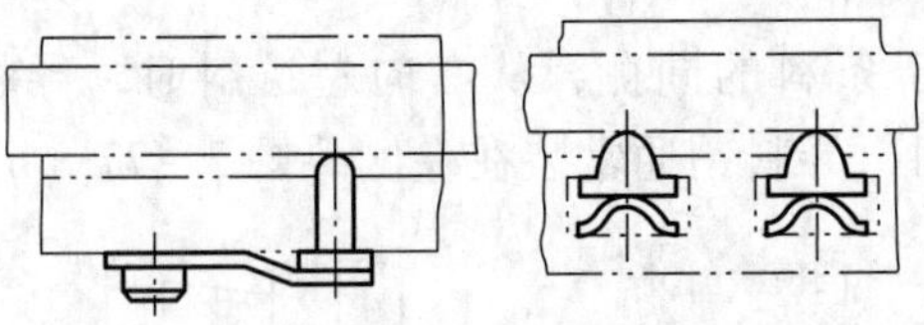	侧压力较小，适用于板料厚度为 0.3 ~1.0 mm 的薄板冲裁模
板式	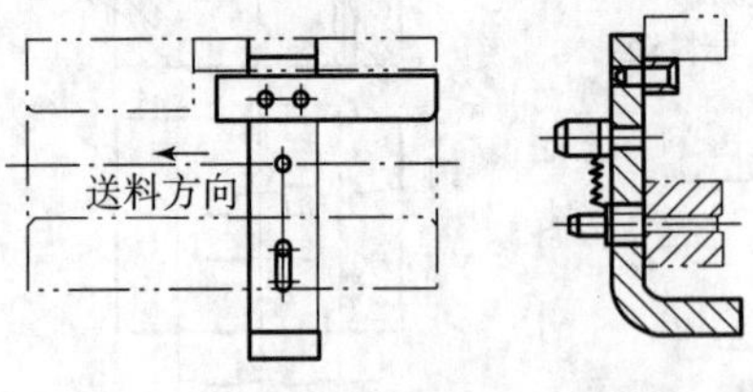 送料方向	侧压力大且均匀，一般装在模具进料一端，适用于侧刃定距的级进模

在一副模具中，侧压装置的数量和位置视实际需要而定，簧片式和簧片压块式通常为2 ~3 个。需要注意的是，板料厚度在0.3 mm 以下的薄板不宜采用侧压装置。

3. 定位板和定位销

定位板和定位销是作为单个坯料或工序件定位用的。定位原理是依据坯料或工序件的外形或内孔进行定位，其装置简单，制造容易。其定位方式的选择是根据坯料或工序件的形状复杂性、尺寸大小和冲压工序性质等具体情况决定的。外形比较简单的冲件，一般可采用外缘周边定位，如图3－78所示；外轮廓较复杂的冲件，一般可采用内孔定位，如图3－79所示。其定位装置中的定位板厚度及定位销中的定位部分的高度（h）或略大于坯料厚度0～2 mm，即 $h=t+(0\sim2)$ mm。

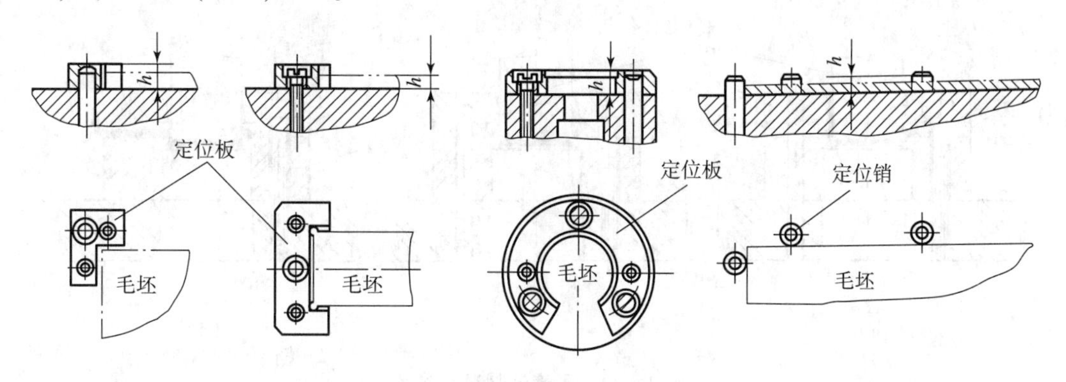

图3－78　外缘周边定位

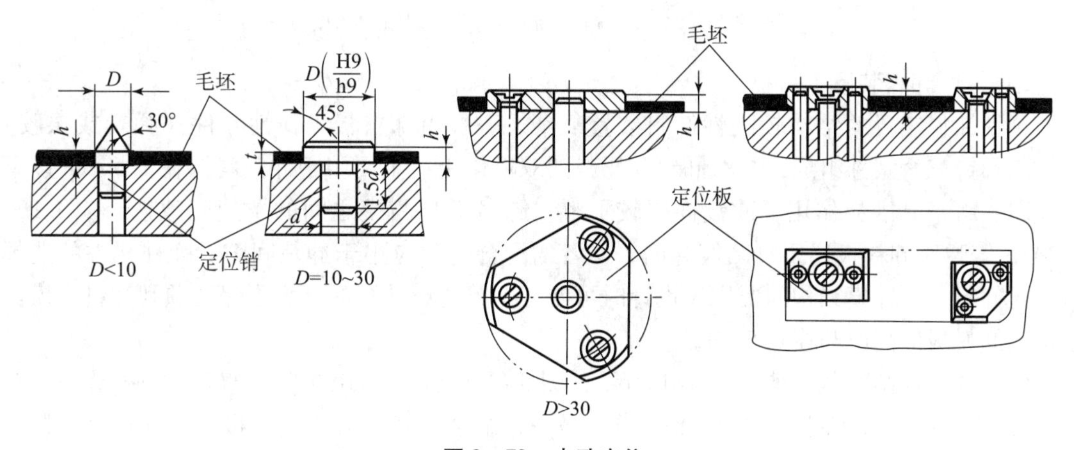

图3－79　内孔定位

四、卸料、推件、顶件零件设计

1. 卸料零件

卸料零件的作用是卸下箍在凸模或凸凹模外面的制件或废料，根据卸料力的来源不同，分为刚性卸料装置和弹性卸料装置两种。

1）刚性卸料装置

刚性卸料也称为固定卸料，仅由一块板（称为卸料板）构成，直接利用螺钉和销钉固定在凹模上，常用于较硬、较厚且精度要求不高的工件冲裁后卸料。当卸料板只起卸料作用时，与凸模的间隙随材料厚度的增加而增大，单边间隙取 $(0.2\sim0.5)t$。当固定卸料板还要对凸模导向时，卸料板与凸模的配合间隙应小于冲裁间隙。此时，要求卸料后凸模不能完全脱离卸料板，保证凸模与卸料板配合大于5 mm。

常用刚性卸料装置结构如图3－80所示。其中图3－80（a）所示为将卸料板和导料板分开制作，这是冲裁模中最常用的结构，主要用于条料宽度较大（通常不小于60 mm）的平板的冲裁卸料；图3－80（b）所示为将导料板和卸料板做成一个整体，适用于条料宽度较小的平板的冲裁卸料；图3－80（c）所示为悬臂式刚性卸料板，一般用于成形后的工序件冲裁卸料，如弯曲件边缘冲孔或卸空心件时的卸料。

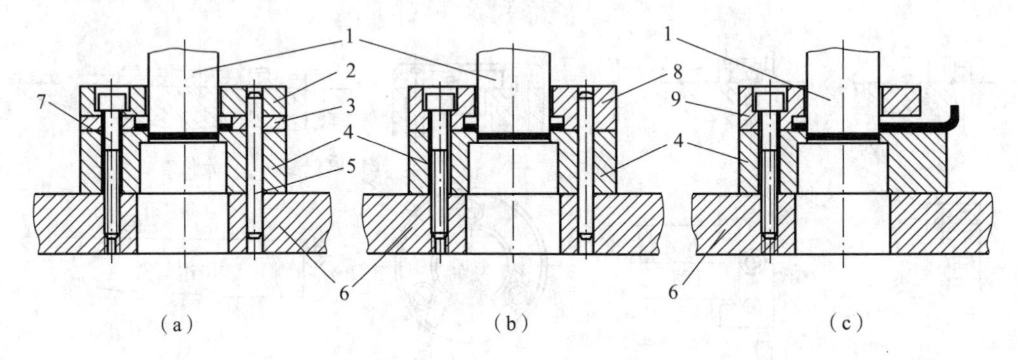

图3－80　刚性卸料装置结构

1—凸模；2—卸料板；3—导料板；4—凹模；5—销钉；6—下模座；
7—螺钉；8—兼有导料的卸料板；9—悬臂式卸料板

2）弹性卸料装置

弹性卸料装置的结构较刚性卸料装置复杂，一般由卸料板、弹性元件（弹簧或橡胶）和卸料螺钉三个零件组成，具有卸料和压料的双重作用，主要用于冲裁料厚在1.5 mm以下的板料，由于有压料作用，冲裁件比较平整。卸料板与凸模之间的单边间隙选择$(0.1\sim0.2)t$，若弹压卸料板还要对凸模导向，二者的配合间隙应小于冲裁间隙。弹性元件的选择应满足卸料力和冲模结构的要求，设计时可参考有关的设计资料。为了保证顺利卸料，模具装配后卸料板应高出凸模0.5～1.0 mm。

常见的弹性卸料装置如图3－81所示，图3－81（a）为用橡胶块直接卸料；图3－81（c）、（e）为倒装式卸料；图3－81（d）是一种组合式卸料板，该卸料板为细长小凸模导向，而小导柱又对卸料板导向。采用图3－81（b）所示结构时，凸台部分的设计高度$h=H-(0.1\sim0.3)t$。

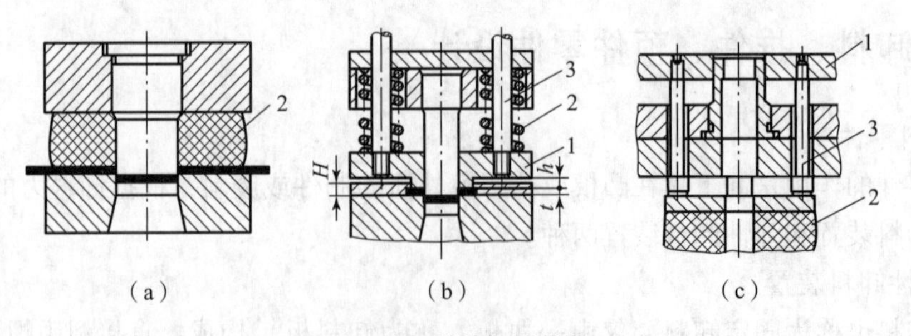

图3－81　弹性卸料装置

1—卸料板；2—弹性元件；3—卸料螺钉

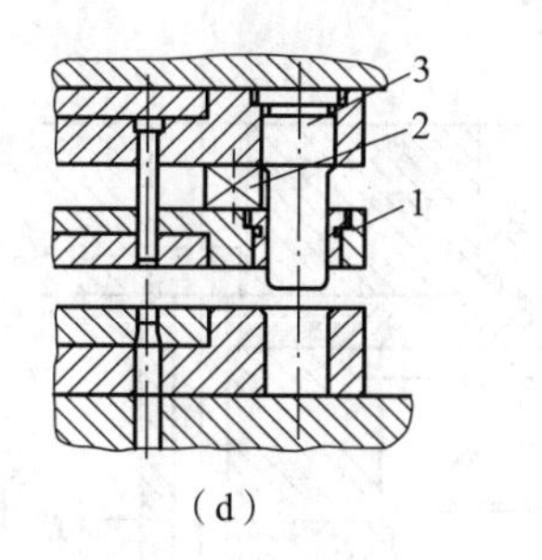

(d)

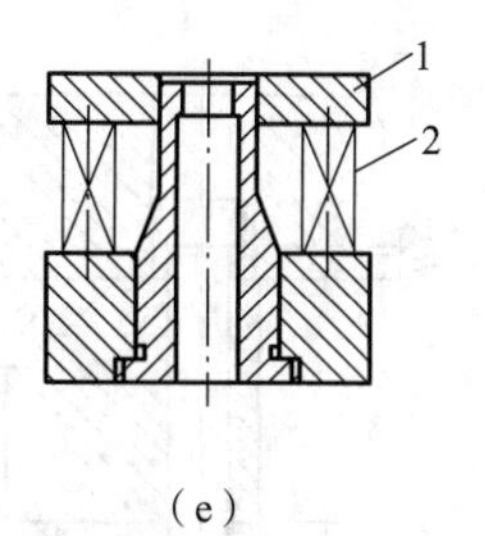

(e)

图 3-81　弹性卸料装置（续）

1—卸料板；2—弹性元件；3—小导柱

卸料板材料推荐选用45钢，热处理硬度为43~48 HRC，其厚度值可参考表3-29。卸料螺钉采用圆柱头内六角卸料螺钉，如图3-82所示，选用依据是卸料螺钉螺纹部分的长度。

表 3-29　卸料板厚度　　mm

板料厚度 t	卸料板宽度 B									
	≤50		50~80		80~125		125~200		>200	
	S	S′	S	S′	S	S′	S	S′	S	S′
0.8	6	8	6	10	8	12	10	14	12	16
0.8~1.5	6	10	8	12	10	14	12	16	14	18
1.5~3.0	8	—	10	—	12	—	14	—	16	—
3.0~4.5	10	—	12	—	14	—	16	—	18	—
>4.5	12	—	14	—	16	—	18	—	20	—

3）橡胶和弹簧的选用与计算

为了产生足够的卸料力，保证卸料过程顺利进行，在设计模具时必须恰当地选用橡胶和弹簧的尺寸。无论采用何种弹性零件，其卸料机构的运动行程必须确定。

卸料机构工作行程 $H_{工作}$ 的确定：橡胶行程为卸料板的工作行程和凸模刃口修磨量或调整量之和。如图3-83所示，在模具闭合时，必须保证凸模进入凹模1 mm左右。因此卸料行程应包括板料的厚度 t、凸模进入凹模的深度 a、凸模在卸料板内移动距离 b（凸模不能脱离卸料板）、凸模磨损后的预磨量 Δ，即 $h=t+a+b+\Delta$。此尺寸也就是橡胶（或弹簧）的压缩量 $H_{工作}=h=h_1-h_2$。

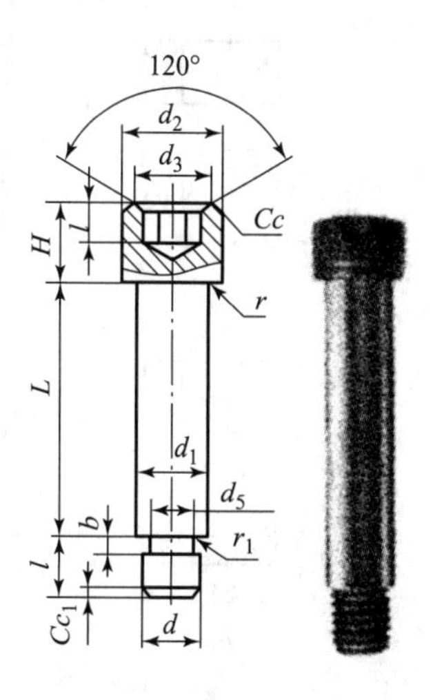

图 3-82　卸料螺钉

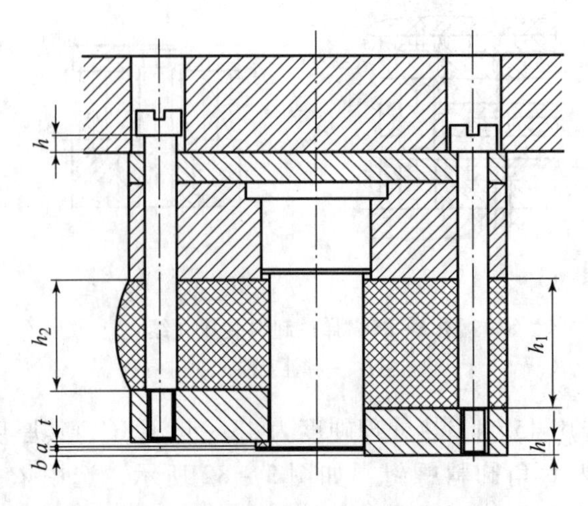

图 3-83 卸料装置工作行程计算

(1) 橡胶的选用与计算。

橡胶允许的弹力较大，且价格低廉，安装方便，是模具设计时经常使用的弹性元件。

①橡胶厚度方向尺寸的确定。

a. 橡胶预压缩量 $H_{预}$。预压缩量一般取橡胶自由高度的 10% ~15%。

b. 橡胶自由高度 $H_{自由}$。为了保证橡胶的正常使用，在压力机到达下止点时，橡胶在允许的变形范围内（一般允许的总压缩量 $H_{总}$不超过自由高度的 35% ~45%），即 $H_{总}=(0.35\sim0.45)H_{自由}$，而 $H_{工作}=H_{总}-H_{预}=(0.25\sim0.30)H_{自由}$，则 $H_{自由}=H_{工作}/(0.25\sim0.30)=(3.5\sim4.0)H_{工作}$。

②橡胶截面尺寸的确定。

a. 橡胶产生的压力 $P_{橡胶}=A\times P$。其中，A 为橡胶横截面面积，P 为橡胶产生的单位压力。不同橡胶形状在不同的压缩量下所产生的单位压力，如图 3-84 所示。

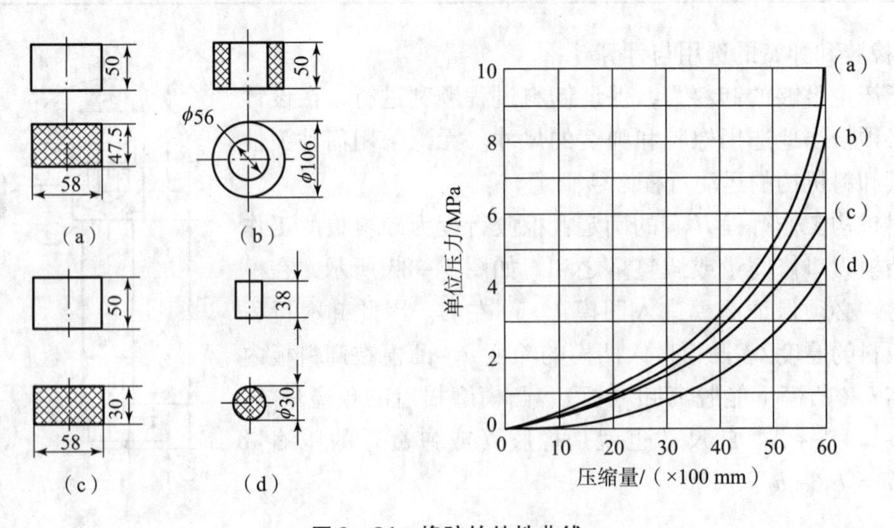

图 3-84 橡胶的特性曲线

(a)、(c) 矩形；(b) 圆筒形；(d) 圆柱形

b. 橡胶截面尺寸。橡胶产生的弹力不小于卸料力，即 $P_{橡胶} \geqslant F_{卸}$，可以按表3－30提供的公式进行计算。

表3－30　橡胶的截面尺寸

橡胶形式						
参数	d	D	D	a	a	b
公式	按结构选用	$\sqrt{d^2 + 1.27\dfrac{F_{卸}}{P}}$	$\sqrt{1.27\dfrac{F_{卸}}{P}}$	$\sqrt{\dfrac{F_{卸}}{P}}$	$\dfrac{F_{卸}}{bP}$	$\dfrac{F_{卸}}{aP}$

c. 验算。为了保证橡胶压缩变形不会太大，要求橡胶自由高度与直径之间满足如下关系：

$$0.5 \leqslant \frac{H_{自由}}{D} \leqslant 1.5$$

如果超过1.5，则应把橡胶分为若干块，在其间垫以钢垫圈；如果小于0.5，则应重新确定其尺寸。

（2）圆柱螺旋压缩弹簧的选用与计算。

模具设计时，可以不进行弹簧的设计计算，而是按标准弹簧选取。

①选择标准弹簧必须满足工艺要求。

a. 弹簧产生的弹力要满足卸料要求。

$$F_{预} \geqslant \frac{F_{卸}}{n}$$

式中　$F_{预}$——弹簧的预压力；

$F_{卸}$——卸料力；

n——弹簧的根数。

b. 弹簧的压缩量要足够。弹簧的总压缩量不得小于弹簧预压缩量、卸料板的行程和模具修磨量之和。

c. 弹簧的结构尺寸要符合模具空间尺寸要求。由于模具封闭高度、模具有效平面面积两个方向尺寸限制了弹簧的高度、根数和直径，所以所选弹簧必须符合模具结构空间要求。

②弹簧设计步骤。

a. 初定弹簧根数 n。根据模具结构和卸料力的大小，初步确定弹簧根数，要求弹簧对称布置，一般 n 取4、6、8等。卸料螺栓所能承受的拉力如表3－31所示。

表 3-31　螺栓的许用载荷

螺栓直径	许用载荷/kN		
	45	Q235A	Q275A
M6	3.1	2.3	2.9
M8	5.8	4.3	5.2
M10	9.2	6.9	8.3
M12	13.2	9.9	11.9
M16	25	18.7	22.5

b. 计算弹簧的预压缩力 $P_{预}$。根据卸料力的大小和所选弹簧根数，确定每根弹簧所产生的压力，即

$$P_{预} \geqslant \frac{P_{卸}}{n}$$

c. 查表选取标准弹簧。根据每个弹簧分担的压力 $P_{预}$ 和模具的结构尺寸，查表初选适宜的弹簧规格，使所选弹簧的最大工作负荷 P_2 大于 $P_{预}$ 值，即 $P_2 > P_{预}$。

d. 根据所选弹簧的最大工作负荷 P_2 和最大工作负荷下的总变形量 H_2，作出该弹簧的特性曲线。

e. 检查弹簧的最大允许压缩量。如果满足下列条件，则所选弹簧合格，即

$$H_2 \geqslant H_{顶} + H_{工作} + h_{修磨}$$

f. 检查弹簧装配长度。

③弹簧材料及热处理。

冲模上常用的圆柱螺旋压缩弹簧是用65Mn或60Si2Mn弹簧钢丝卷制成的，热处理硬度为40～48 HRC，弹簧两端拼紧并需磨平。

2. 推件装置

推件装置的作用是顺着冲压方向推出卡在凹模孔内的制件或废料，根据推件力的来源不同分为刚性推件装置和弹性推件装置。

1）刚性推件装置

刚性推件装置的典型结构如图3-85（a）所示，由打杆1、推板2、推杆3和推件块4组成。有的刚性推件装置不需要推板和推杆组成中间传递结构，而由打杆直接推动推件块[图3-85（b）]，甚至有的模具中直接由打杆推件[图3-85（c）]。

刚性推件装置的推件原理如图3-86所示。冲压结束时打杆3与打料横梁2接触并随上模回程一起上行，当装在压力机滑块上的打料横梁2撞击装在压力机床身上的挡头螺钉1时，产生的力则由打料横梁传给打杆3，由打杆把力传给推板4，推杆5把接收到的力传给推件块6，通过推件块6将凹模内的制件或废料7推出。由于推件力是刚性撞击产生的，因此推件力大，工作可靠。

若选用刚性推件装置推件，则需要设计打杆、推板、连接推杆和推件块。

打杆从模柄孔中伸出，并能在模柄孔内上下运动，因此它的直径比模柄内的孔径单边小0.5 mm，长度由模具结构决定，在模具开启时一般超出模柄10～15 mm。推板为标准结构，图3-87所示为标准推板结构，推板的形状无须与工件的形状一样，只要有足够的刚度，其

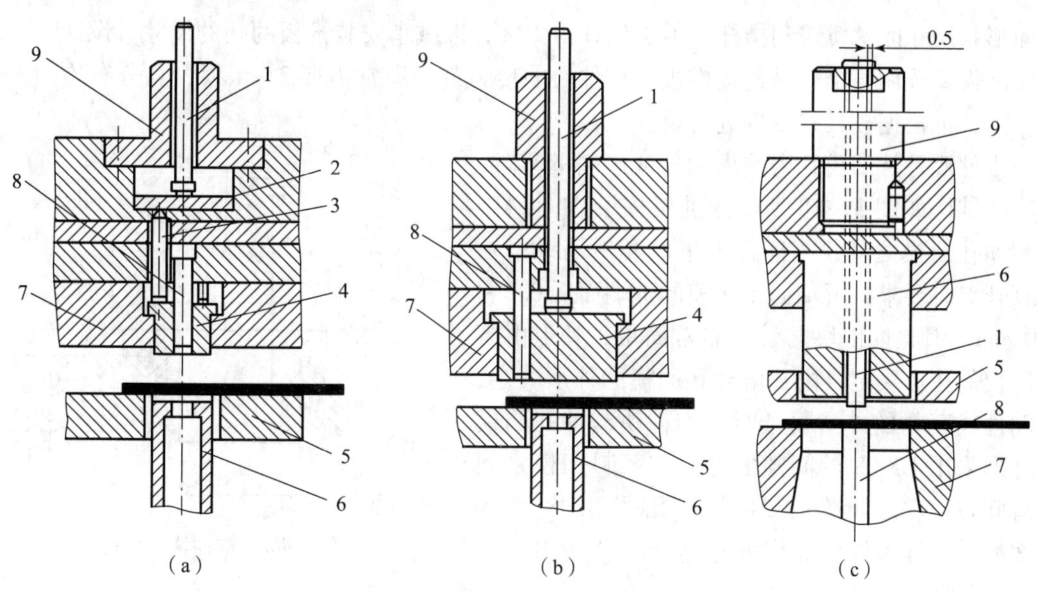

图 3-85　刚性推件装置

1—打杆；2—推板；3—推杆；4—推件块；5—卸料板（弹性）；

6—凸凹模；7—凹模；8—凸模；9—模柄

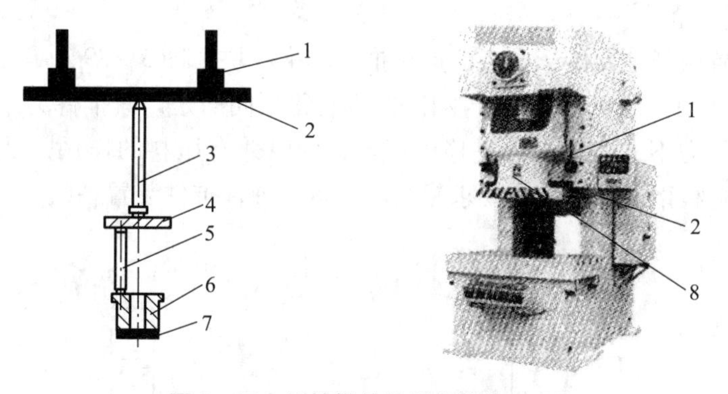

图 3-86　刚性推件装置的推件原理

1—挡头螺钉；2—打料横梁；3—打杆；4—推板；5—推杆；

6—推件块；7—制件或废料；8—滑块

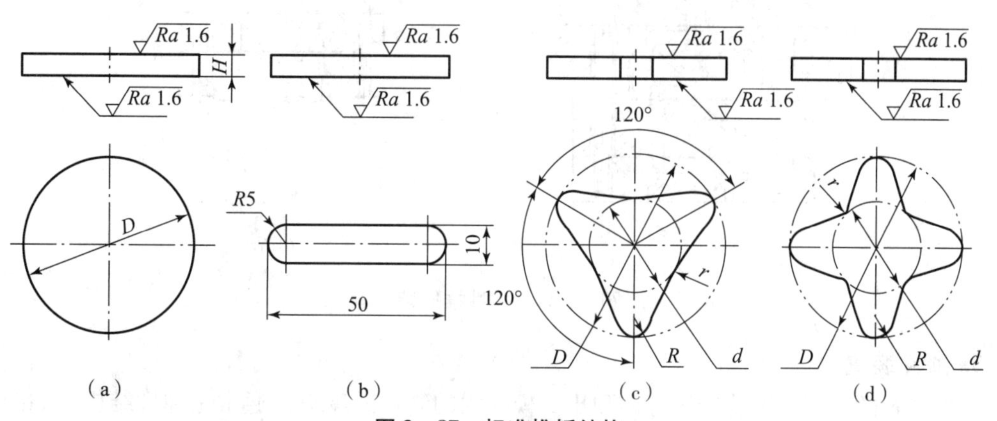

图 3-87　标准推板结构

（a）A 型；（b）B 型；（c）C 型；（d）D 型

平面形状尺寸能够覆盖到推杆，不必设计得太大，以减小安装推板的孔的尺寸，设计时可根据实际需要选用。推杆是连接推板和推件块的传力件，通常需要 2 ~ 4 根，且分布均匀、长短一致，可根据模具的结构进行设计。

推件块是从凹模孔内推出制件或废料的零件，常见的结构如图 3 – 88 所示。通常安装在落料凹模和冲孔凸模之间，并能作上下的相对滑动，在模具开启时要求其下端面比凹模的下端面低 0.5 ~ 1.0 mm，因此推件块的设计非常简单，外形由落料凹模的孔形决定，内孔由冲孔凸模的外形决定，当制件或废料的外形复杂时，推件块与冲孔凸模的外形采用 H8/f8 的间隙配合，与落料凹模之间留有间隙；反之与落料凹模的刃孔采用 H8/f8 的间隙配合。推件块的高度 H 应等于凹模刃口高度 h 加上台阶的高度 h' 和 0.5 ~ 1.0 mm 的伸出量，其中台阶的作用是防止模具开启时，推件装置由于自重而掉出模具，其值由所推制件大小决定。推件块材料推荐选用 45 钢，热处理硬度为 43 ~ 48 HRC。

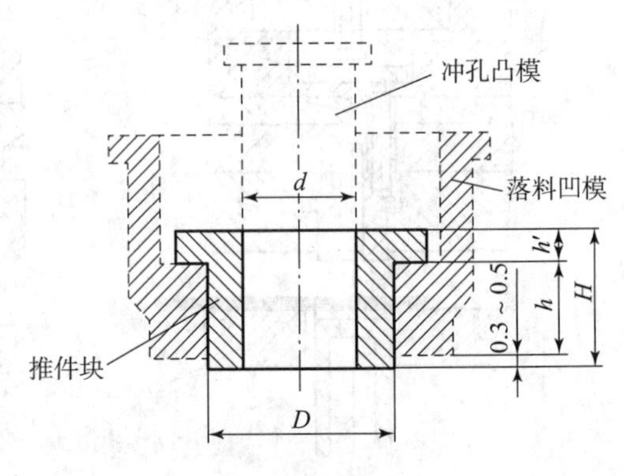

图 3 – 88　推件块的设计

2）弹性推件装置

弹性推件装置由弹性元件、推板、连接推杆和推件块［图 3 – 89（a）］或直接由弹性元件和推件块组成［图 3 – 89（b）］。与刚性推件装置不同的是，其推件力来源于弹性元件的被压缩，因此推件力不大，但出件平稳无撞击，同时兼有压料的作用，从而使冲件质量较高，多用于冲压薄板以及工件精度要求较高的模具。弹性推件装置各组成零件的设计方法参考刚性推件装置。

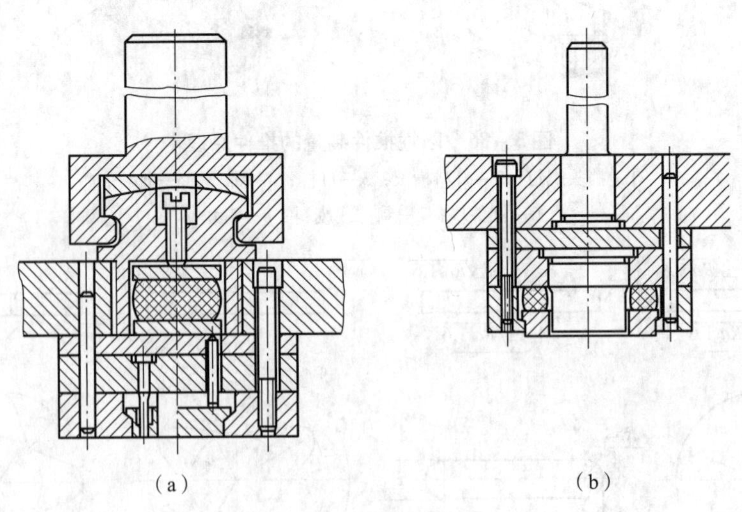

图 3 – 89　弹性推件装置

3. 顶件装置

顶件装置的作用是逆着冲压方向顶出凹模孔内的制件或废料，通常是弹性结构，如图 3 – 90 所示。其基本组成有顶件块、顶杆和装在下模座底下的弹顶器。弹顶器可以做成通用的，一般由弹性元件（弹簧或橡胶）、上托板、下托板、双头螺柱、锁紧螺母等组成，通过双头螺柱紧固在下模座上。这种结构的顶件力容易调节，工作可靠，兼有压料作用，冲件平直度较高，质量较好。顶件装置各组成零件的设计方法参考刚性推件装置。

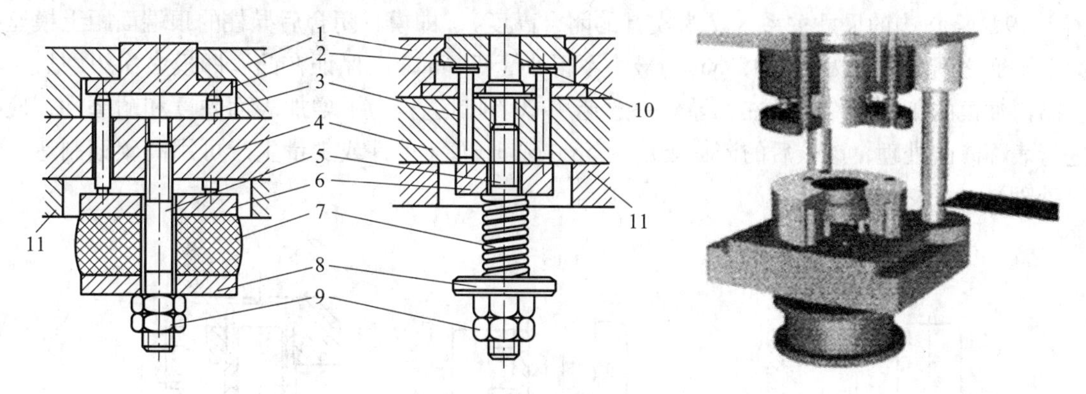

图 3－90　顶件装置

1—凹模；2—顶件块；3—顶杆；4—下模座；5—双头螺柱；6—上托板；7—弹性元件（弹簧或橡胶）；8—下托板；9—锁紧螺母；10—凸模；11—工作台（或工作台垫板）

五、导向零件设计

导向零件的作用是保证运动导向和确定上、下模相对位置。模具中通常采用导柱和导套组件进行导向。导柱、导套是标准件，根据导柱与导套配合关系的不同分为滑动导柱、导套和滚珠导柱、导套两种，如图 3－91 所示。

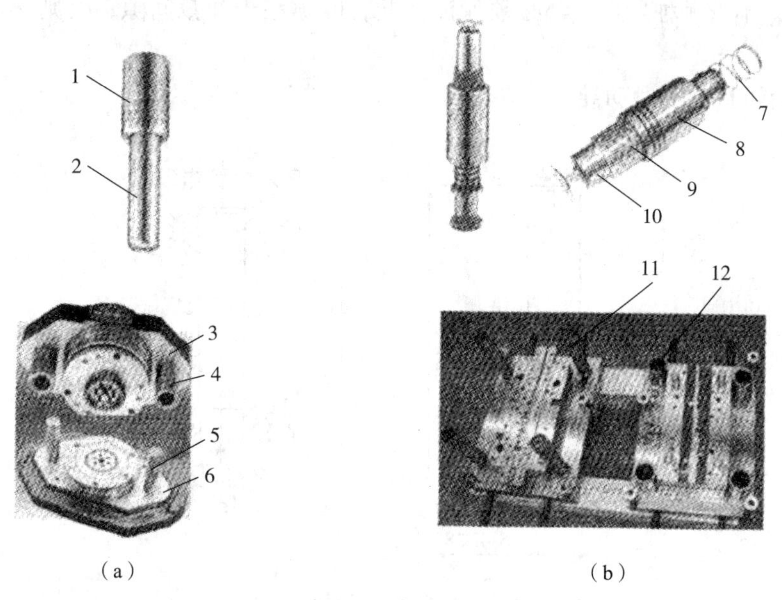

图 3－91　导柱导套

（a）滑动导柱、导套；（b）滚珠导柱、导套

1，4—滑动导套；2，5—滑动导柱；3—上模座；6—下模座；7—弹簧；8，12—滚珠导套；9—钢珠保持圈；10，11—滚珠导柱

1. 滑动导柱、导套

图 3－92 所示为常用的 A 型和 B 型滑动导柱、导套结构及安装示意图。导柱和导套一般采用过盈配合（H7/r6），分别压入下模座和上模座的安装孔中，在模具闭合时必须保证图 3－92（c）中的尺寸关系（*H* 为模具的闭合高度），即模具闭合后导柱的顶端面距上模座的上平面之间的距离为 10～15 mm，最小不得小于 5 mm，以保证在凸、凹模多次刃磨后不会妨碍冲模的正常工作。导柱、导套一般选用 20 钢制造，为了增加表面硬度和耐磨性，应进行表面渗碳处理，渗碳后的淬火硬度为 58～62 HRC（单件或少量生产可用高碳钢制造并热处理）。

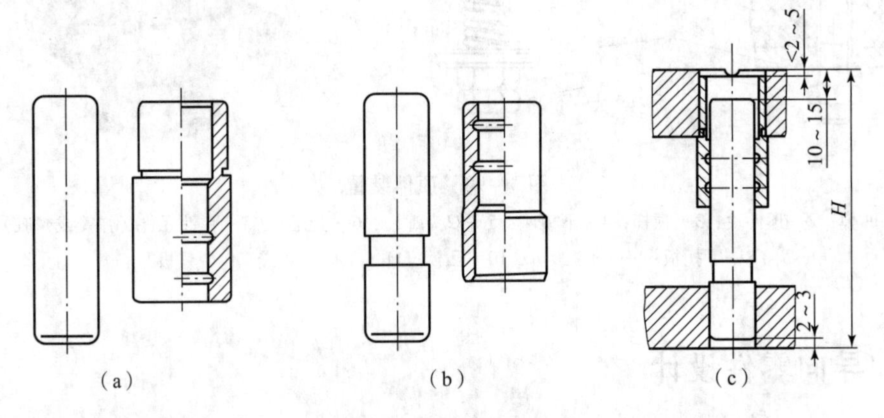

图 3－92　滑动导柱、导套

（a）A 型滑动导柱、导套；（b）B 型滑动导柱、导套；（c）导柱、导套的装配及尺寸关系

滑动导柱、导套的配合有两种，通常冲裁间隙小时，按 H6/h5 配合；冲裁间隙大时，按 H7/h6 配合。不管哪种配合，都必须保证其配合间隙小于冲裁间隙，否则导向件起不到应起的作用。

此外，还有可拆卸的滑动导柱、导套，其结构如图 3－93 所示。

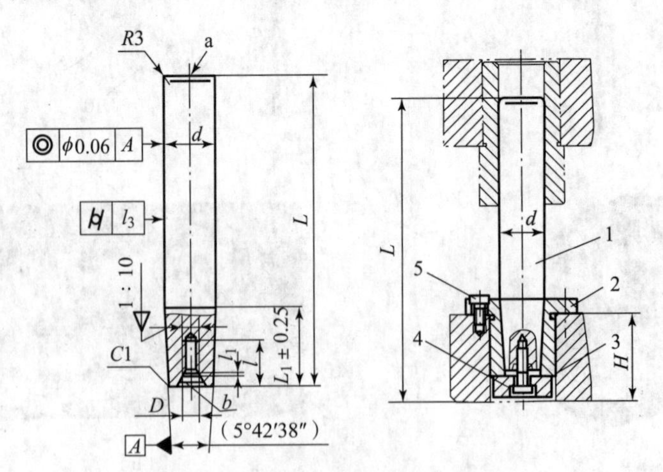

图 3－93　可拆卸的滑动导柱、导套

1—导柱；2—衬套；3—垫圈；4，5—螺钉

2. 滚珠导柱、导套

滚珠导柱、导套的结构是由导柱、导套及钢球保持圈组成的，导柱与导套不直接接触，而是通过可以滚动的滚珠进行导向。滚珠与导柱、导套之间不仅没有间隙，还留有0.01～0.02 mm的过盈量，因此有较高的导向精度。其结构如图3－94所示。

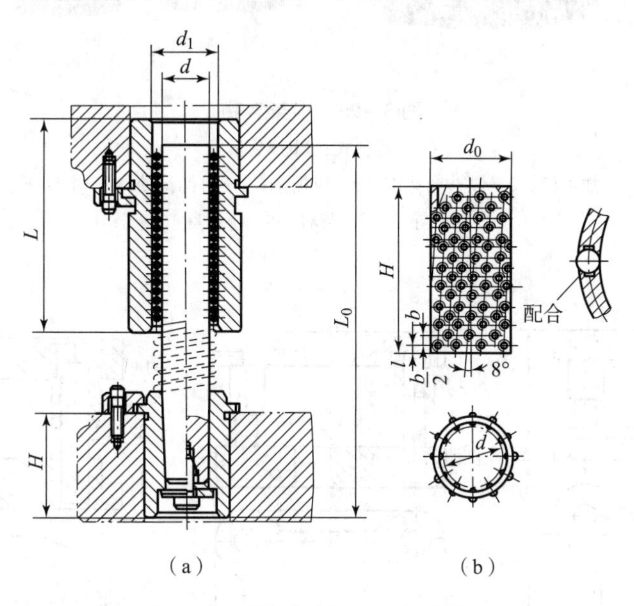

（a）　　（b）

图3－94　滚珠导柱、导套的装配

（a）滚珠导柱、导套结构；（b）钢球保持圈

普通冲压模具广泛采用滑动导向的导柱、导套，在高速精密级进模、硬质合金冲模、精冲模以及冲裁薄料的冲裁模具中，广泛采用滚珠导柱和导套。滑动导柱、导套在模具开启时可以脱开，而滚珠导柱、导套通常在模具开启时仍保持配合，不脱开。

六、标准模架设计

模架是模具零件的载体，模具的全部零件都固定在它的上面，并承受冲压过程的全部载荷。模架的上模座与冲压设备的滑块（中小型压力设备）或上工作台的下平面（大型压力设备）固定，下模座与工作台的平面固定。上、下模座间所需的相对位置精度，由导柱、导套组件的导向来实现。模架已标准化。

1. 模架组成

模架主要由上模座、下模座、导柱、导套等组成，一般标准模架不包含模柄，如图3－95所示。

根据导柱、导套间的运动关系不同，标准模架分为冲模滑动导向模架（图3－96）和冲模滚珠导向模架（图3－97）两种，每种模架按照导柱、导套安装位置的不同又分成四种，如表3－32所示。

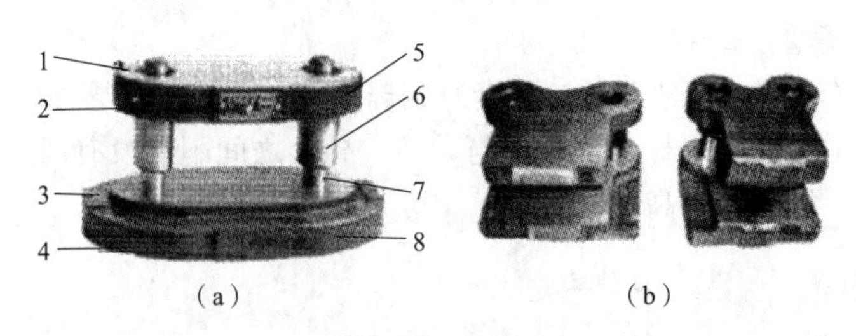

图 3-95　模架实物

(a) 对置式；(b) 后置式

1—加油槽；2—制造商标牌；3—压板位；4—打标记处；5—上模座；6—导套；7—导柱；8—下模座

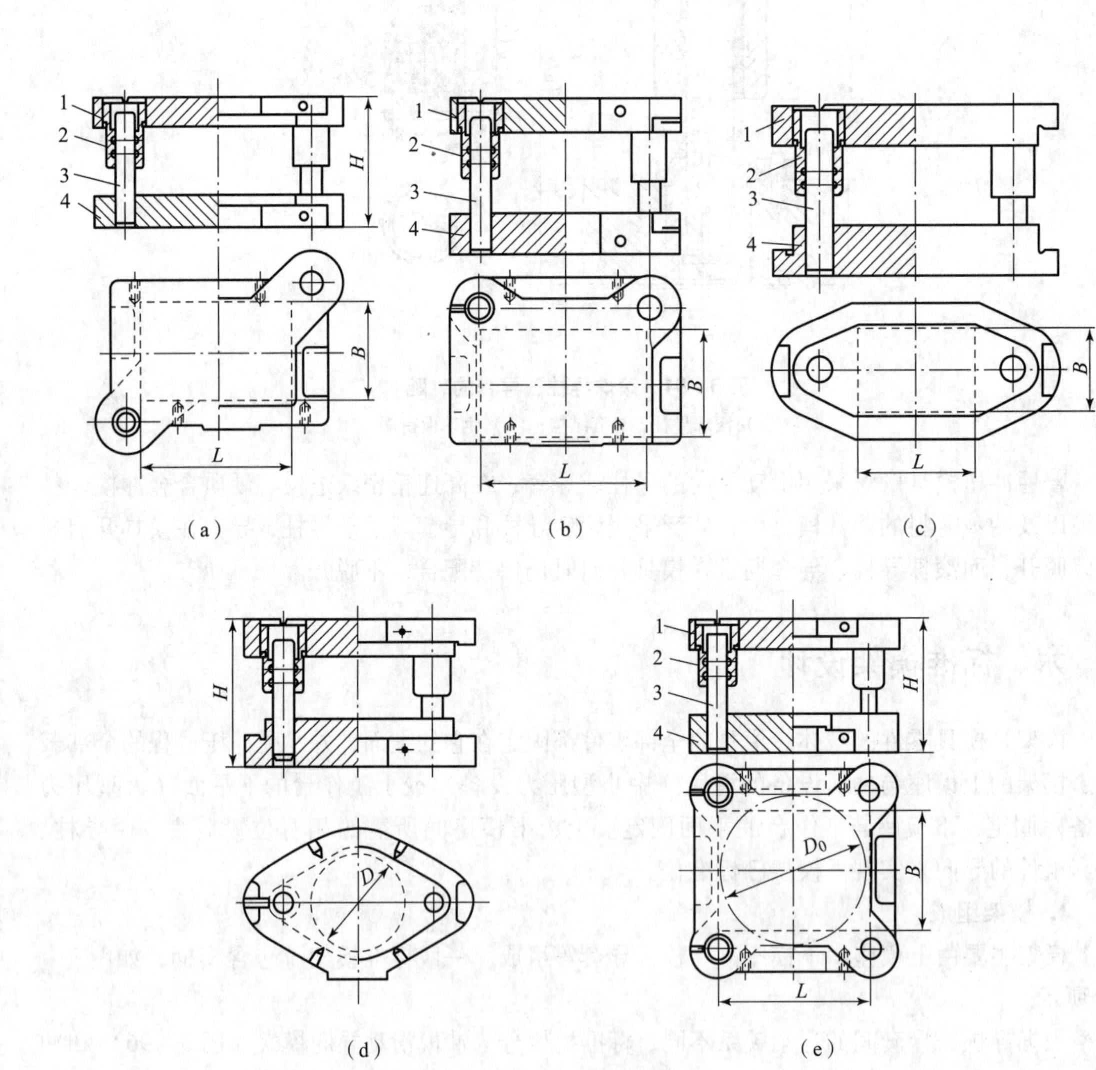

图 3-96　冲模滑动导向模架

(a) 对角导柱模架；(b) 后侧导柱模架；(c) 中间导柱模架；(d) 中间导柱圆形模架；(e) 四角导柱模架

1—上模座；2—下模座；3—导套；4—导柱

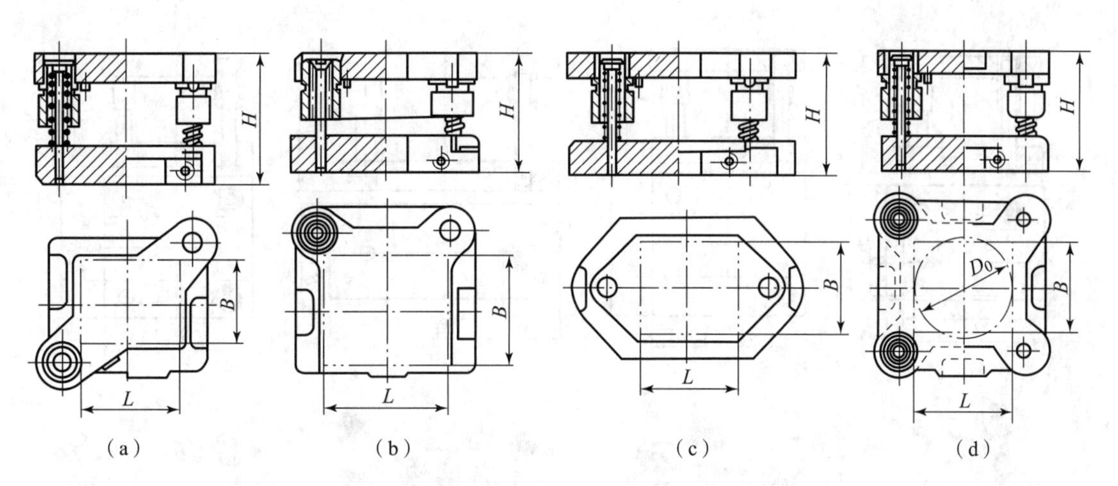

图3－97　冲模滚珠导向模架

(a) 对角导柱模架；(b) 后侧导柱模架；(c) 中间导柱模架；(d) 四角导柱模架

表3－32　标准模架

<table>
<tr><th colspan="3">名称</th><th>结构特点及应用</th></tr>
<tr><td rowspan="5">冲模滑动导向模架</td><td colspan="2">对角导柱模架</td><td>导柱、导套对角布置，安装在模座对称中心两侧，导向平稳，精度较高，适用于横向和纵向送料的模具</td></tr>
<tr><td colspan="2">后侧导柱模架</td><td>导柱、导套安装在模座的后侧，模座承受偏心载荷，导向精度不高，但送料方便，适用于一般精度要求的模具</td></tr>
<tr><td rowspan="2">中间导柱模架</td><td>中间导柱矩形模架</td><td rowspan="2">导柱、导套安装在模座的对称中心线上，导向较平稳，适用于纵向送料的模具</td></tr>
<tr><td>中间导柱圆形模架</td></tr>
<tr><td colspan="2">四导柱模架</td><td>导柱、导套安装在模座的四个角上，模架受力平衡，稳定性和导向精度较高，适用于尺寸较大及精度较高的模具</td></tr>
<tr><td rowspan="4">冲模滚珠导向模架</td><td colspan="2">对角导柱模架</td><td rowspan="4">与同类型的滑动导向模架结构相似，但导向精度要高，适用于高精度或冲制薄料的冲压模具</td></tr>
<tr><td colspan="2">后侧导柱模架</td></tr>
<tr><td colspan="2">中间导柱模架</td></tr>
<tr><td colspan="2">四角导柱模架</td></tr>
</table>

标准模架或模座的选用依据是凹模的外形及尺寸，图3－96和图3－97中的L和B代表矩形凹模外形的长和宽，D代表圆形凹模的直径。对角导柱模架、后侧导柱模架以及中间导柱模架适用于矩形凹模，中间导柱圆形模架适用于圆形凹模，四角导柱模架对两者都适用。上、下模座的材料推荐使用HT200。

除上述铸铁标准模架外，2009年全国模具标准化技术委员会颁布的钢板模架的国家标准规定，分为滑动导向钢板模架和滚动导向钢板模架两种，分别如图3－98和图3－99所示。这种钢板模架一般用于大型、精密冲压模中，选用依据仍然是凹模的外形尺寸。

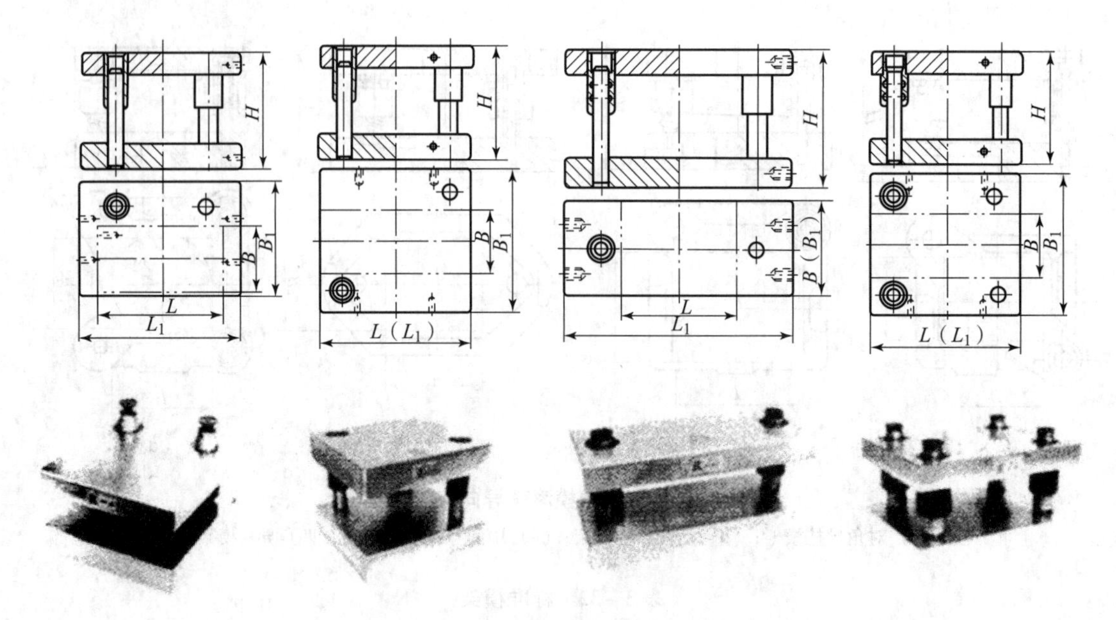

图 3－98　滑动导向钢板模架

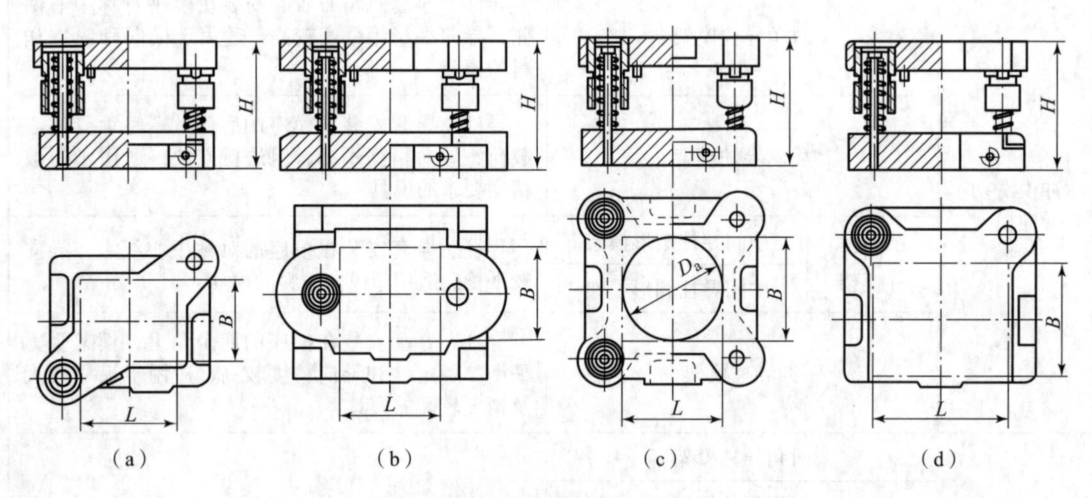

图 3－99　滚动导向钢板模架

模架中的导柱都是成对使用的，位于模座后侧的两导柱的直径相同，而位于模座中间和对角的两导柱应取不同的直径，以避免合模时上模误装错方向而损坏凸、凹模刃口。

七、连接零件与固定零件设计

模具的连接零件与固定零件有模柄、固定板、垫板、螺钉和圆柱销等。这些零件大都可按国家标准选用。

1. 模柄

模柄是连接上模与压力机的零件，常用于 1 000 kN 以下的压力机的模具安装。模柄是标准件，其结构形式常见的有表 3－33 所示的四种。

表 3－33　常见的标准模柄

名称	装配方式	装配简图	特点及应用
压入式模柄	与模座孔采用 H7/m6 过渡配合并加销钉以防转动	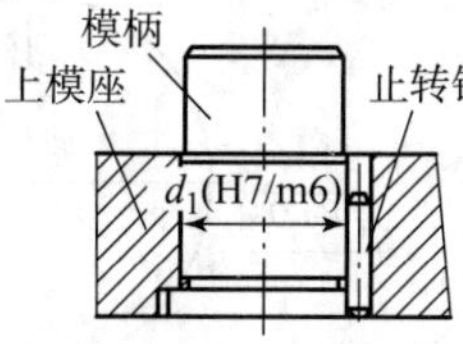	可较好地保证轴线与上模座的垂直度，适用于各种中、小型冲模，使用普遍
旋入式模柄	通过螺纹与上模座连接并加螺钉防止松动	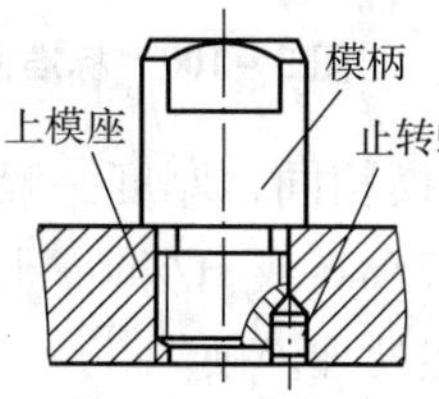	拆装方便，但模柄轴线与上模座的垂直度较差，多用于有导柱的中、小型冲模
凸缘模柄	利用 3～4 个螺钉紧固于上模座，模柄的凸缘与上模座的窝孔采用 H7/js6 过渡配合	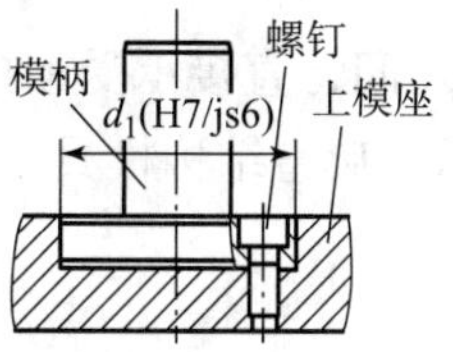	具有上述两种模柄的优点，但会削弱上模座强度，多用于较大型的模具
槽型模柄	直接用于固定凸模，不需要上模座	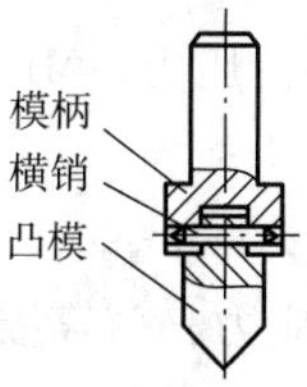	用于简单的模具中，更换凸模方便
浮动模柄	利用 4 或 6 个螺钉将锥面压圈和上模座固定，锥面压圈压紧模柄	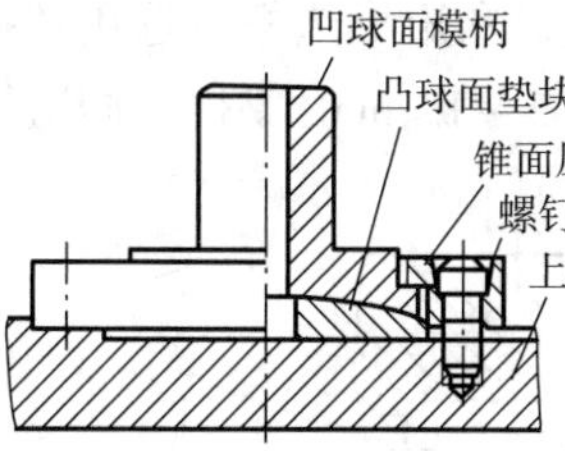	由于凸球面和凹球面的连接，上模有少许浮动，可以减小滑块误差对冲模导向精度的影响，主要用于精密模具

模柄的选用依据是压力机模柄孔的直径，必须使压力机模柄孔直径等于模柄直径。模柄材料推荐采用 Q235 或 45 钢。

2. 固定板

固定板是用于固定工作零件（凸模、凹模、凸凹模）的板状零件，固定板有凸模固定板和凹模固定板（模具中最常见的是凸模固定板），两者的作用是安装并固定小型的凸模或凹模，并作为一个整体最终安装在上模座或下模座上。固定板分为矩形固定板和圆形固定板两种，结构如图 3－100 所示。

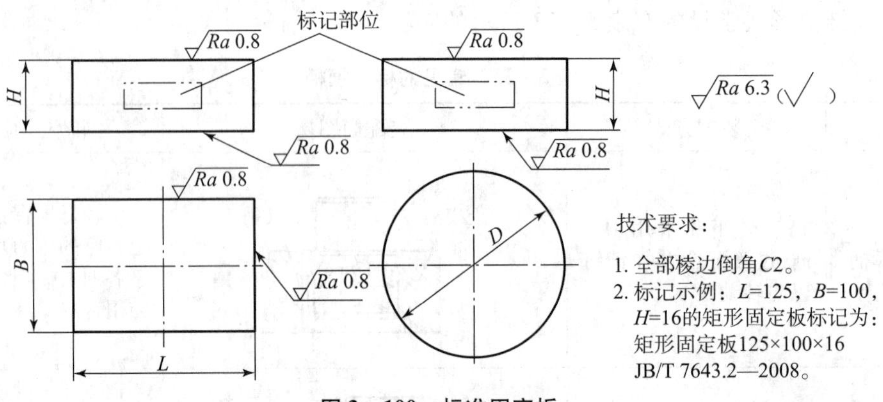

图 3－100　标准固定板

凸模固定板的平面尺寸与凹模相同，厚度一般取凹模厚度的 60% ~80%。固定板的凸模安装孔与凸模采用过渡配合 H7/m6 或 H7/n6，压装后将凸模端面与固定板一起磨平。固定板材料推荐采用 45 钢，无须热处理淬硬。

3. 垫板

垫板设在凸、凹模与模座之间，直接承受和扩散工作零件的冲压负荷，防止上、下模座被局部压陷，如图 3－101 所示。典型结构模具中均含有凸模垫板，但实际使用时模具中是否要设置垫板可按下式校核：

$$\sigma = \frac{F}{A} \tag{3-31}$$

式中　σ——凸模施加给模座的单位压力，MPa；

F——凸模承受的冲压力，N；

A——凸模的最小截面面积，mm^2。

若 σ 大于模座材料的许用压应力，就需要加垫板，反之则不需要加垫板。但若模具中采用刚性推件装置时需要加垫板。

垫板是标准件，有圆形垫板和矩形垫板，选用依据是凹模的外形及尺寸。即垫板的平面尺寸与凹模相同，厚度一般为 5 ~12 mm，材料推荐选用 45 钢，热处理硬度为 43 ~48 HRC。

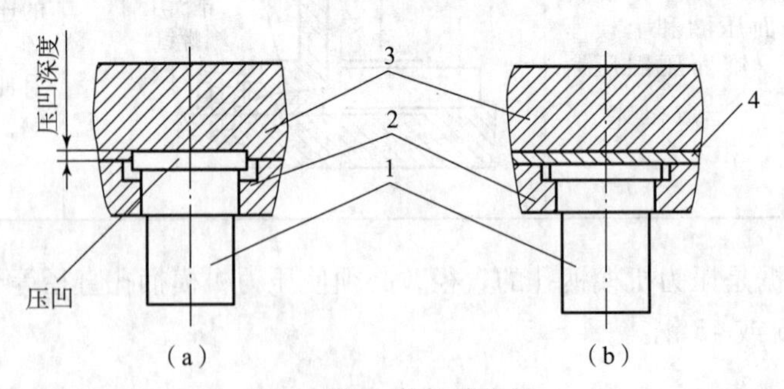

图 3－101　垫板的作用

(a) 无垫板；(b) 有垫板

1—凸模；2—固定板；3—上模座；4—垫板

4. 螺钉和圆柱销

螺钉和圆柱销都是通用标准件，设计模具时按标准选用即可。螺钉用于固定模具零件，而圆柱销则起定位作用。模具中广泛采用的内六角螺钉和圆柱销，其中 M6 ~ M16 的螺钉和 $\phi6 \sim \phi12$ mm 的圆柱销最为常用。通常同一副模具中螺钉、销钉的直径相同，或销钉直径比螺钉小一级别，规格大小可依据凹模厚度确定，参见表 3 - 34。

表 3 - 34　螺钉、销钉直径的选用　　mm

凹模厚度	<13	13 ~ 19	19 ~ 25	25 ~ 32	>32
螺钉直径	M4，M5	M5，M6	M6，M8	M8，M10	M10，M12

弹性卸料板上的卸料螺钉，用于连接卸料板，主要承受拉应力。根据卸料螺钉的头部可分为内六角和圆柱头两种。圆形卸料板常用 3 个卸料螺钉，矩形卸料板一般用 4 或 6 个卸料螺钉。由于弹性卸料板在装配后应保持水平，故卸料螺钉的有效长度应保持一致。

任务实施

1. 选择与确定模具主要零部件的结构与尺寸

1）凹模设计

考虑本成品零件的结构形状，本凹模采用矩形凹模结构，其周界尺寸计算如下：

（1）凹模壁厚 H。

查表 3 - 23，K 值取 0.25，凹模壁厚 $H = Kb = 0.25 \times 77 = 19.25$（mm），取标准值 20 mm。

（2）凹模长度 L。

凹模壁厚：$C = (1.5 \sim 2.0)H = 28.875 \sim 38.500$ mm，取 $C = 30$ mm。

凹模长度：$L = 77 + 2 \times 30 = 137$（mm），取标准值 160 mm。

（3）凹模宽度 B。

凹模宽度：$B = 20 + 2 \times 30 = 80$（mm），取标准值 100 mm。

因此，凹模的外形尺寸 $L \times B \times H = 160\ \text{mm} \times 100\ \text{mm} \times 20\ \text{mm}$。

（4）凹模刃口形式。

因为模具出件方式是下推件，冲裁时凹模内只有一个工件，考虑到制造方便，可以采用直壁刃口形式的凹模。

凹模刃口设计不宜过大，一般可按材料的厚度选取：$t < 0.5$ mm 时，$h = 3 \sim 5$ mm；$t = 0.5 \sim 5$ mm 时，$h = 5 \sim 10$ mm；$t > 5 \sim 10$ mm 时，$h = 10 \sim 15$ mm。此处取 $h = 8$ mm。

（5）凹模材料。

凹模应有较高的硬度和一定的韧性，可选 Cr12，淬火后硬度达到 60 ~ 64 HRC。

2）凸模固定板设计

（1）外形尺寸。

凸模固定板外形尺寸和凹模外形尺寸一致，其厚度取凹模厚度的 60% ~ 80%，即

$$H_1 = (0.6 \sim 0.8)H = (0.6 \sim 0.8) \times 20\ \text{mm} = 12 \sim 16\ \text{mm}$$

取 $H_1 = 16$ mm，则外形尺寸为 160 mm × 100 mm × 16 mm。

（2）材料选择。

选用 Q235 钢。

3）凸模设计

（1）凸模结构形式及固定方式。

因冲孔形状为异形孔，凸模可采用线切割方式加工，为直通结构，采用固定板+横销吊装的方式固定。

（2）凸模长度。

由于本模具采用倒装复合模结构，凸模长度为固定板厚度 H_1 +凹模厚度 H，则

$$L=H_1+H=16+20=36\ (\text{mm})$$

（3）凸模材料。

选用 Cr12，淬火后硬度达到 58 ~62 HRC。

4）卸料和出件零件结构形式和固定方法

本模具采用橡胶弹性卸料方式，工件采用刚性卸件装置，冲孔废料直接由凸凹模的漏料孔推出。

（1）卸料板的设计。

材料选用 45 钢，长和宽的尺寸取与凸模固定板相同的尺寸，厚度为 8 ~12 mm，取 10 mm。

（2）橡胶的选用。

①卸料橡胶的自由高度。

工件材料厚度为 1.5 mm，冲裁时凸模进入凹模深度为 1 mm，考虑模具维修时刃磨量 2 mm，模具开启时卸料板高出凸模 1 mm，则总的工作行程 $H_{工作}=5.5$ mm。

橡胶的自由高度：$H_{自由}=\dfrac{H_{工作}}{0.23\sim0.30}=18.3\sim22.0$ mm，取 $H_{自由}=20$ mm。

模具在组装时橡胶的预压量：

$$H_{预}=(10\%\sim15\%)\times H_{自由}=2\sim3\ \text{mm}，取\ H_{预}=2\ \text{mm}。$$

由此可知，模具中安装橡胶的空间高度尺寸为 18 mm。

②截面尺寸确定。

查图 3-84，选取矩形橡胶，其单位压力为 1.5 MPa，则

$$A\geqslant\frac{P_{卸}}{P}=\frac{5\ 860}{1.5}=3\ 907\ (\text{mm}^2)$$

考虑到凸模安装孔面积为 $57\times21+3.14\times10.5^2=1\ 543\ (\text{mm}^2)$，橡胶垫截面积为 3 907 + 1 543 =5 450（mm^2），选用与凹模外形相同的橡胶形状，其面积大于 5 450 mm^2，足够使用。

5）凸凹模固定板设计

凸凹模固定板外形尺寸和材料的确定同凸模固定板。

6）凸凹模设计

（1）凸凹模高度。

根据倒装复合模的结构可知，凸凹模的高度 H_2 为凸凹模固定板厚度+安装橡胶的空间高度+卸料板厚度-1，则有

$$H_2=16+18+10-1=43\ (\text{mm})$$

7）定位零件结构形式和固定方法

由于本模具采用倒装复合模结构，所以条料的定位采用活动挡料销和导料销形式，避免削弱凹模强度，又因为卸料方式采用橡胶弹性卸料，所以采用表 3-27 中橡胶弹顶挡料装置，

挡料销和导料销直径为 $\phi4$，长度为 16 mm，采用 45 钢，经热处理后硬度达到 43 ~ 48 HRC。

8）导向零件结构形式和固定方法

采用滑动导柱、导套形式，查国家标准选择导柱型号为 25h6 × 130，导套型号为 25H7 × 88 × 33。

9）模架形式

采用后侧导柱模架。

10）螺钉、销钉的选择

上模座连接螺钉采用 4 - M10 × 50，下模座连接螺钉采用 4 - M10 × 40，上模座定位销钉采用 2 - $\phi10$ × 60，下模座定位销钉采用 2 - $\phi10$ × 40。

2. 总装配图设计

图 3 - 102 所示为本例的模具装配图。采用纵向送料，两个活动导料销控制条料送进方向，活动挡料销控制送料进距。采用由卸料板、卸料螺钉和橡胶组成的弹性卸料装置。冲制的工件由打杆、打板、推杆、推件块组成的刚性推件装置推出。冲孔的废料通过凸凹模的内孔从冲床台面孔漏下。

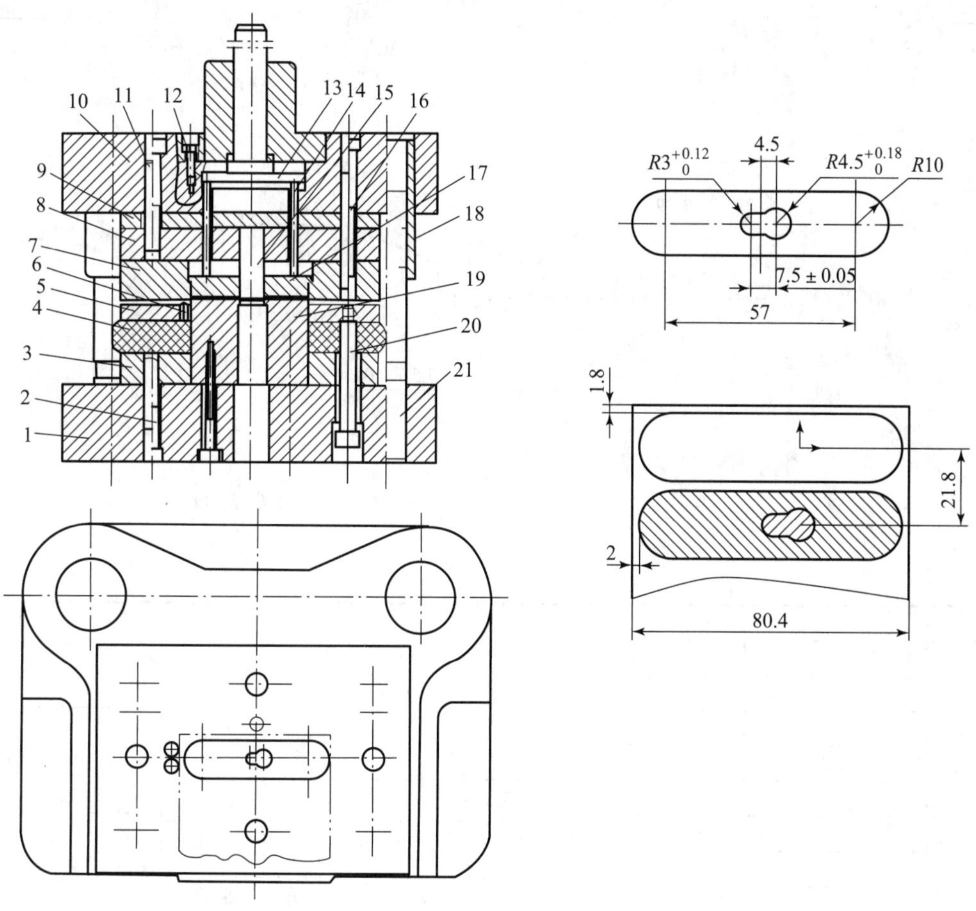

图 3 - 102　复合模装配图

1—下模座；2，16—内六角螺钉；3—凸凹模固定板；4—橡胶；5—卸料板；6—导料销；7—落料凹模；8—凸模固定板；9—垫板；10—上模座；11—销钉；12—推杆；13—推板；14—销；15—冲孔凸模；17—推件板；18—导套；19—凸凹模；20—卸料螺钉；21—导柱

3. 零件图设计

1）凸模零件图（图 3 - 103）

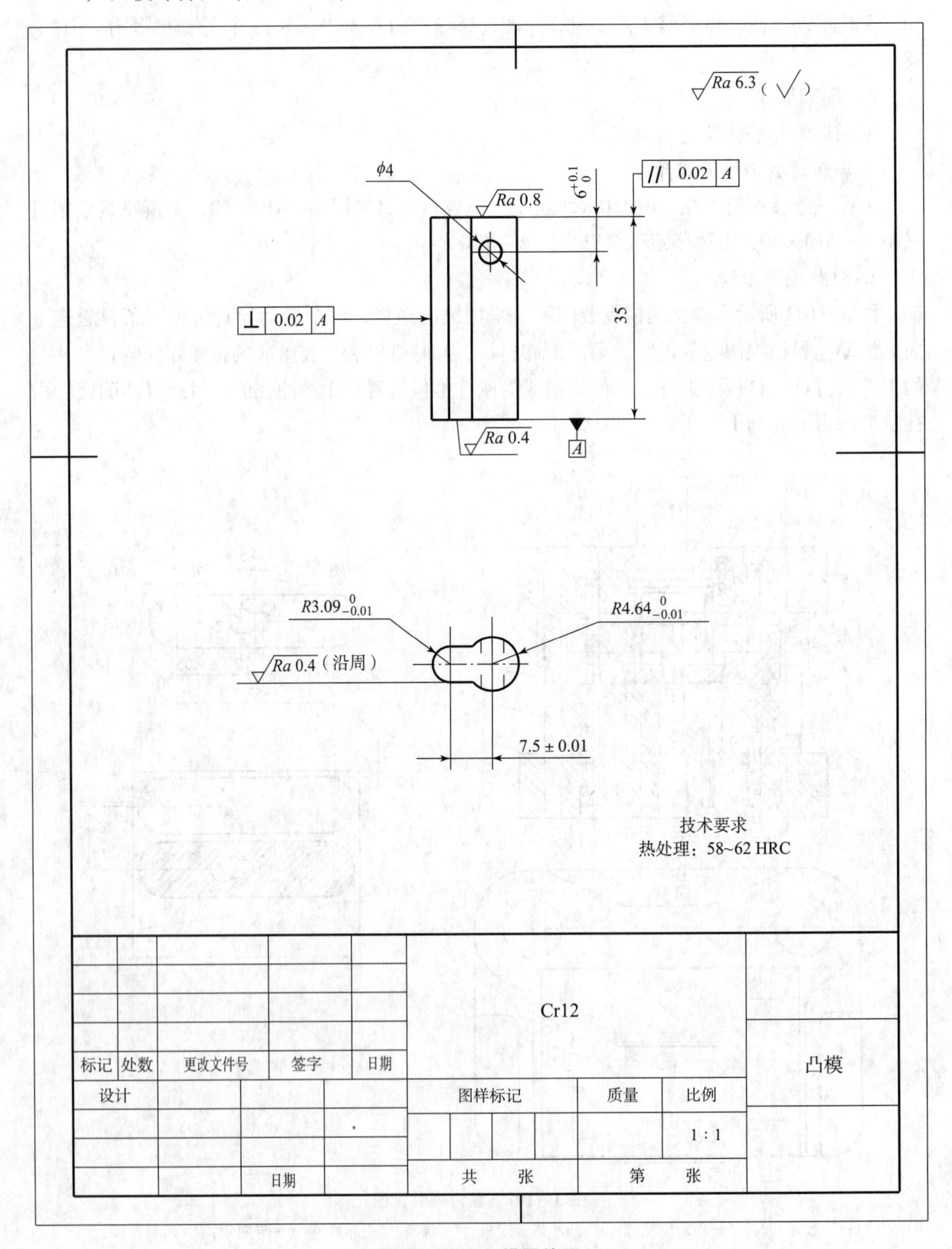

图 3 - 103　凸模零件图

2）凸凹模零件图（图 3－104）

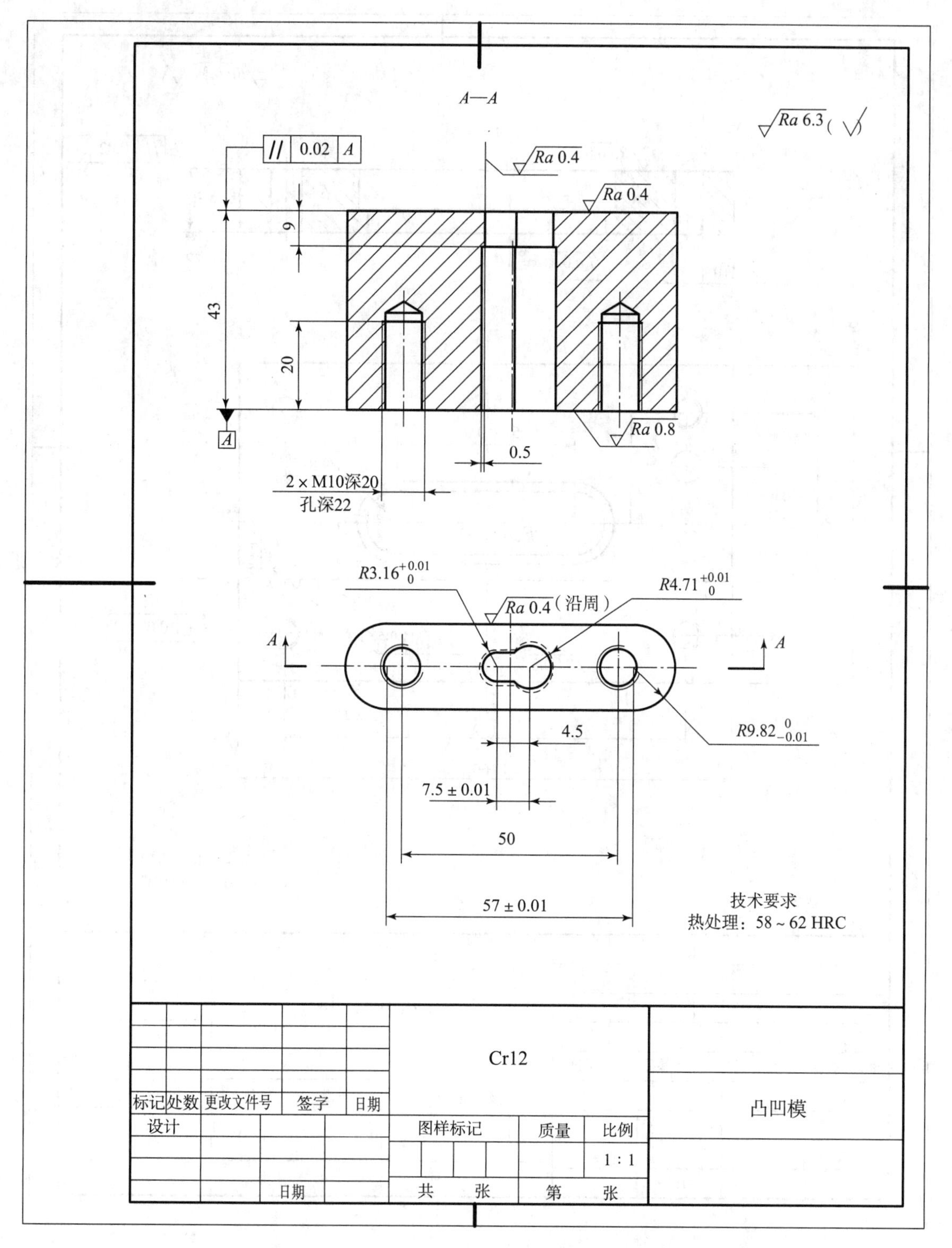

图 3－104　凸凹模零件图

3）凹模零件图（图 3－105）

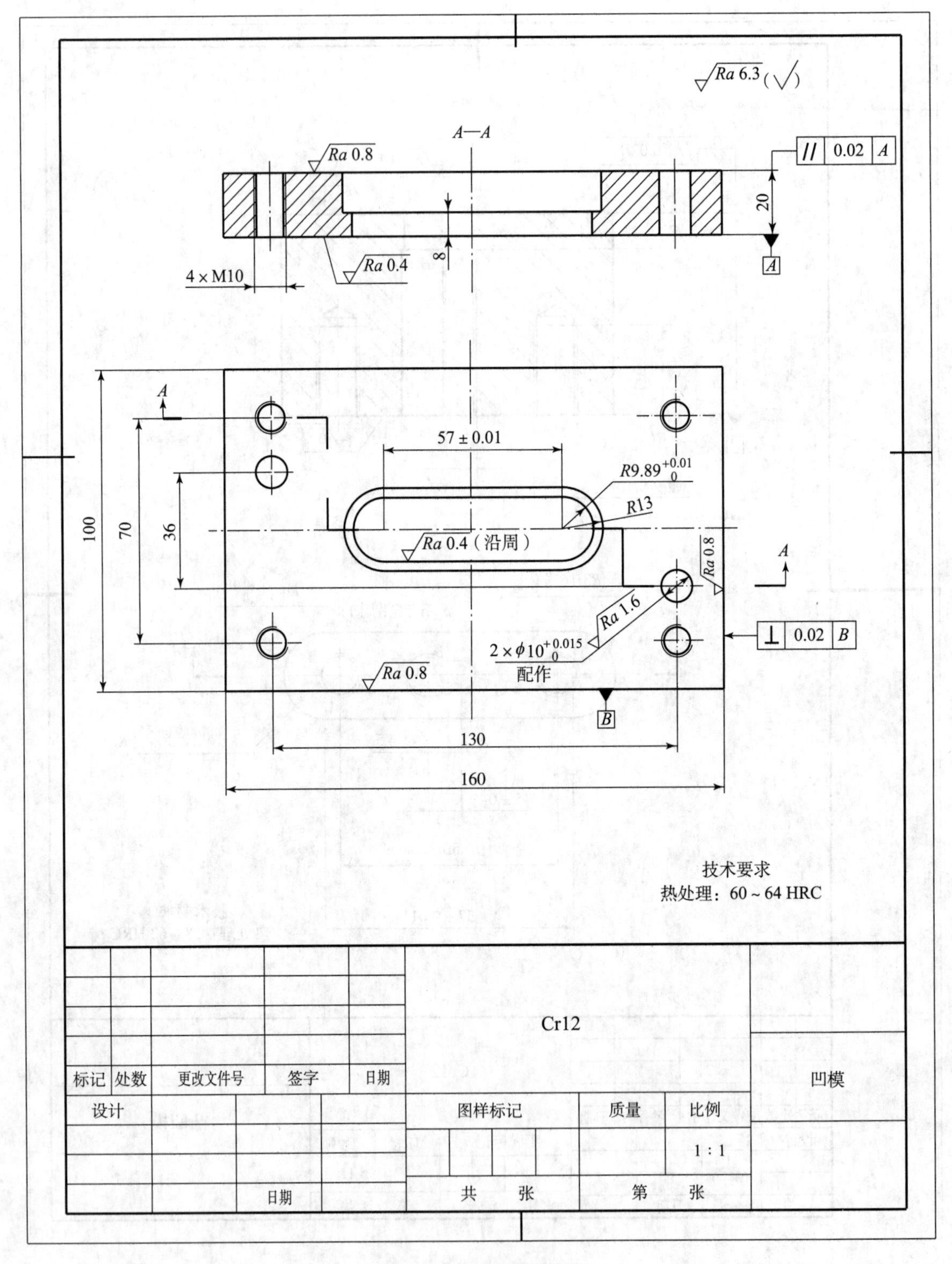

图 3－105 凹模零件图

4）凸凹模固定板零件图（图3－106）

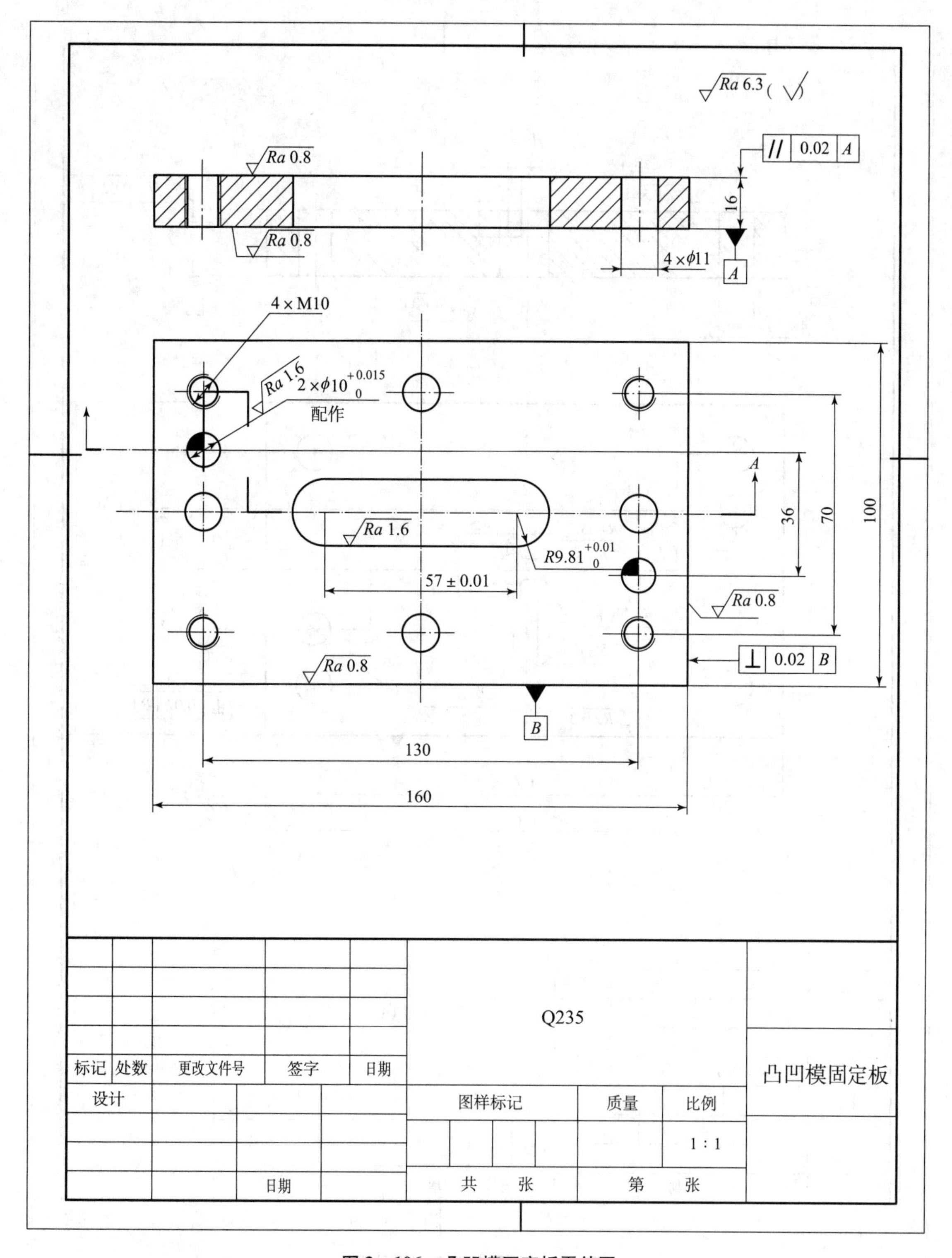

图3－106　凸凹模固定板零件图

5）凸模固定板零件图（图 3－107）

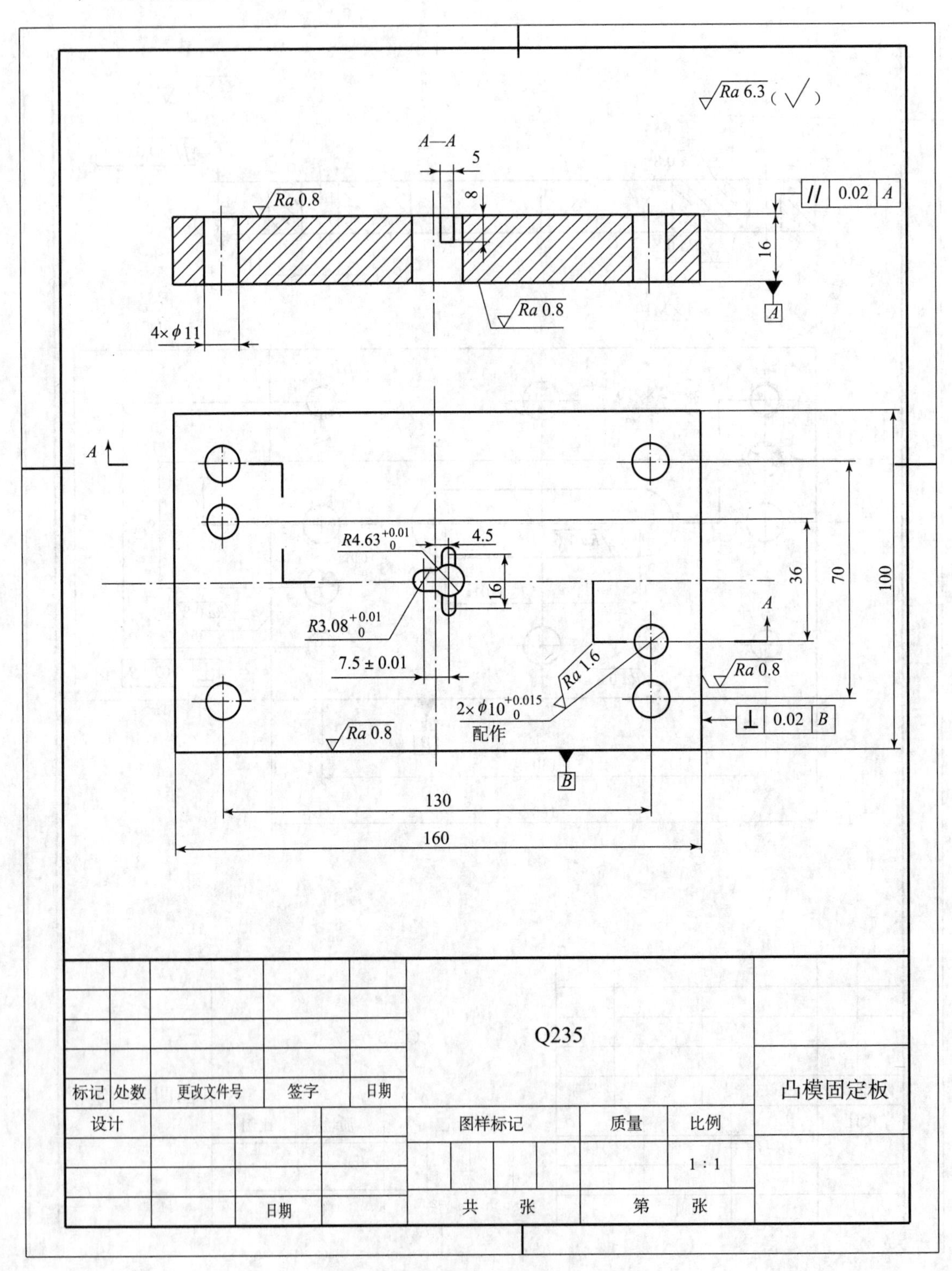

图 3－107　凸模固定板零件图

6）垫板零件图（图 3－108）

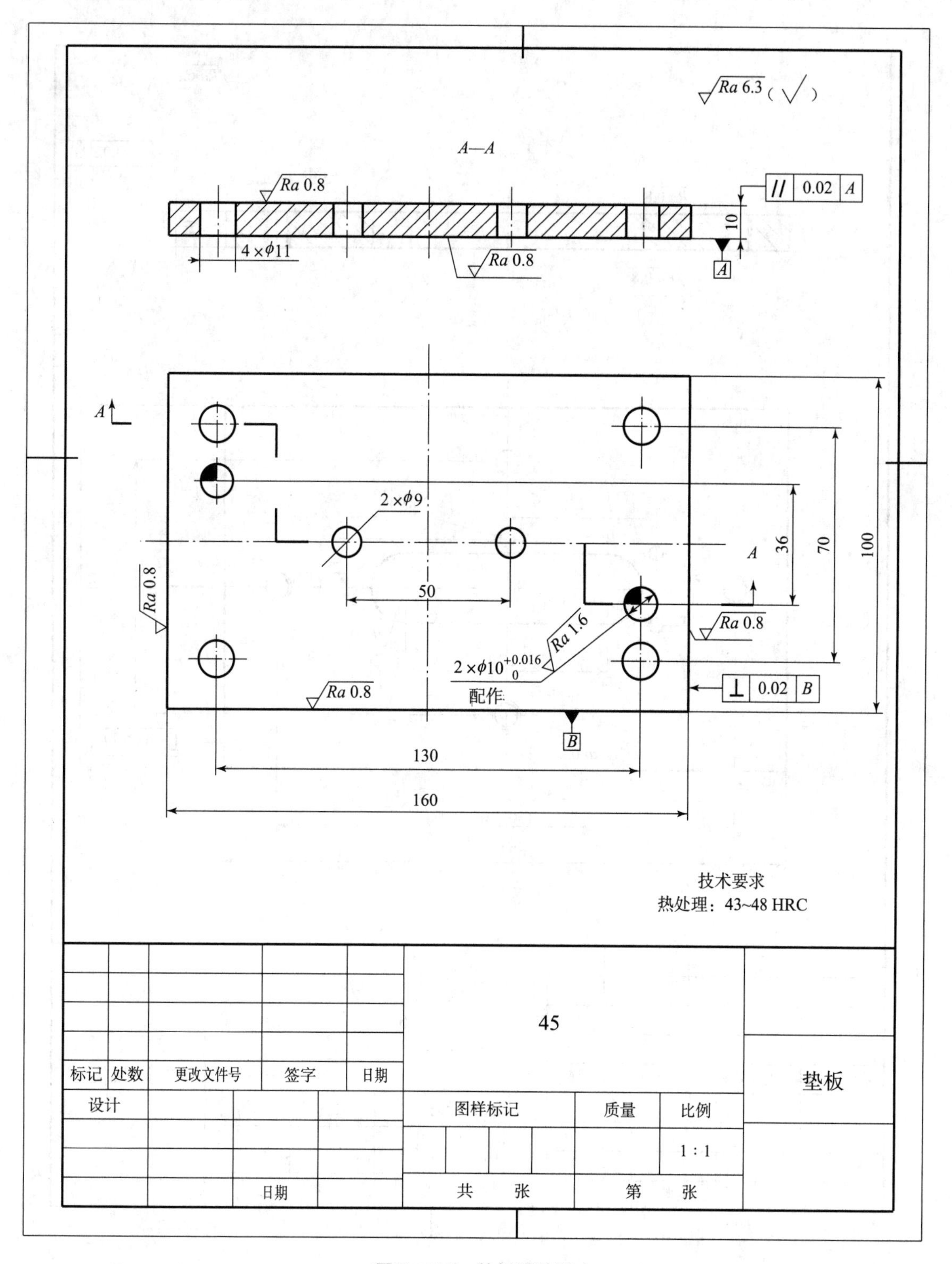

图 3－108　垫板零件图

7）卸料板零件图（图 3－109）

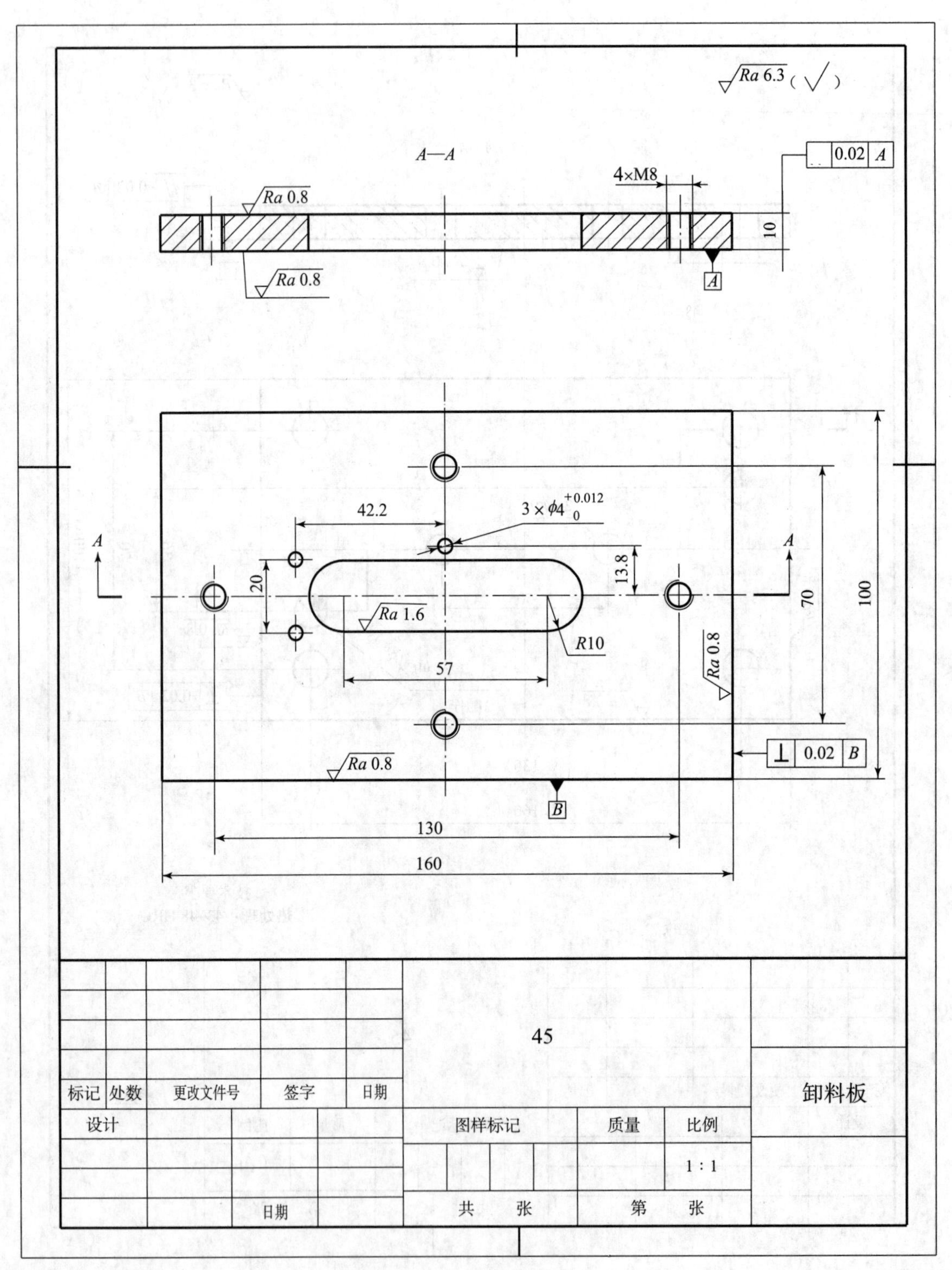

图 3－109　卸料板零件图

8）推件块零件图（图 3 – 110）

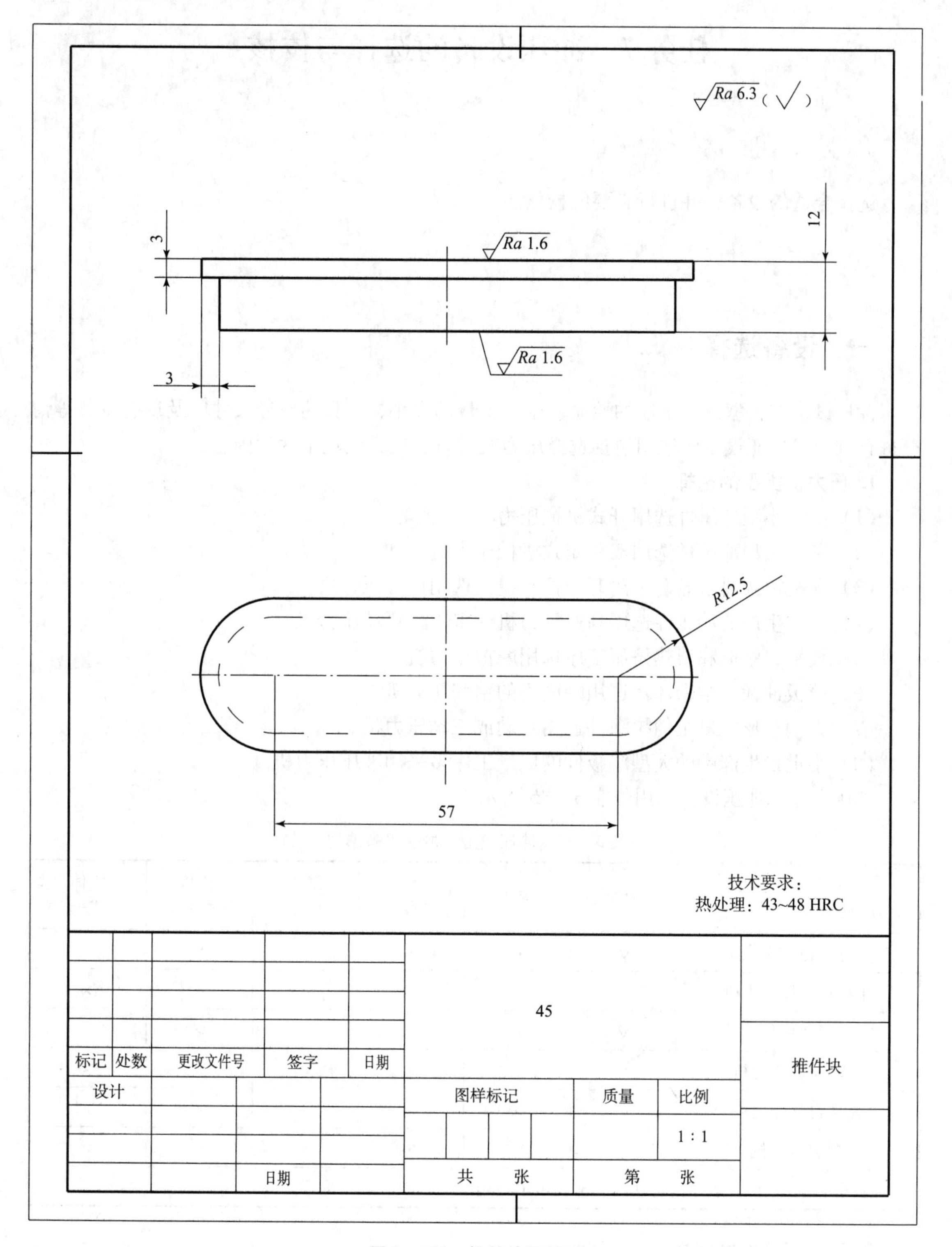

图 3 – 110　推件块零件图

任务7　冲压设备的选择与校核

任务描述

选择合适的设备，并进行必要的校核。

相关知识

一、设备选择

冲压设备应根据冲压工序的性质、生产批量的大小、模具的外形尺寸以及现有设备等情况进行选择。冲压设备的选用包括选择压力机类型和压力机规格两项内容。

1. 压力机类型的选择

（1）中、小型冲压件选用开式机械压力机。

（2）中、大型冲压件选用双柱闭式机械压力机。

（3）导板模或要求导套不离开导柱的模具选用偏心压力机。

（4）大量生产的冲压件选用高速压力机或多工位自动压力机。

（5）校平、整形和温热挤压工序选用摩擦压力机。

（6）薄板冲裁、精密冲裁选用刚度高的精密压力机。

（7）大型、形状复杂的拉深件选用双动或三动压力机。

（8）小批量生产中的大型厚板件的成形工序多采用液压压力机。

冲压类型与冲压设备选用如表3－35所示。

表3－35　冲压类型与冲压设备选用

冲压类型 冲压设备	冲裁	弯曲	简单拉深	复杂拉深	整形校平	立体成形
小行程通用压力机	√	o	×	×	×	×
中行程通用压力机	√	o	√	o	o	×
大行程通用压力机	√	o	√	o	√	√
双动拉深压力机	×	×	o	√	×	×
高速自动压力机	√	×	×	×	×	×
摩擦压力机	o	√	×	×	√	√
注：√表示适用，o表示尚可使用，×表示不适用。						

2. 压力机规格的选择

冲压设备的型号由冲压设备名称、结构特征、主参数等项目的代号组成，用汉语拼音字母和阿拉伯数字表示，如JC23－63A型号的意义是：

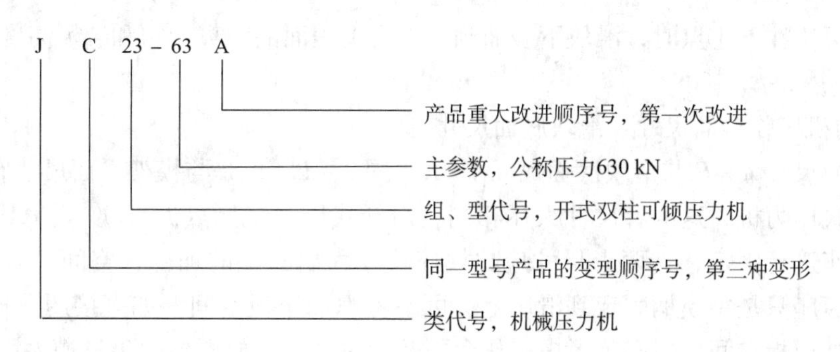

现将型号的表示方法叙述如下：

第一个字母为类代号，用汉语拼音字母表示。在 JB/GQ 2003—1984 型谱的 8 类锻压设备中，与曲柄压力机有关的有 5 类，即机械压力机、线材成形自动机、锻机、剪切机和弯曲校正机，它们分别用“机”“自”“锻”“切”“弯”的拼音的第一个字母表示为 J、Z、D、Q、W。

第二个字母代表同一型号的变型顺序号。凡主参数与基本型号相同，但其他某些基本参数与基本型号不同的，称为变型。用字母 A、B、C……表示第一种、第二种、第三种……变型产品。

第三、四个数字分别为组、型代号。前面一个数字代表“组”，后面一个数字代表“型”。在型谱表中，每类锻压设备分为 10 组，每组分为 10 型，如在“J”类中，第 2 组的第 3 型为“开式双柱可倾压力机”。

横线后面的数字代表主参数，一般用压力机的公称压力作为主参数。型号中的公称压力单位为“t”，故转化为法定单位制的“kN”时，应把此数字乘以 10，如上例中的 63 代表 63 t，即 630 kN。

最后一个字母代表产品的重大改进顺序号，凡型号已确定的锻压机械，若结构和性能上与原产品有显著的不同，则称为改进，用字母 A、B、C……表示第一次、第二次、第三次……改进。

有些锻压设备在紧接组、型代号的后面还有一个字母，代表设备的通用特性，如 J21G－63 中的“G”代表“高速”；J92K－25 中的“K”代表“数控”。

1）公称压力

通用压力机的公称压力是指滑块至下止点前某一特定距离 s_0或曲柄旋转到离下止点前某一特定角度 α_0时，滑块上所容许承受的最大作用力。此处的特定距离称为公称压力行程、额定压力行程或名义压力行程，此时的特定角度称为公称压力角、额定压力角或名义压力角。例如 J31－315 型压力机的公称压力为 3 150 kN，是指滑块离下止点前 10.5 mm（相当于公称压力角为 20°）时滑块上所容许的最大作用力。

2）压力机装模高度和封闭高度

压力机装模高度是指压力机滑块处于下止点位置时，滑块下表面到工作垫板上表面的距离。当装模高度调节装置将滑块调整到最上位置时（即当连杆调至最短时），装模高度达最大值，称为最大装模高度。模具的闭合高度应小于压力机的最大装模高度。装模高度调节装置所能调节的距离，称为装模高度调节量。例如 J31－315 型压力机的最大装模高度为 490 mm，装模高度调节量为 200 mm。和装模高度并行的参数还有封闭高度。所谓封闭高度，是指滑块在下止点时，滑块下表面到工作台上表面的距离。它和装模高度之差恰是垫板的厚度。

3）压力机工作台面尺寸及滑块底面尺寸

工作台面尺寸 $A \times B$ 与滑块底面尺寸 $J \times K$（图3－111）是与模架平面尺寸有关的尺寸。通常对于闭式压力机，这两者尺寸大体相同，而开式压力机则（$J \times K$）＜（$A \times B$）。为了用压板对模座进行固定，这两者尺寸应比模座尺寸大出必要的加压板空间。对于中小型模具，通常上模座只是用模柄固定到滑块上，可不考虑加压板空间。如直接用螺栓固定模座，虽不用留出加压板空间，但必须考虑工作台面及滑块底面上放螺栓的T形槽大小及分布。

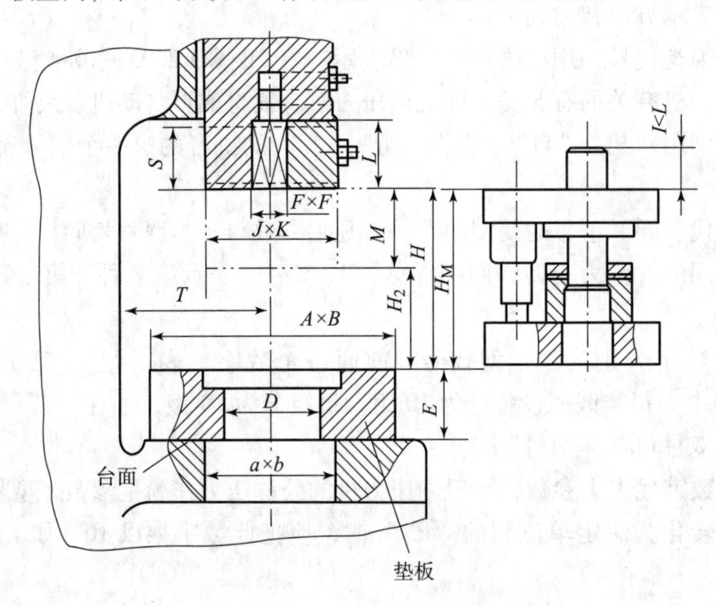

图3－111　压力机结构参数

4）漏料孔尺寸

当制件或废料漏料时，工作台或垫板孔（漏料孔）的尺寸应大于制件或废料尺寸。当模具需要装有弹性顶料装置时，弹性顶料装置的外形尺寸应小于漏料孔尺寸。模具下模板的外形尺寸应大于漏料孔尺寸，否则需增加附加垫板。

5）模柄孔尺寸

当模具需要用模柄与滑块相连时，滑块内模柄孔的直径和深度应与模具模柄尺寸相协调。

二、校核相关参数

选择的设备不仅要满足冲压力要求，还必须与模具在尺寸上匹配，否则也不能顺利完成冲压工作。

1. 校核闭合高度

压力机的闭合高度是指滑块处于下止点时，滑块底面到工作台上表面之间的距离，如图3－98所示。由于连杆长度有一个调节量 ΔH，压力机的闭合高度有最大闭合高度 H_{max}

和最小闭合高度 H_{min}。

模具的闭合高度 H 是指模具在工作装置下止点时，下模座的下平面与上模座的上平面之间的距离。H 应满足：

$$H_{max} - 5\ \text{mm} \geqslant H \geqslant H_{min} + 10\ \text{mm}$$

2. 校核平面尺寸

模具的总体平面尺寸应该与压力机工作台或垫板的平面尺寸以及滑块下平面尺寸相适应。通常要求下模座的平面尺寸比压力机工作台漏料孔的尺寸单边大 40 ~ 50 mm，比工作台板长度单边小 50 ~ 70 mm。当模具中使用顶出装置时，压力机工作台面孔的尺寸必须能安装弹顶器。

3. 校核模柄孔尺寸

模具的模柄直径应与滑块的模柄孔尺寸相适应，通常要求两者的公称直径相等。在没有合适的模柄尺寸时，允许模柄直径小于模柄孔的直径，装配时在模柄的外面加装一个模柄套。

各压力机型号和技术参数如表 3 - 36 ~ 表 3 - 39 所示。

表 3 - 36　开式双柱可倾压力机型号和技术参数

型号		J23 - 6.3	J23 - 10	J23 - 16	J23 - 25	JC23 - 35	JH23 - 40	JB23 - 63	J23 - 80	J23 - 100	J23 - 125
公称压力/kN		63	100	160	250	350	400	630	800	1 000	1 250
滑块行程/mm		35	45	55	65	80	80	100	130	150	145
滑块行程次数/(次 · min^{-1})		170	145	120	55	50	55	40	45	38	38
最大封闭高度/mm		150	180	220	270	280	330	400	380	430	480
封闭高度调节量/mm		35	35	45	55	60	65	80	90	120	110
滑块中心线至床身距离/mm		110	130	160	200	205	250	310	290	380	380
立柱距离/mm		150	180	220	270	300	340	420	380	530	530
工作台尺寸/mm	前后	200	240	300	370	380	460	570	540	710	710
	左右	310	370	450	560	610	700	860	800	1 080	1 080
工作台孔尺寸/mm	前后	110	130	160	20	200	250	310	230	405	340
	左右	160	200	240	290	290	360	450	360	500	500
	直径	140	170	210	260	260	320	400	280	470	450
垫板尺寸/mm	厚度	30	35	40	50	60	65	80	100	100	100
	直径					150			200	150	250
模柄孔尺寸/mm	直径	30	30	40	40	50	50	50	60	76	60
	深度	55	35	60	60	70	70	70	80	76	80
滑块底面尺寸/mm	前后					190	260	360	350		
	左右					210	300	400	370		
床身最大可倾角/(°)		45	35	35	30	20	30	25	30	20	25

表 3－37　开式双柱固定台压力机型号和技术参数

型号		JA21－35	JD21－100	JA21－160	J21－400A
公称压力/kN		350	1 000	1 600	4 000
滑块行程/mm		130	可调 10～120	160	200
滑块行程次数/(次 · min^{-1})		50	75	40	25
最大封闭高度/mm		280	400	450	550
封闭高度调节量/mm		60	85	130	150
滑块中心线至床身距离/mm		205	325	380	480
立柱距离/mm		428	480	530	896
工作台尺寸/mm	前后	380	600	710	900
	左右	610	1 000	1 120	1 400
工作台孔尺寸/mm	前后	200	300		480
	左右	290	420		750
	直径	260		460	600
垫板尺寸/mm	厚度	60	100	130	170
	直径	22.5	200		300
模柄孔尺寸/mm	直径	50	60	70	100
	深度	70	80	80	120
滑块底面尺寸/mm	前后	210	380	460	
	左右	270	500	650	

表 3－38　单柱固定台压力机型号和技术参数

型号		J11－3	J11－5	J11－16	J11－50	J11－100
公称压力/kN		30	50	160	500	1 000
滑块行程/mm		0～40	0～40	6～70	10～90	20～100
滑块行程次数/(次 · min^{-1})		110	150	120	65	65
最大封闭高度/mm			170	226	270	320
封闭高度调节量/mm		30	30	45	75	85
滑块中心线至床身距离/mm		95	100	160	235	325
工作台尺寸/mm	前后	165	180	320	440	600
	左右	300	320	450	650	800
垫板厚度/mm		20	30	50	70	100
模柄孔尺寸/mm	直径	25	25	40	50	60
	深度	30	40	55	80	80

表 3－39　闭式单点压力机型号和技术参数

型号			JA31－160A	J31－250B	JA31－315	JD31－630	JS31－800	JA31－/1600
公称压力/kN			1 600	2 500	3 150	6 300	8 000	16 000
滑块行程		长度/mm	160	315	460	400	500	500
		次数/（次·min^{-1}）	32	20	13	12	10	10
闭合高度	有垫板	最大/mm	375	350	480	500	550	
		最小/mm	255	150	330	200	250	
	无垫板	最大/mm	480	490	600	700	750	780
		最小/mm	360	290	450	400	450	480
上滑块	底面尺寸	前后/mm	560	980	800	1 400	1 500	1 850
		左右/mm	510	850	1 100	1 500	1 600	1 700
	T 形槽尺寸	槽数/根	2		3			
		槽距/mm	2×45°		240			
		槽宽/mm	28		36			
工作台	台面尺寸	前后/mm	790	1 000	980	1 700	1 500	1 900
		左右/mm	710	950	1 100	1 500	1 600	1 750
	T 形槽尺寸	槽数/根	2		5			
		槽距/mm	2×45°		200			
		槽宽/mm	28		36			
气垫	最大压力/kN			400		1 000	1 500	
	行程/mm		90	150			250	
	下沉量/mm		7					
托杆孔	孔径/mm		ϕ26		ϕ36			
	位置		ϕ120 中孔 ϕ180 4 等分 ϕ250 4 等分 ϕ350 6 等分		ϕ36 中孔 ϕ150 4 等分 ϕ300 6 等分			

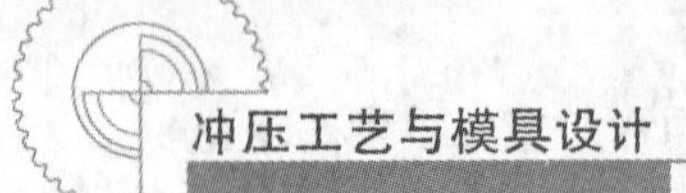

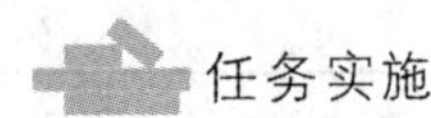
任务实施

1. 设备选择

该模具为小型模具，可采用开式可倾压力机。根据总冲压力，选择公称压力为 160 kN 的 J23－16 型压力机。其主要参数如下：

公称压力：160 kN。

装模高度：135～180 mm。

模柄孔直径：ϕ40 mm。

模柄孔深度：60 mm。

工作台尺寸：450 mm×300 mm。

2. 相关参数校核

（1）校核闭合高度。模具的闭合高度为 170 mm，压力机的装模高度为 135～180 mm，满足 $H_{max}-5\ \text{mm} \geqslant H \geqslant H_{min}+10\ \text{mm}$ 要求。

（2）模具的总体平面尺寸为 242 mm×202 mm，工作台尺寸为 450 mm×300 mm，满足下模座的平面尺寸比工作台板长度单边小 50～70 mm 的要求。

（3）校核模柄孔尺寸。根据压力机模柄孔的直径和深度，选用 ϕ40 mm×50 mm 的模柄。

项目四　弯曲工艺与弯曲模设计

知识目标

（1）了解弯曲变形过程。

（2）掌握弯曲变形的弯裂、回弹、偏移等质量问题。

（3）掌握弯曲件工艺性分析。

（4）掌握弯曲件展开尺寸计算的原理和方法及弯曲力的计算。

（5）掌握弯曲工序的设计方法，熟悉各种典型弯曲模的结构。

技能目标

（1）能分析弯曲变形的现象与特点。

（2）能分析弯曲件产生质量问题的原因并给出合理的解决措施。

（3）能利用计算机辅助设计手段计算弯曲件展开尺寸。

（4）能分析弯曲件的工艺性，制定合理的弯曲工序。

（5）具备设计中等复杂弯曲模具的能力；会设计工作零件。

项目描述

通过一个实例介绍弯曲件工艺设计、模具设计的全过程。

冲制如图 4－1 所示的 U 形弯曲件，材料为 20 钢，料厚 $t=2$ mm，$\sigma_b=400$ MPa，中批量生产，要求完成该产品的弯曲工艺及模具结构设计，并绘制工作零件图。

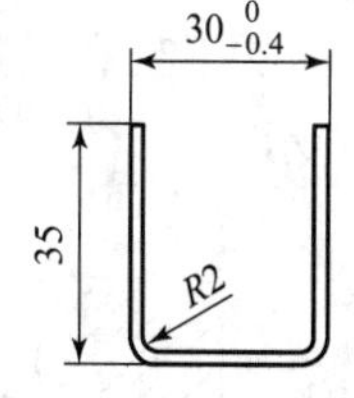

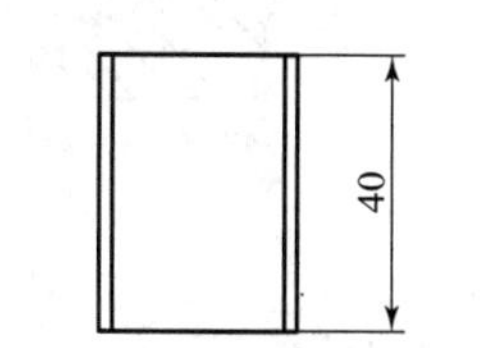

图 4－1　U 形弯曲件工件图

任务 1　弯曲变形过程分析

任务描述

通过教师讲解与自主学习，了解弯曲变形的特点，尤其是中性层的变形特点。

相关知识

一、弯曲变形过程

弯曲是将金属材料弯成一定形状和角度的零件的成形方法。弯曲在冲压生产中应用很广。弯曲零件的种类很多，如汽车的纵梁、自行车车把、各种电器零件的支架、门窗铰链等。图4－2所示为常见的弯曲零件。

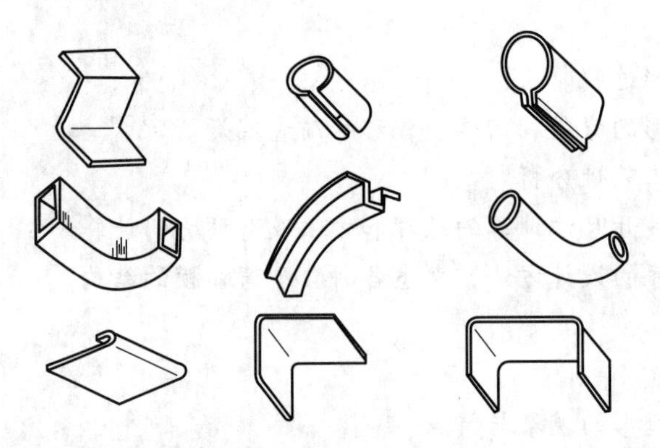

图4－2 常见的弯曲零件

根据所用的工具和设备不同，弯曲方法可分为压弯、折弯、拉弯、滚弯和辊压成形等，如图4－3所示。

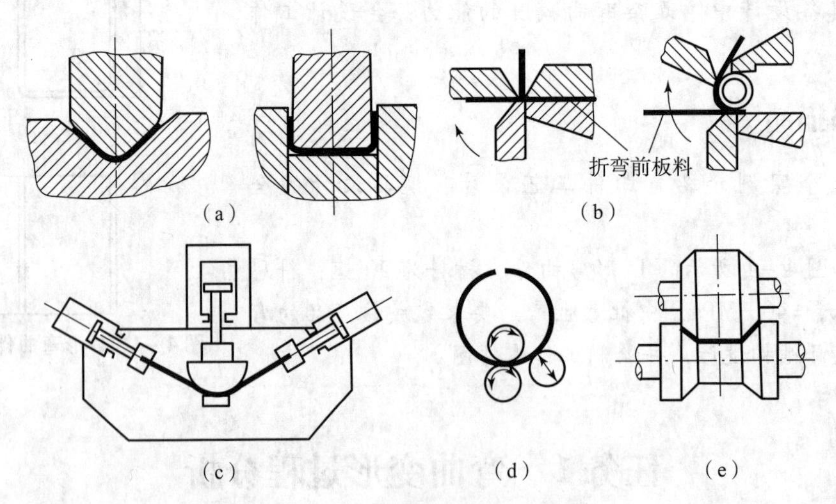

图4－3 弯曲零件的成形方法

(a) 压弯；(b) 折弯；(c) 拉弯；(d) 滚弯；(e) 辊压成形

弯曲件的形状有很多，如V形、U形、⅂⌈形、O形以及其他形状。

V形件的弯曲是坯料弯曲中最基本的一种，图4－4所示为板料在V形弯曲模中受力变形的基本情况。其弯曲过程如图4－5所示。

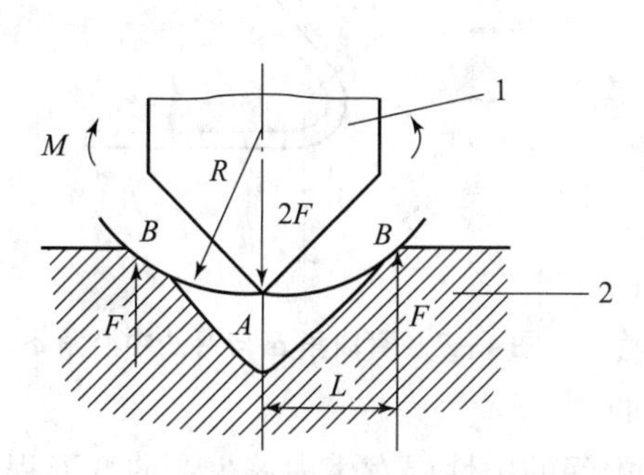

图4－4　板料在V形弯曲模中受力变形情况

1—凸模；2—凹模

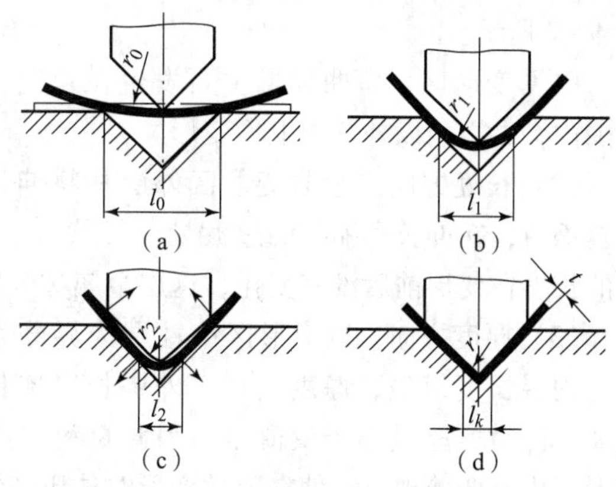

图4－5　板料弯曲过程

（1）开始弯曲：坯料的弯曲内侧半径大于凸模的圆角半径，弯曲力臂大。

（2）继续弯曲：随着凸模的下压，坯料的直边与凹模V形表面逐渐贴近靠紧，弯曲内侧半径逐渐减小趋近凸模的圆角半径，弯曲力臂减小。

（3）最后弯曲：当凸模、坯料与凹模三者完全压合，坯料的内侧弯曲半径和弯曲力臂达到最小时，弯曲过程结束。

弯曲过程中弯曲内侧半径逐渐减小，即 $r_0 > r_1 > r_2 \geqslant r$，变形程度逐渐增加；弯曲力臂也逐渐减小，即 $l_0 > l_1 > l_2 \geqslant l_k$，坯料与凹模之间有相对滑移现象。

凸模、坯料与凹模三者完全压合后，如果再增加一定的压力，对弯曲件施压，则称为校正弯曲。没有这一过程的弯曲，称为自由弯曲。

二、弯曲变形特点

常采用网格法研究材料的弯曲变形，网格法是在坯料侧面用机械刻线或照相腐蚀画出网格的方法。通过观察弯曲变形后工件侧壁坐标的变化情况，发现坯料在长、宽、厚三个方向都产生了变形现象。坯料弯曲前后的网格变化如图4－6所示，弯曲角 α 与弯曲中心角 φ 如

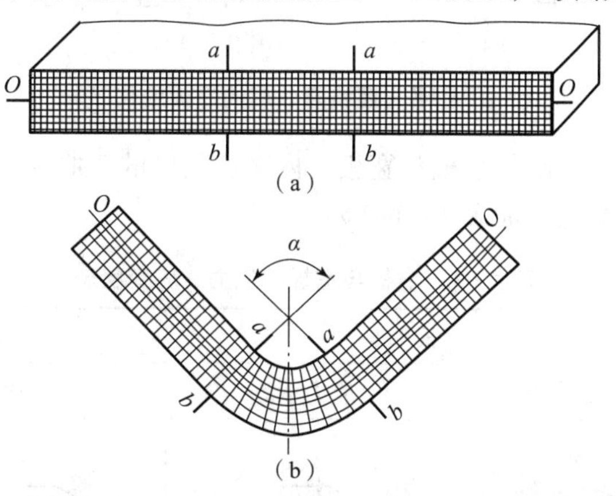

图4－6　坯料弯曲前后的网格变化

（a）弯曲前；（b）弯曲后

图 4－7 所示。

(1) 变形区：弯曲变形主要发生在弯曲中心角 φ 范围内，中心角以外基本上不变形。

(2) 长度方向：弯曲变形区外层材料伸长，内层材料缩短，在伸长和缩短的过渡处，必然有一层金属，它的长度在变形前后没有变化，这层金属称为中性层。

(3) 厚度方向：以变形区中性层为界分为内外两层，内层长度缩短，厚度增加；外层长度伸长，厚度变薄。因为增厚量小于变薄量，因此材料厚度在弯曲变形区内有变薄现象，使在弹性变形时位于坯料厚度中间的中性层发生内移。弯曲变形程度越大，弯曲区变薄越严重，中性层的内移量越大。由于弯曲件的坯料长度从理论上来讲应等于中性层的展开长度，因此，中性层的内移量在用经验公式估算坯料长度时必须考虑到。

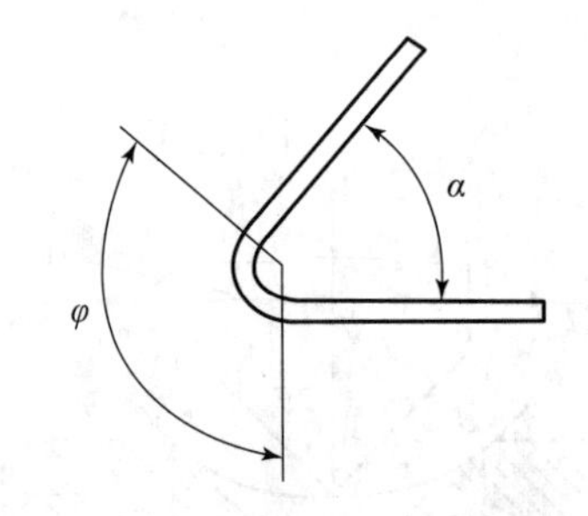

图 4－7　弯曲角 α 与弯曲中心角 φ

(4) 宽度方向：内层材料被压缩，宽度增加；外层材料受拉伸，宽度减小。根据坯料的宽度不同，变形可分为两种，即宽板弯曲和窄板弯曲。坯料弯曲后的断面变化如图 4－8 所示。

①宽板（$b/t>3$，b 是板料的宽度，t 是板料的厚度）弯曲时，横断面几乎不变，基本保持为矩形。

②窄板（$b/t<3$）弯曲时，横断面变成了内宽外窄的扇形。

由于窄板弯曲时变形区断面发生畸变，因此当弯曲件的侧面尺寸有一定要求或要其他零件配合时，需要增加后续辅助工序。对于一般的坯料弯曲来说，大部分属于宽板弯曲。

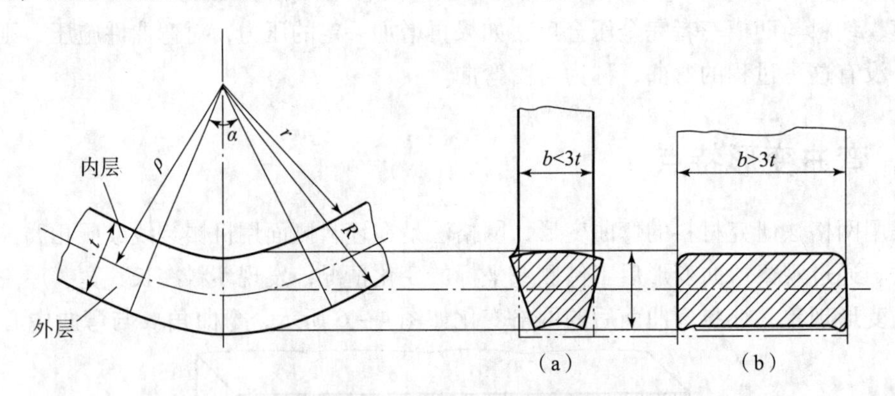

图 4－8　坯料弯曲后的断面变化

由弯曲变形特点可以看出，窄板和宽板、内区和外区的弯曲变形各不相同，因此表现出各不相同的应力、应变状态，如表 4－1 所示。

表 4－1　窄板与宽板的应力、应变状态

板的类型 / 变形区域	窄板		宽板	
	应变状态	应力状态	应变状态	应力状态
内区	ε_t, ε_θ, ε_B	σ_t, σ_θ	ε_t, ε_θ	σ_t, σ_θ, σ_B

续表

板的类型 变形区域	窄板		宽板	
	应变状态	应力状态	应变状态	应力状态
外区	ε_t ε_θ ε_B	σ_t σ_θ	ε_t ε_θ	σ_t σ_θ σ_B

任务2　弯曲件质量分析

任务描述

能根据实际情况提出改善弯曲件质量的有效措施。

相关知识

弯曲时弯曲件可能会出现弯曲回弹、弯曲破裂、弯曲偏移等质量问题。

一、弯曲回弹

零件弯曲后不受外力作用时，由于材料弹性恢复，弯曲件的角度、弯曲半径与弯曲模具成形件尺寸、形状不一致，这种现象称为弯曲回弹，如图4－9所示。

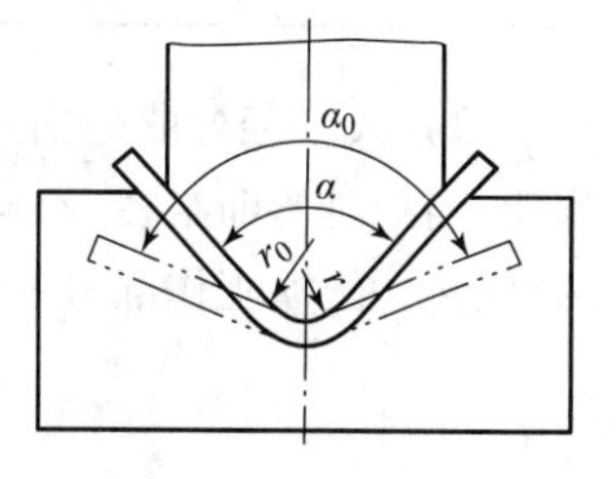

图4－9　弯曲回弹

1. 回弹形式

（1）弯曲半径增大。弯曲时坯料的内径（r_0）与凸模的半径（r）吻合，弯曲卸载后弯曲件的弯曲半径 r_0 大于凸模的半径 r。

（2）弯曲角度增大。弯曲时坯料的弯曲角度（α_0）与凸模的顶角（α）吻合，弯曲卸载后弯曲件的弯曲角度 α_0 大于凸模顶角 α。

2. 回弹值的大小

由于回弹直接影响了弯曲件的形状误差和尺寸公差，因此在模具设计和制造时，必须先考虑材料的回弹值，修正模具相应工作部分的形状和尺寸。

回弹值的确定方法有理论公式计算法和经验值查表法。

1）小半径弯曲（大变形程度）的回弹值确定

当弯曲件的相对弯曲半径 $r/t<5\sim8$ 时，弯曲半径的变化一般很小，可以不予考虑，而仅考虑弯曲角度的回弹变化。可以运用查表法（表4－2），查取回弹角的经验修正数值。当弯曲角不是90°时，其回弹角则可用以下公式计算：

$$\Delta\alpha = \frac{\alpha}{90^\circ}\Delta\alpha_{90^\circ} \tag{4-1}$$

式中 $\Delta\alpha$——弯曲件的弯曲中心角为 α 时的回弹角，(°)；

α——弯曲件的弯曲中心角，(°)；

$\Delta\alpha_{90°}$——弯曲中心角为90°时的回弹角，(°)（表4-2）。

表4-2 单角自由弯曲90°时的平均回弹角

材料	r/t	材料厚度 t/mm		
		<0.8	0.8~2.0	>2.0
软钢，$\sigma_b=350$ MPa 黄铜，$\sigma_b=350$ MPa 铝和锌	<1 1~5 >5	4° 5° 6°	2° 3° 4°	0° 1° 2°
中硬钢，$\sigma_b=400\sim500$ MPa 硬黄铜，$\sigma_b=350\sim400$ MPa 硬青铜	<1 1~5 >5	5° 6° 8°	2° 3° 5°	0° 1° 3°
硬钢，$\sigma_b>550$ MPa	<1 1~5 >5	7° 9° 12°	4° 5° 7°	2° 3° 6°
硬铝 LY12	<2 2~5 >5	2° 4° 6°30′	3° 6° 10°	4°30′ 8°30′ 14°

2）大半径弯曲的回弹值确定

当相对弯曲半径 $r/t=5\sim8$ 时，卸载后弯曲件的弯曲圆角半径和弯曲角度都发生了较大的变化，凸模工作部分的圆角半径和角度可按以下公式计算：

$$r_t = \frac{r}{1+3\dfrac{\sigma_s}{E}\dfrac{r}{t}} \tag{4-2}$$

$$\alpha_t = \frac{r}{r_t}\alpha \tag{4-3}$$

式中 r——工件的圆角半径，mm；

r_t——凸模的圆角半径，mm；

α——工件的圆角半径 r 所对弧长的中心角，(°)；

α_t——凸模的圆角半径 r_t 所对弧长的中心角，(°)；

σ_s——弯曲材料的屈服极限，MPa；

t——弯曲材料的厚度，mm；

E——材料的弹性模量，MPa。

3. 影响回弹的因素

1）材料的力学性能

材料的屈服点 σ_s 越高，弹性模量 E 越小，弯曲弹性回跳越大。这一点从图4-10上很容易理解。

2）相对弯曲半径 r/t

相对弯曲变径 r/t 越大，板料的弯曲变形程度越小，在板料中性层两侧的纯弹性变形区增加

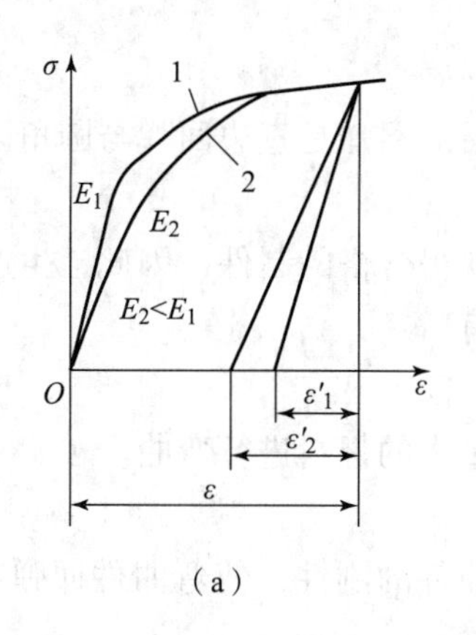

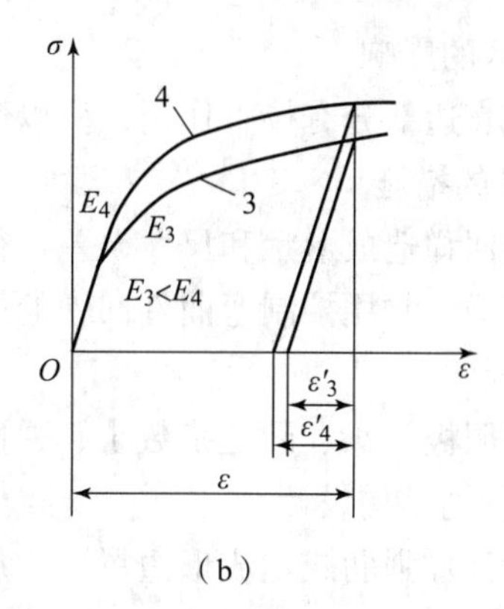

图 4－10　材料的力学性能对回弹值的影响

1，3—退火软钢；2—软锰黄铜；4—经冷变形硬化的软钢

越多，塑性变形区中的弹性变形所占的比例同时也增大。故半径比 r/t 越大，则回弹也越大。

3）弯曲中心角 α

弯曲中心角 α 越大，表明变形区的长度越长（$r\alpha$），故回弹的积累值越大，其回弹角越大，但对弯曲半径的回弹影响不大。

4）弯曲方式及弯曲模

板料弯曲方式有自由弯曲和校正弯曲两种。在无底的凹模中自由弯曲时，回弹大；在有底的凹模内作校正弯曲时，回弹小。原因是：校正弯曲力较大，可改变弯曲件应力状态，增加弯曲变形区圆角处的塑性变形程度。

5）弯曲件形状

工件的形状越复杂，一次弯曲所成形的角度数量越多，各部分的回弹相互牵制以及弯曲件表面与模具表面之间的摩擦影响，改变了弯曲件各部分的应力状态（一般可以增大弯曲变形区的拉应力），使回弹困难，因而回弹角减小。例如 U 形件比 V 形件小。

6）模具间隙

弯制 U 形件时，模具凸、凹模之间的间隙大小会影响回弹值：间隙大，材料处于松动状态，回弹就大；间隙小，材料被挤紧，回弹就小。图 4－11 所示为间隙对回弹的影响。

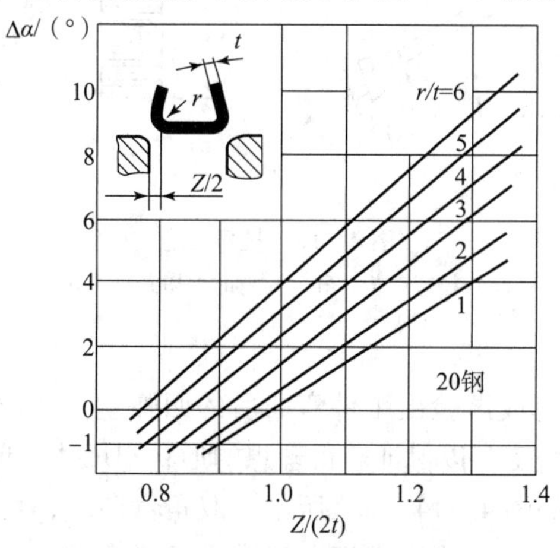

图 4－11　间隙对回弹的影响

7）非变形区的影响

非变形区的直边部分有校直作用，所以弯曲后的回弹是直边回弹与圆角区回弹的复合。

4. 控制回弹的措施

弯曲件产生回弹造成形状和尺寸误差，很难获得合格的制件，因此，生产中应采取措施来控制和减小回弹。常用控制弯曲件回弹的措施有：

1）合理选材

尽量选用屈服极限小、硬化指数小、弹性模量大的板料进行弯曲。

2）改进零件的结构设计

在变形区设计加强肋或用成形边翼，增加弯曲件的刚性，使弯曲件回弹减小，如图4－12所示。

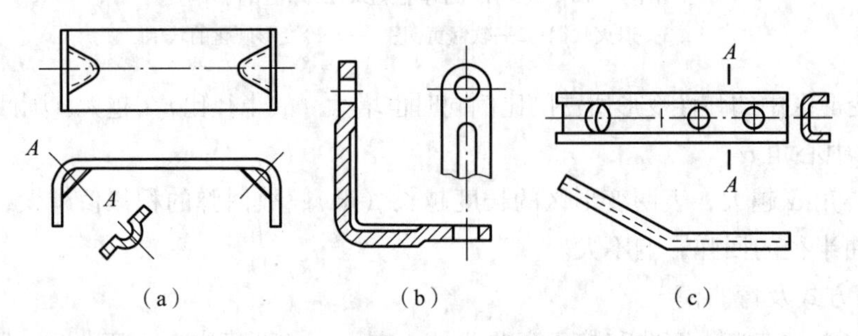

图4－12　弯曲件结构改进

3）从工艺上采取措施

（1）用校正弯曲代替自由弯曲，可减小回弹；冷作硬化的硬材料弯曲前先进行退火处理，降低其硬度以减小弯曲时的回弹，待弯曲后再淬硬。在条件允许的情况下，甚至可使用加热弯曲。

（2）采用拉弯工艺，如图4－13所示，在板料弯曲的同时沿长度方向施加拉力，使整个变形区均处于拉应力状态，以消除弯曲变形区内外回弹加剧的现象，达到减小回弹的目的。生产中通常采用这种方法弯曲 r/t 很大的弯曲件，如飞机蒙皮的成形。

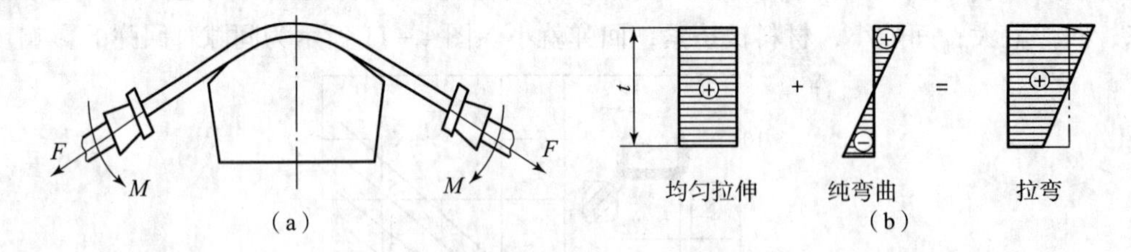

图4－13　拉弯工艺

（a）拉弯工艺；（b）拉弯时的切向应力分布

4）模具措施

（1）补偿法即预先估算或试验出工件弯曲后的回弹量，在设计模具时，根据回弹量的大小对模具工作部分进行修正，以保证获得理想的形状和尺寸。单角弯曲时，根据估算的回弹量将模具的角度减小，如图4－14（a）所示。双角弯曲时，可在凸模两侧做出回弹角并适当减小间隙［图4－14（b）］或将模具底部做成弧状［图4－14（c）］进行补偿。这种方法简单易行，在生产中广泛采用。

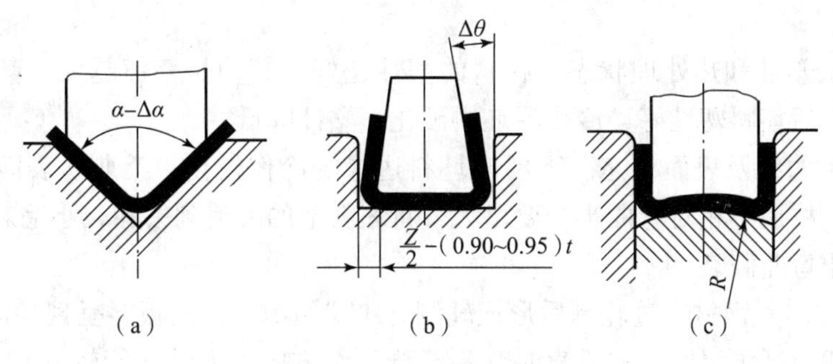

图 4-14　补偿法

（2）对于厚度在 0.8 mm 以上的软材料，且相对弯曲半径不大时，可把凸模做成图 4-15（a）、（b）所示的结构，使凸模的作用力集中在变形区，以改变应力状态达到减小回弹的目的。但此时容易在弯曲件圆角部位压出痕迹。

（3）用橡胶或聚氨酯软模代替刚性金属凹模，可消除直边部分的变形和回弹，并通过调节凸模压入软凹模的深度来控制回弹，如图 4-16 所示。

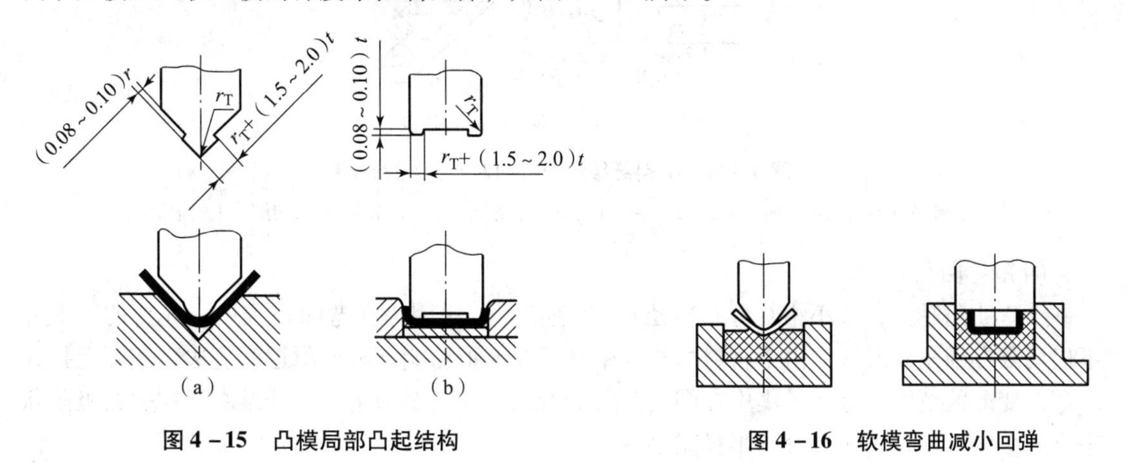

图 4-15　凸模局部凸起结构　　**图 4-16　软模弯曲减小回弹**

二、弯曲破裂

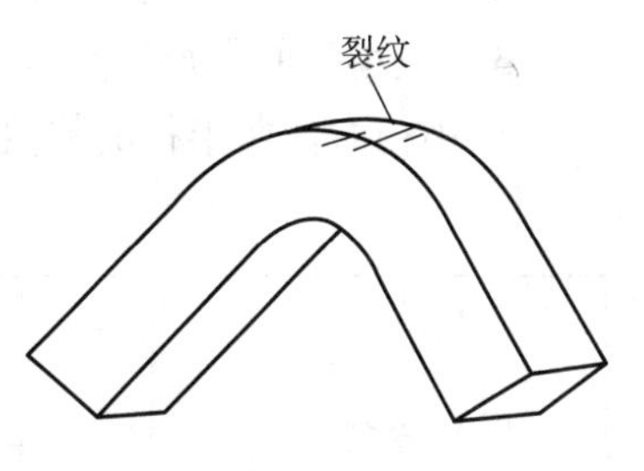

图 4-17　弯曲破裂

弯曲破裂是指弯曲件外侧表面出现裂纹的现象，如图 4-17 所示。弯曲时，一定厚度的材料，弯曲半径越小，外层材料的伸长率越大。当外层边缘材料的伸长率≥材料许用延伸率时，就会产生弯曲破裂。

1. 最小相对弯曲半径及其影响因素

1）最小相对弯曲半径

在自由弯曲保证坯料最外层纤维不发生破裂的前提下，所能获得的弯曲件内表面最小圆角半径与弯曲材料厚度的比值（r_{min}/t）称为最小相对弯曲半径。

2）最小相对弯曲半径的影响因素

该值越小，允许的弯曲变形极限越大，因此该值越小越有利于弯曲变形。影响因素主要有以下几点：

（1）材料的塑性和热处理状态。材料的塑性越好，其伸长率值越大，其最小相对弯曲半径越小。退火后坯料塑性好，冷作后坯料硬化，塑性降低。

（2）坯料的边缘及表面状态。下料时坯料边缘的冷作硬化、毛刺、表面划伤等缺陷在弯曲时易破裂，故最小相对弯曲半径要增大，将坯料上的大毛刺去除，小毛刺放在弯曲圆角的内侧，可防止弯曲破裂。

（3）弯曲方向。钢材经过轧制后形成轧制纤维状组织，会使板料呈现各向异性。

①当弯曲线与纤维组织方向垂直时（沿纤维组织方向的力学性能较好），不易拉裂，最小相对弯曲半径可达最小，如图 4－18（a）所示。

②当弯曲线与纤维组织方向平行时最大，如图 4－18（b）所示。

③在双弯曲时，应使弯曲线与纤维组织方向成一定的角度，如图 4－18（c）所示。

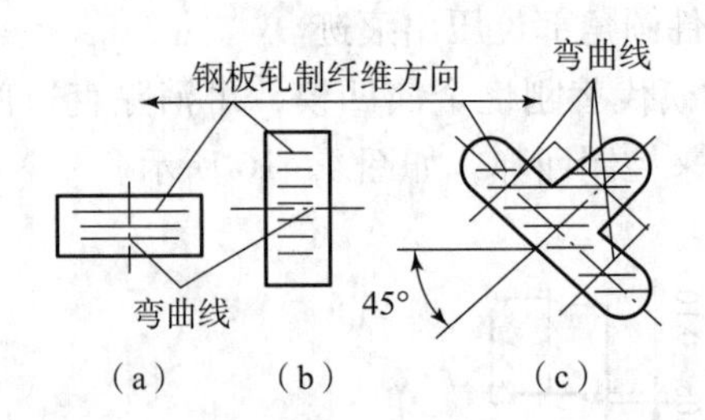

图 4－18　材料纤维组织方向对 r_{min}/t 的影响

（a）垂直于纤维组织方向弯曲；（b）平行于纤维组织方向弯曲；（c）倾斜于纤维组织方向弯曲

（4）弯曲角。

①弯曲角越大，最小相对弯曲半径 r_{min}/t 越小。这是因为在弯曲过程中，坯料的变形并不仅局限在圆角变形区。由于材料的相互牵连，其变形影响到圆角附近的直边，实际上扩大了弯曲变形区范围，分散了集中在圆角部分的弯曲应变，对圆角外层纤维濒于拉裂的极限状态有所缓解，使最小相对弯曲半径减小。

②弯曲角越大，圆角中段变形程度降低得越多，许可的最小相对弯曲半径 r_{min}/t 越小。

3）最小弯曲半径的数值

最小相对弯曲半径的数值一般用试验方法确定。最小弯曲半径数值如表 4－3 所示。

表 4－3　最小弯曲半径 r_{min}

材料	退火状态		冷作硬化状态	
	弯曲线的位置			
	垂直于纤维组织方向	平行于纤维组织方向	垂直于纤维组织方向	平行于纤维组织方向
08、10、Q195、Q215	0.1t	0.4t	0.4t	0.8t
15、20、Q235	0.1t	0.5t	0.5t	1.0t
25、30、Q255	0.2t	0.6t	0.6t	1.2t

续表

材料	退火状态		冷作硬化状态	
	弯曲线的位置			
	垂直于纤维组织方向	平行于纤维组织方向	垂直于纤维组织方向	平行于纤维组织方向
35、40、Q275	0.3t	0.8t	0.8t	1.5t
45、50	0.5t	1.0t	1.0t	1.7t
55、60	0.7t	1.3t	1.3t	2.0t
铝	0.1t	0.35t	0.5t	1.0t
纯铜	0.1t	0.35t	1.0t	2.0t
软黄铜	0.1t	0.35t	0.35t	0.8t
半硬黄铜	0.1t	0.35t	0.5t	1.2t
磷钢			1.0t	3.0t

注：1. 当弯曲线与纤维组织方向倾斜时，可采用垂直和平行于纤维组织方向二者的中间值。
2. 没有退火的坯料弯曲时，应作为硬化的金属选用。
3. t 为坯料厚度。

2. 防弯裂措施

（1）选择塑性好的材料进行弯曲，对冷作硬化的材料在弯曲前进行退火处理。

（2）一般不采用最小弯曲半径。

（3）排样时，使弯曲线与板料的纤维组织方向垂直。

（4）进行适当的工艺处理，常采用退火、加热弯曲、消除毛刺、两次弯曲（先加工大弯，退火后加工小弯）、校正弯曲、厚料开槽弯曲（图4－19）等工艺方法。

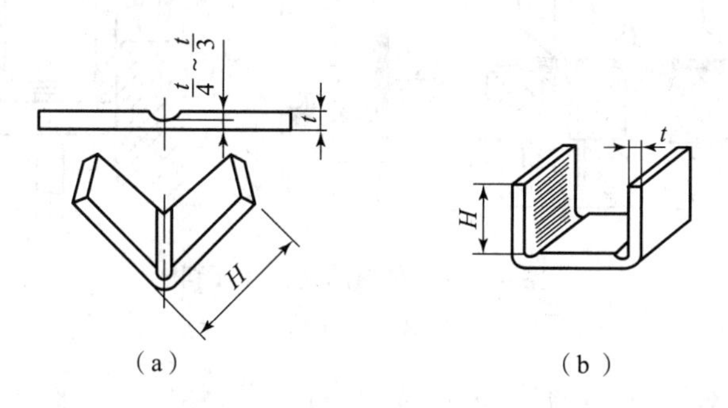

图4－19　压槽后再进行弯曲

三、弯曲偏移

偏移是指弯曲过程中板料毛坯在模具中发生移动的现象。造成偏移的原因是工件的形状不对称，使毛坯在被凸模压入凹模的过程中两边所受到的摩擦阻力不相等，如图4－20所示。偏移的结果使弯曲件两直边的长度不符合图样要求，因此必须消除偏移现象。

1. 产生偏移的原因

（1）弯曲件坯料形状左右不对称，弯曲时坯料两边与凹模表面的接触面积不相等，导致坯料滑进凹模时两边的摩擦力不等，使毛坯向接触面积大的一边移动［图 4-20（a）、（b）］。此外，零件结构不对称也能造成偏移［图 4-20（c）］。

（2）坯料定位不稳，压料效果不理想。

（3）模具结构左右不对称［图 4-20（d）、（e）］。

此外，模具间隙两边不相同、润滑不一致时，也会导致偏移现象发生。

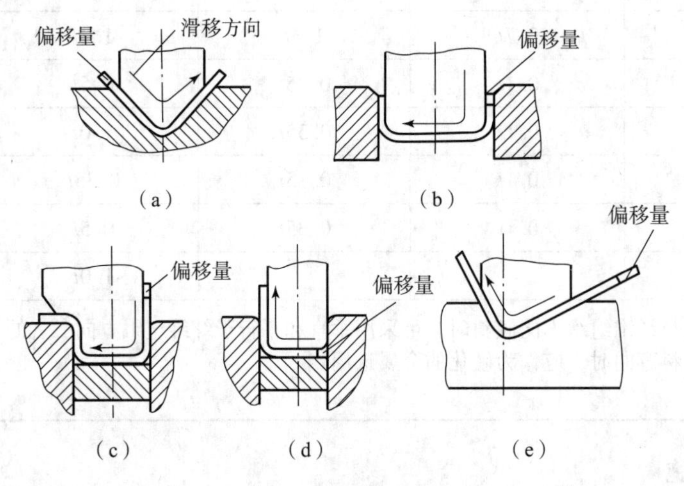

图 4-20　偏移现象

2. 控制偏移的措施

（1）选择可靠的定位和压料方式，采用合适的模具结构，如图 4-21 所示。

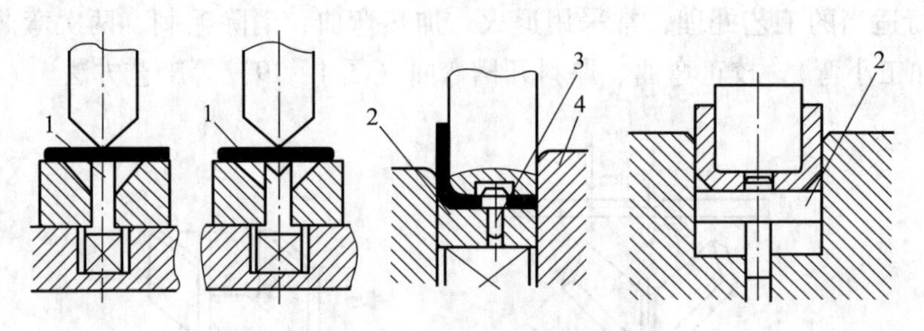

图 4-21　可靠的定位和压料

1—顶杆；2—顶板；3—定位销；4—止推块

（2）对于小型不对称的弯曲件，采用成对弯曲再剖切的工艺，如图 4-22 所示。

弯曲件产生废品的原因及消除方法如表 4-4 所示。

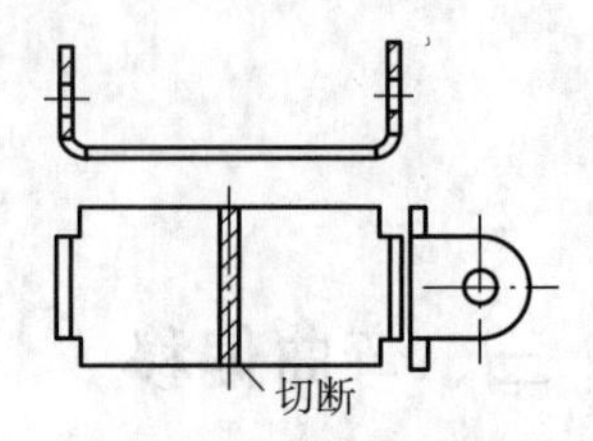

图 4-22　成对弯曲

表 4-4 弯曲件产生废品的原因及消除方法

废品或缺陷的类型	产生原因	消除方法
弯曲件的形状和尺寸改变	金属的弹性变形	修正凸、凹模
	弯曲时毛坯移动	采用弹压板，或工艺定位孔
	定位装置不正确	修正定位装置
工件弯曲边缘上有划痕	凹模圆角半径过小	增大圆角半径
	表面粗糙度或间隙不准	抛光模具工作面及调整间隙
工件被弯周边有波纹	间隙大	减小间隙
弯曲处变薄多	凸模圆角半径小	增大圆角半径
	弯曲时材料卡在凸、凹模间	改变模具结构
弯曲处有裂纹	弯曲半径小	增大凸模圆角半径
	弯曲方向与材料纹路方向平行	改变排样
凹模圆角部分磨损	凸、凹模间隙小	增大间隙
	凹模硬度低	增大凹模硬度
弯角处有裂缝	毛坯毛刺向外	将落料片反向，光的一面向外
	材料塑性差	退火，或用软性材料

任务 3 弯曲工艺设计

任务描述

能够正确分析弯曲件的冲压工艺性，提出改善弯曲工艺性的有效措施。

相关知识

一、弯曲件工艺性分析

1. 对弯曲件的形状要求

（1）为防止弯曲时产生偏移，要求弯曲件的形状和尺寸尽可能对称，如图 4-23 所示。

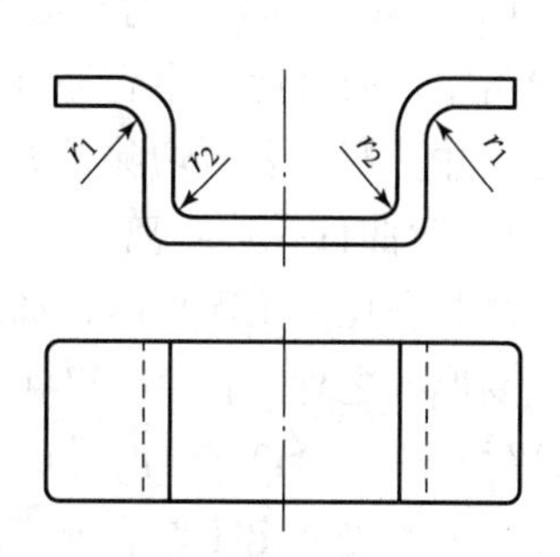

图 4-23 弯曲件形状要求

（2）在局部弯曲某一段边缘时，为避免弯曲根部撕裂，应在弯曲部分与不弯曲部分之间切槽或在弯曲前冲出工艺孔等，如图 4-24 所示。

（3）增添连接带和定位工艺孔。在弯曲变形区附近有缺口的弯曲件，若在坯料上先将缺口冲出，弯曲时会出现

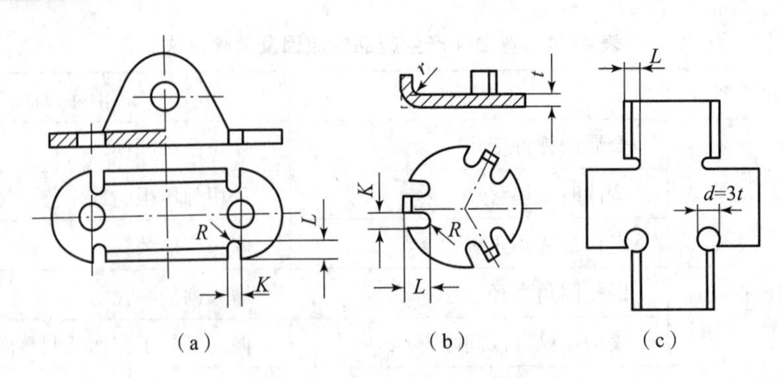

图 4-24　防止工件裂纹的结构

(a) 冲裁卸荷孔；(b) 切槽；(c) 将弯曲线位移一段距离

叉口，严重时无法成形，这时应在缺口处留连接带，待弯曲成形后再将连接带切除，如图 4-25 (a) 所示。为保证坯料在弯曲模内准确定位，或防止在弯曲过程中坯料的偏移，最好能在坯料上预先增添定位工艺孔，如图 4-25 (b)、(c) 所示。

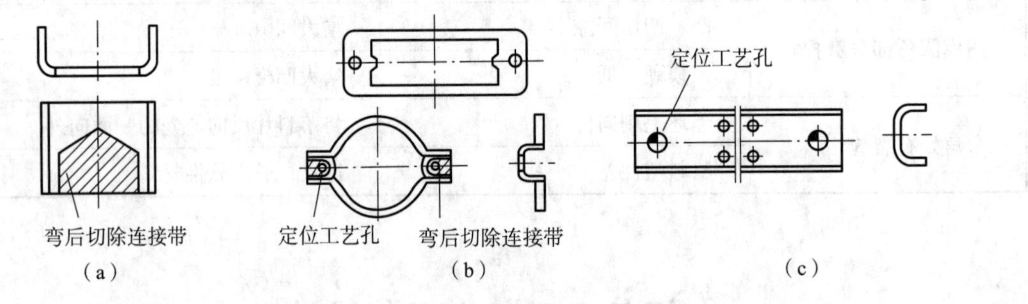

图 4-25　增添连接带和定位工艺孔

2. 对弯曲件的尺寸要求

1) 弯曲半径

弯曲件的弯曲半径不得小于最小弯曲半径，否则要多次弯曲，增加工序数；也不宜过大，因为过大时，受回弹的影响，弯曲角度与弯曲半径的精度不易保证。

2) 弯曲件直边高度

弯曲件的直边高度不宜过小，其值应为 $h>r+2t$，如图 4-26 (a) 所示。

当 h 较小时，直边在模具上支持的长度过小，不易形成足够的弯矩，很难得到形状准确的零件。当 $h<r+2t$ 时，则需预先压槽，再弯曲；或增加弯边高度，弯曲后再切掉，如图 4-26 (b) 所示。如果所弯直边带有斜角，则在斜边高度小于 $r+2t$ 的区段上不可能弯曲到要求的角度，而且此处也容易开裂，如图 4-26 (c) 所示。因此必须改变零件的形状，加高直边尺寸，弯曲后再切除，如图 4-26 (d) 所示。

3) 弯曲件孔边距离

弯曲有孔的工序件时，如果孔位于弯曲变形区内，则弯曲时会发生变形，因此必须使孔处于变形区之外 [图 4-27 (a)]，孔边到弯曲半径 r 中心的距离应满足关系：当 $t<2$ mm 时，$L\geqslant t$；当 $t\geqslant 2$ mm 时，$L\geqslant 2t$。如不能满足上述条件，在结构许可的情况下，可在弯曲变形区上预先冲出工艺孔或工艺槽来改变变形区的范围，有意使工艺孔变形来保证所要求的孔不产生变形 (图 4-28)。

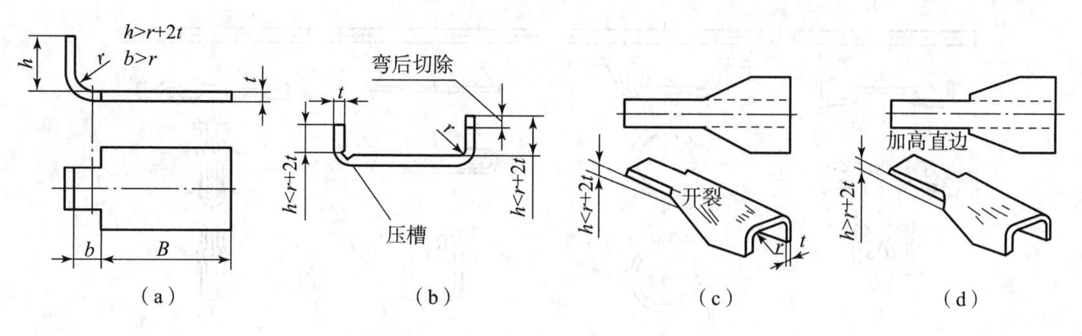

图 4－26　弯曲件的直边要求

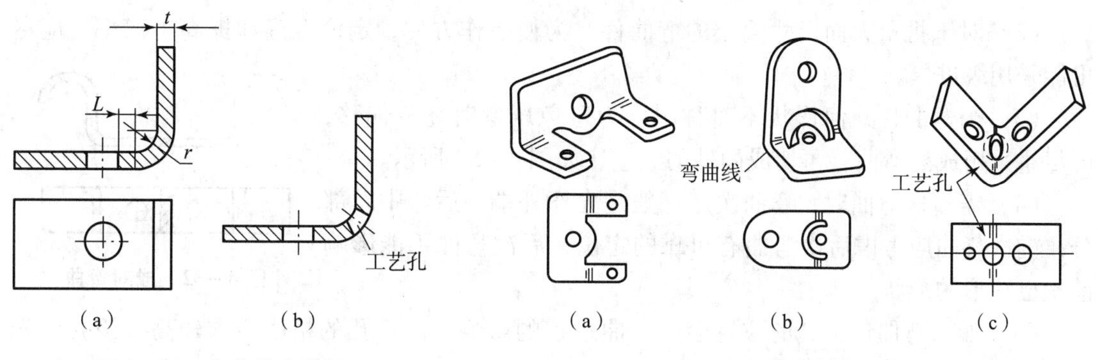

图 4－27　弯曲件孔边距

图 4－28　防止孔变形的措施

二、弯曲工序安排

弯曲件的工序安排应根据工件形状、精度等级、生产批量以及材料的力学性质等因素进行考虑。弯曲工序安排合理，则可以简化模具结构，提高工件质量和劳动生产率。

（1）对于形状简单的弯曲件，如 V 形、U 形、L 形、Z 形工件等，可以采用一次弯由成形，如图 4－29 所示；对于形状复杂的弯曲件，一般需要采用二次或多次弯曲成形，如图 4－30 和图 4－31 所示。

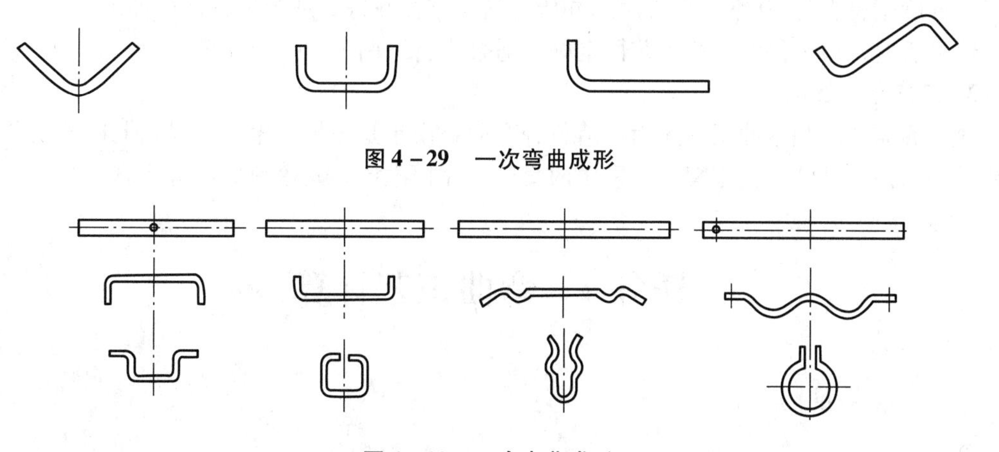

图 4－29　一次弯曲成形

图 4－30　二次弯曲成形

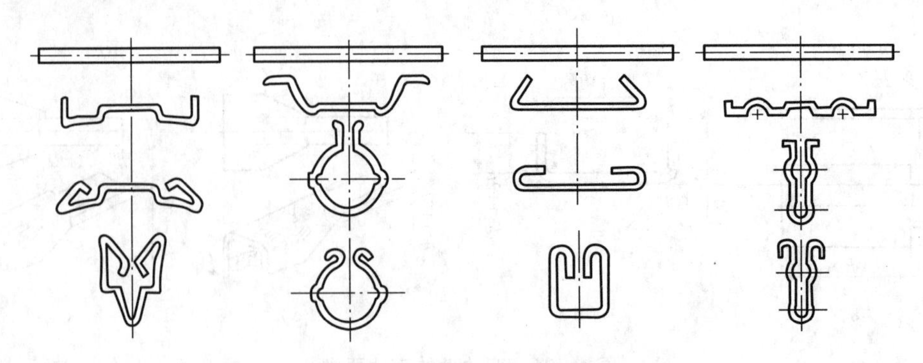

图4-31　多次弯曲成形

（2）对于批量大而尺寸较小的弯曲件，为使操作方便、定位准确和提高生产率，应尽可能采用级进模。

（3）当弯曲件几何形状不对称时，为避免压弯时坯料偏移，应尽量采用成对弯曲，再切成两件的工艺，如图4-32所示。

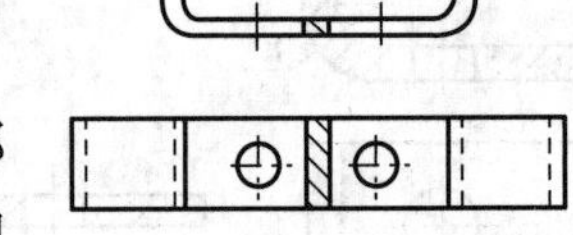

图4-32　成对弯曲

（4）需多次弯曲时，弯曲次序一般是先弯外端，后弯中间部分，前次弯曲应考虑后次弯曲有可靠的定位，后次弯曲不能影响前次已成形的形状。

（5）如果弯曲件上孔的位置会受弯曲过程的影响，而且孔的精度要求较高，该孔应先弯曲后冲压，否则孔的位置精度无法保证。

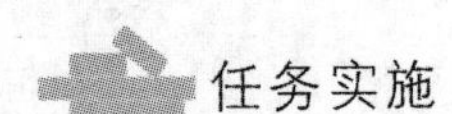任务实施

1. 工艺性分析

该工件结构比较简单、形状对称，适合弯曲。

工件弯曲半径为2 mm，由表4-3（垂直于纤维组织方向）查得$r_{min}=0.5t=1$ mm，即能一次弯曲成功。

工件的弯曲直边高度为35 mm-2 mm-2 mm=31 mm，远大于$2t$，因此可以弯曲成功。

该工件弯曲角度为90°，尺寸精度除$30_{-0.4}^{\ 0}$以外均为未注公差，而当$r/t<5$时，可以不考虑圆角半径的回弹，所以该工件符合普通弯曲的经济精度要求。

工件所用材料为10钢，是常用的冲压材料，塑性较好，适合进行冲压加工。

综上所述，该工件的弯曲工艺性良好，适合进行弯曲加工。

2. 工艺方案确定

该产品需要的基本冲压工序为：落料、弯曲。由于是小批量生产，根据上述工艺分析的结果，生产该产品的工艺方案为：采用两套单工序模生产，先落料，再弯曲。

任务4　弯曲工艺计算

任务描述

能正确计算弯曲件的展开尺寸和弯曲工艺力。

一、弯曲件毛坯展开尺寸计算

1. 中性层位置

由于弯曲中性层是弯曲变形前后长度保持不变的金属层，因此其展开长度就是弯曲毛坯的长度。一般弯曲时，坯料的中性层是内移的，中性层位移系数 $x \leqslant 0.5$，相对弯曲半径不同，中性层内移量也不同。中性层位置用曲率半径 ρ 表示，常用如下经验公式确定：

$$\rho = r + xt \tag{4-4}$$

式中　r——零件的内弯曲半径；

t——材料厚度；

x——中性层位移系数，见表4－5。

表4－5　弯曲中性层位移系数 x 值

r/t	0.1	0.2	0.3	0.4	0.5	0.6	0.7	0.8	1.0	1.2
x	0.21	0.22	0.23	0.24	0.25	0.26	0.28	0.30	0.32	0.33
r/t	1.3	1.5	2.0	2.5	3.0	4.0	5.0	6.0	7.0	≥8.0
x	0.34	0.36	0.38	0.39	0.40	0.42	0.44	0.46	0.48	0.50

推圆（即卷圆）时，凸模对毛坯一端施加的是压力，故产生不同于一般压弯的塑性变形，中性层由板料中间向弯曲外层移动，因此中性层位移系数 $k \geqslant 0.5$（见表4－6）。

表4－6　卷圆时中性层位移系数 k 值

r/t	0.5～0.6	0.6～0.8	0.8～1.0	1.0～1.2	1.2～1.5	1.5～1.8	1.8～2.0	2.0～2.2	>2.2
k	0.76	0.73	0.70	0.67	0.64	0.61	0.58	0.54	0.50

2. 弯曲件毛坯展开尺寸计算

确定了中性层位置后，就可以进行弯曲件毛坯长度的计算了。弯曲件的形状不同、弯曲半径不同、弯曲方法不同，其展开长度的计算方法也不一样。

（1）圆角半径 $r > 0.5t$（图4－33）的弯曲件如上所述，此类弯曲件的展开长度是根据弯曲前后毛坯中性层尺寸不变的原则进行计算的，其展开长度等于所有直线段及弯曲部分中性层展开长度之和，即

$$L = l_1 + l_2 + \frac{\pi\alpha}{180°}\rho = l_1 + l_2 + \frac{\pi\alpha}{180°}(r + xt) \tag{4-5}$$

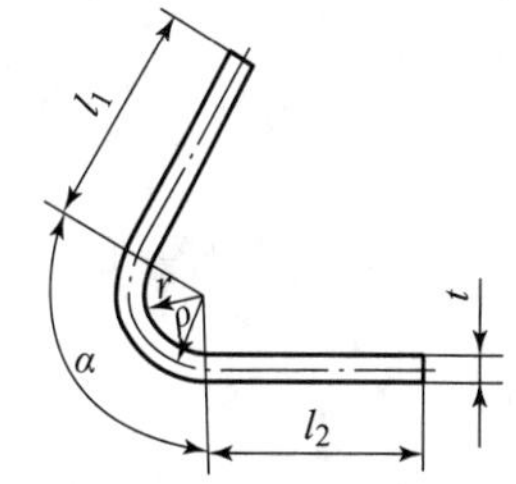

图4－33　$r > 0.5t$ 的弯曲

（2）圆角半径 $r < 0.5t$ 的弯曲，不仅零件的变形圆角区产生严重变薄，而且与其相邻的直边部分也变薄，故应按体积不变原则进行计算。

弯曲件展开长度通常采用表 4－7 所列公式计算。

表 4－7　$r<0.5t$ 弯曲件展开长度计算

序号	弯曲特征	简图	公式
1	弯一个角		$L=l_1+l_2+0.4t$
2	弯一个角		$L=l_1+l_2-0.43t$
3	一次同时弯两个角		$L=l_1+l_2+l_3+0.6t$
4	一次同时弯三个角		$L=l_1+l_2+l_3+l_4+0.75t$
5	一次同时弯两个角，第二次弯曲另一个角		$L=l_1+l_2+l_3+l_4+t$
6	一次弯曲四个角		$L=l_1+2l_2+2l_3+t$
7	分两次弯曲四个角		$L=l_1+2l_2+2l_3+1.2t$

例 4－1　计算图 4－34 所示弯曲件的展开尺寸。

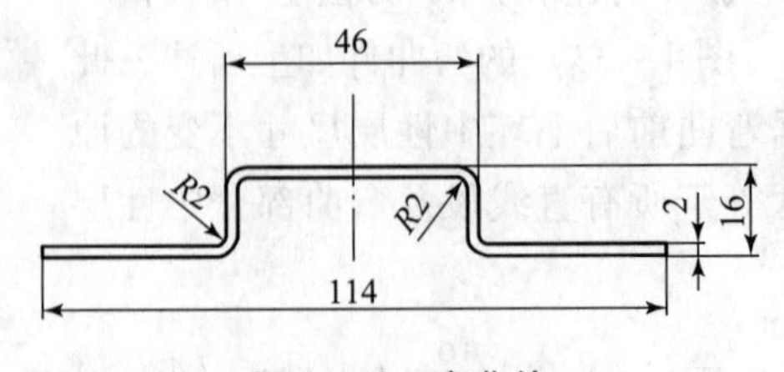

图 4－34　弯曲件

解：该件为四角弯曲件，可分别计算其中性层的直边长度和圆角长度，再求和即可。其中直边展开长度包括水平直边和竖立直边两个部分，圆角部分因为圆角半径相同，其展开长度可视为以中性层半径为半径的 4 个 1/4 圆的弧长，即以中性层为半径的整个圆周长。

$r/t=2/2=1$，查表4－5，得弯曲中性层位移系数 $x=0.32$。

水平直边展开长度：$l_1=114-4\times2-2\times2=102$（mm）；

竖立直边展开长度：$l_2=(16-2\times2-2\times2)\times2=16$（mm）；

圆角部分展开长度：$l_3=2\pi\times(2+0.32\times2)=16.58$（mm）；

展开总长度：$L=l_1+l_2+l_3=102+16+16.58=134.58$（mm）。

3. 弯曲件展开尺寸的计算机辅助求解

对于较为复杂的弯曲件，采用理论计算的方法较难求解展开尺寸，可利用计算机辅助求解。以UG软件为例，可在“钣金”模块中创建弯曲件的三维图，并利用“伸直”命令将其展开，查询其展开即可。

二、弯曲件工艺力的计算

1. 弯曲工艺力的计算

弯曲工艺力是指弯曲工艺过程中所需要的各种力，通常包括弯曲力、压料力和顶件力。其中弯曲力是指压力机完成预定的弯曲工序需施加的压力。为选择合适的压力机，必须计算各种力。

弯曲力的大小不仅与毛坯尺寸、材料力学性能、凹模支点间的间距、弯曲半径及凸凹模间隙等因素有关，而且与弯曲方式也有很大关系。生产中常用经验公式进行计算，如表4－8所示。

表4－8　弯曲力的计算公式

弯曲方式		弯曲工序简图	弯曲力计算公式	b、t、r 含义
自由弯曲	V形件		$F_Z=bt^2\sigma_b/(r+t)$	
	U形件			
校正弯曲			$F_J=qF$	

注：F_Z 为材料在冲压行程结束时的自由弯曲力，单位为N；b 为弯曲件宽度（弯曲线长度），单位为mm；t 为弯曲件厚度，单位为mm；r 为弯曲半径，单位为mm；σ_b 为材料强度极限，单位为MPa；F_J 为校正弯曲力，单位为N；q 为单位投影面积上的校正力，单位为MPa，可参考表4－9选取；F 为工件被校正部分在垂直于凸模运动方向上的投影面积，单位为 mm^2。

若弯曲模设有顶件装置或压料装置，其顶件力 F_D 或压料力 F_Y 可近似取自由弯曲力的30%～80%。简单形状弯曲件取小值，复杂形状弯曲件取大值。

表 4-9　单位投影面积上的校正力 q

校正力 q/MPa　材料厚度 t/mm 材料	≤1	>1~3	>3~6	>6~10
L3、L4	15~20	20~30	30~40	40~50
H62、H68、QBe2	20~30	30~40	40~60	60~80
08、10、15、20、Q195、Q215、Q235A	30~40	40~60	60~80	80~100
25、30、35、13MnTi、16MnXtL	40~50	50~70	70~100	100~120
TB2	—	160~180	—	180~210

2. 设备吨位的选择

对于有压料的自由弯曲，压力机的吨位选择需要考虑弯曲力和压料力的大小。即

$$F_{机} \geqslant 1.2(F_Z + F_Y) \tag{4-6}$$

对于校正弯曲，其校正弯曲力比自由弯曲力大得多，且校正弯曲与自由弯曲两者不是同时存在，因此在校正弯曲时，选择压力机吨位时可以只考虑校正弯曲力，即

$$F_{机} \geqslant 1.2F_J \tag{4-7}$$

任务实施

1. 毛坯展开

利用 UG 软件在“钣金”模块中创建 U 形件的三维图，并利用“伸直”命令将其展开，查询其展开长度 $L=92.29$ mm。

2. 冲压力的计算

弯曲力由表 4-8 中公式得

$$F_{弯} = bt^2\sigma_b/(r+t) = 40\times 2^2\times 400/(2+2) = 16\,000\ (\text{N}) = 16\ (\text{kN})$$

顶件力取弯曲力的 20%，所以

$$F_{顶} = 0.2\times F_{弯} = 0.2\times 16 = 3.2\ (\text{kN})$$

则总压力为

$$F_{总} = F_{弯} + F_{顶} = 16 + 3.2 = 19.2\ (\text{kN})$$

因此，可选用公称压力为 63 kN 的开式曲柄压力机。

任务 5　弯曲模设计

任务描述

完成弯曲模的结构和主要零部件设计。

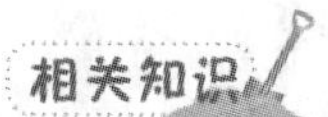

相比冲裁件，弯曲件的结构要复杂得多，由于弯曲方向和弯曲角度可以是任意的，因此要求弯曲模能提供相应的成形方向，结果导致弯曲模的结构灵活多变，没有统一的标准。

尽管弯曲模的结构形式多样，但弯曲模仍然是由工作零件、定位零件、压料及出件零件、固定零件和导向零件组成的，因此可以采用看冲裁模图的方法看弯曲模图。

一、弯曲模结构识读

1. V 形件弯曲模

V 形件形状简单，常用的弯曲方法有两种。一种是沿弯曲件的角平分线方向弯曲，称为 V 形弯曲；另一种是不对称的 V 形弯曲或称为 L 形弯曲。

1）简单 V 形件弯曲模

图 4－35（a）所示为简单的 V 形件弯曲模，其特点是结构简单、通用性好，但弯曲时坯料容易偏移，影响工件精度。图 4－35（b）、（c）、（d）所示分别为带有定位尖、顶杆、V 形顶板的模具结构，可以防止坯料滑动，提高工件精度。

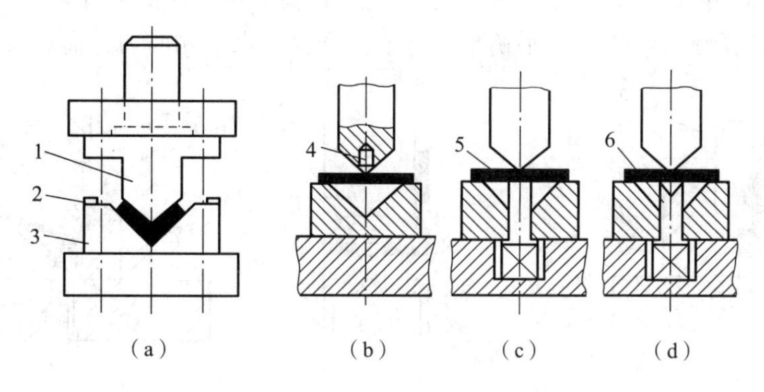

图 4－35　简单 V 形件弯曲模

1—凸模；2—定位板；3—凹模；4—定位尖；5—顶杆；6—V 形顶板

2）V 形精弯模

图 4－36 所示为 V 形精弯模，两块活动凹模 4 通过铰链 5 铰接，定位板 3（或定位销）固定在活动凹模上。弯曲前顶杆 7 将转轴顶到最高位置，使两块活动凹模成一平面。弯曲时，凸模 1 首先压住坯料，当凸模下降时，迫使活动凹模 4 向内转动，并沿靠板向下滑动使坯料弯成 V 形。凸模回程时，弹顶器使活动凹模上升。由于两活动凹模板通过铰链 5 和销子铰接在一起，所以在上升的同时向外转动张开，恢复到原始位置。支架 2 控制回程高度并对活动凹模导向。在弯曲过程中，坯料始终与活动凹模和定位板接触，以防止坯料偏移。这种结构特别适用于有精确孔位的小零件、坯料不易放平稳的带窄条的零件以及没有足够压料面的零件。

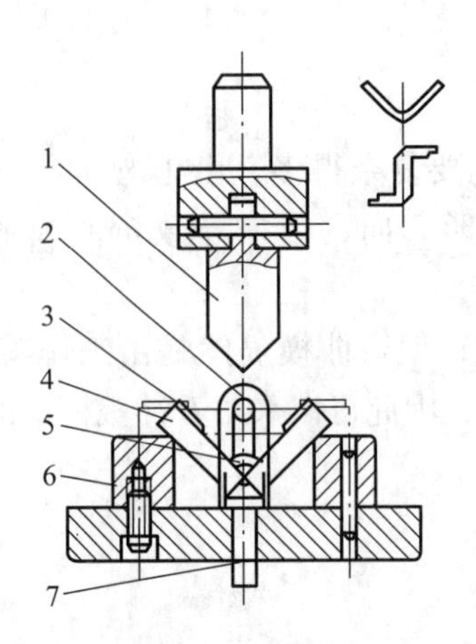

图4－36　V形精弯模

1—凸模；2—支架；3—定位板；4—折板活动凹模；5—铰链；6—支撑板；7—顶杆

3）L形弯曲模

图4－37所示为两直边不相等的L形弯曲模的结构。图4－37（a）所示为由定位板对毛坯外形进行定位，坯料在弯曲过程中易发生移动，所得弯曲件的精度不高，因此L形弯曲件尽可能采用图4－37（b）所示的结构，由定位销通过工艺孔对毛坯进行定位，可以有效防止弯曲时坯料的偏移。为减小回弹，可采用图4－37（c）所示的结构，凹模和压料板的工作面有一定的倾斜角，竖直边能得到一定的校正，弯曲后工作的回弹较小。倾斜角α一般取5°～10°。无论是哪种结构，为平衡单边弯曲时产生的水平侧向力，需设置一反侧压块5。

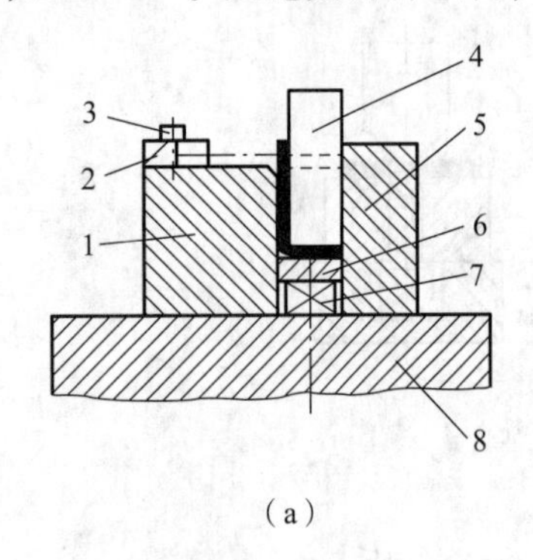

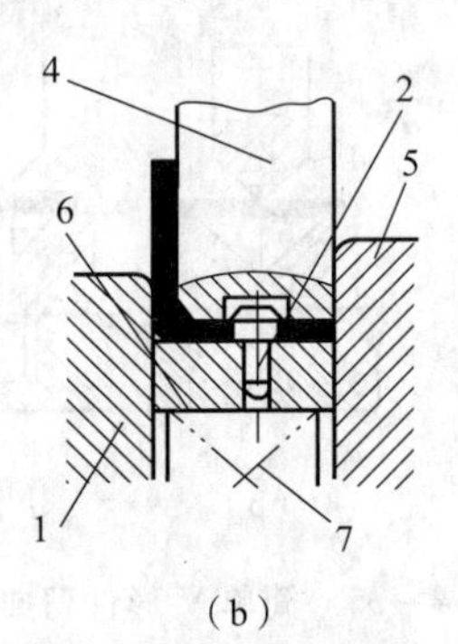

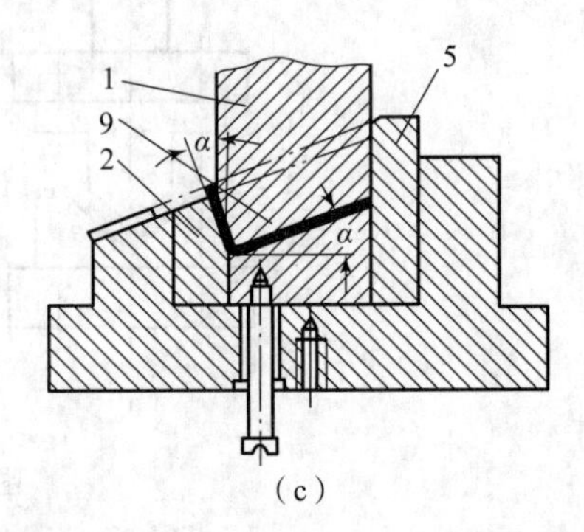

图4－37　L形弯曲模

1—凹模；2—定位板（销）；3—螺钉；4—凸模；5—反侧压块；6—顶件板；7—弹簧；8—下模座；9—压料板

2. U形件弯曲模

1）弯曲90°的U形件弯曲模

图4－38所示为弯曲90°的U形件弯曲模。毛坯放入模具中由定位板5进行定位，上模下行，由凸模14和压料板15将毛坯压住，并进行弯曲。弯曲结束时，压料板与下模座刚性接触对弯曲件底部进行校正，然后，U形件在压料板的作用下被顶出凹模2。

根据弯曲件的要求不同，常用的U形件弯曲模还有图4－39所示的几种结构形式。图4－39（a）所示为无底凹模，用于底部平整度要求不高的制件。图4－39（b）用于料厚公差较大而外侧尺寸要求较高的弯曲件，其凸模为活动结构，可随料厚自动调整凸模横向尺寸。图

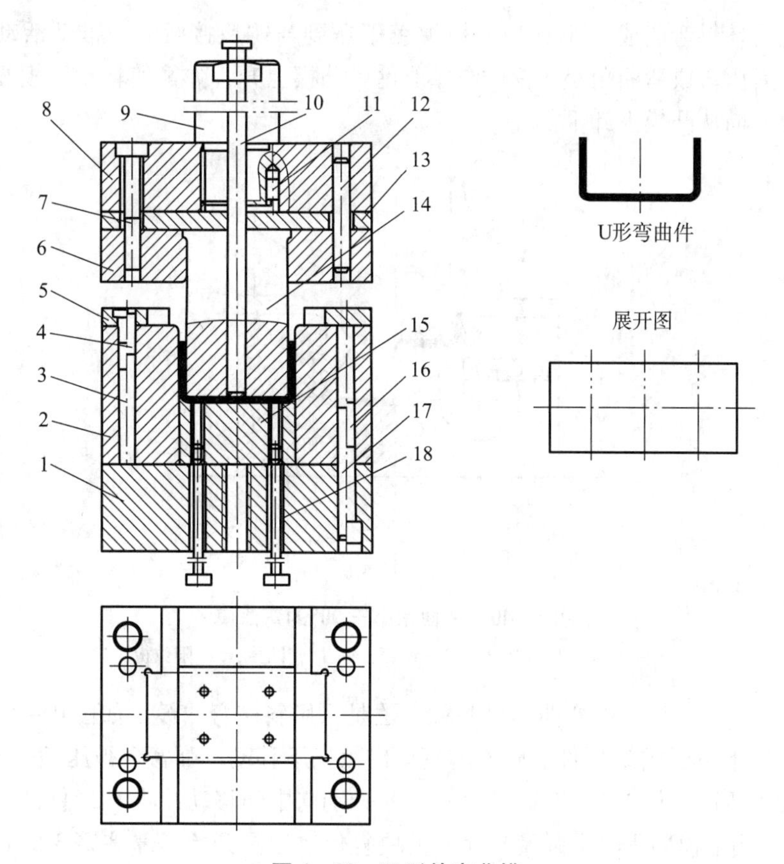

图 4－38 U 形件弯曲模

1—下模座；2—凹模；3，7，16—螺钉；4，12，17—销钉；5—定位板；6—凸模固定板；8—上模座；9—模柄；10—打杆；11—止转销；13—垫板；14—凸模；15—顶料板（兼压料板）；18—顶杆

4－39（c）为 U 形精弯模，两侧的凹模活动镶块用转轴分别与顶板铰接。弯曲前，顶杆将顶板顶出凹模面，同时顶板与凹模活动镶块成一平面，镶块上有定位销供工序件定位之用。弯曲时，工序件与凹模活动镶块一起运动，这样就保证了两侧孔的同轴。图 4－39（d）用于料厚公差较大而内侧尺寸要求较高的弯曲件，凹模两侧为活动结构，可随料厚自动调整凹模横向尺寸。

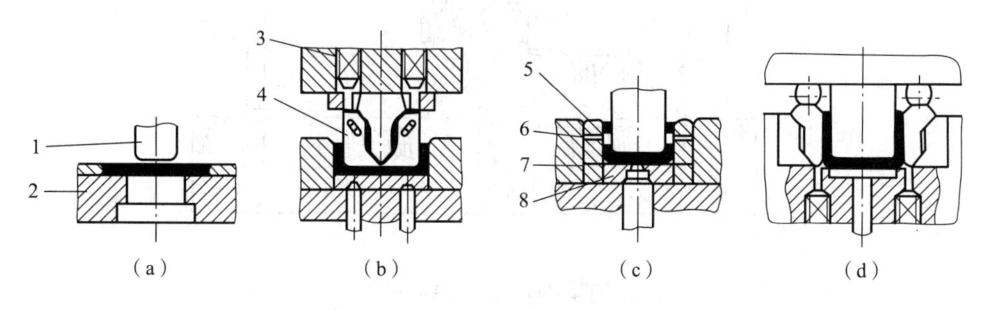

图 4－39 常用的 U 形件弯曲模

1—凹模；2—定位板（销）；3—螺钉；4—凸模；5—反侧压块；6—顶件板；7—弹簧；8—下模座

2）弯曲角小于 90°的 U 形件弯曲模

对于弯曲角小于 90°的 U 形件，可在两弯曲角处设置活动凹模镶块（图 4－40），压弯

时，凸模首先将坯料弯曲成 U 形，当凸模继续下压到与镶块接触时，推动活动凹模镶块摆动，使坯料最后压弯成弯曲角小于 90°的 U 形件。凸模上升，弹簧使转动凹模复位，工件则由垂直于图面方向从凸模上卸下。

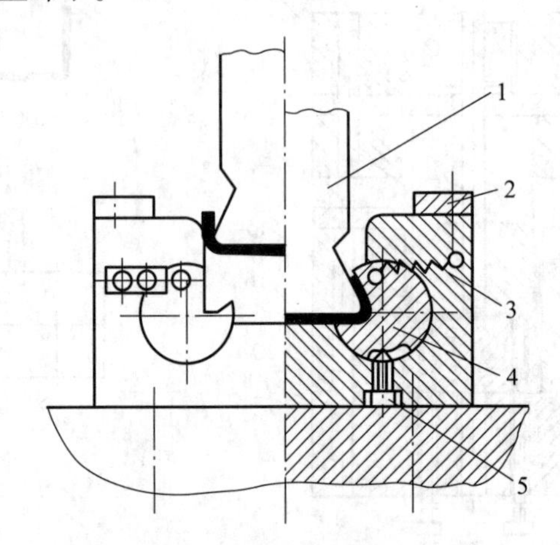

图 4－40　弯曲角小于 90°的弯曲模

1—凸模；2—定位板；3—弹簧；4—回转凹模；5—限位板

弯曲角小于 90°的 U 形件弯曲的另一种方法是采用斜楔弯曲模，如图 4－41 所示。毛坯在凸模 5 的作用下被压成 U 形件。随着上模座继续向下移动，弹簧 3 被压缩，装于上模座 4 上的两块斜楔 1 压向滚柱 11，使活动凹模 7、8 分别向中间移动，将 U 形件两侧边向里弯成小于 90°角度。当上模回程时，弹簧 9 使凹模块复位。模具开始是靠弹簧 3 的弹力将毛坯压成 U 形件的，由于弹簧弹力的限制，只适用于弯曲薄料。

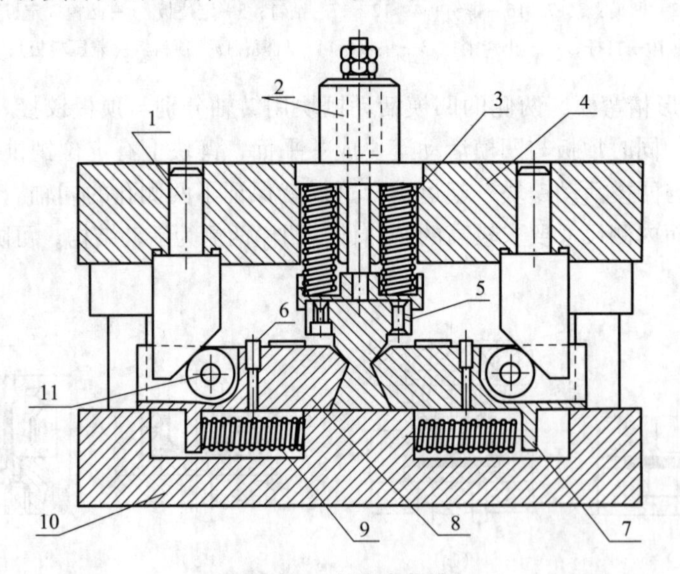

图 4－41　斜楔弯曲模

1—斜楔；2—凸模支杆；3，9—弹簧；4—上模座；5—凸模；6—定位销；
7，8—活动凹模；10—下模座；11—滚柱

3. Z 形件弯曲模

图 4－42（a）所示模具是 Z 形件一次弯曲成形模，结构较简单。但由于没有压料装置，

压弯时坯料容易滑动，故只适用于要求不高的Z形件的弯曲。图4－42（b）所示为有顶板和定位销的Z形件一次弯曲模，能有效防止坯料的偏移。反侧压块3的作用是克服上、下模之间水平方向的位移力，同时也为活动凹模导向，防止其窜动。

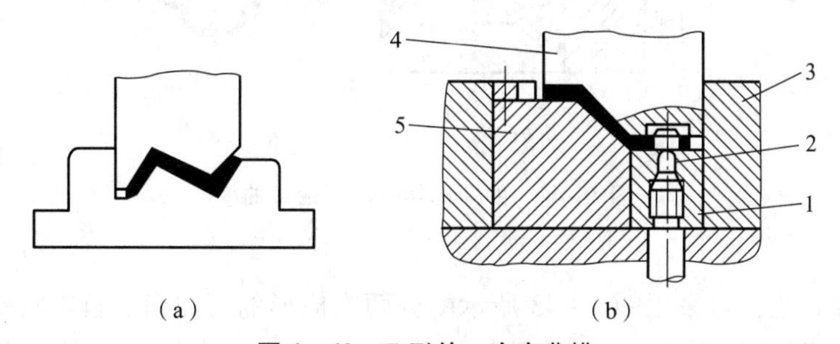

图4－42　Z形件一次弯曲模

1—活动凹模；2—定位销；3—反侧压块；4—凸模；5—凹模

图4－43所示为分左右两步弯曲Z形件的弯曲模。在冲压前，活动凸模10在橡胶8的作用下与凹模的下端面齐平。冲压时，活动凸模1与活动凸模10将坯料压紧，由于橡胶8产生的弹压力大于活动凸模10下方缓冲器所产生的弹顶力，因此推动活动凸模10下移使坯料左端弯曲。当活动凸模1接触下模座11后，橡胶8开始被压缩，则凹模5相对于活动凸模10下移，将坯料右端弯曲成形。当限位块7与上模座6相碰时，整个工件得到校正。上模回程，顶板将弯曲件顶出。

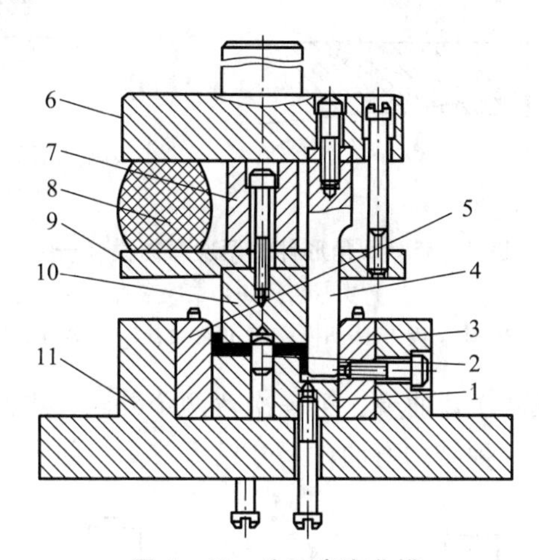

图4－43　分两步弯曲模

1，10—活动凸模；2，4—定位销；3—反侧压块；5—凹模；6—上模座；7—限位块；8—橡胶；9—凸模托板；11—下模座

4. 四角形件弯曲模

1）两次弯曲成形弯曲模

⅃⅂形的弯曲件，可以一次弯曲成形，也可以两次弯曲成形。图4－44（a）所示为一次成形弯曲模。从图4－44（a）中可以看出，在弯曲过程中，由于凸模肩部妨碍了坯料的转动，坯料通过凹模圆角的摩擦力变大，使弯曲件侧壁容易擦伤和变薄。此外，由于A、B、C三个面难以同时对弯曲件进行校正，因此成形后弯曲件两肩部与底面不易平行，如图4－44（b）所示，特别是材料厚、弯曲件直壁高、圆角半径小时，这一现象更为严重。

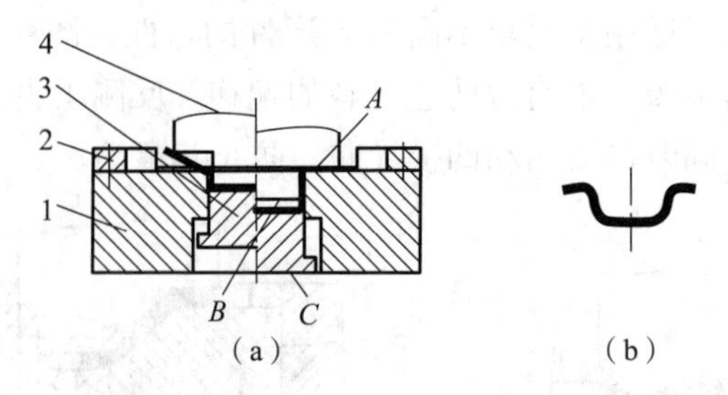

图 4-44　四角形件一次成形弯曲模

1—凹模；2—定位板；3—顶件块；4—凸模

为克服上述缺陷，可采用图 4-43 所示的分两次成形的弯曲模。首次将平板弯成 U 形，如图 4-45（a）所示，第二次将 U 形件倒扣在弯曲凹模上，利用 U 形件的内形进行定位弯成四角形件，如图 4-45（b）所示。但从图 4-45（b）可以看出，第二次弯曲时，凹模的壁厚取决于四角形弯曲件的高度 H，只有在弯曲件高度 $H>(12\sim15)t$ 时，才能使凹模保持足够的强度。

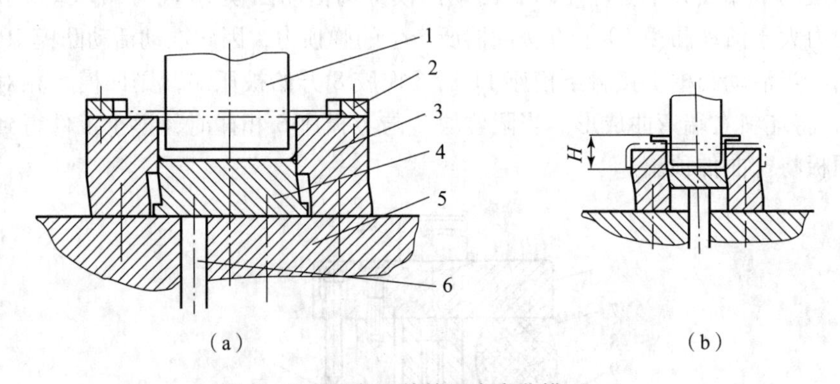

图 4-45　四角形件的两次弯曲模（一）

（a）首次弯曲；（b）二次弯曲

1—凸模；2—定位板；3—凹模；4—顶件块；5—下模座；6—顶杆

图 4-46 所示为倒装式两次弯曲模，第一次弯两个外角，中间两角预弯成 45°，第二次弯曲加整形中间两角，采用这种结构弯曲件尺寸精度较高，回弹容易控制。

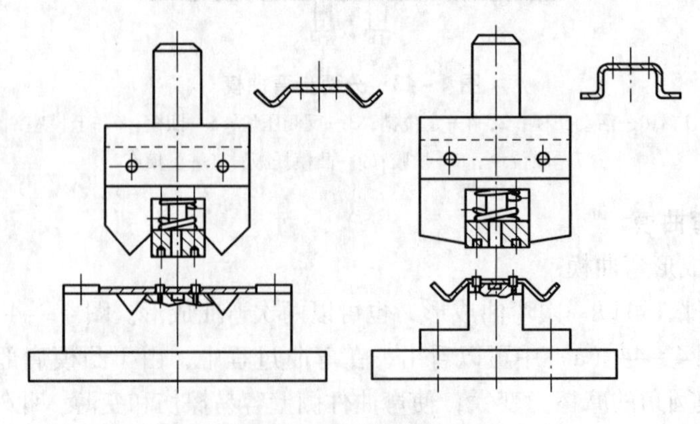

图 4-46　四角形件的两次弯曲模（二）

2）一次弯曲成形弯曲模

图 4－47 所示为弯曲四角形件的复合弯曲模。它是将两个简单模复合在一起的弯曲模。凸凹模 1 既是弯曲 U 形件的凸模，又是弯曲 ⅂Г 形件的凹模。首先利用凸凹模 1 和凹模 2 将平板毛坯弯成 U 形，随着凸凹模的下行，再利用凸凹模和活动凸模 3 弯成四角形。这种结构需要凹模下腔空间较大，以方便工件侧边的转动。

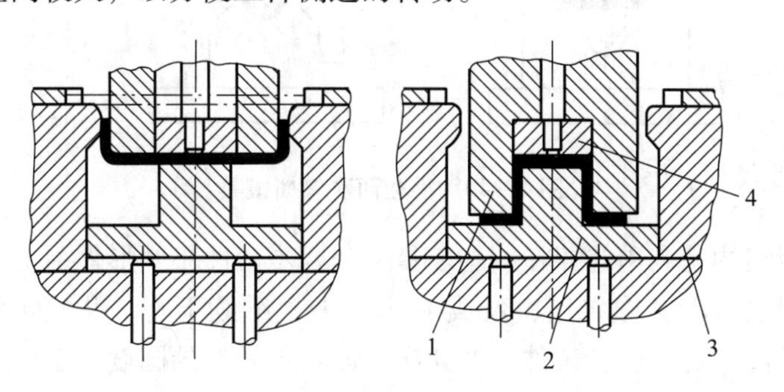

图 4－47　一次弯曲复合的四角形件弯曲模

1—凸凹模；2—凹模；3—活动凸模；4—顶板

复合弯曲四角形件也可采用带摆块的弯曲模（图 4－48），这种模具不但四角可以在一副模具中弯出，而且弯曲件的精度较高。弯曲时坯料放在凸模端面上，由定位挡板定位。上模下降，凹模和凸模利用弹顶器的弹力弯曲出工件的两个内角，使毛坯弯成 U 形，上模继续下行，推板迫使凸模压缩弹顶器而向下运动，这时铰接在活动凸模两侧面的一对摆块向外摆动，完成两外角的弯曲。其缺点是模具结构复杂。

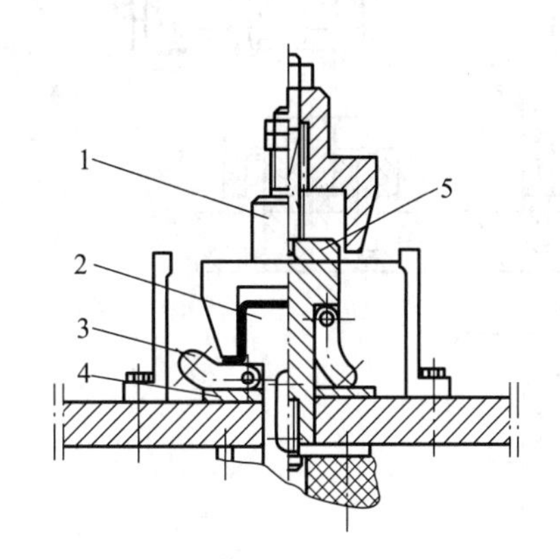

图 4－48　摆块式四角形件弯曲模

1—凹模；2—活动凸模；3—摆块；4—垫板；5—推板

5. 圆形件弯曲模

圆形件的弯曲方法根据圆的直径大小而不同，一般分为小圆形件弯曲模和大圆形件弯曲模。

1）直径 $d \leqslant 5$ mm 的小圆形件弯曲模

该模具可以一次弯曲，也可以两次弯曲。图 4－49 所示为分两次弯曲小圆形件的模具，先弯成 U 形，再将 U 形弯成圆形，模具结构简单，但效率低下，且因为工件较小，操作不便。

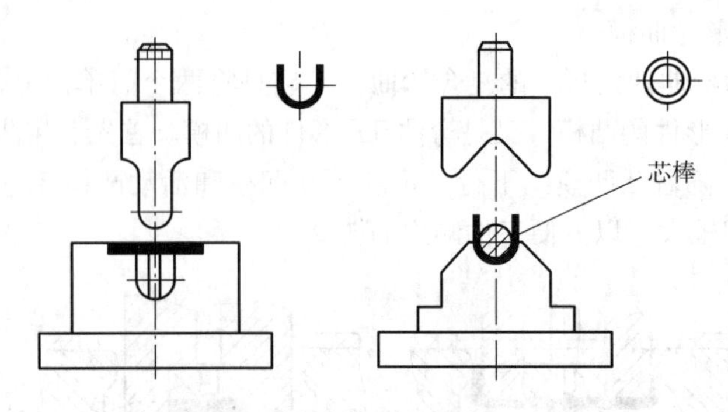

图 4 – 49　小圆两次弯曲模具

图 4 – 50 所示结构是利用芯棒在一副模具上分两步弯曲小圆形件。上模下行时，压料板将滑块往下压，滑块带动芯棒将坯料弯成 U 形。上模继续下行，凸模再将 U 形弯成圆形。如果工件精度要求高，可以旋转工件连冲几次，以获得较好的圆度。工件由垂直于图面方向从芯棒上取下。

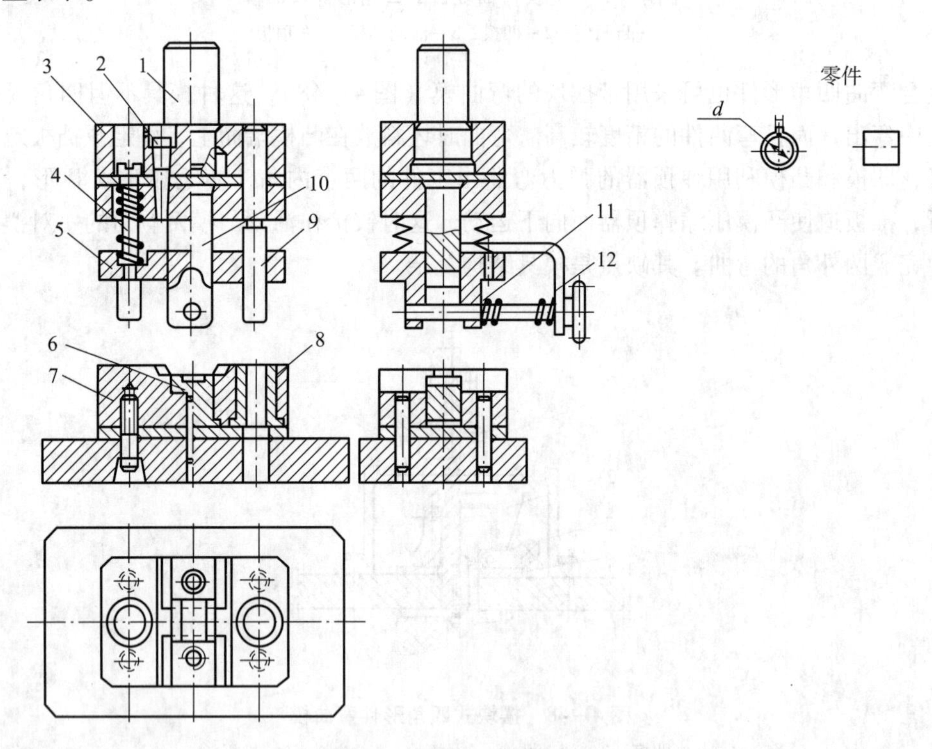

图 4 – 50　小圆一次弯曲模具

1—模柄；2—螺钉；3—上模座；4—卸料螺钉；5—压料板；6—模镶块；7—凹模；8—导套；9—小导柱；10—凸模；11—芯棒；12—支架

2）直径为 10 ~ 40 mm 的圆形件弯曲模

材料厚度大约 1 mm 的圆筒形件，可采用图 4 – 51 所示的带摆动凹模的一次弯曲模成形。凸模下行先将坯料压成 U 形，凸模继续下行，摆动凹模将 U 形弯成圆形，工件顺凸模轴线方向推开支撑取下。这种模具生产率较高，但由于回弹会在工件接缝处留有缝隙和少量直边，工件精度差。

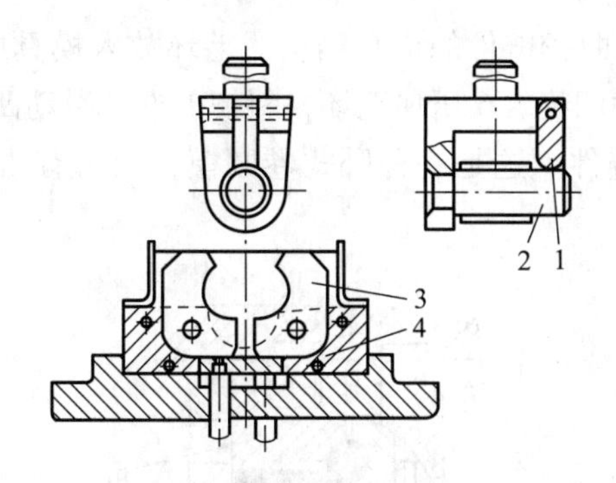

图 4－51　带摆动凹模圆形件一次弯曲模

1—支架；2—凸模（芯棒）；3—摆动凹模；4—顶板

3）直径在 40 mm 以上大圆形件弯曲模

弯曲方法是先将毛坯弯成波浪形，然后再用第二套模具弯成圆形，工件顺凸模轴线方向取下，如图 4－52 所示。

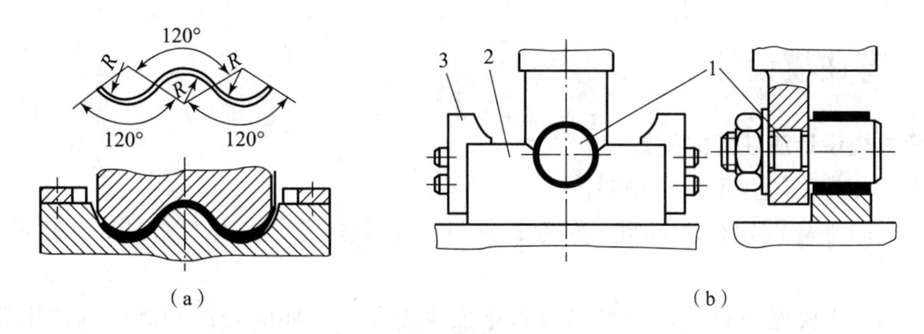

图 4－52　圆形件两次成形弯曲模

（a）首次弯曲；（b）二次弯曲

1—凸模（芯棒）；2—凹模；3—定位板

6. 铰链弯曲模

铰链件可以一次弯曲，也可以两次弯曲。图 4－53 和图 4－54 所示为两次弯曲铰链件的工序件及模具简图。首先将平板料的一端预弯成圆弧，再将预弯的工序件送到第二副模具中进行卷圆，即利用滑动的凹模推出铰链形状。在预弯工序中，由于弯曲端部的圆弧（$\alpha = 75^\circ \sim 80^\circ$）一般不易成形，故将凹模的圆弧中心向里偏移 l 值，使端部材料挤压。偏移量 l 值大小见设计资料。

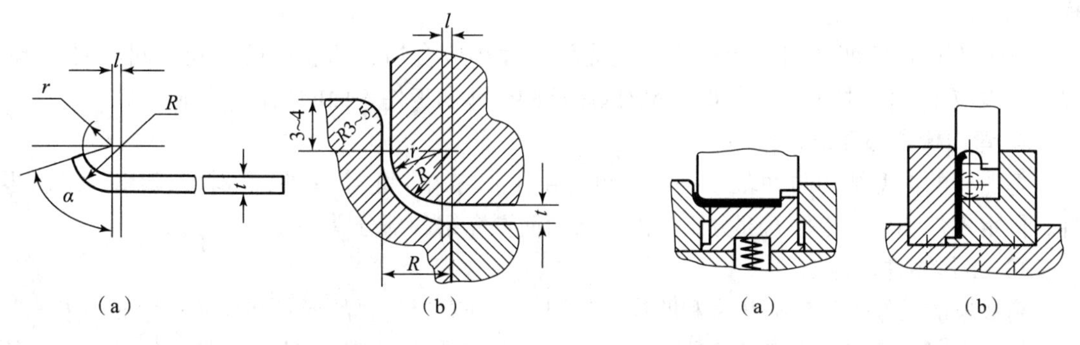

图 4－53　预弯工序件　　**图 4－54　铰链两次弯曲模**

图 4－55 所示为一次弯曲铰链件的模具结构。毛坯放入模具中，由定位板 5 进行定位。上模下行，压料板（兼活动凹模）6 压住毛坯，斜楔 1 推动滑动凹模 2 向右运动将坯料的一端“推成”圆筒，得到铰链件。这是一种卧式卷圆模，因为有压料装置，所以工件质量较好，操作方便。

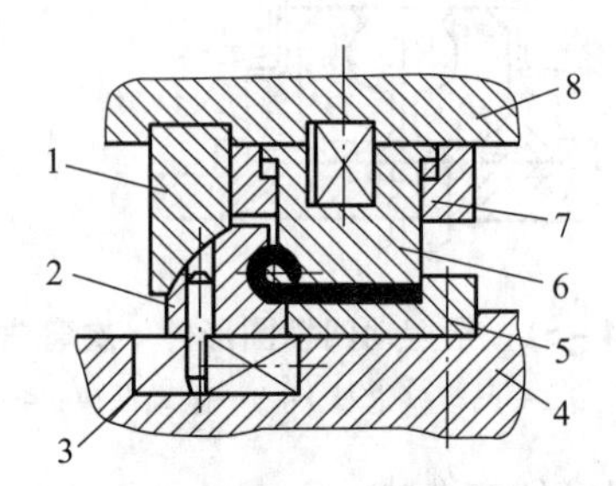

图 4－55　铰链件的一次弯曲模

1—斜楔；2—滑动凹模；3—限位销；4—下模座；5—定位板；6—活动凹模兼压料板；7—凹模支架；8—上模座

二、弯曲模设计

1. 弯曲模设计应注意的问题

设计弯曲模时应注意以下几点：

（1）弯曲毛坯的定位要准确、可靠，尽可能水平放置。多次弯曲最好使用同一基准定位。

（2）结构中要能防止毛坯在变形过程中发生位移，毛坯的安放和制件的取出要方便、安全和操作简单。

（3）模具结构尽量简单，并且便于调整修理。对于回弹性大的材料弯曲，应考虑凸模、凹模制造加工及试模修模的可能性以及刚度和强度的要求。准确的回弹值需要通过反复试弯才能得到，因此弯曲凸、凹模装配时要定位准确、装拆方便，且新凸模的圆角半径应尽可能小，以方便试模后的修模。

（4）由于 U 形弯曲件校正力大时会贴附凸模，所以在这种情况下弯曲模需设计卸料装置。

（5）当弯曲过程中有较大的水平侧向力作用于模具上时，应设计侧向力平衡挡块等结构；当分体式凹模受到较大的侧向力作用时，不能采用定位销承受侧向力，要将凹模嵌入下模座内固定。

（6）弯曲模的凹模圆角半径表面应光滑，大小应合适，凸、凹模之间的间隙要适当，尽可能地减小弯曲时的长度增加、变形区厚度的变薄和工件表面的划伤等缺陷。

2. 弯曲模零部件设计

弯曲模的典型结构与冲裁模一样，也是由工作零件，定位零件，压料、卸料、送料零件，固定零件和导向零件五部分组成的，下面简要介绍各部分零件的设计方法。

1）工作零件设计

弯曲模的工作零件包括凸模和凹模，作用是保证获得需要的形状和尺寸。弯曲凸模、凹模的结构形式灵活多变，完全取决于工件的形状，并充分体现“产品与模具一模一样”的关系。

弯曲凸、凹模工作部分的尺寸主要包括凸、凹模圆角半径 r_p、r_d，模具间隙 c，模具深度 l_0 和模具宽度 L_p、L_d，如图 4－56 所示。

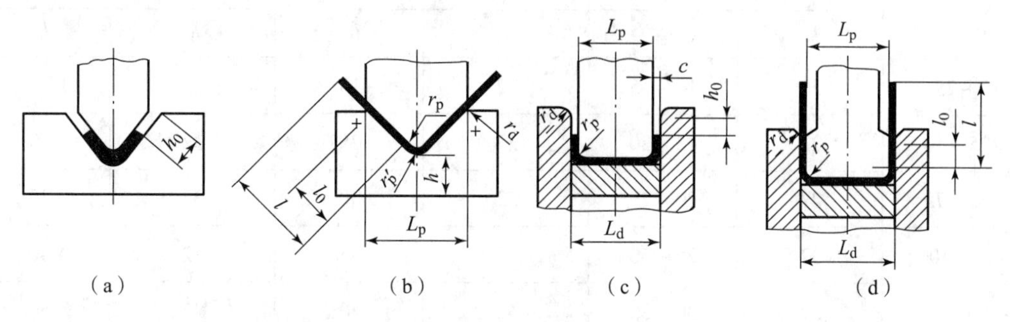

图 4－56　弯曲凸、凹模工作部分尺寸

（1）凸模圆角半径 r_p。根据工件弯曲半径 r 大小的不同，凸模圆角半径 r_p 通常可按下述方法设计。

①$r \geqslant r_{min}$时，取 $r_p = r$，这里 r_{min}是材料允许的最小弯曲半径。

②$r < r_{min}$时，取 $r_p > r_{min}$，工件的圆角半径 r 通过整形获得，即使整形凸模的圆角半径等于工件的圆角半径而取 r。

③$r/t > 10$ 时，则应考虑回弹，将凸模圆角半径加以修正。

④V 形弯曲凹模的底部可开退刀槽或取圆角半径 $r'_p = (0.6 \sim 0.8)(r_p + t)$。

（2）凹模圆角半径 r_d。凹模圆角半径 r_d 的大小对弯曲过程的影响比较大，影响到弯曲力、弯曲件质量与弯曲模寿命。

当 r_d 偏小时，坯料在经过凹模圆角滑进凹模时受到的阻力增大，会使弯曲力增加，凹模的磨损加剧，模具寿命缩短；若过小，可能会刮伤弯曲件表面。

当 r_d 偏大时，坯料在滑进凹模时受到的阻力减小，使弯曲力减小，凹模的磨损减弱，模具寿命延长；但若过大，由于支撑不利，弯曲件质量不理想。

一般 r_d 在满足弯曲件质量的前提下尽量取大，通常不小于 3 mm，且左右大小一致。具体的数值可根据板厚确定：

①$t \leqslant 2$ mm 时，$r_d = (3 \sim 6)t$。

②$t = 2 \sim 4$ mm 时，$r_d = (2 \sim 3)t$。

③$t > 4$ mm 时，$r_d = 2t$。

（3）凹模深度。对于弯边高度不大或要求两边平直的工件，凹模深度应大于零件的高度［图 4－56（a）、（c）］；对于弯边高度较大，而平直度要求不高的工件，凹模深度可以小于工件的高度［图 4－56（b）、（d）］，以节省模具材料，降低成本。弯曲凹模深度的设计可参考表 4－10、表 4－11 和表 4－12。

表 4－10　弯曲 U 形件凹模尺寸 h_0　　mm

材料厚度	<1	1~2	2~3	3~4	4~5	5~6	6~7	7~8	8~10
h_0	3	4	5	6	8	10	15	20	25

表 4-11 弯曲 V 形件的凹模深度 l_0 及底部最小厚度值 h mm

弯曲件边长 l	材料厚度 t					
	≤2		2~4		>4	
	h	l_0	h	l_0	h	l_0
10~25	20	10~15	22	15	—	—
>25~50	22	15~20	27	25	32	30
>50~75	27	20~25	32	30	37	35
>75~100	32	25~30	37	35	42	40
>100~150	37	30~35	42	40	47	50

表 4-12 弯曲 U 形件的凹模深度 l_0 mm

弯曲件边长 l	材料厚度 t				
	<1	1~2	2~4	4~6	6~10
<50	15	20	25	30	35
50~75	20	25	30	35	40
75~100	25	30	35	40	40
100~150	30	35	40	50	50
150~200	40	45	55	65	65

（4）凸、凹模间隙 c。弯曲模凸、凹模之间的间隙指单边间隙，用 c 表示，如图 4-56 所示。对于 V 形件弯曲，凸、凹模之间的间隙是靠调节压力机的闭合高度来控制的，设计和制造模具时可以不考虑。

对于 U 形弯曲件，凸、凹模之间的间隙值 c 对弯曲件质量、弯曲模寿命和弯曲力均有很大的影响。间隙越大，回弹越大，工件的精度越低，但弯曲力减小，有利于延长模具寿命；间隙过小，会引起材料厚度变小，增大材料与模具的摩擦，降低模具寿命。U 形件弯曲凸、凹模的单边间隙 c 一般可按下式计算：

钢板：$c=(1.05\sim1.15)t$。

有色金属：$c=(1.0-1.1)t$。

当对弯曲件的精度要求较高时，间隙值应适当减小，可以取 $c=t$。

（5）U 形件弯曲凸、凹模横向尺寸。根据弯曲件尺寸标注形式的不同，弯曲凸、凹模横向尺寸可按表 4-13 所列公式进行计算。

表 4－13　弯曲凸、凹模横向尺寸计算公式

工件尺寸标注方式	基准	工件简图	凸、凹模横向尺寸	凸、凹模横向尺寸
工件标注外形尺寸	凹模	$L_{-\Delta}^{\ 0}$	$L_d=\left(1-\frac{3}{4}\Delta\right)_{0}^{+\delta_d}$	$L_p=(L_d-2c)_{-\delta_p}^{\ 0}$
		$L\pm\Delta$	$L_d=\left(1-\frac{1}{2}\Delta\right)_{0}^{+\delta_d}$	
工件标注内形尺寸	凸模	$L_{0}^{+\Delta}$	$L_p=\left(1+\frac{3}{4}\Delta\right)_{-\delta_p}^{\ 0}$	$L_d=(L_p+2c)_{0}^{+\delta_d}$
		$L\pm\Delta$	$L_p=\left(1+\frac{1}{2}\Delta\right)_{-\delta_p}^{\ 0}$	
注：L_d、L_p 为弯曲凹、凸模横向尺寸，单位为 mm；c 为弯曲凸、凹模间隙；单位为 mm；L 为弯曲件宽度尺寸，单位为 mm；Δ 为弯曲件的尺寸公差，单位为 mm；δ_d、δ_p 为弯曲凹、凸模制造公差，采用 IT6 ~ IT7 级。				

2）定位零件设计

定位零件的作用是保证送进模具中毛坯的准确位置。由于送进弯曲模的毛坯是单个毛坯，因此弯曲模中使用的定位零件是定位板或定位销。

为防止弯曲件在弯曲过程中发生偏移现象，尽可能用定位销插入毛坯上已有的孔或预冲的定位工艺孔中进行定位；若毛坯上无孔且不允许预冲工艺定位孔，就需用定位板对毛坯的外形进行定位，此时应设置压料装置压紧坯料以防偏移发生，如图 4－57 所示。定位板和定位销的设计及标准的选用参见冲裁模。

3）压料、卸料、送料零件设计

其作用是压住板料或弯曲结束后从模具中取出工件。由于弯曲是成形工序，在弯曲过程中不发生分离，因此弯曲结束后留在模具内的只有工件。

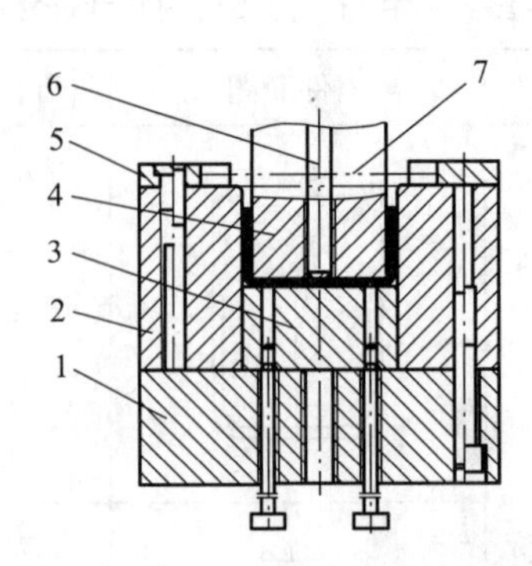

图 4－57　定位板定位的弯曲模

1—下模座；2—凹模；3—顶件块（兼压料板）；4—凸模；5—定位板；6—打杆；7—毛坯

为减小回弹，提高弯曲件的精度，通常弯曲快结束时要求对工件进行校正，如图 4－57 所示，利用顶件块 3 与下模座 1 的刚性接触对弯曲件进行校正。校正的结果有可能使工件产生负回弹，所以此时的工件在模具开启时需要防止其紧扣在凸模上。为此，该模具中设置了打杆 6，当模具开启后，若工件箍在凸模外面，则由打杆进行推件。

4）固定零件设计

其作用是将凸模、凹模固定于上、下模，并将上、下模固定在压力机上。固定零件包括模柄、上模座、下模座、垫板、固定板、螺钉、销钉等。

（1）模柄。与冲裁模中的模柄相同，是标准件，依据设备上的模柄孔尺寸选取。在简易弯曲模中可以使用槽形模柄，如图 4－58 所示，此时不需要上模座。

（2）上、下模座。当弯曲模中使用导柱、导套进行导向时，可选用标准模座，选用方法参见冲裁模。当弯曲模中不使用导柱、导套导向时，可自行设计并制造上、下模座。

（3）垫板、固定板、螺钉、销钉。其设计方法参见冲裁模。

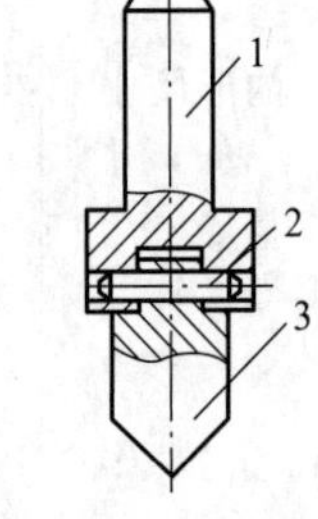

图 4－58　槽形模柄

1—模柄；2—销；3—凸模

任务实施

1. 模具工作部分尺寸计算

（1）凸、凹模间隙。由 $c=(1.05\sim1.15)t$，可取 $c=1.10t=2.2$ mm。

（2）凸、凹模宽度尺寸。由于工件尺寸标注在外形上，因此以凹模作基准，先计算凹模宽度。

由表 4－13 中公式得

$$L_d=(L-0.75\Delta)^{+\delta_d}_{0}=(30-0.75\times0.4)^{+0.025}_{0}=29.7^{+0.025}_{0}(\text{mm})$$

$$L_p=(L_d-2c)^{0}_{-\delta_p}=(29.7-2\times2.2)^{0}_{-0.021}=25.3^{0}_{-0.021}(\text{mm})$$

这里 δ_p、δ_d 分别按 IT6、IT7 级选取。

（3）凸、凹模圆角半径确定。由于一次即能弯成，因此可取凸模圆角半径 r_p 等于工件的半径 r，即 $r_p=2$ mm。

由于 $t=2$ mm，可取 $r_d=2t=4$ mm。

（4）凹模工作部分深度。查表4－11得凹模工作部分深度为20 mm。

2. 模具结构设计（这里仅以弯曲模设计为例）

为了操作方便，选用后侧滑动导柱模架，毛坯利用凹模上的定位板定位，刚性推件装置推件，顶件装置顶件，并同时提供顶件力，防止毛坯窜动。模具总体结构如图4－59所示。

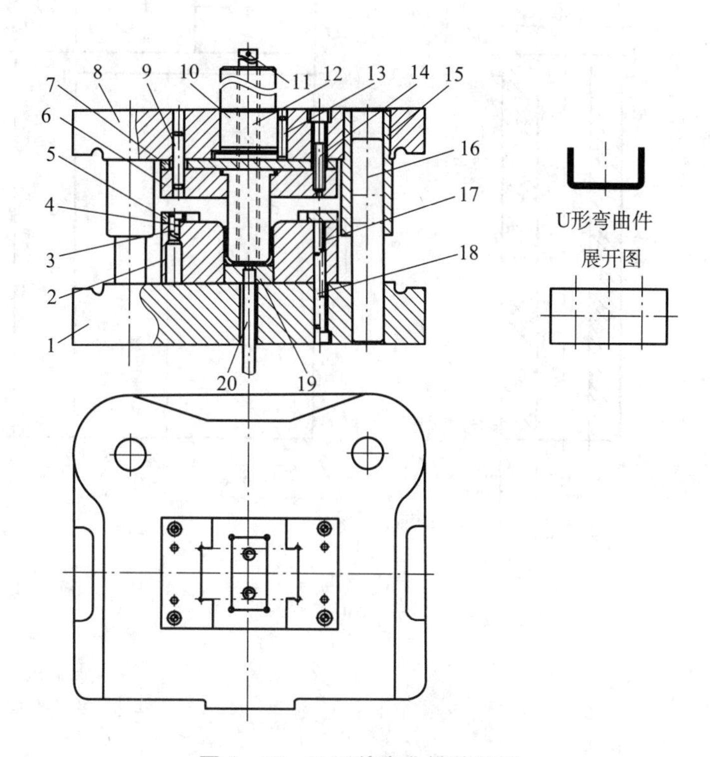

图4－59　U形件弯曲模装配图

1—下模座；2—弯曲凹模；3，9，18—销钉；4，14，17—螺钉；5—定位板；6—凸模固定板；
7—垫板；8—上模座；10—模柄；11—横销；12—推件杆；13—止动销；
15—导套；16—导柱；19—顶件板；20—顶杆

3. 模具工作零件设计

1）凸模（图4－60）

2）凹模（图4－61）

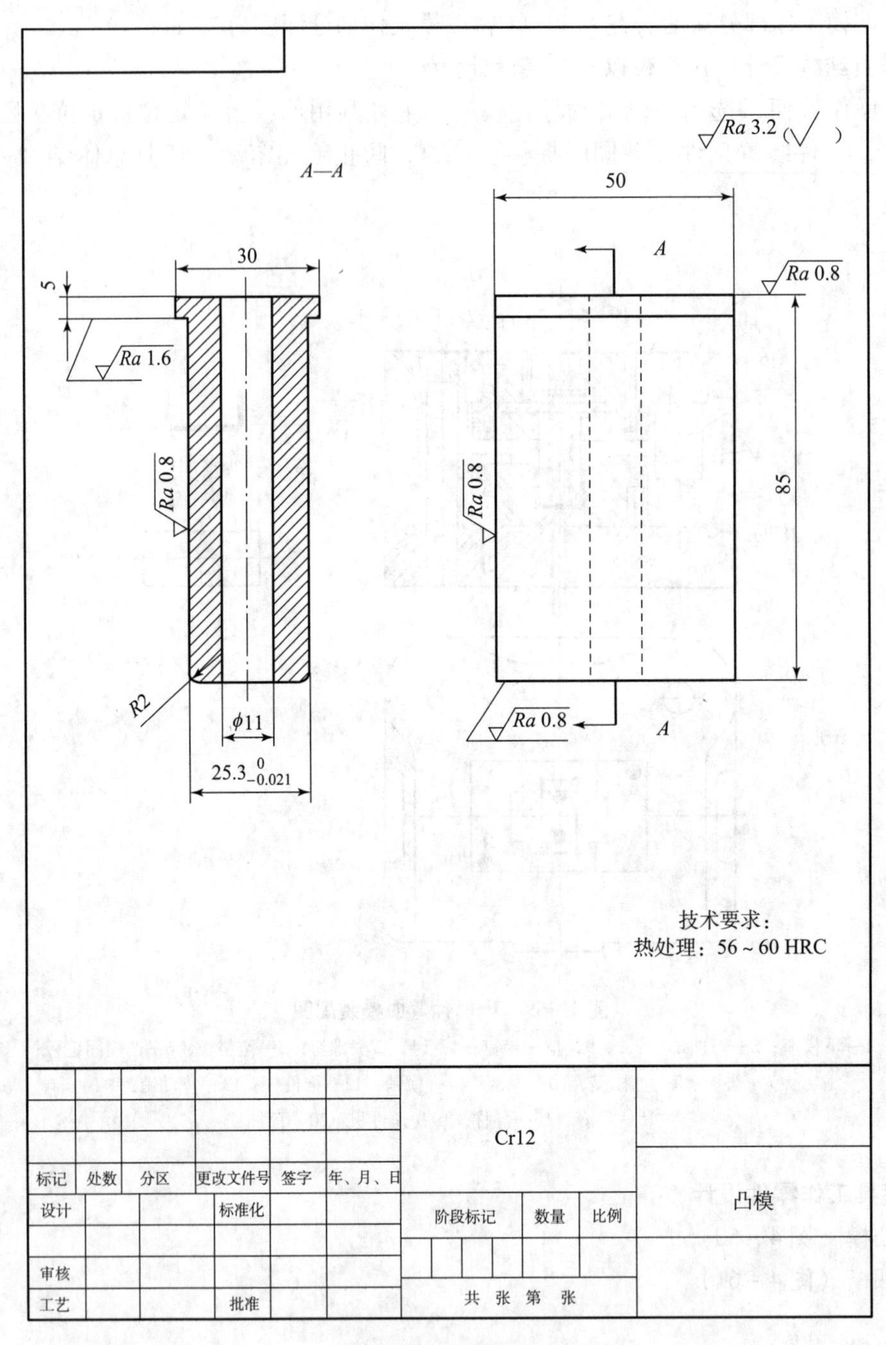
A—A
30
5
Ra 1.6
Ra 0.8
R2
ϕ11
25.3 0 −0.021
Ra 3.2 (√)
50
A
Ra 0.8
Ra 0.8
85
Ra 0.8
A
技术要求：
热处理：56 ~ 60 HRC
Cr12
标记 处数 分区 更改文件号 签字 年、月、日
设计 标准化
阶段标记 数量 比例
凸模
审核
工艺 批准
共 张 第 张

图 4－60 凸模零件图

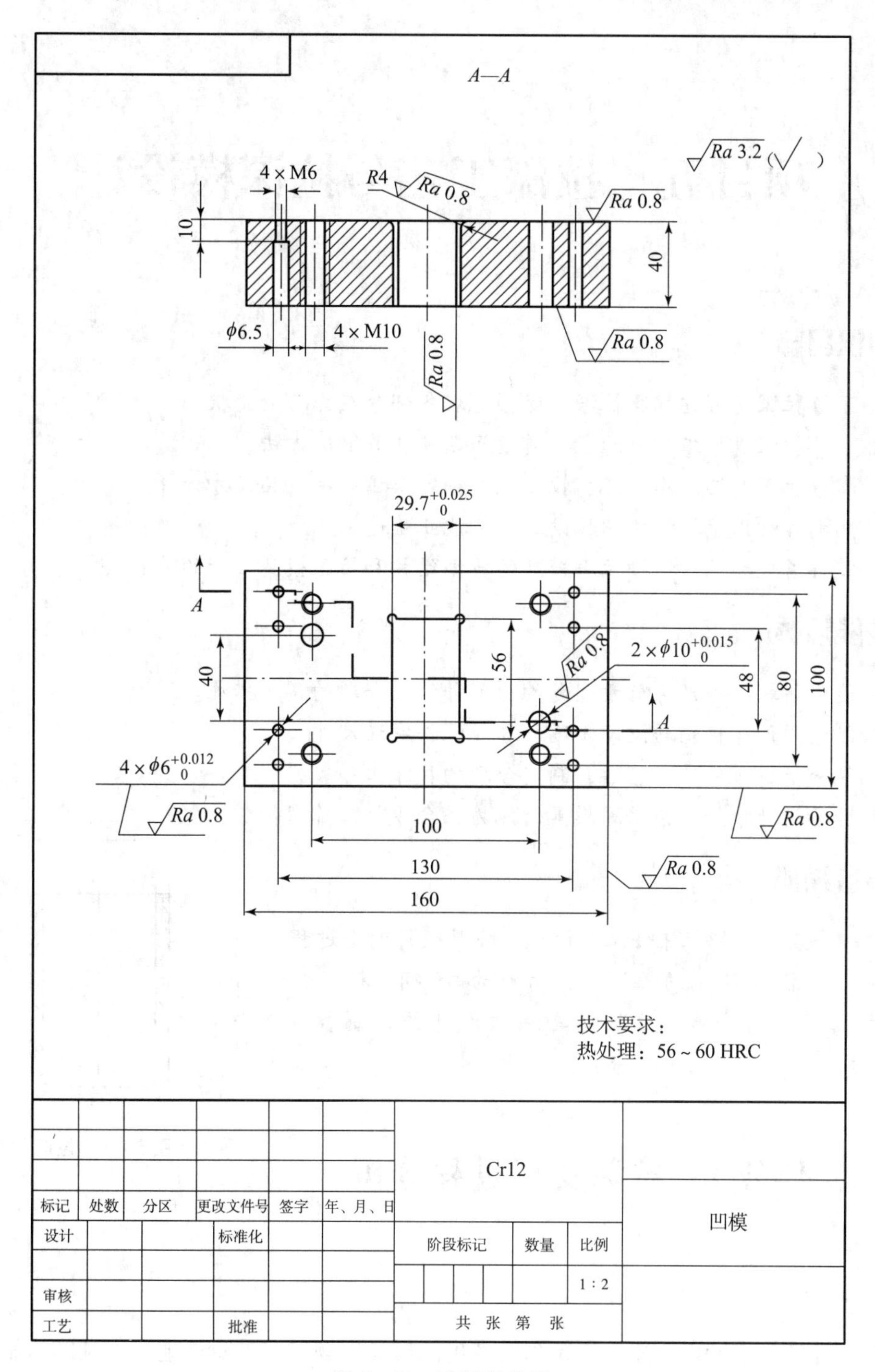
A—A
Ra 3.2 (√)
4×M6
R4
Ra 0.8
10
40
φ6.5
4×M10
29.7 +0.025 0
A
40
56
2×φ10 +0.015 0
48
80
100
4×φ6 +0.012 0
100
130
160
技术要求：
热处理：56～60 HRC
标记
处数
分区
更改文件号
签字
年、月、日
设计
标准化
审核
工艺
批准
Cr12
阶段标记
数量
比例
1∶2
共 张 第 张
凹模

图 4－61　凹模零件图

项目五　拉深工艺与拉深模设计

知识目标

（1）了解拉深变形过程及拉深时变形毛坯各部分应力与应变状态。
（2）了解拉深成形工艺中的主要质量问题及相关解决方法。
（3）掌握拉深毛坯尺寸计算、拉深次数确定及拉深半成品尺寸计算。
（4）熟悉各种用于拉深的冲压设备，并能正确选用。
（5）掌握首次和后续各种拉深模具的典型结构和拉深模具设计的要点。

技能目标

（1）能分析拉深件产生质量问题的原因并给出合理的解决措施。
（2）能利用计算机辅助设计手段计算拉深件毛坯尺寸。
（3）能分析拉深件的工艺性，制定合理的拉深工序。
（4）具备设计中等复杂拉深模具的能力；会设计工作零件。

项目描述

通过一个实例介绍拉深件工艺设计、模具设计的全过程。

冲制如图5－1所示的拉深件，材料为08钢，料厚 $t=2$ mm。要求完成拉深工艺计算、拉深模具结构设计并绘制模具工作零件图。

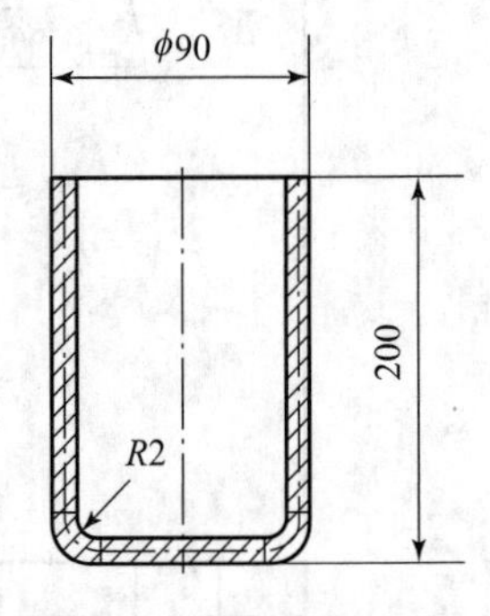

图5－1　拉深件零件图

任务1　拉深变形过程分析

任务描述

理解拉深的变形特点；能分析拉深件产生的质量问题，有针对性地提出预防措施。

相关知识

拉深是指利用模具将平板毛坯冲压成开口空心零件或将开口空心零件进一步改变其形状和尺寸的一种冲压加工方法，又称拉延，如图5－2所示。拉深是冲压的基本工序之一，属于成形工序，广泛应用于汽车、拖拉机、电器、仪器仪表、电子、轻工等工业领域。通过拉深可以制成圆筒形、球形、锥形、盒形、阶梯形等形状的开口空心件，拉探与翻边、胀形、扩口、缩口等其他冲压工艺组合，还可以制成形状更为复杂的冲压件，如汽车车身覆盖件等。图 5－3 所示为拉深成形的典型件示意图。

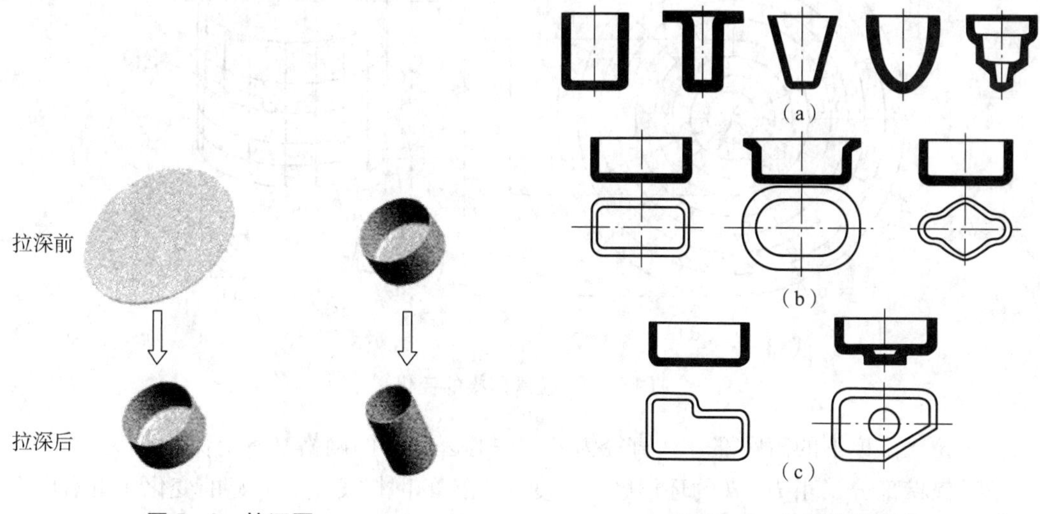

图 5－2　拉深图

图 5－3　拉深件示意图

拉深使用的模具叫拉深模。图 5－4 所示为正装拉深模的典型结构。坯料 5 放入模具，由定位板 3 定位，上模下行，压边圈 2 首先将板料压住，凸模 1 继续下行，将板料拉入凹模 4，当板料全部被拉入凹模并由凹模上的台阶在凸模回程时将拉深件从凸模上刮下，一次拉深结束，得到拉深件 6。

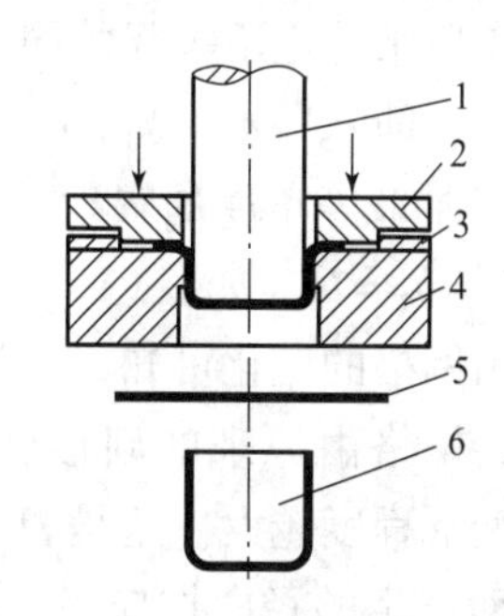

图 5－4　正装拉深模

1—凸模；2—压边圈；3—定位板；4—凹模；5—坯料；6—拉深件

拉深工艺可分为不变薄拉深和变薄拉深两种。后者在拉深后零件的壁部厚度与毛坯厚度相比较，有明显的变薄，零件的特点是底部厚，壁部薄（如弹壳、高压锅）。本项目探讨不变薄拉深。

一、拉深变形过程及特点

若不采用拉深工艺而是采用折弯方法来成形一圆筒形件，可将图 5－5 所示毛坯的扇形阴影部分材料去掉，然后沿直径为 d 的圆周折弯，并在缝隙处加以焊接，就可以得到直径为 d、高度为 $h=(D-d)/2$，周边带有焊缝的开口圆筒形件。但圆形平板毛坯在拉深成形过程中并没有去除图中扇形多余的材料，因此只能认为扇形多余的材料是在模具的作用下产生了流动。

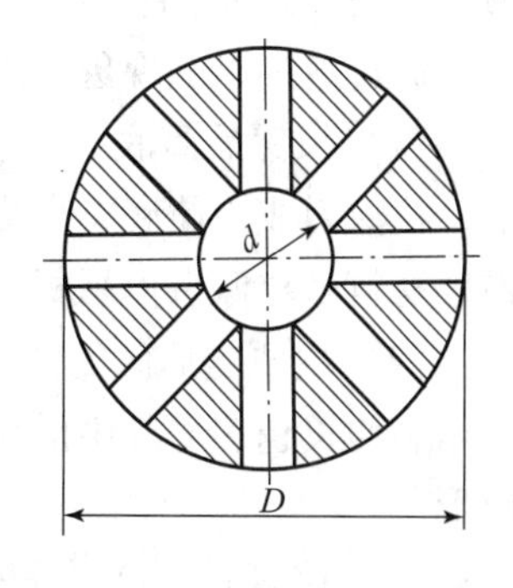

图 5－5　拉深时材料转移

为了说明材料是怎样流动的，可以通过图 5－6 所示的网格试验来认识这一问题。即拉深前，在毛坯上作出等间距的同心圆和等角度的辐射线，根据拉深后网格尺寸和形状的变化来判断金属材料的流动情况。

由图 5－6 可以看出，拉深后网格发生了如下变化：

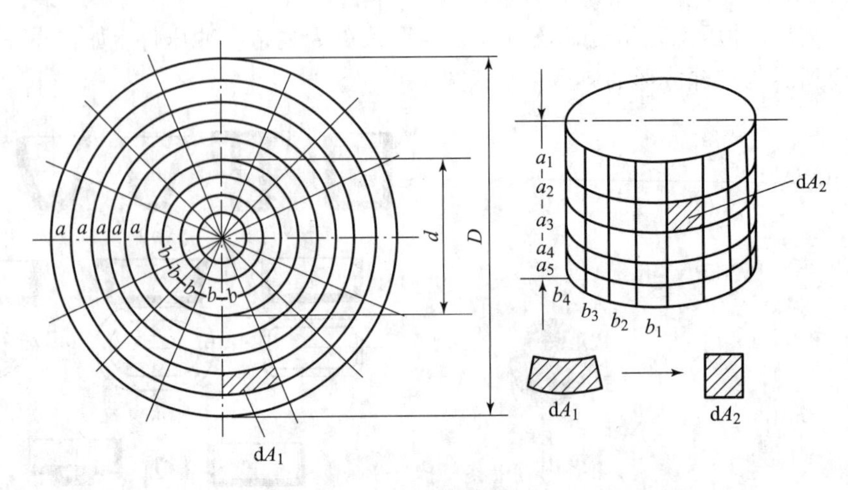

图 5 -6　拉深网格的变化

（1）位于凸模下的筒底部分（直径为 d 的中心区域）的网格基本上保持不变。

（2）筒壁部分（由 $D-d$ 的环形区域转变而来）的网格发生了明显的变化，由扇形变成了矩形。

①原来等距不等径的同心圆变成了筒壁上等径不等距的水平圆筒线，越靠近口部间距增加越大，即 $a_5>a_4>a_3>a_2>a_1>a$。

②原来等角度的辐射线在筒壁上成了相互平行且等距（间距为 b）的垂直线，即 $b_5=b_4=b_3=b_2=b_1=b$。

由网格的变化可知，拉深变形主要发生在 $D-d$ 的环形区域，网格由原来的扇形变成了矩形，且越靠近毛坯的边缘，变形程度越大。这是 $D-d$ 环形部分材料因受到拉深力作用而产生的径向拉应力 σ_1 和因毛坯直径减小导致材料相互挤压而形成的切向压应力 σ_3 共同作用的结果，正是因为这两个应力的作用，扇形网格变为矩形网格，与在一个楔形槽中拉着扇形网格通过时的受力相似（图 5 -7）。

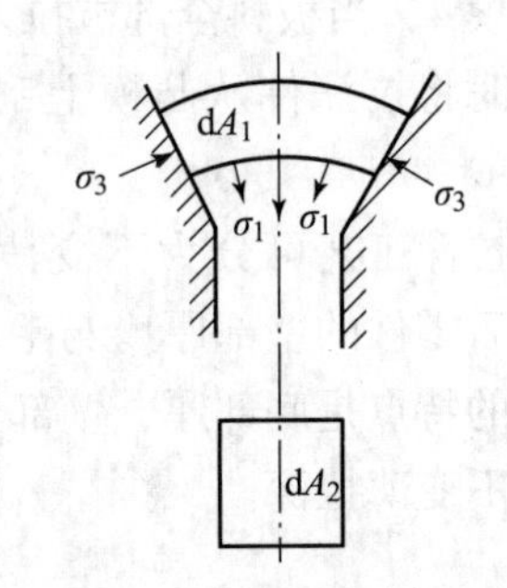

图 5 -7　拉深单元受力情况

通过观察以上现象，总结拉深变形的特点是：

（1）拉深后筒底和筒壁位于凸模下面的材料基本不变形，拉深后成为筒底，变形主要集中在位于凹模表面的平面凸缘区，即 $D-d$ 的环形部分，该区材料经拉深后由平板变成筒壁，是拉深变形的主要变形区。

（2）主要变形区的变形不均匀，沿切向受压而缩短，沿径向受拉而伸长，越靠近口部，压缩和伸长越多。其中沿切向的压缩变形是绝对值最大的主变形，因此拉深变形属于压缩类成形。

（3）拉深后，拉深件壁部厚度不均，筒壁上部有所增厚，越靠近口部，厚度增加越多，其中口部增厚 25% ~30%；筒壁下部有所减薄，其中凸模圆角处最薄，减薄约 13%。厚度变化如图 5 -8 所示。

（4）沿高度方向，拉深件各部分的硬度不一样，越到上缘硬度越高，如图 5 -8 所示。

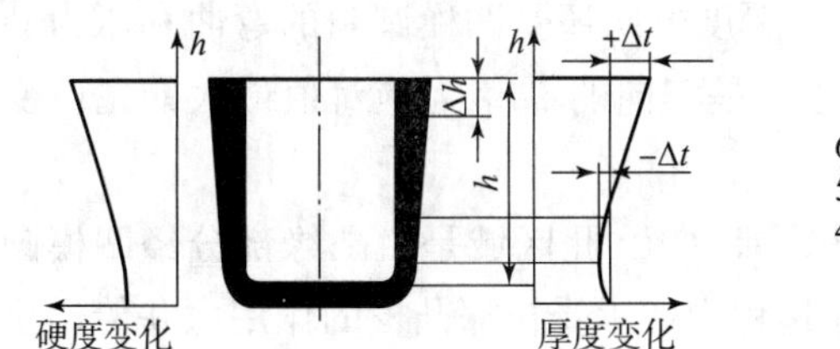

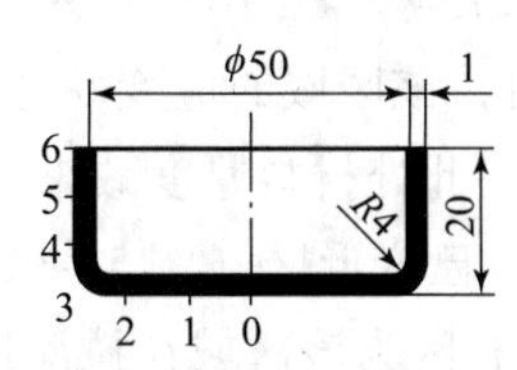

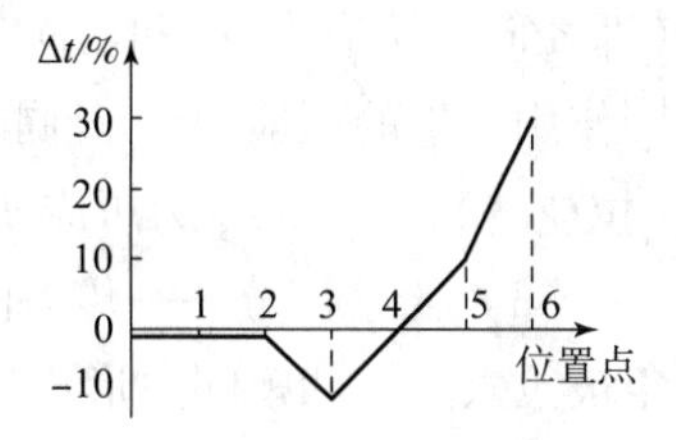

图 5-8　拉深后制件厚度和硬度的变化

二、拉深过程中坯料应力、应变状态及分布

为了进一步了解拉深过程中的主要工艺问题，对拉深时坯料的应力、应变状态进行分析，从而为控制拉深件质量提供依据。下面以带压边圈的圆筒形件首次拉深为例分析拉深过程中坯料的应力、应变状态，如图 5-9 所示，这里 σ_1、σ_2、σ_3 和 ε_1、ε_2、ε_3 分别表示径向、厚度方向和切向的应力、应变。根据应力、应变状态的不同，可将拉深坯料划分为 5 个区域。

（1）平面凸缘部分——主要变形区（图 5-9，Ⅰ区）。此区域为拉深变形的主要区域，也是扇形网格变成矩形网格的区域。此处坯料被拉深凸模拉入凸模与凹模之间的间隙而形成筒壁。这一区域的材料主要承受切向压应力 σ_3 和径向拉应力 σ_1 以及厚度方向由压边力引起的压应力 σ_2 的共同作用，产生切向压缩变形 ε_3、径向伸长变形 ε_1，而厚度方向上的变形 ε_2 取决于 σ_1 和 σ_3 的值。当 σ_1 的绝对值最大时，则 ε_2 为压应变；当 σ_3 的绝对值最大时，则 ε_2 为拉应变。

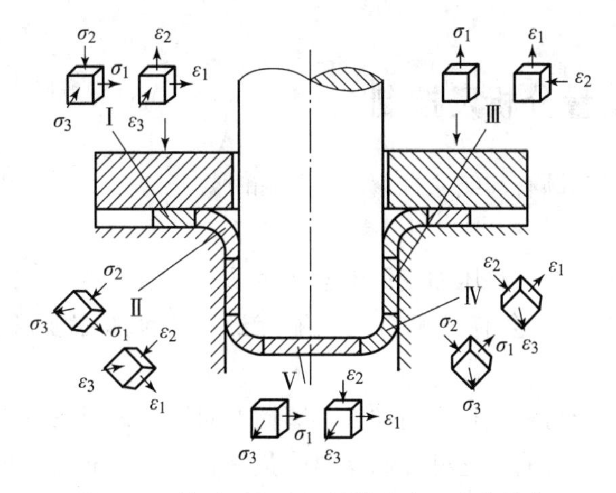

图 5-9　拉深过程中坯料的应力、应变状态

由图 5-9 可知，在凸缘的最外缘需要压缩的材料最多，因此该处的 σ_3 是绝对值最大的主应力，凸缘外缘的 ε_2 应是伸长应变。如果此时 σ_3 值过大，则此处材料因受压过大而失稳起皱，导致拉深不能正常进行。

（2）凹模圆角部分——过渡区（图 5-9，Ⅱ区）。此区域为连接凸缘（主要变形区）和筒壁（已变形区）的过渡区，坯料的变形比较复杂，除了具有与凸缘部分相同的特点

（即径向受拉应力 σ_1 和切向受压应力 σ_3 作用）外，厚度方向还受凹模圆角的弯曲和压力共同作用产生的压应力 σ_2。同时，该区域的应变状态也是三向的：ε_1 为绝对值最大的主应变（拉应变），ε_2 和 ε_3 为压应变，此处材料厚度减小。

（3）筒壁部分——传力区/已变形区（图5－9，Ⅲ区）。此区域是由凸缘部分经凹模圆角被拉入凸、凹模间隙形成的，因为该区域在拉深过程中还承受拉深凸模的作用力并传递至凸缘部分，使凸缘部分产生变形，因此又称为传力区。拉深过程中，筒壁部分的直径受凸模的阻碍作用不再发生变化，即切向应变为零，同时也产生少量的径向伸长应变 ε_3 和厚度方向的压缩应变 ε_2；如果间隙合适，厚度方向上将不受力的作用，即 σ_2 为零。σ_1 是凸模产生的拉应力，由于材料在切向受凸模的限制不能自由收缩，σ_3 是拉应力（很小，可忽略不计）。所以，该区域的应力与应变均为平面状态。

（4）凸模圆角部分——过渡区（图5－9，Ⅳ区）。此区域为连接筒壁部分（已变形区）和筒底部分（小变形区）的过渡区，材料承受筒壁较大的拉应力 σ_1、凸模圆角弯曲和压力作用产生的压应力 σ_2 和切向拉应力 σ_3。该区域的筒壁与筒底转角处稍上的位置，拉深开始时材料处于凸模与凹模间，需要转移的材料较少，变形的程度小，冷作硬化程度低，加之该处材料变薄，使传力的截面积变小，所以此处往往成为整个拉深件中强度最薄弱的地方，是拉深过程中的“危险断面”。

（5）筒底部分——小变形区（图5－9，Ⅴ区）。此区域处于凸模正下方，直接承受凸模施加的作用力并由传力区传递至凸缘部分，因此该区域受两向拉应力 σ_1 和 σ_3 的作用，相当于周边受均匀拉力的圆板。此区域的应变是三向的，其中，ε_1 和 ε_3 为拉应变，ε_2 为压应变。由于凸模圆角处的摩擦制约了底部材料的向外流动，故筒底部分变形不大，只有1%～3%，一般可忽略不计。

三、拉深件质量分析及控制

拉深件的主要质量问题有起皱、拉裂、突耳和时效开裂等。

1. 起皱

由材料力学理论可知，材料压缩变形中会产生压缩失稳的问题。拉深时，其拉深变形区因受最大切向压应力作用，会有最大切向压缩变形，这种压缩变形过大，就会产生失稳问题。

在拉深时，凸缘部分材料直径方向伸长，圆周方向压缩，当压力达到一定值时，凸缘部分材料便失去稳定而产生弯曲。这种在凸缘整个周围产生的波浪形的连续弯曲，称为起皱，如图5－10所示。

拉深件起皱后，制件口边周围凸缘部分产生波纹，不仅会使拉深件质量降低，而且会导致拉深力急剧增大，使拉深件过早破裂，有时甚至会损坏模具和设备。

1）影响起皱的主要因素

（1）坯料的相对厚度（t/D）。平板坯料在平面方向受压时，其厚度越小越容易起皱，反之不易起皱。在拉深加工中，坯料的相对厚度越小，变形区抗失稳的能力越差，也越容易起皱。

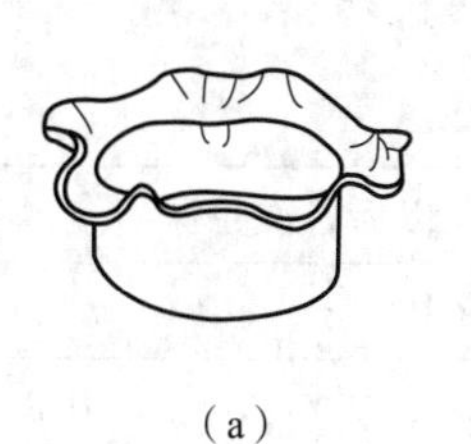
(a)

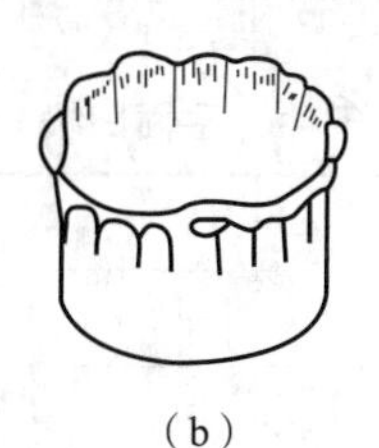
(b)

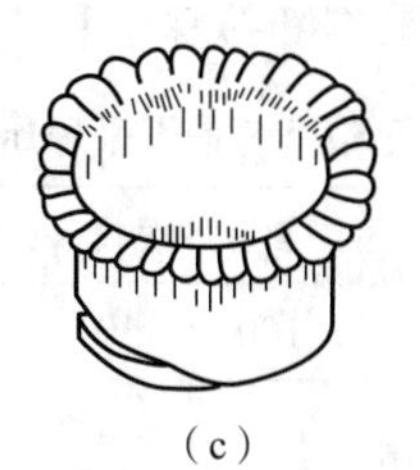
(c)

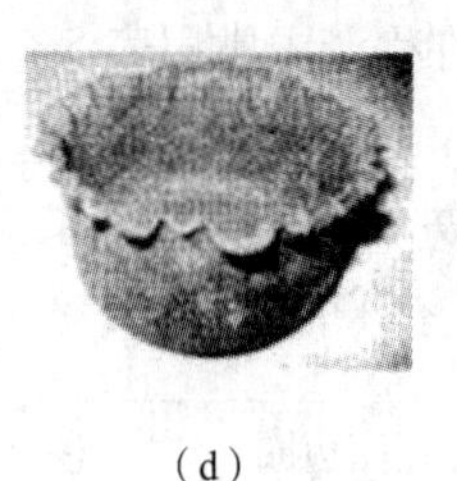
(d)

图 5－10　拉深件起皱

(a) 起皱现象；(b) 轻微起皱影响拉深件质量；(c) 严重起皱导致破裂；(d) 实物图片

(2) 切向压应力 σ_3 的大小。切向压应力 σ_3 的大小取决于变形程度，变形程度越大，需要转移的剩余材料越多，加工硬化现象越严重，则 σ_3 越大，就越容易起皱。

(3) 材料的力学性能。坯料的屈强比 σ_s/σ_b 越小，则屈服极限越小，变形区内的切向压应力也相对减小，因此坯料不易起皱；板厚方向性系数 γ 越大，则坯料在宽度方向上的变形要易于厚度方向，材料易于沿平面流动，因此不容易起皱。

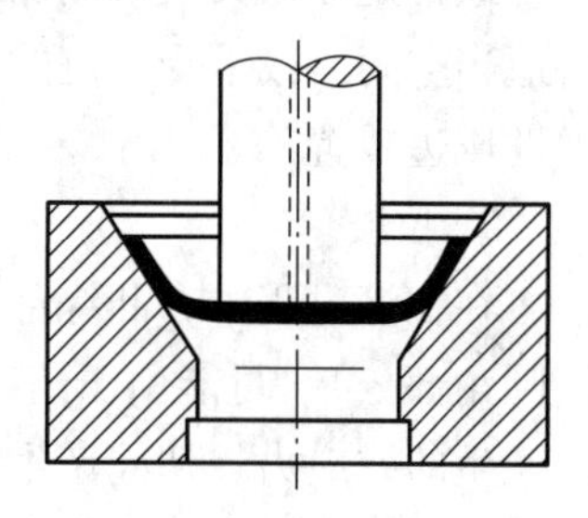
图 5－11　锥形凹模拉深

(4) 凹模工作部分的几何形状。与普通的平端面凹模相比，锥形凹模（图 5－11）能保证在拉深开始时坯料有一定的预变形，减小坯料流入模具间隙时的摩擦阻力和弯曲变形阻力，因此，起皱的倾向小，可以用相对厚度较小的毛坯进行拉深而不致起皱。

平端面凹模首次拉深时，坯料不起皱的条件是

$$\frac{t}{D} \geqslant (0.09-0.17)\left(1-\frac{d}{D}\right) \tag{5-1}$$

锥形凹模首次拉深时，坯料不起皱的条件是

$$\frac{t}{D} \geqslant 0.03\left(1-\frac{d}{D}\right) \tag{5-2}$$

2）起皱的判断

确定拉深件的成形工艺时，必须根据影响拉深时起皱的因素，先判断该拉深件在拉深过程中是否会发生起皱，如果不起皱，则可以采用无压边圈的模具；否则，应该采用带压边装置的模具，如图 5－12 所示。

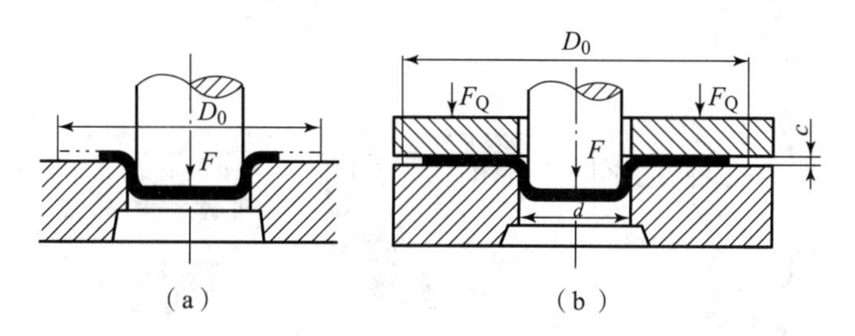

图 5－12　有、无压边圈模具结构

(a) 无压边圈模具；(b) 带压边圈模具

在生产中常用表 5－1 来判断拉深过程中是否起皱和是否采用压边圈。

表 5－1　是否采用压边圈的条件（平面凹模）

拉深方法	第一次拉深		以后各次拉深	
	$(t/D)\times 100$	m_1	$(t/d_{n-1})\times 100$	m_n
用压边圈	<1.5	<0.6	<1.0	<0.8
可用，可不用	1.5～2.0	0.6	1.0～1.5	0.8
不用压边圈	>2.0	>0.6	>1.5	>0.8

3）防皱措施

通常是在模具上采用加压边装置，使坯料被夹的两平面部分在凹模平面与压边圈之间保持适当空间，或承受一定的压力并顺利通过，就不会起皱。常用压边装置有刚性压边装置和弹性压边装置等。

2. 拉裂

在拉深过程中，凸缘部分材料逐渐转移到筒壁，在靠近筒底与筒壁部分的交界处（凸模圆角部分），可能由于凸缘起皱，坯料不能通过凸、凹模间隙，或者由于压边力过大，径向产生的拉应力、切向产生的压应力增大；再者，该处所需要转移的材料又较少，造成该处变形程度加大，变薄最为严重，成为整个拉深件最薄弱的地方，通常称此断面为“危险断面”。倘若此处的拉应力超过材料的强度极限，则拉深件将在此处拉裂，如图 5－13 所示。即使未拉裂，材料在该处变薄过于严重，也会导致拉深件报废。

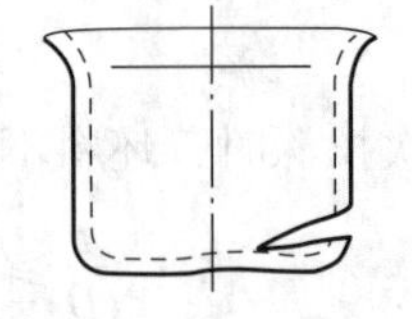
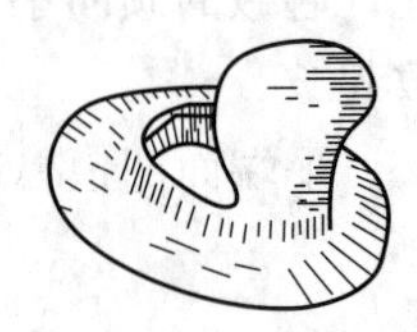

图 5－13　拉裂

要防止产生拉裂，关键就是减小拉深阻力。生产实际中常用适当加大模具圆角半径，采用适当的拉深系数和压边力，多次拉深，改善凸缘部分变形材料的润滑条件，增加凸模的表面粗糙度和选用拉深性能好的材料等防止产生拉裂。

3. 突耳

筒形件拉深，在拉深件口端出现有规律的高低不平的现象称为突耳，如图 5－14 所示。一般有四个突耳，有时是两个或六个，甚至八个突耳。产生突耳的原因是板材的各向异性，在板材异向性小的部位，板料变厚，此处筒壁高度较低。在板材异向性大的部位，板料厚度变化不大，而筒壁高度被拉得较高，出现突耳。所以板材的各向异性越大，突耳现象越严重。

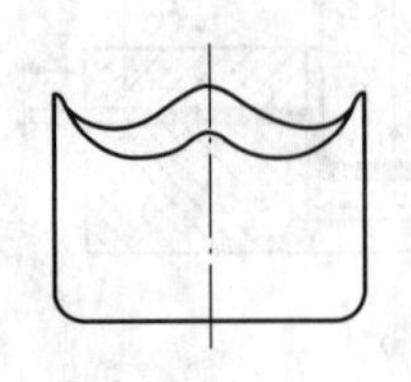
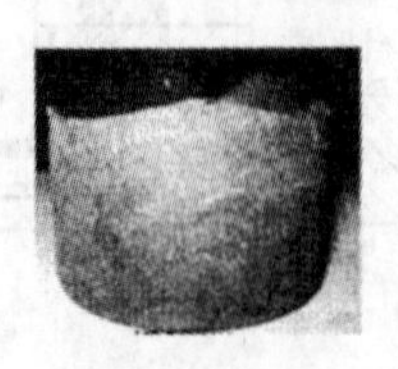

图 5－14　突耳

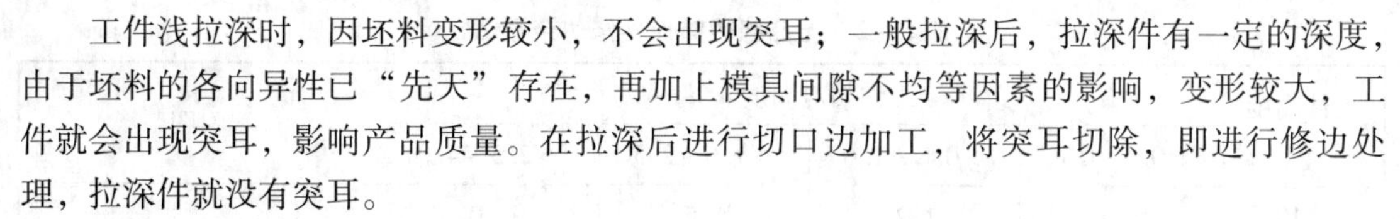

工件浅拉深时，因坯料变形较小，不会出现突耳；一般拉深后，拉深件有一定的深度，由于坯料的各向异性已“先天”存在，再加上模具间隙不均等因素的影响，变形较大，工件就会出现突耳，影响产品质量。在拉深后进行切口边加工，将突耳切除，即进行修边处理，拉深件就没有突耳。

4. 时效开裂

所谓时效开裂，是指制件拉深成形后，由于经受撞击或振动，或存放一段时间后受残余应力的影响而出现龟裂现象（且一般是口端先开裂，进而扩展开来）。预防时效开裂的措施有：拉深后及时修边；在拉深过程中及时进行中间退火；在多次拉深时尽量在其口部留一条宽度较小的凸缘边等。

任务 2　无凸缘圆筒形件拉深工艺设计

任务描述

利用绘图软件确定无凸缘圆筒形件拉深毛坯尺寸，并通过计算确定拉深次数和各次拉深的半成品件尺寸。

相关知识

图 5－1 所示为无凸缘圆筒形件，该类零件是最典型的拉深件，掌握了它的工艺计算方法后，其他类型零件的工艺计算可以借鉴其计算方法。无凸缘圆筒形件工艺设计包括零件毛坯尺寸计算、拉深次数确定、半成品尺寸计算三个部分。

一、零件毛坯尺寸计算

拉深件毛坯形状和尺寸的确定是拉探工艺设计中的一项重要内容，也是设计落料模主要尺寸的依据。拉深件毛坯形状和尺寸的确定依据是：

（1）形状相似原则。旋转体拉深件毛坯的形状与拉深件的截面形状相似，均为圆形。对于非旋转体形状的拉深件，不具有这种相似性。

（2）表面积相等原则。在不考虑板料厚度变化的情况下，拉深前毛坯的表面积等于拉深后拉深件的表面积。

拉深件毛坯形状和尺寸确定的步骤如下：

（1）确定修边余量。由于材料的各向异性及拉深时金属流动条件的差异，拉深后工件的口部一般不齐，所以拉深后需增加修边工序，以保证拉深件口部平齐，因此，在计算拉深件毛坯尺寸时应考虑修边余量。无凸缘圆筒形件的修边余量如表 5－2 所示。

表 5-2 无凸缘圆筒形件修边余量 Δh mm

工件高度 h	工件相对高度 h/d				附图
	>0.5~0.8	>0.8~1.6	>1.6~2.5	>2.5~4.0	
≤10	1.0	1.2	1.5	2.0	
>10~20	1.2	1.6	2.0	2.5	
>20~50	2.0	2.5	3.3	4.0	
>50~100	3.0	3.8	5.0	6.0	
>100~150	4.0	5.0	6.5	8.0	
>150~200	5.0	6.3	8.0	10.0	
>200~250	6.0	7.5	9.0	11.0	
>250	7.0	8.5	10.0	12.0	

（2）计算拉深件的表面积。为便于计算，把拉深件划分成若干个简单的几何体，分别求出其表面积后相加，即可得出拉深件的表面积。如图 5-15 所示，将无凸缘圆筒形件划分为三个可直接计算出表面积的简单几何体——圆筒部分 1、圆弧旋转而成的球台部分 2 及底部圆形平板 3。

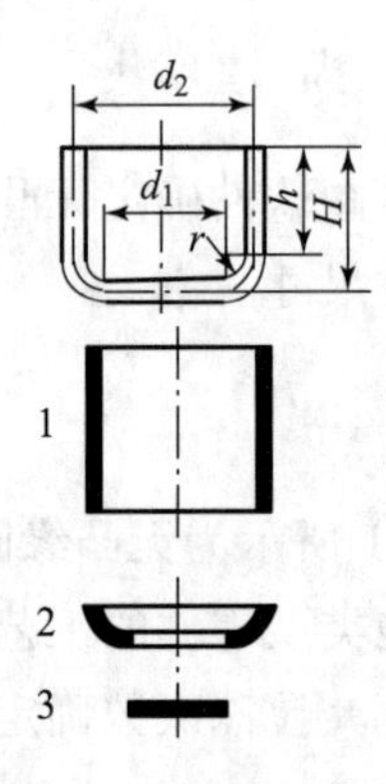

图 5-15 无凸缘圆筒形件毛坯尺寸计算分解图

圆筒部分的表面积为

$$A_1 = \pi d_2(h+\delta) \tag{5-3}$$

圆弧旋转而成的球台部分的表面积为

$$A_2 = 2\pi\left(\frac{d_1}{2}+\frac{2r}{\pi}\right)\frac{\pi}{2}r = \frac{\pi}{4}(2\pi r d_1 + 8r^2) \tag{5-4}$$

底部圆形平板的表面积为

$$A_3 = \frac{\pi}{4}d_1^2 \tag{5-5}$$

则拉深件总的表面积 A 应为以上三个部分面积之和，即

$$A = A_1 + A_2 + A_3 \tag{5-6}$$

（3）根据毛坯的表面积等于拉深件的表面积，求出毛坯的直径 D。即

$$\frac{\pi}{4}D^2 = \pi d_2(h+\delta) + \frac{\pi}{4}(2\pi r d_1 + 8r^2) + \frac{\pi}{4}d_1^2 \tag{5-7}$$

化简得

$$D = \sqrt{d_2^2 + 2d_2H - 1.72rd_2 - 0.56r^2} \tag{5-8}$$

计算毛坯尺寸最根本的依据其实是体积不变，因此，可利用 UG 软件画出拉深件三维图（拉深高度要加上修边余量），查询拉深件的体积 V，根据体积不变有

$$\frac{\pi}{4}D^2 t = V \tag{5-9}$$

化简得

$$D=\sqrt{\frac{4V}{\pi t}} \tag{5-10}$$

二、拉深次数确定

拉深次数与每次允许的拉深变形程度有关，而拉深变形程度通常以拉深系数 m 来衡量。

1. 拉深系数的概念

拉深系数是指拉深后圆筒形件的直径与拉深前毛坯（或半成品）的直径之比，如图 5－16 所示。根据拉深系数的定义及图 5－16 可得各次拉深系数分别为：

第 1 次拉深系数：$$m_1=\frac{d_1}{D}$$

第 2 次拉深系数：$$m_2=\frac{d_2}{d_1}$$

…

第 n 次拉深系数：$$m_n=\frac{d_n}{d_{n-1}} \tag{5-11}$$

拉深件的总拉深系数等于各次拉深系数的乘积，即

$$m_{总}=\frac{d_n}{D}=\frac{d_1}{D}\frac{d_2}{d_1}\frac{d_3}{d_2}\cdots\frac{d_{n-1}}{d_{n-2}}\frac{d_n}{d_{n-1}}=m_1m_2m_3\cdots m_{n-1}m_n \tag{5-12}$$

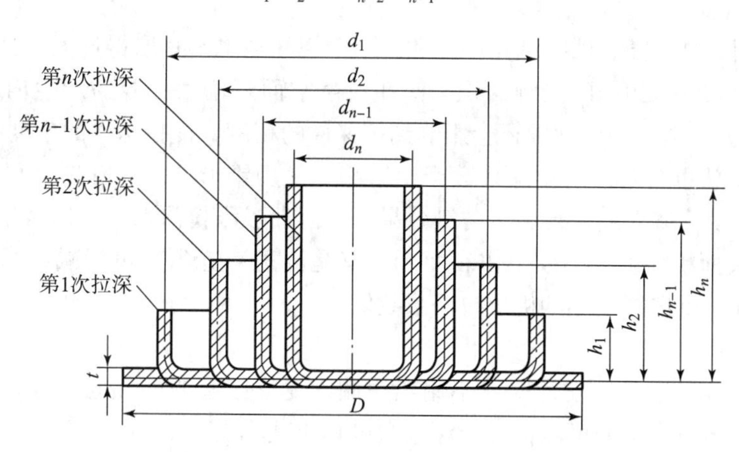

图 5－16　多次拉深工序示意图

拉深系数是拉深工艺的重要参数，它表示拉深变形过程中坯料的变形程度，m 值越小，拉深时坯料的变形程度越大。在工艺计算中，只要知道每次拉深工序的拉深系数值，就可以计算出各次拉深工序的半成品件的尺寸，并确定出该拉深件工序次数。从降低生产成本出发，希望拉深次数越少越好，即采用较小的拉深系数。但根据前述力学分析知，拉深系数的减少有一个限度，这个限度称为极限拉深系数，超过这一限度，会使变形区危险断面产生破裂。因此，每次拉深选择使拉深件不破裂的最小拉深系数，才能保证拉深工艺的顺利实现。

2. 影响极限拉深系数的因素

在不同条件下，极限拉深系数是不同的，其大小受以下因素影响。

1）材料方面

（1）材料的组织和力学性能影响极限拉深系数。一般来说，材料组织均匀、晶粒大小适当、屈强比 σ_s/σ_b 小、塑性好、板厚方向性系数 γ 小、塑性应变比大、硬化指数 n 大的板料，变形抗力小，筒壁传力区不容易产生局部严重变薄和拉裂，因此拉深性能好，极限拉深系数较小。

（2）坯料的相对厚度 t/D 也会对极限拉深系数产生影响。t/D 大时，抗失稳能力较强，不易起皱，可以不采用压边或减小压边力，从而减少摩擦损耗，有利于拉深，故极限拉深系数 m 较小。

（3）材料的表面质量。材料表面光滑，拉深时摩擦力小，容易流动，故极限拉深系数较小。

2）模具方面

（1）凸、凹模圆角半径。凸模圆角半径太小，坯料绕凸模弯曲的拉应力增加，易造成局部变薄严重，降低危险断面的强度，因而会降低极限变形程度；凹模圆角半径太小，坯料在拉深过程中通过凹模圆角半径时弯曲阻力增加，增加了筒壁传力区的拉应力，也会降低极限变形程度。

（2）凸、凹模间隙。间隙太小，坯料会受到较大的挤压作用和摩擦阻力，增大了拉深力，使极限变形程度减小。因此，为了减小极限拉深系数，凸、凹模圆角半径及间隙应适当取较大值。

但需要说明的是，凸、凹模圆角半径和凸、凹模间隙也不宜取得过大，否则会减小坯料与凸、凹模端面以及压边圈的接触面积，使坯料悬空面积增大，容易产生内皱（悬空部分起皱）；同时过大的凸、凹模间隙还会影响到拉深件的精度，使拉深件的锥度和回弹增大。

（3）模具形状也会对极限拉深系数产生影响。使用锥形凹模拉深时，可减少材料流过凹模圆角时的摩擦力和弯曲变形力，防皱效果好，因而极限拉深系数可以减小。

（4）凹模表面粗糙度。凹模工作表面（尤其是圆角）光滑，可以减小摩擦阻力和改善金属的流动情况，可选择较小的极限拉深系数值。

3）拉深条件

（1）是否采用压边圈。拉深时若不用压边圈，变形区起皱的倾向增加，有压边装置的拉深模，减小了坯料起皱的可能性，拉深系数可相应减小。

（2）拉深次数。第一次拉深时，因材料没有产生冷作硬化，塑性好，极限拉深系数可小些。以后的拉深中因材料产生硬化，塑性越来越差，变形越来越困难，故一道比一道的拉深系数大。

（3）润滑情况。润滑好则摩擦小，极限拉深系数可小些。但凸模不必润滑，否则会减弱凸模表面摩擦对危险断面处的有益作用（盒形件例外）。

（4）工件形状。工件的形状不同，则变形时应力与应变状态不同，极限变形量也就不同。

（5）拉深速度。一般情况下，拉深速度对极限拉深系数的影响不太大，但对变形速度敏感的金属（如铁合金、不锈钢和耐热钢等），拉深速度大时，应选用较大的极限拉深系数。

以上分析说明，凡是能增加筒壁传力区拉应力和能减小危险断面强度的因素均使极限拉深系数加大；反之，凡是可以降低筒壁传力区拉应力及增加危险断面强度的因素都有利于变形区的塑性变形，极限拉深系数就可以减小。

但是，实际生产中，并不是所有的拉深都采用极限拉深系数，因为采用极限值会引起危险断面区域过渡变薄而降低零件的质量。因此，当零件质量有较高的要求时，必须采用大于极限值的拉深系数。

3. 拉深系数值的确定

由于影响极限拉深系数的因素较多，因此实际生产中的极限拉深系数是考虑了各种具体条件后用试验的方法求出的经验值。通常首次拉深的拉深系数为 0.46～0.60，以后各次拉深的拉深系数为 0.70～0.86。无凸缘圆筒形件有压边圈和无压边圈时的极限拉深系数可查表 5-3 和表 5-4。

表 5-3　无凸缘圆筒形件带压边圈的极限拉深系数

各次极限拉深系数	毛坯相对厚度 $(t/D)\times100$					
	2.0～1.5	1.5～1.0	1.0～0.6	0.6～0.3	0.3～0.15	0.15～0.08
$[m_1]$	0.48～0.50	0.50～0.53	0.53～0.55	0.55～0.58	0.58～0.60	0.60～0.63
$[m_2]$	0.73～0.75	0.75～0.76	0.76～0.78	0.78～0.79	0.79～0.80	0.80～0.82
$[m_3]$	0.76～0.78	0.78～0.79	0.79～0.80	0.80～0.81	0.81～0.82	0.82～0.84
$[m_4]$	0.78～0.80	0.80～0.81	0.81～0.82	0.82～0.83	0.83～0.85	0.85～0.86
$[m_5]$	0.80～0.82	0.82～0.84	0.84～0.85	0.85～0.86	0.86～0.87	0.87～0.88

注：1. 表中的系数适用于 08、10、15Mn 钢等普通拉深钢及软黄铜 H62、H68。对拉深性能较差的材料，如 20、25、Q215、Q235、酸洗钢、硬铝、硬黄铜等，应比表中数值增大 1.5%～2.0%；对塑性更好的材料，如软铝应比表中数值小 1.5%～2.0%。
2. 表中数据适用于未经中间退火的拉深，当有中间退火时，可将表中数值减小 2%～3%。
3. 表中较小值适用于凹模圆角半径 $r_d=(8\sim15)t$，较大值适用于 $r_d=(4\sim8)t$。

表 5-4　无凸缘圆筒形件不用压边圈的极限拉深系数

各次极限拉深系数	毛坯相对厚度 $(t/D)\times100$				
	1.5	2.0	2.5	3.0	>3.0
$[m_1]$	0.65	0.60	0.55	0.53	0.50
$[m_2]$	0.80	0.75	0.75	0.75	0.70
$[m_3]$	0.84	0.80	0.80	0.80	0.75
$[m_4]$	0.87	0.84	0.84	0.84	0.78
$[m_5]$	0.90	0.87	0.87	0.87	0.82
$[m_6]$		0.90	0.90	0.90	0.85

4. 拉深次数 n 的确定

知道了每次拉深允许的极限变形程度，即可求出拉深次数。拉深次数 n 的确定步骤如下：

（1）判断能否一次拉成。比较拉深件实际所需的总拉深系数 $m_{总}$ 和第一次允许使用的极限拉深系数 $[m_1]$ 的大小，即可判断能否一次拉成。若 $m_{总} \geqslant [m_1]$，可以一次拉成，否则需要多次拉深。

（2）当需要多次拉深时，就需要进一步确定拉深次数。生产中常用的方法有推算法和查表法。

①推算法。首先查表5－3或表5－4，得到每次拉深的极限拉深系数 $[m_1]$、$[m_2]$、…、$[m_n]$，然后假设以此极限拉深系数进行拉深，这样就可以依次求出每次拉深的最小拉深直径，直到 $d_{n-1} > d$，且 $d_n \leqslant d$，n 即拉深次数。即

$$
\begin{aligned}
d_1 &= [m_1]D \\
d_2 &= [m_2]d_1 \\
&\vdots \\
d_n &= [m_n]d_{n-1}
\end{aligned}
\tag{5-13}
$$

②查表法。拉深次数也可根据拉深件相对高度 h/d 和毛坯相对厚度 t/D 查表5－5得到。

表5－5　无凸缘圆筒形件毛坯相对厚度与拉深次数的关系

拉深次数	毛坯相对厚度 $(t/D)\times 100$					
	2.0～1.5	1.5～1.0	1.0～0.6	0.6～0.3	0.3～0.15	0.15～0.08
1	0.94～0.77	0.84～0.65	0.71～0.57	0.62～0.50	0.50～0.45	0.46～0.38
2	1.88～1.54	1.60～1.32	1.36～1.10	1.13～0.94	0.96～0.63	0.9～0.7
3	3.5～2.7	2.8～2.2	2.3～1.8	1.9～1.5	1.6～1.3	1.3～1.1
4	5.6～4.3	4.3～3.5	3.6～2.9	2.9～2.4	2.4～2.0	2.0～1.5
5	8.9～6.6	6.6～5.1	5.2～4.1	4.1～3.3	3.3～2.7	2.7～2.0

三、拉深工序件的尺寸确定

1. 半成品的直径 d_i

在确定拉深次数时，是假设以极限拉深系数进行拉深的。但是实际生产中一般不会选择极限拉深系数，所以需要重新计算半成品的直径。因为最后一次拉深的直径实际上是工件的直径 d，而不是计算值 d_n（$d_n < d$），所以最后一次拉深并没有达到极限变形程度，因此要对上述计算的直径结果进行调整，目的就是将最后一次的变形余量相对均匀地分配到前面各次拉深中，使得每次拉深的变形程度均小于相对应的极限变形程度。

设实际采用的拉深系数为 m_1、m_2、…、m_n，调整时使得 $m_1-[m_1] \approx m_2-[m_2] \approx \cdots \approx m_n-[m_n]$，即可求出各次拉深的半成品直径。

$$
\begin{aligned}
d_1 &= m_1 D \\
d_2 &= m_2 d_1 \\
&\vdots \\
d_n &= m_n d_{n-1}
\end{aligned}
\tag{5-14}
$$

调整后要尽量使 d_1、d_2、…、d_{n-1} 值取整。

2. 筒壁高度 h_i

根据拉深前后毛坯与零件表面积相等的原则可推导出求圆筒形件高度的公式：

$$h_i = \frac{D^2 - d_i^2 + 1.72r_id_i + 0.568r_i^2}{4d_i} \tag{5-15}$$

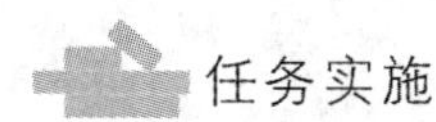任务实施

1. 零件毛坯尺寸计算

1）确定修边余量 Δh

$h/d = 199/88 = 2.26$，查表5－2得 $\Delta h = 8$ mm。

2）计算毛坯直径 D

利用UG造型并查询工件体积 $V = 125\ 903\ \text{mm}^3$，则

$$D = \sqrt{\frac{4V}{\pi t}} = \sqrt{\frac{4 \times 125\ 903}{3.14 \times 2}} = 283\ (\text{mm})$$

3）确定是否采用压边圈

$(t/D) \times 100 = (2/283) \times 100 = 0.7$，查表5－1可知，需采用压边圈。

2. 拉深次数确定

1）判断能否一次拉成

查表5－3可得 $[m_1] = 0.53$，该零件的总拉深系数 $m_{总} = d/D = 88/283 = 0.31$，即 $m_{总} < [m_1]$，故该零件不能一次拉成。

2）确定拉深次数 n

由表5－3查得各次极限拉深系数，并采用推算法计算各次拉深直径：

$$[m_1] = 0.54,\ d_1 = [m_1]D = 0.54 \times 283 = 152.82\ (\text{mm})$$
$$[m_2] = 0.77,\ d_2 = [m_2]d_1 = 0.77 \times 152.82 = 117.67\ (\text{mm})$$
$$[m_3] = 0.80,\ d_3 = [m_3]d_2 = 0.80 \times 117.67 = 94.14\ (\text{mm})$$
$$[m_4] = 0.82,\ d_4 = [m_4]d_3 = 0.82 \times 94.14 = 77.2\ (\text{mm})$$

故该拉深件需4次拉深。

3. 拉深工序件的尺寸确定

1）调整工序件的直径 d'_i

$$d'_1 = m_1D = 0.57 \times 283 = 161\ (\text{mm})$$
$$d'_2 = m_2d'_1 = 0.79 \times 161 = 127\ (\text{mm})$$
$$d'_3 = m_3d'_2 = 0.82 \times 127 = 104\ (\text{mm})$$
$$d'_4 = m_4d'_3 = 0.85 \times 104 = 88\ (\text{mm})$$

2）筒底圆角半径 r_i

取 $r_1 = 12$ mm，$r_2 = 8$ mm，$r_3 = 5$ mm。

3）筒壁高度 h_i

代入式（5－15）得各次半成品的高度为

$$h_1 = \frac{283^2 - 161^2 + 1.72 \times 12 \times 161 + 0.56 \times 12^2}{4 \times 161} = 89\ (\text{mm})$$

$$h_2 = \frac{283^2 - 127^2 + 1.72 \times 8 \times 127 + 0.56 \times 8^2}{4 \times 127} = 129\ (\text{mm})$$

$$h_3 = \frac{283^2 - 104^2 + 1.72 \times 5 \times 104 + 0.56 \times 5^2}{4 \times 104} = 169\ (\text{mm})$$

拉深得到的各次半成品如图 5－17 所示。第 4 次拉深即零件的实际尺寸，不必计算。

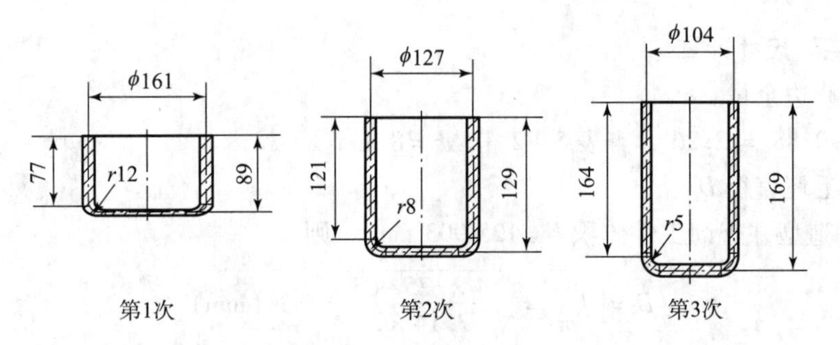

图 5－17　零件各次拉深的半成品尺寸

任务 3　有凸缘圆筒形件拉深工艺设计

任务描述

图 5－18 所示的宽凸缘拉深件，材料为 08 钢，料厚为 2 mm，试确定其所需拉深次数，并计算各工序件尺寸。

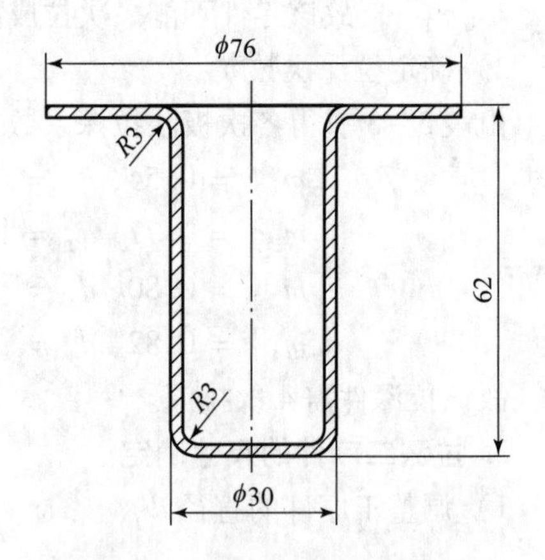

图 5－18　宽凸缘圆筒形件零件图

相关知识

一、有凸缘圆筒形件的拉深特点

有凸缘圆筒形件相当于无凸缘圆筒形件拉深至中间某一时刻的半成品，即变形区材料没有完全被拉入凸、凹模的间隙中变成筒壁，还留有一个凸缘 d_f，因此，其变形区的应力和变形特点与无凸缘圆筒形件相同。但由于带有凸缘，其拉深方法及工艺计算方法与一般圆筒形件又有一定的差别。

根据凸缘的相对直径 d_f/d 的比值不同，有凸缘圆筒形件可分为窄凸缘件（$d_f/d = 1.1 \sim 1.4$）和宽凸缘件（$d_f/d > 1.4$）两种。

1. 窄凸缘圆筒形件

窄凸缘圆筒形件拉深时的工艺计算完全按一般圆筒形零件的计算方法，若 h/d 大于一次拉深的许用值，只在倒数第二道才拉出凸缘或者拉成锥形凸缘，最后校正成水平凸缘，如图 5-19 所示。

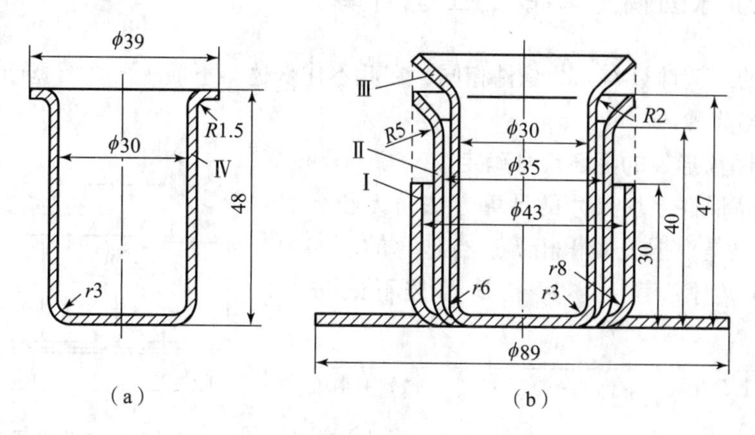

图 5-19　窄凸缘圆筒形件拉深

2. 宽凸缘圆筒形件

在首次拉深中即形成工件要求的凸缘直径，而在以后的拉深中保持凸缘直径不变，因为后续拉深时，d_f 的微量缩小也会使中间圆筒部分的拉应力过大而使危险断面破裂，因此，必须正确计算拉深高度，严格控制凸模进入凹模的深度。为保证后续拉深凸缘直径不减小，在设计模具时，通常让第一次拉深时拉入凹模的材料表面积比所需的面积多拉进 3% ~10%（拉深工序多取上限，少取下限），即圆筒形部的深度比实际的要大些。这部分多拉进凹模的材料从以后的各次拉深中逐步分次返回到凸模上来（每次 1.5% ~3.0%）。这样做既可以防止筒部被拉破，也能补偿计算上的误差和板材在拉深中的厚度变化，还能方便试模时的调整。返回到凸缘的材料会使筒口处的凸缘变厚或形成微小的波纹，但能保持 d_f 不变，产生的缺陷可通过校正工序得到校正。

宽凸缘拉深的特点：

（1）宽凸缘件的拉深变形程度不能用拉深系数的大小来衡量。在拉深有凸缘筒形件时，在同样大小的首次拉深系数 $m_1 = d/D$ 的情况下，采用相同毛坯直径 D 和相同的零件直径 d 时，可以拉深出不同凸缘直径 d_{f1}、d_{f2}和不同高度 h_1、h_2 的制件（图 5-20）。从图中可知，其 d_f 值越小，h 值越高，拉深变形程度越大。因此 $m_1 = d/D$ 并不能表达在拉深有凸缘零件时的各种不同的 d_f 和 h 的实际变形程度。

（2）宽凸缘件的首次极限拉深系数比圆筒件要小。

（3）宽凸缘件的首次极限拉深系数值与零件的相对凸缘直径 d_f/d 有关。

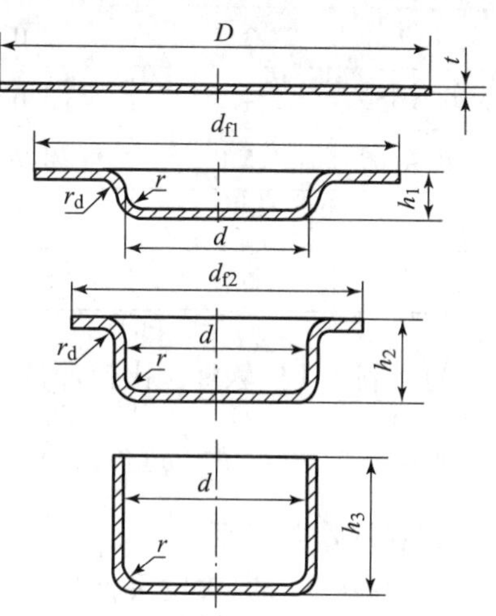

图 5-20　拉深时凸缘尺寸的变化

二、有凸缘圆筒形零件的工艺计算

窄凸缘件的工艺计算与无凸缘件相同，在此不作赘述。下面主要介绍宽凸缘圆筒形件工艺计算的方法与步骤。

1. 宽凸缘圆筒形件的毛坯尺寸确定

宽凸缘圆筒形件毛坯尺寸的计算方法与无凸缘圆筒形件相同，也是根据表面积相等进行计算的。如图 5－21 所示的工件，其毛坯直径 D 可按下式进行计算：

$$D = \sqrt{d_f^2 - 1.72d(r_p + r_d) - 0.56(r_p^2 - r_d^2) + 4dh} \quad (5-16)$$

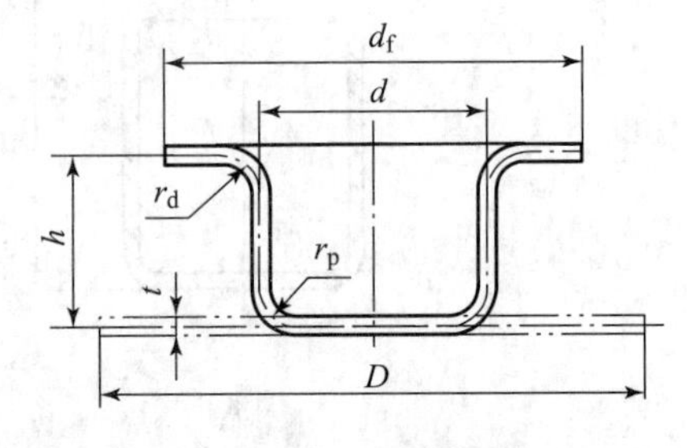

图 5－21　宽凸缘圆筒形件尺寸

当 $r_p = r_d = r$ 时，宽凸缘圆筒形件的毛坯直径计算公式可简化为

$$D = \sqrt{d_f^2 + 4dh - 3.44dr} \quad (5-17)$$

式中各字母的含义如图 5－22 所示，其中 d_f 包含表 5－6 所示的修边余量 Δd_f。

表 5－6　有凸缘圆筒形件修边余量 Δd_f　　mm

凸缘直径 d_f	相对凸缘直径 d_f/d				附图
	<1.5	1.5～2.0	2.0～2.5	2.5～3.0	
≤25	1.8	1.6	1.4	1.2	Δd_f d_f d
>25～50	2.5	2.0	1.8	1.6	
>50～100	3.5	3.0	2.5	2.2	
>100～150	4.3	3.6	3.0	2.5	
>150～200	5.0	4.2	3.5	2.7	
>200～250	5.5	4.6	3.8	2.8	
>250	6.0	5.0	4.0	3.0	

也可利用 UG 软件画出拉深件三维图（凸缘部分要加上修边余量），查询拉深件的体积 V，利用公式 $D = \sqrt{\frac{4V}{\pi t}}$ 进行计算。

2. 拉深次数确定

1）判断能否一次拉深成形

比较工件实际所需的总拉深系数 $m_总$ 和相对高度 h/d 与凸缘件第一次拉深的极限拉深系数 $[m_1]$（见表 5－7）和极限拉深相对高度 $[h_1/d_1]$（见表 5－8），若 $m_总 \geq [m_1] h/d \leq h_1/d_1$，则能一次拉深成形，否则应多次拉深。

表 5-7　宽凸缘圆筒形件首次拉深的极限拉深系数 $[m_1]$

凸缘相对直径 d_f/d_1	毛坯相对厚度 $(t/D)\times100$				
	>0.06~0.20	>0.20~0.50	>0.50~1.00	>1.00~1.50	>1.50
≤1.1	0.59	0.57	0.55	0.53	0.50
>1.1~1.3	0.55	0.54	0.53	0.51	0.49
>1.3~1.5	0.52	0.51	0.50	0.49	0.47
>1.5~1.8	0.48	0.48	0.47	0.46	0.45
>1.8~2.0	0.45	0.45	0.44	0.43	0.42
>2.0~2.2	0.42	0.42	0.42	0.41	0.40
>2.2~2.5	0.38	0.38	0.38	0.38	0.37
>2.5~2.8	0.35	0.35	0.34	0.34	0.33
>2.8~3.0	0.33	0.33	0.32	0.32	0.31
注：表中系数适用于08、10钢。对于其他材料，可根据其成形性能的优劣对表中数值作适当修正。					

表 5-8　宽凸缘圆筒形件首次拉深的最大相对高度 $[h_1/d_1]$

凸缘相对直径 d_f/d_1	毛坯相对厚度 $(t/D)\times100$				
	>0.06~0.20	>0.20~0.50	>0.50~1.00	>1.00~1.50	>1.50
≤1.1	0.45~0.52	0.50~0.62	0.57~0.70	0.60~0.80	0.75~0.90
>1.1~1.3	0.40~0.47	0.45~0.53	0.50~0.60	0.56~0.72	0.65~0.80
>1.3~1.5	0.35~0.42	0.40~0.48	0.45~0.53	0.50~0.63	0.52~0.70
>1.5~1.8	0.29~0.35	0.34~0.39	0.37~0.44	0.42~0.53	0.48~0.58
>1.8~2.0	0.25~0.30	0.29~0.34	0.32~0.38	0.36~0.46	0.42~0.51
>2.0~2.2	0.22~0.26	0.25~0.29	0.27~0.33	0.31~0.40	0.35~0.45
>2.2~2.5	0.17~0.21	0.20~0.23	0.22~0.27	0.25~0.32	0.28~0.35
>2.5~2.8	0.16~0.18	0.15~0.18	0.17~0.21	0.19~0.24	0.22~0.27
>2.8~3.0	0.10~0.13	0.12~0.15	0.14~0.17	0.16~0.20	0.18~0.22
注：1. 表中系数适用于08、10钢。对于其他材料，可根据其成形性能的优劣对表中数值作适当修正。 2. 圆角半径大时 $[r_p, r_d=(10\sim20)t]$ 取较大值；圆角半径小时 $[r_p, r_d=(4\sim8)t]$ 取较小值。					

2）计算拉深次数

凸缘件多次拉深时，第一次拉深后得到的半成品尺寸在保证凸缘直径满足要求的前提下，其筒部直径 d_1 应尽可能小，以减少拉探次数，同时又能尽量多地将坯料拉入凹模。

宽凸缘件的拉深次数可用推算法求得。具体做法是：

先假定 d_f/d 的值，根据相对板料厚度 t/D 由表 5-7 查出第一次拉深的极限拉深系数 $[m_1]$，据此计算 d_1，再由表 5-3 查出以后各次拉深的极限拉深系数，依次计算各次拉深的极限拉深直径，一直计算到小于或等于工件直径为止，即可得到拉深次数 n。

3）计算半成品尺寸

半成品尺寸包括筒部直径 d_i 、高度 h_i 和圆角半径 r_{pi}、r_{di} 。拉深次数确定以后，应重新调整各次拉深系数，并满足 $d = m_1 \times m_2 \times \cdots \times m_n \times D$ 。此时应重新计算各次拉深半成品的筒部直径 d_i。

参照无凸缘圆筒形件的设计方法确定圆角半径 r_{pi}、r_{pi} 。按下式计算半成品高度 h_i：

$$h = 0.25\frac{D^2 - d_f^2}{d_i} + 0.43(r_{pi} + r_{di}) + 0.14\frac{r_{pi}^2 - r_{di}^2}{d_i} \tag{5-18}$$

式中　D——毛坯直径，mm；

d_f——零件的凸缘直径，mm；

d_i——第 i 次拉深后零件的筒部直径，mm；

r_{pi}——第 i 次拉深后凸模处圆角半径，mm；

r_{di}——第 i 次拉深后凹模处圆角半径，mm。

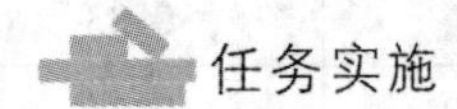任务实施

1. 计算毛坯直径

1）确定修边余量 Δd_f

$d_f/d = 76/28 = 2.7$ ，查表 5－6 可得 $\Delta d_f = 2.2$ mm，所以拉深件的实际凸缘尺寸 $d_f = 76 + 2.2 \times 2 = 80.4$（mm）。

2）计算毛坯直径

因为 $r_p = r_d = 4$ mm，代入下式可得 $D = 113$ mm：

$$\begin{aligned} D &= \sqrt{d_f^2 - 1.72d(r_p + r_d) - 0.56(r_p^2 - r_d^2) + 4dh} \\ &= \sqrt{80.4^2 - 1.72 \times 28 \times (4+4) - 0.56 \times (4^2 - 4^2) + 4 \times 28 \times 60} \\ &= 113\ \text{(mm)} \end{aligned}$$

2. 计算拉深次数

1）判断能否一次拉深成形

$d_f/d = 80.4/28 = 2.87; (t/D) \times 100 = (2/113) \times 100 = 1.77$ ，查表 5－7、表 5－8 可知，其首次拉深的极限拉深系数 $[m_1] = 0.31$ ，首次拉深的最大相对高度 $[h_1/d_1] = 0.18 \sim 0.22$。

该零件的实际总拉深系数 $m_总 = 28/113 = 0.248$ ，实际总拉深相对高度为 $h/d = 60/28 = 2.14$。因为 $m_总 < [m_1], h/d > [h_1/d_1]$ ，故该零件不能一次拉深成形。

2）计算拉深次数

先假定 d_f/d 值，求出 d_1 ，计算实际首次拉深系数 m_1 ，与首次极限拉深系数 $[m_1]$ 相比，比较结果如表 5－9 所示。

表 5－9　假定值计算结果

相对凸缘直径假定值 d_f/d	毛坯相对厚度 $(t/D) \times 100$	第一次拉深直径 d_1/mm	实际拉深系数 $m_1 = d_1/D$	极限拉深系数 $[m_1]$
1.2	1.77	$d_1 = 80.4/1.2 = 67$	0.59	0.49
1.3	1.77	$d_1 = 80.4/1.3 = 61.8$	0.55	0.49

续表

相对凸缘直径假定值 d_f/d	毛坯相对厚度 $(t/D)\times100$	第一次拉深直径 d_1/mm	实际拉深系数 $m_1=d_1/D$	极限拉深系数 $[m_1]$
1.4	1.77	$d_1=80.4/1.4=57.4$	0.51	0.47
1.5	1.77	$d_1=80.4/1.5=53.6$	0.47	0.47
1.6	1.77	$d_1=80.4/1.6=50.3$	0.44	0.45

由表5－9中数据可以看出，$d_f/d=1.4$ 时符合要求。故初选 $d_1=57$ mm。

查表5－3可得，$[m_2]=0.74$，$[m_3]=0.77$，$[m_4]=0.79$。

$$d_2=[m_2]d_1=0.74\times57=42.18\ (\text{mm})$$

$$d_3=[m_3]d_2=0.77\times42.18=32.48\ (\text{mm})$$

$$d_4=[m_4]d_3=0.79\times32.48=25.65\ (\text{mm})$$

因为 $d_4<d=28$ mm，所以该零件需要拉深4次。

3. 拉深工序件的尺寸确定

1）调整工序件的直径 d'_i

$$d'_1=m_1D=0.49\times113=55\ (\text{mm})$$

$$d'_2=m_2d'_1=0.77\times55=42\ (\text{mm})$$

$$d'_3=m_3d'_2=0.80\times42=34\ (\text{mm})$$

$$d'_4=m_4d'_3=0.82\times34=28\ (\text{mm})$$

2）筒底圆角半径 r_i

各次拉深的凸、凹模圆角半径 r_{pi}、r_{di} 如表5－10所示。

表5－10　各次拉深的凸、凹模圆角半径 r_{pi}、r_{di}

拉深次数	凸模圆角半径 r_{pi} /mm	凹模圆角半径 r_{di} /mm
1	8	10
2	7	7.5
3	5	5
4	4	4

3）筒壁高度 h_i

代入式（5－18）得各次半成品的高度为

$$h_1=0.25\times\frac{113^2-80^2}{55}+0.43\times(8+10)+0.14\times\frac{8^2-10^2}{55}=36.6\ (\text{mm})$$

$$h_2=0.25\times\frac{113^2-80^2}{42}+0.43\times(7+7.5)+0.14\times\frac{7^2-7.5^2}{42}=44.12\ (\text{mm})$$

$$h_3=0.25\times\frac{113^2-80^2}{34}+0.43\times(5+5)+0.14\times\frac{5^2-5^2}{42}=51.13\ (\text{mm})$$

第四次拉深高度即零件高度，$h_3=60$ mm。

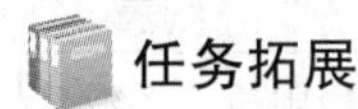

任务拓展

阶梯圆筒形件的拉深工艺设计

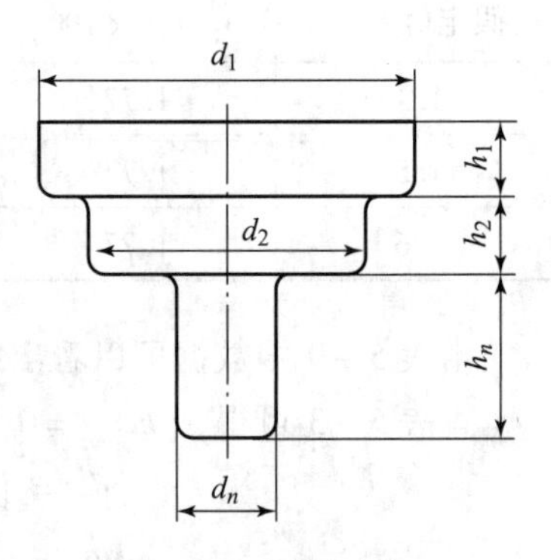

图 5-22　阶梯圆筒形件

阶梯圆筒形件（图 5-22）从形状来说相当于若干个直壁圆筒形件的组合，因此它的拉深和直壁圆筒形件的拉深基本相似，每一个阶梯的拉深即相当于相应的圆筒形件的拉深。但由于其形状相对复杂，因此拉深工艺的设计与圆筒形件有较大的差别，主要表现在拉深次数的确定和拉深方法上。

1. 拉深次数的确定

判断阶梯形件能否一次拉深成形，主要根据零件的总高度与其最小阶梯筒部直径之比是否小于相应圆筒形件第一次拉深所允许的相对高度。即

$$\frac{h_1 + h_2 + \cdots + h_n}{d_n} \leqslant \frac{h}{d}$$

式中　$h_1, h_2, \cdots, h_n$——各个阶梯的高度，mm；

d_n——最小阶梯筒部直径，mm；

h/d——直径为 d_n 的圆筒形件第一次拉深时的最大相对高度，可由表 5-8 查得。

若满足上述条件，说明该阶梯形件可一次拉深成形，否则需多次拉深成形。

2. 拉深方法的确定

多次拉深时，拉深方法有下述几种：

（1）若任意两个相邻阶梯的直径之比 d_n/d_{n-1} 均大于或等于相应的圆筒形件的极限拉深系数，其工序安排按由大阶梯到小阶梯的顺序，每次拉深出一个阶梯，阶梯的数目就是拉深次数［图 5-23（a）］。

（2）若某相邻两个阶梯的直径之比 d_n/d_{n-1} 小于相应圆筒形件的极限拉深系数，则这两个阶梯的拉深应采用有凸缘圆筒形件的拉深工艺，即先拉深小直径 d_n 再拉深大直径 d_{n-1} 。如图 5-23（b）中 d_2/d_1 小于相应圆筒形件的极限拉深系数，故 d_2 先拉深成形后，再拉深 d_1。

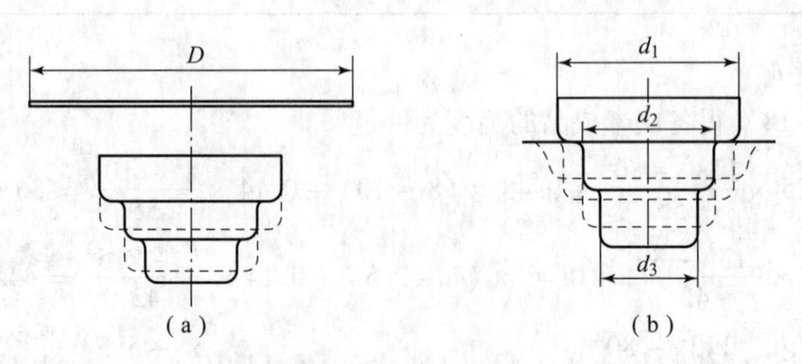

图 5-23　阶梯形件的拉深方法

（3）当阶梯形件最小的阶梯直径 d_n 很小，即 d_n/d_{n-1} 过小，其高度 h_n 又不大时，则最小阶梯可以用胀形的方法得到，但材料会变薄，零件质量会受到影响。

（4）对直径差别较大的浅阶梯形拉深件，当其不能一次拉深成形时，可以采用先拉深成球面或大圆角筒形的过渡形状，然后再采用整形工序满足零件的形状和尺寸要求，如图 5－24 所示。

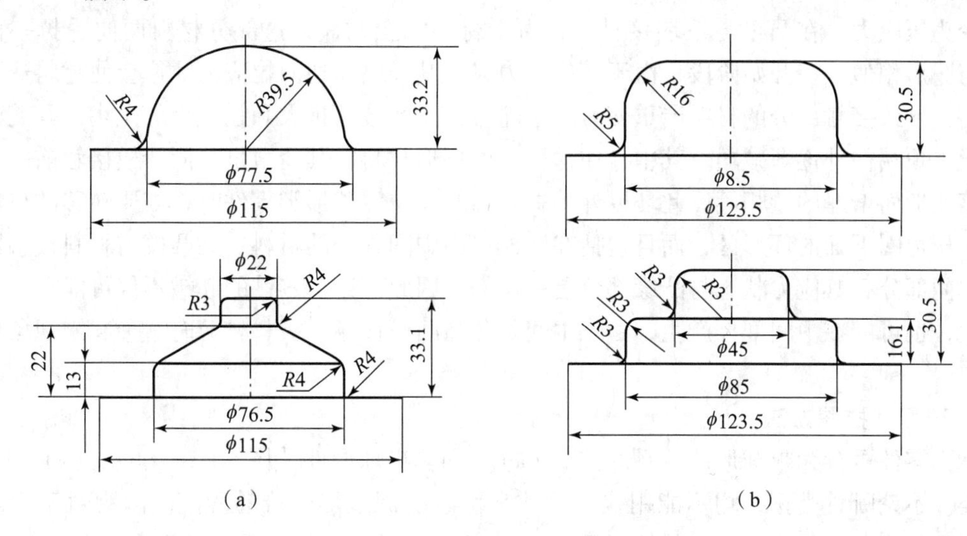

图 5－24　浅阶梯形件的拉深方法

（a）球面形状；（b）大圆角形状

任务 4　非直壁旋转体零件拉深工艺设计

任务描述

了解球形件、抛物面零件、锥面零件的拉深特点及拉深工艺。

相关知识

曲面形状（如球面、锥面及抛物面）零件的拉深，其变形区的位置、受力情况、变形特点等都与圆筒形零件不同，所以在拉深中出现的各种问题和解决方法亦与圆筒形件不同。对于这类零件，就不能简单地用拉深系数衡量成形的难易程度，并把拉深系数作为制定拉深工艺和模具设计的依据。

一、球形件拉深工艺设计

1. 球形件拉深特点

在拉深圆筒形件时，毛坯的变形区仅仅局限于压边圈下的环形部分。而拉深球面零件时，为使平面形状的毛坯变成球面零件形状，不仅要求毛坯的环形部分产生与圆筒形零件拉深时相同的变形，而且要求毛坯的中间部分成为变形区，由平面变成曲面。因此，在拉深球面零件时，毛坯的凸缘部分与中间部分是变形区，而且在很多情况下，中间部分反而是主要变形区。拉深球面零件时，毛坯凸缘部分的应力状态和变形特点与圆筒形件相同，而中间部分材料的受力情况和变形情况却比较复杂，在凸模力的作用下，位于凸模顶点附近的金属处于双向受拉的应力状态。随着其与顶点距离的加大，切向拉应力 σ_3 减小，而超过一定界限以后变为压应力。在凸模与毛坯接触时，由于材料完全贴模，这部分材料两向受拉一向受压，与胀形相似。在开始阶段，由于单位压力大，其径向和切向拉应力往往会使材料达到屈服条件而导致接触部分的材料严重变薄。但随着接触区域的扩大和拉应力的减小，其变薄量由球形件顶端往外逐渐减弱。其中存在这样一处环形材料，其变薄量与同凸模接触前由于切向压缩变形而增厚的量相等。此环以外的材料增厚。拉深球形类零件时，需要转移的材料不仅处在压边圈下面的环形区，而且包括在凹模口内中间部分的材料。在凸模与材料接触区以外的中间部分，其应力状态与凸缘部分是一样的。因此，这类零件的起皱不仅可能在凸缘部分产生，也可能在中间部分产生，由于中间部分与凸模接触，板料较薄时这种起皱现象更为严重。

2. 球形件拉深方法

球面零件可分为半球形件［图 5-25（a）］和非半球形件［图 5-25（b）、（c）、（d）］两大类。不论哪种类型，均不能用拉深系数来衡量拉深成形的难易程度。因为对于半球形件，根据拉深系数的定义可知其拉深系数 $m=0.707$，是一个与拉深直径无关的常数。因此，一般使用相对板料厚度 t/D 来确定拉深的难易和拉深方法。

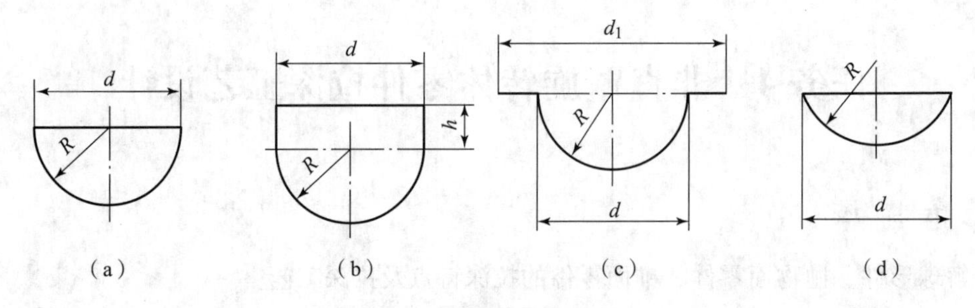

图 5-25　各种球面零件图

（1）当 $t/D>3.0\%$ 时，可以采用不带压边装置的简单有底凹模一次拉深成形［图 5-26（a）］。这时需要采用带球形底的凹模，并且要在压力机行程终了时进行一定程度的精整校形。一般情况下，用这种方法制成制件的表面质量不高，而且由于贴模性不好，也影响了制件的几何形状精度和尺寸精度。

（2）当 $t/D=0.5\%\sim3.0\%$ 时，采用带压边圈的拉深模拉深［图 5-26（b）］。这时，压边圈除了能防止板料法兰部分起皱外，还能因压边力产生的摩擦阻力引起拉深过程中径向拉应力和胀形成分增加，从而防止毛坯中间部分起皱且使其紧密贴模。

（3）当 $t/D<0.5\%$ 时，采用带有拉深筋的凹模或反拉深模具［图 5-26（c）、（d）］。

对于带有高度 $h=(0.1\sim0.2)d$ 的圆筒直边［图 5-26（b）］，或带有宽度为 $(0.10\sim0.15)d$ 凸缘的非半球面零件［图 5-26（c）］，虽然拉深系数有所降低，但对零件的拉深却有一定的好处。当对半球面零件的表面质量和尺寸精度要求较高时，可先拉成带圆筒直边和带凸缘的非半球面零件，然后在拉深后将直边和凸缘切除。

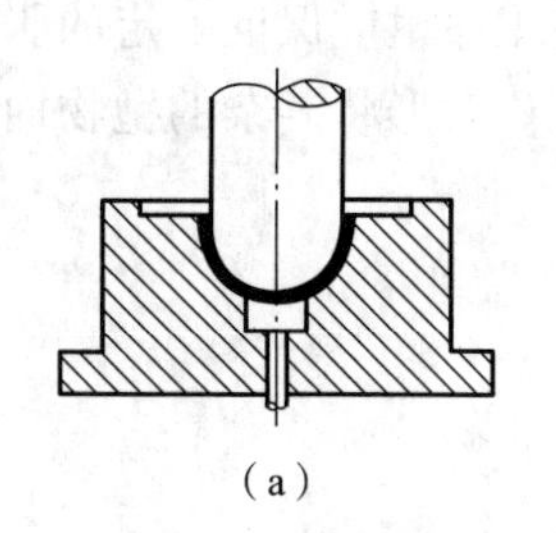
(a)

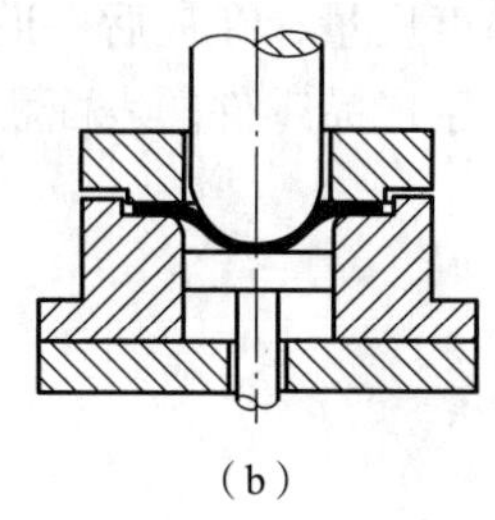
(b)

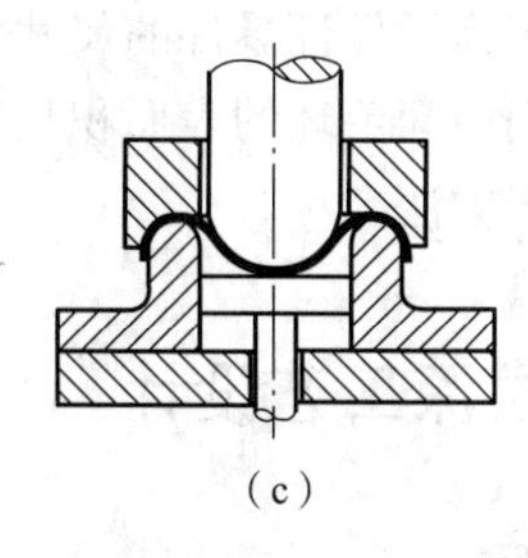
(c)

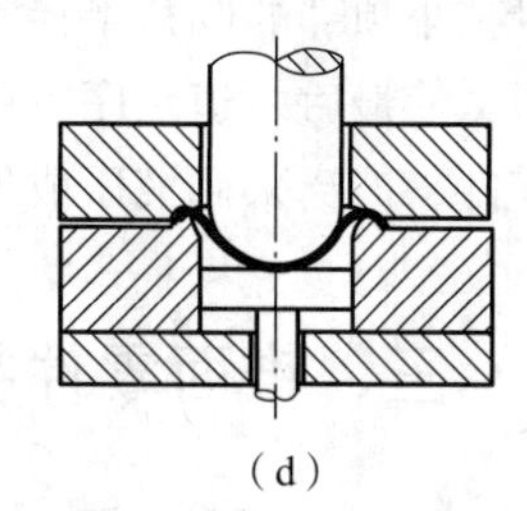
(d)

图 5－26　球形件拉深方法

高度小于球面半径（浅球面零件）的零件［图 5－26（d）］，其拉深工艺按几何形状可分为两类：

（1）当毛坯直径 D 较小时，毛坯不易起皱，但成形时毛坯易窜动，而且可能产生一定的回弹，常采用带底拉深模。

（2）当毛坯直径 D 较大时，起皱将成为必须解决的问题，常采用强力压边装置或带拉深筋的模具，拉成有一定宽度凸缘的浅球面零件。这时的变形有拉深和胀形两种，因此零件回弹小，尺寸精度和表面质量均得到提高。当然，加工余料在成形后应予切除。

二、抛物面零件拉深工艺设计

1. 抛物面零件拉深特点

抛物面零件，是母线为抛物线的旋转体空心件，以及母线为其他曲线的旋转体空心件。其拉深时和球面零件一样，材料处于悬空状态，极易发生起皱。抛物面零件拉深时和球面零件又有所不同。半球面零件的拉深系数为一常数，只需采取一定的工艺措施防止起皱。而抛物面零件等曲面零件，由于母线形状复杂，拉深时变形区的位置、受力情况、变形特点等都随零件形状、尺寸的不同而变化。

2. 抛物面零件拉深方法

（1）浅抛物面形件（$h/d<0.5\sim0.6$）。因其高径比接近球形，拉深方法与球形件相同。

（2）深抛物面形件（$h/d>0.5\sim0.6$）。其拉深难度有所增加。这时为了使毛坯中间部分紧密贴模而又不起皱，通常需采用具有拉深筋的模具以增加径向拉应力。如汽车灯罩的拉深（图 5－27）就是采用有两道拉深筋的模具成形的。

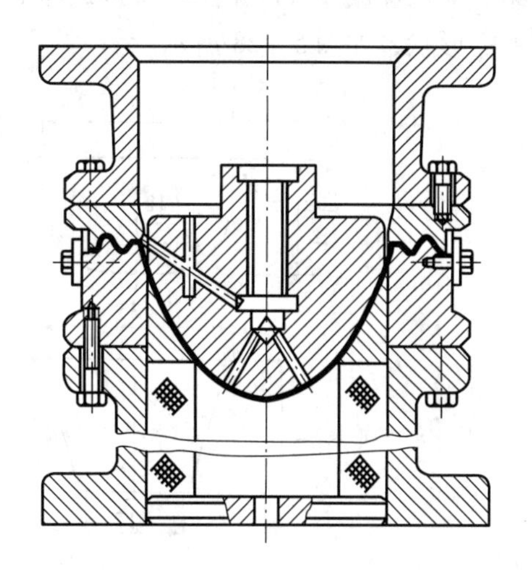
图 5－27　较深的抛物面零件（灯罩）拉深模

但这一措施往往受到毛坯顶部承载能力的限制，所以需采用多工序逐渐成形，特别是当零件深度大而顶部的圆角半径又较小时，更应如此。多工序逐渐成形的要点是采用正拉深或反拉深的办法，在逐步增加高度的同时减小顶部的圆角半径。为了保证零件的尺寸精度质量，在最后一道工序里应保证一定的胀形，使最后一道工序所用中间毛坯的表面积稍小于成品零件的表面积。对形状复杂的抛物面零件，广泛采用液压成形方法。

三、锥面零件拉深工艺设计

1. 锥面零件拉深特点

锥形零件的拉深与球面零件一样，除具有凸模接触面积小、压力集中、容易引起局部变薄及自由面积大、压边圈作用相对减弱、容易起皱等特点外，还由于零件口部与底部直径差别大，回弹比较严重，锥形零件的拉深比球面零件更为困难。

2. 锥面零件拉深工艺设计

锥面零件的拉深次数及拉深方法取决于锥形件的几何参数，即相对高度 h/d_2、锥角 α 和相对料厚 t/D。一般情况下，当 h/d、α 较大，而 t/D 又较小时，变形困难，需进行多次拉深。

根据上述参数值的不同，拉深锥形件的方法有如下几种：

（1）对于浅锥形件（$h/d_2 < 0.25 \sim 0.30$，$\alpha = 50° \sim 80°$），可一次拉深成形，但精度不高。因回弹较严重，可采用带拉深筋的凹模或压边圈，或采用软模进行拉深。

（2）对于中锥形件（$h/d_2 < 0.30 \sim 0.70$，$\alpha = 15° \sim 45°$），其拉深方法取决于相对料厚。

①当 $t/D > 0.020$ 时，可不采用压边圈一次拉深成形。为保证工件的精度，最好在拉深终了时增加一道整形工序。

②当 $t/D = 0.015 \sim 0.200$ 时，也可一次拉深成形，但需采用压边圈、拉深筋及增加工艺凸缘等措施提高径向拉应力，防止起皱。

③当 $t/D < 0.015$ 时，因料较薄而容易起皱，需采用有压边圈的模具，并经两次拉深成形，第一次拉深成较大圆角半径或接近球面形状的零件，第二次用带有胀形性质的整形工序压成所需形状，如图 5-28 所示。

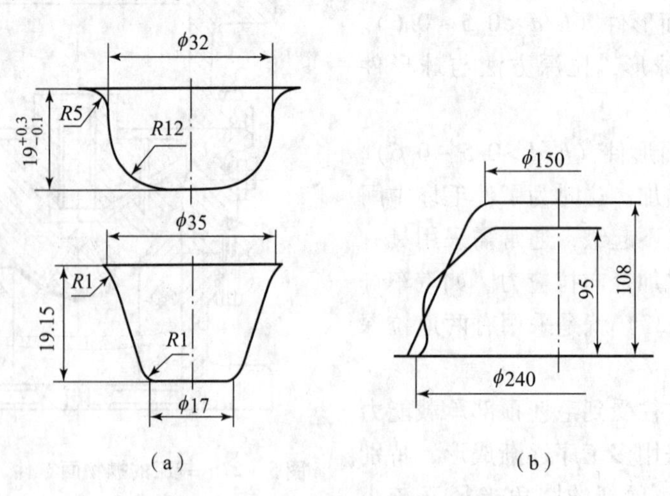

图 5-28　阶梯拉深两次成形法

（3）对于高锥形件（$h/d_2>0.70\sim0.80$，$\alpha\leq10°\sim30°$），该类零件因其大小直径相差很小，变形程度更大，很容易因变薄严重而导致拉裂和起皱。这时常需采用特殊的拉深工艺，通常有下列方法：

①阶梯过渡拉深成形法［图 5－29（a）］。这种方法是将毛坯分数道工序逐步拉成阶梯形。阶梯与成品内形相切，最后在成形模内整形成锥形件。

②锥面逐步拉深成形法［图 5－29（b）］。这种方法先将毛坯拉成圆筒形，使其表面积等于或大于成品圆锥表面积，而直径等于圆锥大端直径，以后各道工序逐步拉出圆锥面，使其高度逐渐增加，最后形成所需的圆锥形。若先拉成圆弧曲面形，然后过渡到锥形将更好些。

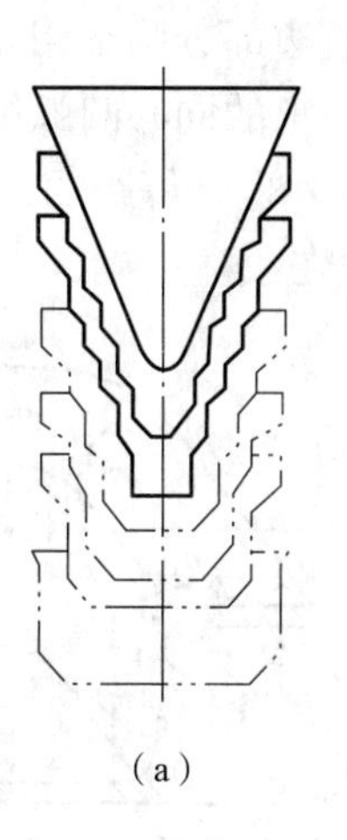
（a）

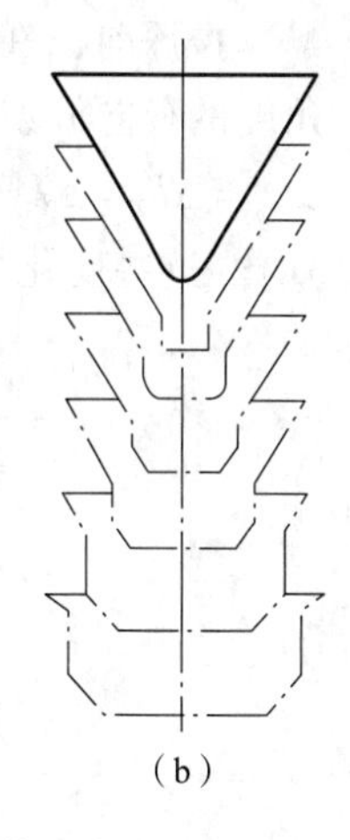
（b）

图 5－29　高锥形件拉深方法

任务 5　盒形件拉深工艺设计

任务描述

了解盒形件的拉深特点及拉深工艺。

相关知识

无凸缘盒形件属于非旋转体零件，包括方形盒、矩形盒和椭圆形盒等。与旋转体零件的拉深相比，盒形件拉深时，毛坯的变形分布要复杂得多。

一、盒形件拉深变形特点

从几何形状的特点来看，矩形盒状零件可以划分为 2 个长度为 $A-2r$、宽度为 $B-2r$ 的直边，加 4 个半径为 r 的 1/4 圆筒部分（图 5－30）。若将圆角部分和直边部分分开考虑，则圆角部分的变形相当于直径为 $2r$、高为 h 的圆筒件的拉深，直边部分的变形相当于弯曲。但实际上圆角部分和直边部分是联系在一起的整体，因此盒形件的拉深又不完全等同于简单的弯曲和拉深复合，而有其特有的变形特点，这可通过网格试验进行验证。

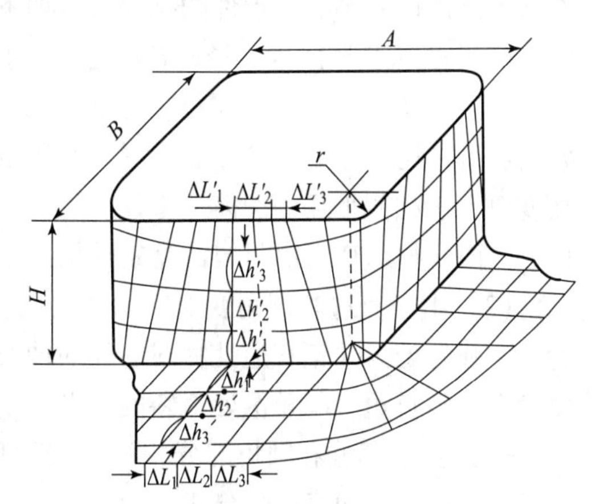

图 5－30　盒形件拉深变形特点

拉深前，在毛坯的直边部分画出相互垂直的等距平行线网格，在毛坯的圆角部分画出等角度的径向放射线与等距离的同心圆弧组成的网格。变形前直边处的横向尺寸是等距的，即 $\Delta L_1=\Delta L_2=\Delta L_3$，纵向尺寸也是等距的，拉深后零件表面的网格发生了明显的变化（图5－31）。这些变化主要表现在：

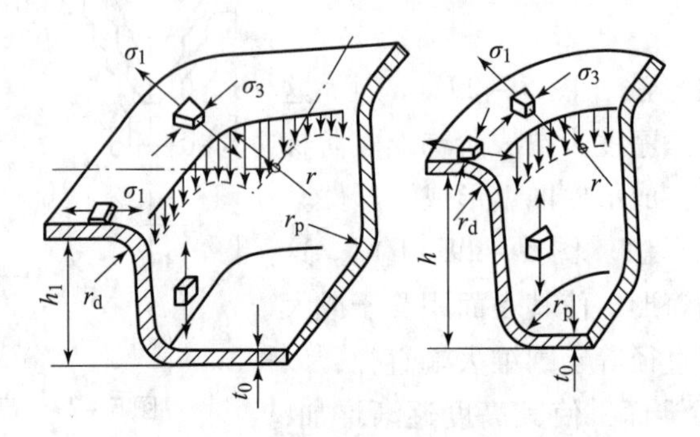

图5－31　盒形件拉深时的应力分布

（1）直边部位的变形。直边部位的横向尺寸 ΔL_1、ΔL_2、ΔL_3 变形后成为 $\Delta L_1'$、$\Delta L_2'$、$\Delta L_3'$，间距逐渐缩小，越靠近直边中间部位，缩小越少，即 $\Delta L_1>\Delta L_1'>\Delta L_2'>\Delta L_3'$。纵向 Δh_1、Δh_2、Δh_3 变形后成为 $\Delta h_1'$、$\Delta h_2'$、$\Delta h_3'$，间距逐渐增大，越靠近盒形件口部增大越多，即 $\Delta h_1<\Delta h_1'<\Delta h_2'<\Delta h_3'$。可见，此处的变形不同于纯粹的弯曲。

（2）圆角部位的变形。拉深后径向放射线变成上部距离宽、下部距离窄的斜线，而非与底面垂直的等距平行线。同心圆弧的间距不再相等，而是变大，越向口部越大，且同心圆弧不位于同一水平面内。因此该处的变形不同于纯粹的拉深。

由以上可知，由于有直边的存在，拉深时圆角部分的材料可以向直边流动，这就减轻了圆角部分的变形，使其变形程度与半径同为 r、高度同为 h 的圆筒形件比较起来要小。同时表明圆角部分的变形也是不均匀的，即圆角中心大，相邻直边处变形小。从塑性变形力学特点看，由于减轻了圆角部分材料的变形程度，需要克服的变形抗力也相应减小。危险断面破裂的可能性也减小。盒形件的拉深特点如下：

（1）凸缘变形区内，径向拉应力 σ_1 的分布不均匀（图5－31），圆角部分最大，直边部分最小。即使有角部，平均拉应力 σ_{1m} 也远小于相应圆筒形件的拉应力。因此，就危险断面处的载荷来说，盒形件拉深要小得多。所以，对于相同的材料，盒形件拉深的最大成形相对高度要大于相同半径的圆筒形零件。切向压应力 σ_3 的分布也是不均匀的，圆角最大，直边最小。因此拉深变形时材料的稳定性较好，凸缘不易起皱。

（2）由于直边和圆角变形区内材料的受力情况不同，直边处材料向凹模流动的阻力要远小于圆角处。并且直边处材料的径向伸长变形小，而圆角处材料的径向伸长变形大，从而使变形区内直边和圆角两处材料的变形量不同。

（3）直边部分和圆角部分相互影响的程度，随盒形件形状的不同而异。当其相对圆角半径 r/B 越小，即直边部分所占的比例越大时，则直边部分对圆角部分的影响越显著；当 $r/B=0.5$ 时，盒形件实际上已成为圆筒形件，上述变形差别不再存在；相对高度 H/B 越大，在相同的 r 下，圆角部分的拉深变形越大，转移到直边部分的材料越多，直边部分的变形也相应增加，所以对圆角部分的影响也就越大。

随着零件的 r/B 和 H/B 不同，盒形件毛坯的计算和工序计算的方法也就不同。

二、盒形件拉深毛坯的形状与尺寸的确定

盒形件毛坯确定的原则是：保证毛坯的表面积应等于加上修边余量后的零件表面积。另外，由于盒形件拉深时周边的变形不均匀，且圆角部分材料在变形中要转移到直边的特点，应按面积相等的原则，把毛坯形状和尺寸进行修正，使毛坯轮廓成光滑的曲线，在拉深以后尽可能保证零件口部高度的一致性。

毛坯形状和尺寸的确定根据零件的 r/B 和 H/B 值来进行设计，因这两个参数决定了圆角部分材料向直边部分转移的程度和直边高度的增加量。

1. 一次拉深成形的低盒形件（$H/B \leqslant 0.3$）

低盒形件是指可以一次拉深成形或虽然要经过两次拉深，但第二次拉深工序仅用来整形以减小壁部转角及底部圆角的盒形件。对于 r/B 小的无凸缘低盒形件，变形时只有少量材料转移到直边相邻部位。拉深时直边部分可认为是简单弯曲变形，按弯曲展开；圆角部分可认为只有拉深变形，按圆筒形件拉深展开；再用光滑曲线进行修正即可得毛坯。该类零件的毛坯常用图 5-32 所示的作图法获得。

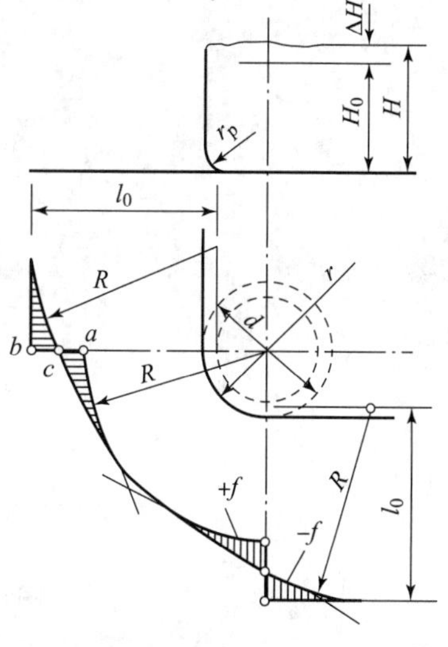

图 5-32　低盒形件毛坯作图法

步骤如下：

（1）按弯曲计算直边部分的展开长度 l_0。

$$l_0 = H + 0.57r_p \tag{5-19}$$

$$H = H_0 + \Delta H \tag{5-20}$$

式中　r_p——无凸缘盒形件侧壁与底面的圆角半径，mm；

H_0——无凸缘盒形件高度，mm；

ΔH——无凸缘盒形件修边余量（见表 5-11），mm。

表 5-11　无凸缘盒形件修边余量 ΔH

拉深次数	1	2	3	4
修边余量 ΔH	$(0.03 \sim 0.05)H$	$(0.04 \sim 0.06)H$	$(0.05 \sim 0.08)H$	$(0.08 \sim 0.10)H$

（2）把圆角部分看成是直径为 $d=2r$，高为 H 的圆筒件，则展开的毛坯半径为

$$R = \sqrt{r^2 + 2rH - 0.86r_p(r + 0.16r_p)} \tag{5-21}$$

当 $r = r_p$ 时，$R = \sqrt{2rH}$。

（3）作图。用光滑曲线连接直边和圆角部分，即得毛坯的形状和尺寸。

①按 1∶1 比例画出盒形件平面图，并过 r 圆心画水平线 ab，再以 r 圆心为圆心，以 R 为半径画弧，交 ab 于 a 点。

②画直线展开线交 ab 于 b 点，展开线距离 r_p 圆心迹线的长度为 l_0。

③过 ab 线段的中点 c 作圆弧 R 的切线，再以 R 为半径作圆弧使其与直边及切线相切，使阴影部分面积基本相等，这样修正后即得毛坯的外形。

2. 高盒形件毛坯形状与尺寸的确定

该类零件的变形特点是在多次拉探过程中，直边与圆角部分的变形相互渗透，其圆角部分将有大量材料转移到直边部分。毛坯尺寸仍根据工件表面积与毛坯表面积相等的原则计算。

（1）盒形件为方形。当零件为正方形盒形且高度较大，需要多道工序拉深时可采用圆形毛坯，其直径为

$$D = 1.13\sqrt{B^2 + 4B(H - 0.43r_p) - 1.72r(H + 0.5r) - 4r_p(0.11r_p - 0.18r)} \tag{5-22}$$

公式中的符号如图 5-33 所示。

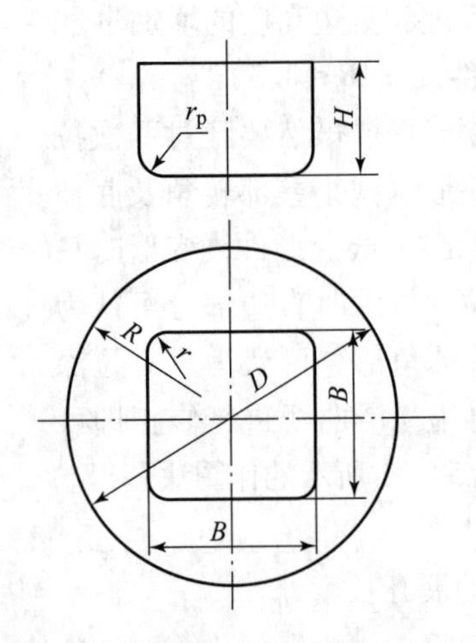

图 5-33　方盒形件毛坯的形状与尺寸

（2）高度和圆角半径都比较大的高矩盒形件（$H/B \geqslant 0.7 \sim 0.8$），可以将其看作由两个宽度为 B 的半方形盒和中间为 $A-B$ 的直边部分连接而成。这样，毛坯的形状就是由两个半圆弧和中间两平行边所组成的长圆形，长圆形毛坯的圆弧半径为

$$R_b = D/2$$

式中　D——宽为 B 的无凸缘方盒形件的毛坯直径，按式（5-22）计算。

R_b 的圆心距短边的距离为 $B/2$，则长圆形毛坯的长度为

$$L = 2R_b + (A - B) = D + (A - B) \tag{5-23}$$

长圆形毛坯的宽度为

$$K = \frac{D(B - 2r) + [B + 2(H - 0.43r_p)](A - B)}{A - 2r} \tag{5-24}$$

再用 $R = K/2$ 过毛坯长度两端作弧，既与 R_b 弧相切，又与两长边的展开直线相切，则毛坯的外形即一长圆形。如果 $K \approx L$，则毛坯为圆形，半径 $R = K/2$。

三、高盒形件多工序拉深方法及工序件尺寸的确定

1. 高盒形件变形程度

盒形件首次拉深的极限变形程度，可以用盒形件的相对高度 H/r 来表示。由平板毛坯一

次拉深，可能冲压成的盒形件的最大相对高度取决于盒形件的尺寸 r/B、t/B 和板材的性能，其值可查表 5－12。当盒形件的相对厚度较小，即 $t/B<0.01$，且 $A/B=1$ 时，取表中较小的数值；当盒形件的相对厚度较大，即 $t/B>0.015$，且 $A/B\geqslant2$ 时，取表中较大的数值。表 5－12 中数据适用于拉深用软钢板。

表 5－12　盒形件首次拉深的最大相对高度 H/r

相对转角半径 r/B	毛坯相对厚度 $t/D\times100$				简图
	>0.2～0.5	>0.5～1.0	>1.0～1.5	>1.5～2.0	
0.05	0.35～0.50	0.40～0.55	0.45～0.60	0.50～0.70	
0.10	0.45～0.60	0.50～0.65	0.55～0.70	0.60～0.80	
0.15	0.60～0.70	0.65～0.75	0.70～0.80	0.75～0.90	
0.20	0.70～0.80	0.70～0.85	0.82～0.90	0.90～1.00	
0.30	0.85～0.90	0.90～1.00	0.95～1.10	1.00～1.20	

注：1. 表中系数适用于 08、10 钢。对其他材料，可根据其成形性能的优劣对表中数值作适当修正。
2. D 为毛坯尺寸，圆形毛坯为其直径，对于矩形毛坯为其短边宽度。
3. 当 $B\leqslant100$ mm 时，表中系数取大值；当 $B>100$ mm 时，表中系数取小值。

若盒形件的相对高度 H/r 小于表 5－12 中的极限值，则盒形件可以一次拉深成形，否则必须采用多道工序拉深成形。

2. 高方盒形件的多次拉深

图 5－34 所示为多工序拉深各中间工序的半成品形状和尺寸的确定方法。采用直径为 D_0 的圆形板料，只有最后一道拉深成要求的方盒形，中间工序都拉深成圆筒形。工序计算由倒数第二道开始往前推算，直到由直径为 D_0 的毛坯能一次拉深成相应的半成品为止。

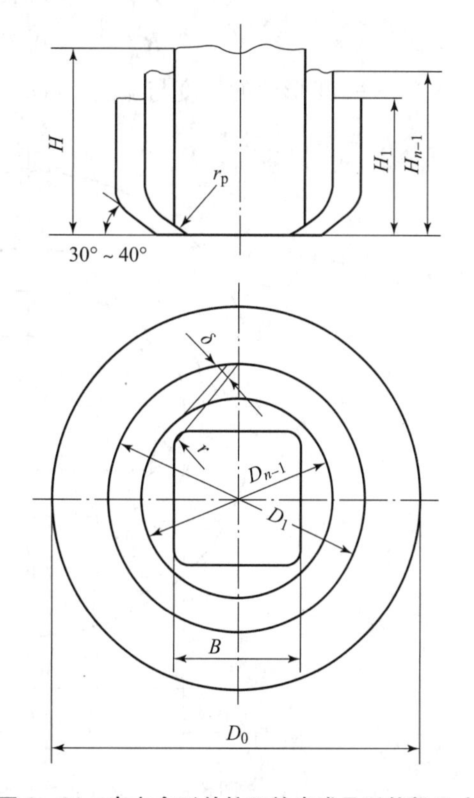

图 5－34　高方盒形件拉深的半成品形状与尺寸

使过渡形状变形区内各处变形尽量相等，是确定各道工序零件半成品形状和尺寸的出发点。整个工件所需拉深次数也就自然得到。倒数第二道工序中半成品直径的计算是高方盒形件工艺设计的关键。因为要多次拉深，角部有大量的材料要转移到直边去，即使是最后一道，沿周边的变形也是不均匀的，仍然是角部的变形较大。为使拉深能正常进行，需控制圆角部位边角距δ的大小，该值会直接影响毛坯变形区拉深变形程度的大小及变形分布的均匀性。倒数第二道工序半成品直径可用下式计算：

$$D_{n-1}=1.41B-0.82r+2\delta \tag{5-25}$$

式中　B——方形盒的内表面宽度，mm；

r——方形盒角部的内圆角半径，mm；

δ——方形盒角部壁间距，mm，按经验一般取$\delta=(0.20\sim0.25)r$。

工件中r/B大，则δ小；拉深次数多，δ也小。

过大的δ可能使拉深件破裂。倒数第二道工序尺寸确定后，前面的工序计算完全按圆筒形件进行，相当于用直径为D_0的毛坯拉成直径为D_{n-1}、高为H_{n-1}的圆筒形件。同时，该高方盒形件总的拉深次数也相应确定。

3. 高矩形盒形件的多次拉深

该拉深件可采用图5-35所示的中间毛坯形状与尺寸。把矩形盒的两个边视为4个方形盒的边长，在保证同一角部壁间距离δ(取值同高方盒形）时，可采用由4段圆弧构成的椭圆形筒，作为最后一道工序拉深前的半成品毛坯（即倒数第二道拉深的半成品）。其拉深方法与高方盒形件相似，中间过渡工序可拉深成椭圆形或长圆形，在最后一次拉深工序中拉深成所要求的形状和尺寸。其计算同样由倒数第二道工序开始，由内向外计算。倒数第二道拉深的半成品椭圆形筒的短轴与长轴处的曲率半径分别用$R_{a(n-1)}$和$R_{b(n-1)}$表示，并用下式计算：

$$R_{a(n-1)}=0.707A-0.41r+\delta$$

$$R_{b(n-1)}=0.707B-0.41r+\delta$$

式中　A，B——矩形盒的长度与宽度，mm。

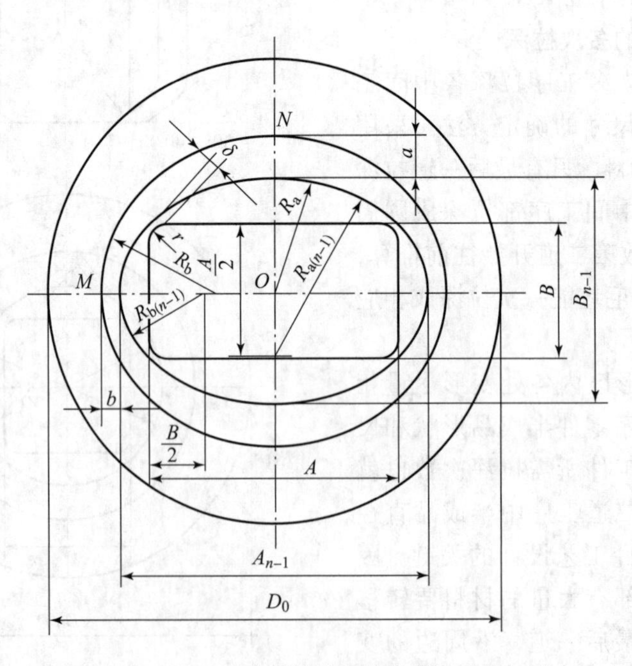

图5-35　高矩形盒形件拉深的半成品形状与尺寸

椭圆短、长半轴长度

$$a_{n-1} = R_{a(n-1)} - (A - B)/2$$

$$b_{n-1} = R_{b(n-1)} + (A - B)/2$$

由于倒数第二道拉深得到的半成品形状是椭圆形筒，所以高矩形盒多工序拉深工艺的计算又可归结为高椭圆形筒的多次拉深成形问题。

圆弧 $R_{a(n-1)}$ 和 $R_{b(n-1)}$ 的圆心可按图 5－35 的关系确定。得出倒数第二道拉深工序后的毛坯过渡形状和尺寸后，再用前述盒形件第一次拉深的计算方法，检查是否能用平板毛坯一次冲压成倒数第二道工序的过渡形状和尺寸。如果不能，便要进行倒数第三道工序的计算。倒数第三道拉深工序把椭圆形毛坯冲压成椭圆形半成品。这时应保证

$$\frac{R_{a(n-1)}}{R_{a(n-1)} + a} = \frac{R_{b(n-1)}}{R_{b(n-1)} + b} = 0.75 \sim 0.85 \tag{5-26}$$

式中　a，b——椭圆形过渡毛坯之间在短轴和长轴上的壁间距离，mm，如图 5－35 所示。

得到椭圆形半成品之间的壁间距离 a 和 b 后，可以在对称轴线上找到两交点 N 和 M，然后选定半径 R_a 和 R_b，使其圆弧通过 N 和 M，并且又能圆滑相接。R_a 和 R_b 的圆心比 $R_{a(n-1)}$ 和 $R_{b(n-1)}$ 的圆心更靠近矩形件的中心点 O。得出倒数第三道拉深工序的半成品形状和尺寸后，应重新检查是否可能由平板毛坯直接冲压成功。如果还不能，则应继续进行前一道工序的计算，其方法与前述方法相同。

由于矩形件拉深时，沿毛坯周边的变形十分复杂，当前还不可能用数学方法进行精确计算，因此，前述各中间拉深工序的半成品形状和尺寸的计算方法是近似的。假若在试模调整时发现圆角部分出现材料堆聚，应适当减小圆角部分的壁间距离 δ。

任务 6　拉深工艺设计

任务描述

从结构工艺性（尤其是极限尺寸）、材料等方面对拉深件的工艺性进行分析，如果工艺性不好，能提出相应的修改方案；计算拉深工艺力。

相关知识

一、拉深件的结构工艺性分析

拉深件的结构工艺性是指拉深件采用拉深成形工艺的难易程度。良好的工艺性应使材料消耗少、工序数目少，模具结构简单、加工容易，产品质量稳定、废品少和操作简单方便等。在设计拉深件时，应根据材料拉深时的变形特点和规律，提出满足工艺性的要求。

1. 对拉深材料的要求

用于拉深的材料，应有较好的塑性，屈强比 σ_s/σ_b 小，板厚方向性系数 γ 大，板平面方

向性系数 $\Delta\gamma$ 小。

屈强比 σ_s/σ_b 值越小，一次拉深允许的极限变形程度就越大，拉深的性能就越好。标准规定：拉深用钢板，其屈强比不大于0.66。

板厚方向性系数 γ 和板平面方向性系数 $\Delta\gamma$ 反映了材料的各向异性。当 γ 较大或 $\Delta\gamma$ 较小时，材料宽度方向的变形比厚度方向的变形容易，板平面方向性能差异较小，拉深过程中材料不易变薄或拉裂，因而有利于拉深成形。

2. 对拉深零件形状和尺寸的要求

（1）拉深件高度尽可能小，以便能通过1~2次拉深工序成形。圆筒形零件一次拉深可达到的高度如表5-13所示。盒形件当其壁部转角半径 $r=(0.05\sim0.20)B$ 时，一次拉深高度 $h\leqslant(0.3\sim0.8)B$。

表5-13　一次拉深的极限高度

材料名称	铝	硬铝	黄铜	软钢
相对拉深高度 h/d	0.73~0.75	0.60~0.65	0.75~0.80	0.68~0.72

（2）拉深件应尽量简单、对称，以保证变形均匀。对于不对称的拉深件（图5-36），可采用成对拉深后剖切的方法。

（3）有凸缘的拉深件，最好满足 $d_f\geqslant d+12t$，而且外轮廓与直壁断面最好形状相似；否则，拉深困难，切边余量大。在凸缘面上有下凹的拉深件（图5-37），如下凹的轴线与拉深方向一致，可以拉出；若下凹的轴线与拉深方向垂直，则只能在最后校正时压出。

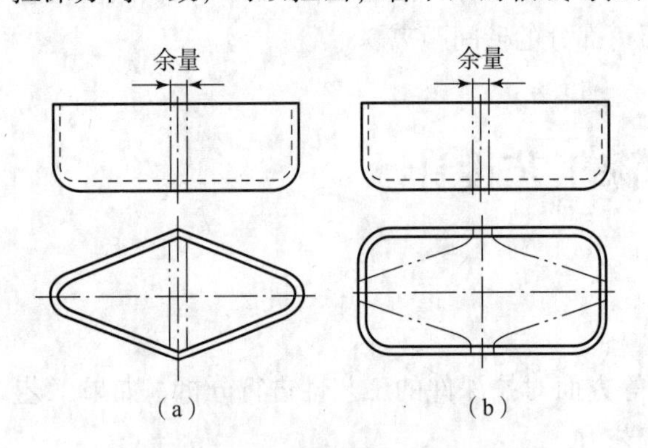

图5-36　成对拉深后剖切

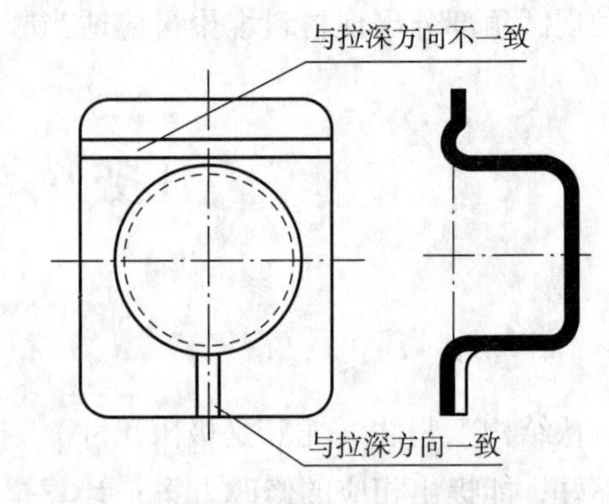

图5-37　凸缘面上有下凹的拉深件

（4）拉深件应要求其底与壁圆角半径 $r_p\geqslant t$，不满足时应增加整形工序，每整形一次，r_p 可减小一半，凸缘与壁圆角的半径 $r_d\geqslant 2t$；当 $r_d<0.5$ mm时，应增加整形工序，盒形件的壁间圆角半径 $r\geqslant 3t$，尽可能使 $r\geqslant h/5$（图5-38）。

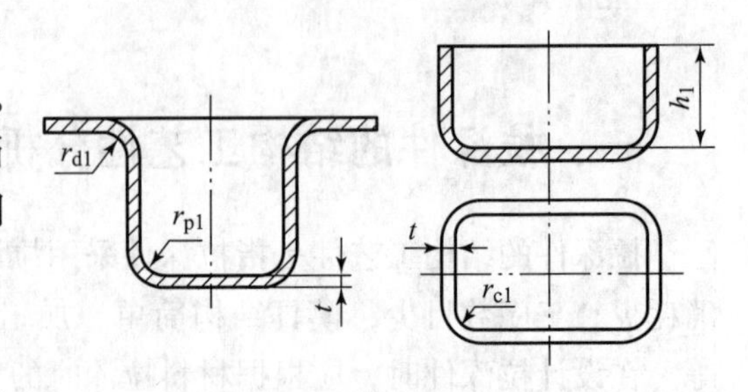

图5-38　拉深件的圆角半径

3. 拉深件的精度应满足的条件

（1）拉深件的尺寸精度应在IT13级以下，不宜高于IT11级。对于精度要求高的拉深件，应在拉深后增加整形工序，以提高其精度。

（2）拉深件的径向尺寸应根据精度需要标注外形尺寸或内形尺寸，带台阶的高度尺寸一般应以底部为基准标注。

（3）拉深件的壁厚公差应能满足拉深时壁厚变化要求，即筒壁最大增厚量为（$0.20 \sim 0.30)\delta$，最大变薄量为（$0.10 \sim 0.18)\delta$。

（4）多次拉深时，在保证必要的表面质量的前提下，应允许较少痕迹存在。

二、拉深工艺力的计算

1. 压边力的计算

施加压边力是为了防止毛坯在拉深变形过程中起皱，拉深中是否需要采用压边圈可根据表 5－1 判断。压边力的大小对拉深工作影响很大，如图 5－39 所示。如果 F_Q 太大，会增加危险断面处的拉应力而导致破裂或严重变薄，F_Q 太小时防皱效果不好。理论上，压边力 F_Q 的大小最好按图 5－40 所示规律变化，即拉深过程中，当毛坯外径减小至 $R_t = 0.85R_0$ 时，是起皱最严重的时刻，这时压边力 F_Q 应最大，随之 F_Q 逐渐减小，但实际上这很难做到。

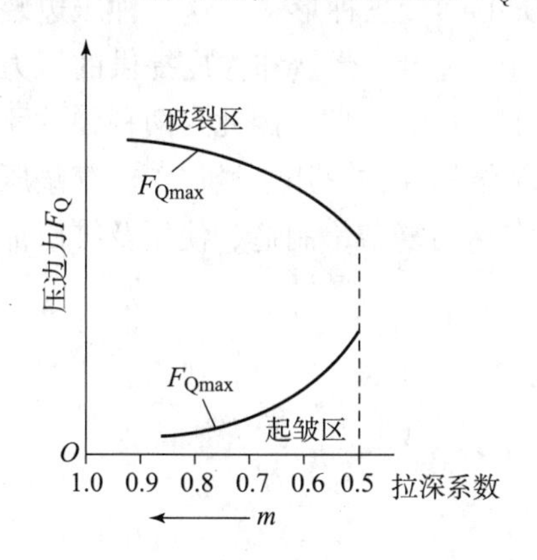

图 5－39　压边力对拉深工作的影响

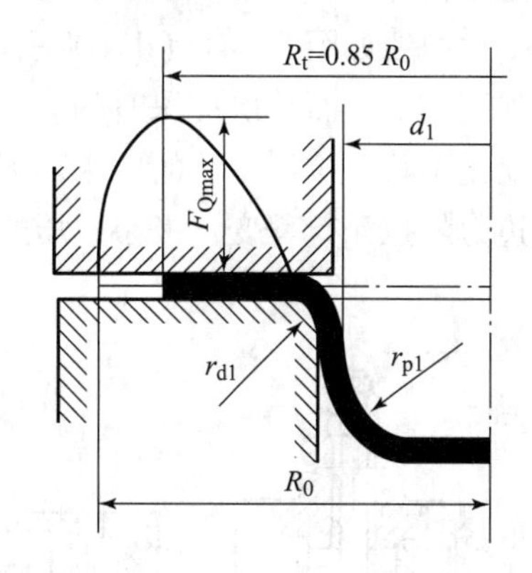

图 5－40　首次拉深压边力 F_Q 的理论曲线

生产中，压边力 F_Q 都有一个调节范围，它的确定是建立在实践经验基础上的，其大小可按表 5－14 所示公式计算。

表 5－14　计算压边力的公式

拉深情况	公式
任何情况拉深件	$F_Q = A \cdot q$
筒形件第一次拉深	$F_Q = \pi/4[D^2 - (d_1 + 2r_d)^2]q$
筒形件以后各次拉深	$F_{Qn} = \pi/4[d_{n-1}^2 - (d_n + 2r_d)^2]q$
注：q 为单位压边力，MPa，见表 5－15；A 为压边面积。	

表 5-15　单位压边力 q

材料名称		单位压边力 q	材料名称	单位压边力 q
铝		0.8～1.2	镀锡钢板	2.5～3.0
紫铜、硬铝（已退火）		1.2～1.8	高合金钢 不锈钢	3.0～4.5
黄铜		1.5～2.0		
软钢	$t<0.5$ mm	2.5～3.0		
	$t>0.5$ mm	2.0～2.5	高温合金	2.8～3.5

生产中也可根据第一次的拉深力 F_1 计算压边力：

$$F_Q = 0.25F_1 \tag{5-27}$$

2. 压边装置

目前，在实际生产中常用的压边装置有弹性压边装置和刚性压边装置两类。

1）弹性压边装置

这种压边装置多用于普通的单动压力机，通常有橡皮压边装置［图 5-41（a）］、弹簧压边装置［图 5-41（b）］、气垫压边装置［图 5-41（c）］三种形式。这三种压边装置压边力的变化曲线如图 5-41（d）所示。由图 5-41（d）看出，弹簧和橡皮提供的压力随行程的增加而增大，而首次拉深时的起皱和拉裂通常发生在拉深初期，因此这两种弹性元件压边力的变化不符合拉深工艺的要求。因此，橡皮及弹簧结构通常只用于浅拉深。气垫压边装置的压边力随拉深行程变化极小，压边效果较好，但它结构复杂，制造、使用及维修都比较困难。

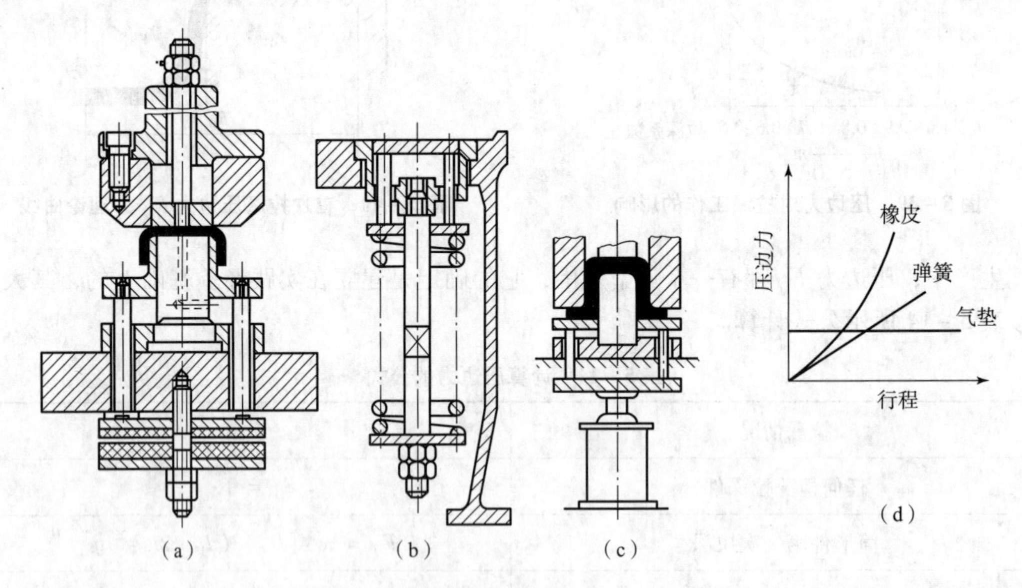

图 5-41　弹性压边装置及压边力变化曲线

弹簧和橡皮压边装置虽有缺点，但结构简单，对单动的中小型压力机采用橡皮或弹簧装置还是很方便的。根据生产经验，只要正确地选择弹簧规格及橡皮的牌号和尺寸，就能尽量减少它们的不利方面，充分发挥它们的作用。

当采用单动压力机拉深时，为了克服弹簧和橡皮的缺点，可采用图 5－42 所示的限位装置（定位销、柱销或螺栓），使压边圈和凹模间始终保持一定的距离 s，通常 $s=(1.05\sim1.10)t$。这种限位装置能在一定程度上减轻压边力过大对拉深过程的影响。其中图 5－42（a）所示用于第一次拉深，图 5－42（b）所示用于以后各次拉深。

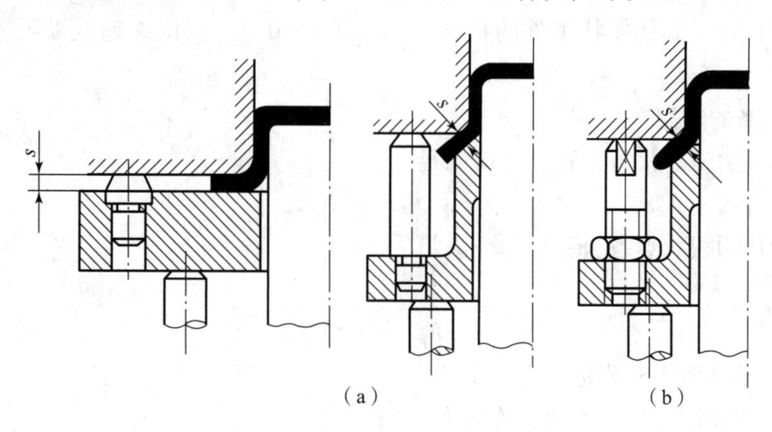

图 5－42　有限位的压边装置

（a）固定式；（b）调节式

2）刚性压边装置

刚性压边装置一般用于双动压力机上的拉深模。图 5－43 所示为双动压力机用拉深模，件 4 即刚性压边圈（又兼作落料凸模），压边圈固定在外滑块 2 上。在每次冲压行程开始时，外滑块带动压边圈下降并压在坯料的凸缘上，并在此停止不动，随后内滑块带动凸模下降，进行拉深。

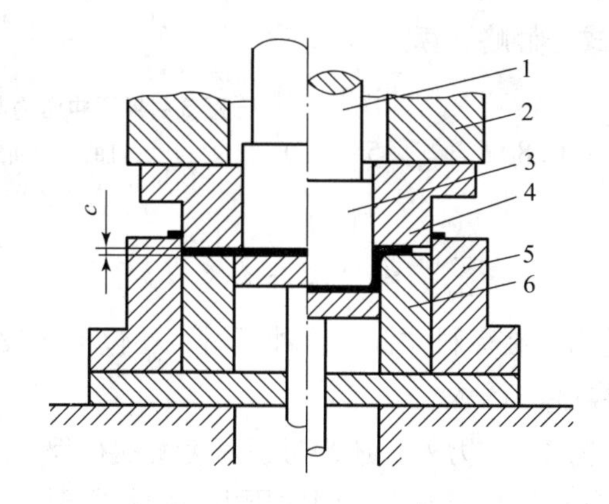

图 5－43　双动压力机用拉伸模

1—凸模固定杆；2—外滑块；3—拉深凸模；4—压边圈兼落料凸模；5—落料凹模；6—拉深凹模

刚性压边装置的压边作用是通过调整压边圈与凹模平面之间的间隙 c 获得的，而该间隙则靠调节压力机外滑块得到。考虑到拉深过程中坯料凸缘区有增厚现象，c 应略大于板料厚度。刚性压边装置的特点是压边力不随拉深的工作行程而变化，压边效果较好。

3. 拉深力的计算

生产中常用经验公式计算拉深力，对于圆筒形件、椭圆形件、盒形件，拉深力可用下式计算：

$$F_i = K_P L_s t \sigma_b \tag{5-28}$$

式中　F_i——第 i 次拉深的拉深力，N；

L_s——工件断面周长（按料厚中心记），mm；

K_P——系数，对于圆筒形件的拉深，$K_P=0.5\sim1.0$；对于椭圆形件及盒形件的拉深，$K_P=0.5\sim0.8$；对于其他形状工件的拉深，$K_P=0.7\sim0.9$。当拉深趋近极限时 K_P 取大值，反之取小值。

4. 拉深设备的选用

对于单动压力机，设备公称压力应满足

$$F_{机} > F_i + F_Q \tag{5-29}$$

对于双动压力机，设备公称压力应满足

$$F_{内} > F_i$$
$$F_{外} > F_Q \tag{5-30}$$

式中　$F_{机}$——单动压力机公称压力，N；

$F_{内}$——双动压力机内滑块公称压力，N；

$F_{外}$——双动压力机外滑块公称压力，N。

当拉深行程较大，特别是落料、拉深复合冲压时，不能简单地将落料力与拉深工艺力叠加后去选择压力机，因为公称压力是指压力机在接近下死点时的压力。因此，应该注意压力机的压力－行程曲线，否则很可能由于过早出现最大冲压力而使压力机超载损坏（图 5－44）。实际应用时，一般可按下式作概略计算。

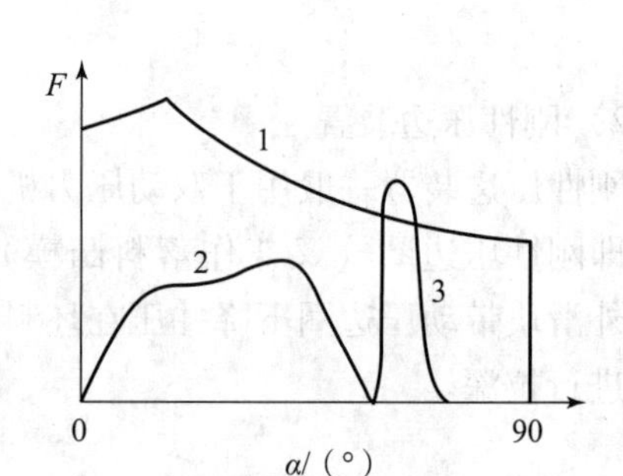

图 5－44　冲压力与压力机压力曲线的关系

1—压力机的压力曲线；2—拉深力；3—落料力

浅拉深时

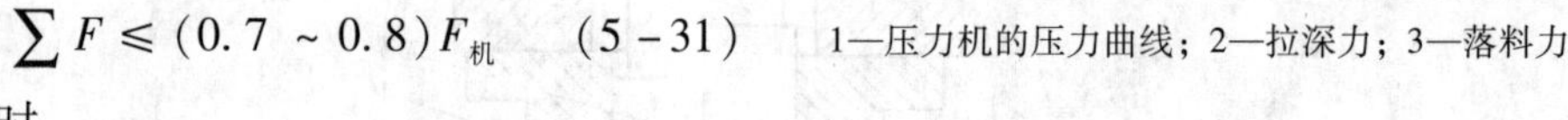

$$\sum F \leqslant (0.7\sim0.8)F_{机} \tag{5-31}$$

深拉深时

$$\sum F \leqslant (0.5\sim0.6)F_{机} \tag{5-32}$$

式中　$\sum F$——拉深工艺力，在落料拉深复合冲压时，还包括冲裁力，N；

$F_{机}$——压力机的公称压力，N。

拉深设备的选择，除考虑工艺力外，还需考虑压力机的行程。当压力机滑块回程时，必须保证拉深件或工序件能顺利取出或放入，因此压力机的行程至少为拉深高度的 2 倍。

三、拉深工序安排

拉深工序安排可遵循如下原则：

（1）对于一次拉深即能成形的浅拉深件，可以采用落料拉深复合工序完成。但如果拉深件高度过小，会导致复合拉深时的凸凹模壁厚过小，此时应采用先落料再拉深的单工序冲压方案。

（2）对于需多次拉深才能成形的高拉深件，在批量不大时，可采用单工序冲压，即落料得到毛坯，再按照计算出的拉深次数逐次拉深到需要的尺寸。也可以采用首次落料拉深复合，再按单工序拉深的方案逐次拉深到需要的尺寸。在批量很大且拉深件尺寸不大时，可采用带料的级进拉深。

（3）如果拉深件的尺寸很大，通常只能采用单工序冲压，如某些大尺寸的汽车覆盖件，通常是落料得到毛坯，然后再单工序拉深成形。

（4）当拉深件有较高的精度要求或需要拉小圆角半径时，需要在拉深结束后增加整形工序。

（5）拉深件的修边、冲孔工序通常可以复合完成。修边工序一般安排在整形之后。

（6）除拉深件底部孔有可能与落料、拉深复合外，拉深件凸缘部分及侧壁部分的孔和槽均需在拉深工序完成后再冲出。

（7）如局部还需其他成形工序（如弯曲、翻孔等）才能最终完成拉深件的形状，其他冲压工序必须在拉深结束后进行。

四、拉深成形过程中的辅助工序

拉深工艺中的辅助工序较多，可分为：

（1）拉深工序前的辅助工序，如毛坯的软化退火、清洗、喷漆、润滑等。

（2）拉深工序间的辅助工序，如半成品的软化退火、清洗、修边和润滑等。

（3）拉深后的辅助工序，如切边、消除应力退火、清洗、去毛刺、表面处理、检验等。

现将主要的辅助工序简介如下：

1. 润滑

润滑在拉深工艺中，主要是改善变形毛坯与模具相对运动时的摩擦阻力，同时也有一定的冷却作用。润滑的目的是降低拉深力，提高拉深毛坯的变形程度，提高产品的表面质量和延长模具寿命等。拉深过程中，必须根据不同的要求选择润滑剂的配方并选择正确的润滑方法。如润滑剂（油），一般只能涂抹在凹模的工作面及压边圈表面。也可以涂抹在拉深毛坯与凹模接触的平面上，而在凸模表面或与凸模接触的毛坯表面切忌涂润滑剂（油）等。常用的润滑剂见有关冲压设计资料。还需注意，当拉深应力较大且接近材料的强度极限 σ_b 时，应采用含量不少于20%的粉状填料的润滑剂，以防止润滑液在拉深中被高压挤掉而失去润滑效果。也可以采用磷酸盐表面处理后再涂润滑剂。

2. 热处理

拉深工艺中的热处理是指落料毛坯的软化处理、拉深工序间半成品的退火及拉深后零件的消除应力的热处理。毛坯材料的软化处理是为了降低硬度，提高塑性，提高拉深变形程度，使拉深系数 m 减小，提高板料的冲压成形性能。拉深工序间半成品的热处理退火，是为了消除拉深变形的加工硬化，恢复加工后材料的塑性，以保证后续拉深工序的顺利实现。对某些金属材料（如不锈钢、高温合金及黄铜等）拉深成形的零件，拉深后在规定时间内的热处理，目的是消除变形后的残余应力，防止零件在存放（或工作）中的变形和蚀裂等现象。中间工序的热处理方法主要有两种：低温退火和高温退火（参见有关材料的热处理规范手册）。

工序能连续完成拉深次数的材料，可参见表 5－16。

表 5－16　不需热处理能拉深的次数

材料	次数	材料	次数
08、10、15 钢	3～4	不锈钢	1～2
铝	4～5	镁合金	1
黄铜 H68	2～4	钛合金	1

3. 酸洗

酸洗用于拉深前对热处理后的平板毛坯和中间退火工序后的半成品及拉深后的零件进行清洗的工序，目的在于清除拉深零件表面的氧化皮、残留润滑剂及污物等。一般在对零件酸洗前，应先用苏打水去油，酸洗后还需要进行仔细的表面洗涤，以便将残留于零件表面上的酸洗掉。其方法是，先在流动的冷水中清洗，然后放在 60～80 ℃的弱碱液中中和，最后用热水洗涤再干燥。有关酸洗溶液配方见冲压设计资料。

任务实施

1. 拉深件的结构工艺性分析

该零件为无凸缘直壁筒形件，没有厚度不变的要求，零件的形状简单、对称，底部圆角为 2 mm，满足拉深工艺对形状和尺寸的要求，适合于拉深成形；零件的所有尺寸均为未注公差，采用普通拉深较易达到；零件所用材料为 08 钢，塑性较好，易于拉深成形，因此该零件的冲压工艺性良好。

2. 拉深工艺力的计算（以第四次拉深为例，其他类同）

（1）拉深力由式（5－28）计算，则

$$F_4 = K_P L_s t \sigma_b = 0.8 \times 3.14 \times 88 \times 2 \times 320 = 141.48\ (\text{kN})$$

（2）压边力由表 5－14 计算，则

$$\begin{aligned} F_{Qn} &= \pi[d_{n-1}^2 - (d_n + 2r_d)^2]q/4 \\ &= \pi[104^2 - (88+6)^2] \times 2/4 \\ &= 3.11\ (\text{kN}) \end{aligned}$$

选用单动压力机，设备公称压力为

$$F_{设} \geqslant F_4 + F_{压} = 141.48\ \text{kN} + 3.11\ \text{kN} = 144.59\ \text{kN}$$

这里初选 160 kN 的开式曲柄压力机 J23－16。

任务 7　拉深模设计

任务描述

计算拉深凸模、凹模工作部分尺寸，设计拉深模结构，绘制拉深凸模和拉深凹模零件图。

一、拉深模典型结构识读

拉深模类型很多，按使用的压力机类型不同，可分为单动压力机上使用的拉深模与双动压力机上使用的拉深模；按工序的组合程度不同，可分为单工序拉深模、复合拉深模与级进拉深模；按结构形式与使用要求不同，可分为首次拉深模与后续各次拉深模、有压料装置拉深模与无压料装置拉深模、正装拉深模与倒装拉深模、下出件拉深模与上出件拉深模等。下面按首次拉深模和后续各次拉深模对拉深模具的典型结构进行介绍。

1. 首次拉深模

1）无压边装置的首次拉深模

如图 5－45 所示，工作时，坯料在定位板 7 中定位，凸模工作部分长度较大，使拉深结束后，工件的口部位于刮料环 6 下平面，凸模回程时在拉簧 9 的作用下，刮料环从凸模上刮下工件，使工件从下模板的孔中和机床台面孔中掉下。当料厚大于 2 mm 时，可去掉弹簧刮料板，利用拉深件口部回弹尺寸变大的条件，依靠凹模脱料颈台阶完成卸件，如图 5－46 所示。

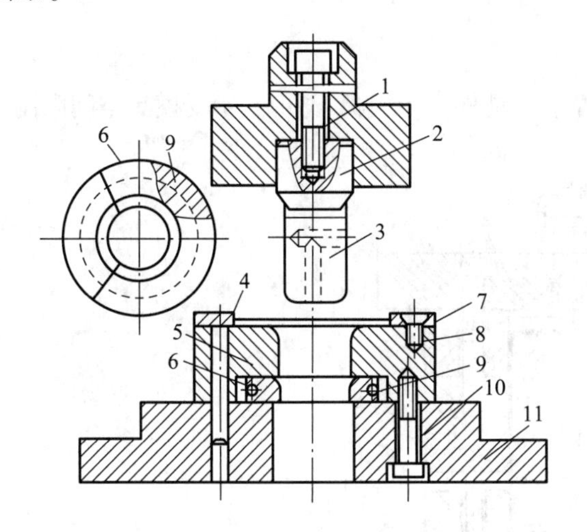

图 5－45　无压边装置的简单拉深模（一）

1，8，10—螺钉；2—模柄；3—凸模；5—凹模；6—刮料环；7—定位板；9—拉簧；11—下模座

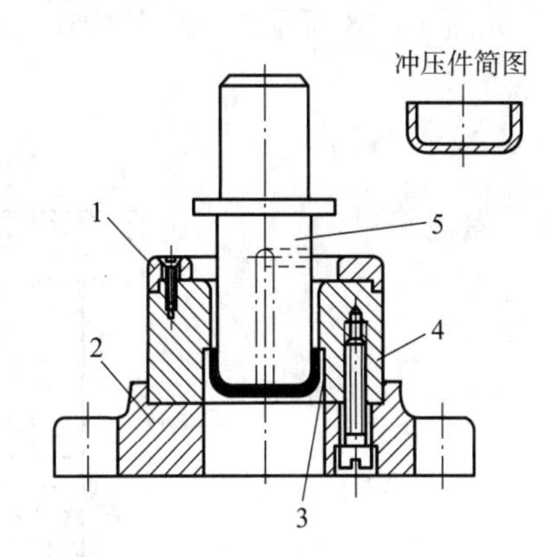

图 5－46　无压边装置的简单拉深模（二）

1—定位板；2—下模座；3—脱料颈；4—凹模；5—凸模

此类模具结构简单，制造方便，常用于材料塑性好、相对厚度较大的工件拉深。由于拉深凸模要深入凹模，所以该模具只适用于浅拉深。

2）带压边装置的首次拉深模

（1）正装拉深模。

如图 5－47 所示，该模具中压边装置置于模具内（上、下模板之间），由于受模具空间的限制，不能提供太大的压边力，只适用于浅拉深件的拉深。

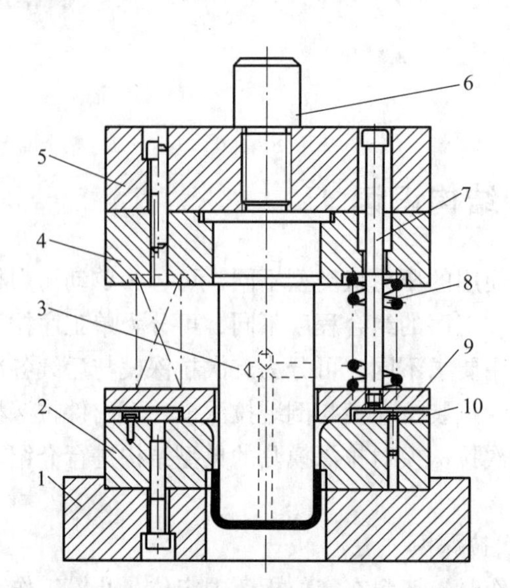

图 5－47　带压边装置的正装首次拉深模

1—下模座；2—凹模；3—凸模；4—凸模固定板；5—上模座；6—模柄；7—卸料螺钉；8—弹簧；9—压边圈；10—定位板

工作时，毛坯由定位板 10 定位，上模下行，压边圈 9 首先将毛坯压住，凸模 3 继续下行完成拉深，拉深结束后上模回程，箍在凸模外面的拉深件由拉深凹模下的台阶刮下并由漏料孔落下。

（2）倒装拉深模。

如图 5－48 所示，该模具中压边装置被置于模具外（下模板下方），不受模具空间限制，

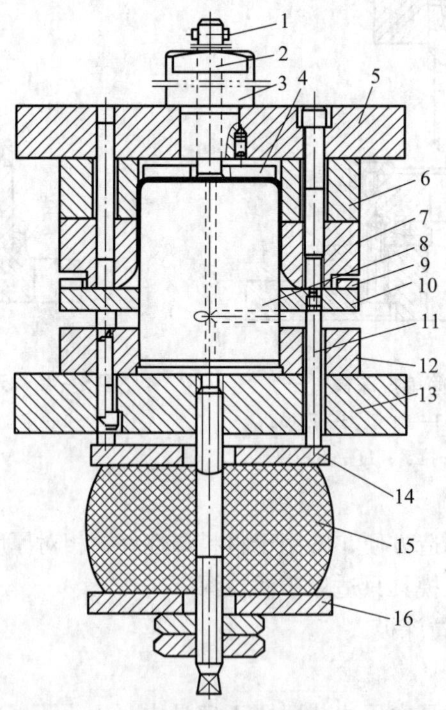

图 5－48　带压边装置的倒装首次拉深模

1—横销；2—打杆；3—模柄；4—推件块；5—上模座；6—空心垫板；7—拉深凹模；8—凸模；9—定位板；10—压边圈；11—顶杆；12—凸模固定板；13—下模座；14—上托板；15—橡胶；16—下托板

弹性元件的选择可不受尺寸限制，提供的压边力可以大一些，并且模具结构紧凑，这是常用的结构形式。图中件 10 即弹性压边圈，其压边力由连接在下模座上的弹性压边装置（件 11、14、15、16）提供。工作时，毛坯在压边圈上的定位板 9 中定位，拉深凹模 7 下行与工件接触，开始拉深；拉深结束后，拉深凹模上行，压边圈同步复位并将工件顶起，使工件留在拉深凹模内，最后由打杆 2 推动推件块 4 将工件推出凹模。

3）落料拉深复合模

该模具为高矩形盒形件落料首次拉深的顺装复合模，半成品拉深件和条料排样如图 5－49 所示。由于凹模上安装的固定挡料钉的头部外圆与落料凹模 5 的孔边相切，所以落料时无前后搭边，废料就不会包紧在凸凹模 4 上，模具也省去了卸料板和卸料弹簧。本结构节约材料，操作方便，适用于需切边的中小型零件的拉深。

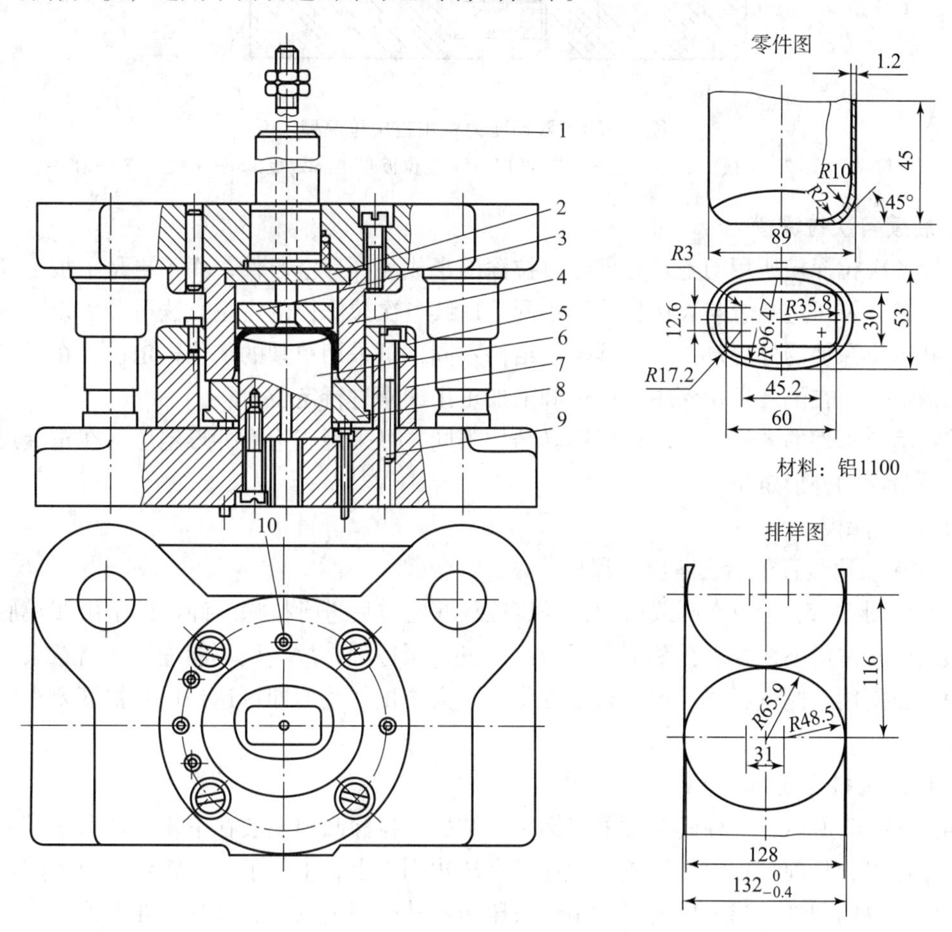

图 5－49　高矩形盒形件落料首次拉深复合模

1—打杆；2—垫板；3—推件块；4—凸凹模；5—落料凹模；6—拉深凸模；7—垫板；8—压边圈；9—顶杆；10—挡料销

4）双动压力机上使用的首次拉深模

如图 5－50 所示，双动压力机有两个滑块，拉深凸模 1 与压力机内滑块相连接，压边圈 3 通过上模座 2 与压力机外滑块相连接。工作时，毛坯在凹模 4 上由定位板 5 定位，外滑块首先带动压边圈压住毛坯，然后拉深凸模在内滑块带动下下行进行拉深。拉深结束后，凸模先回程，拉深件则由于压边圈的限制而留在凹模中，最后由顶件块 7 顶出。由于双动压力机外滑块提供的压边力恒定，故压边效果好。

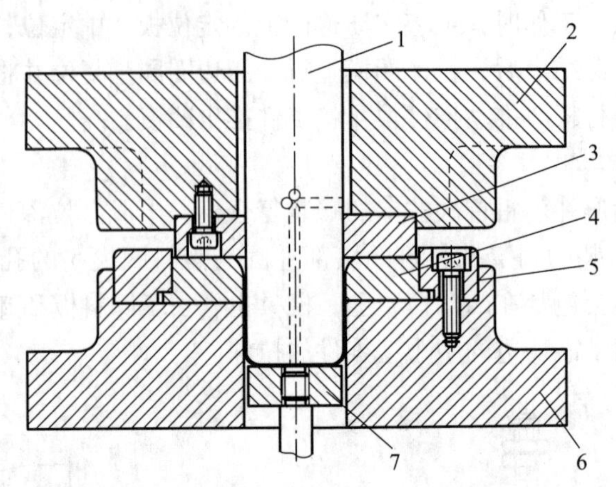

图 5－50　双动压力机用首次拉深模

1—拉深凸模；2—上模座；3—压边圈；4—凹模；5—定位板/凹模固定板；6—下模座；7—顶件块

2. 后续各次拉深模

后续各次拉深模所用的毛坯是已经过拉深的半成品开口空心件，而不再是平板毛坯，因此其定位装置及压边装置与首次拉深模不同。后续各次拉深模的定位方法可分为以下两种：

①利用拉深件的外形定位。根据模具结构不同，可采用单独的定位板定位，在凹模上加工出凹槽定位，在倒装反拉深中在压边圈上加工出凹槽进行定位。

②利用拉深件的内形定位。根据模具结构不同，可采用压边圈外形定位，在正装反拉深模中利用凹模的外形定位。

1）正拉深模

（1）无压边装置的后续各次拉深模。

毛坯如图 5－51 中双点画线所示，经定位板 6 定位后进行拉深。卸件也是由凹模底部的脱料颈完成，并由下模板底孔落下。因为此模具无压边圈，故一般不能进行严格意义上的多次拉深，而是用于侧壁料厚一致、直径变化量不大或稍加整形即可达到尺寸精度要求的深筒形拉深件。

（2）带压料装置的后续各次拉深模。

如图 5－52 所示，这种模具常采用倒装式结构，拉深凸模安装在下模，拉深凹模安装在上模。工作时，将前次拉深的半成品制件套在压边圈 1 上，上模下行，将毛坯拉入凹模，从而得到所需要的制件；当上模返回，制件被压边圈从凸模上顶出，如果卡在凹模中，则将被推件块推出。为了定位可靠和操作方便，压边圈的外径应比毛坯的内径小 0.05～0.10 mm，其工作部分应比毛坯高出 2～4 mm。压边圈顶部的圆角半径等于毛坯的底部半径。模具装配时，要注意保证压边圈圆角部位与凹模圆角部位之间的间隙为（1.1～1.2）t（铝、铜件取小值，钢件取大值），该距离可以通过调整限位杆的伸出长度来实现。大多数采用弹性压边圈的后续各次拉深模都使用限位装置，以防止因压边力太大而拉裂。

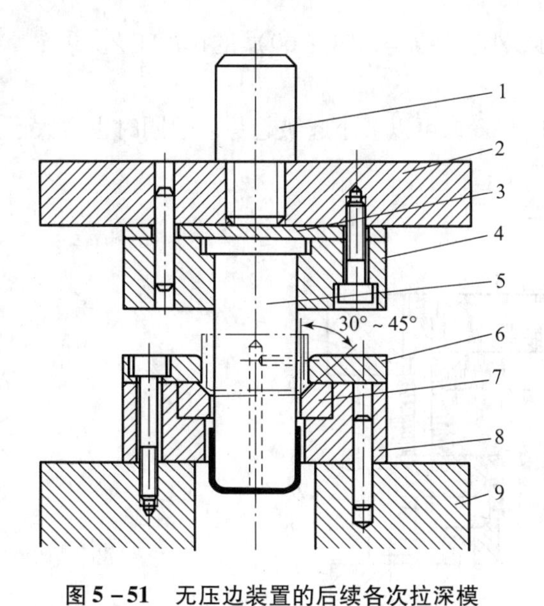

图 5－51　无压边装置的后续各次拉深模

1—模柄；2—上模座；3—垫板；4—凸模固定板；5—凸模；6—定位板；7—凹模；8—凹模固定板；9—下模座

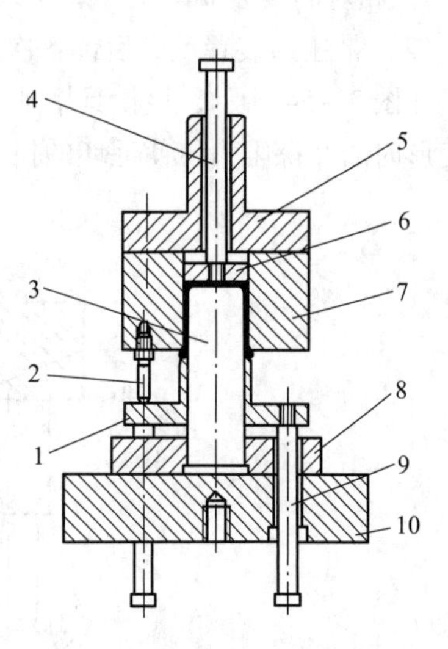

图 5－52　带压料装置的以后各次拉深模

1—压边圈；2—限位杆；3—凸模；4—打杆；5—上模座；6—推件块；7—凹模；8—凸模固定板；9—顶杆；10—下模座

2）反拉深模

（1）无压边装置反向后续各次拉深模。

如图 5－53 所示，这类模具多用于较薄材料的后续各次拉深和锥形、半球形及抛物面形等旋转体形状制件的后续各次拉深。工作时，将经过前次拉深的半成品制件套在凹模上（利用凹模外形定位），制件的内壁经拉深后翻转到外边，使材料的内外表面互相转换，因此，材料流动的摩擦阻力及弯曲阻力均比一般拉深大，引起变形区径向拉应力大大增加，而变形区的切向压应力则相应减小，从而减少了起皱的可能性，可得到较大的变形程度。

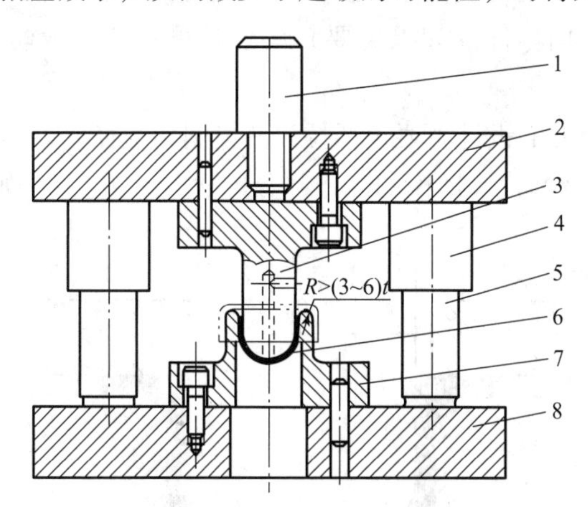

图 5－53　无压边装置反向后续各次拉深模

1—模柄；2—上模座；3—凸模；4—导套；5—导柱；6—冲压件；7—凹模；8—下模座

反拉深的极限拉深系数可比一般拉深小 10% ～15%。但凹模的壁厚尺寸常受拉深系数的限制，而不能根据强度需要确定。因此，反拉深一般用于毛坯相对厚度（t/D）×100%

<0.3，相对高度 $h/d=0.7\sim1.0$ 以及制件的最小直径 $d=(30\sim60)t$ 的拉深工艺。

（2）带压边装置反向后续各次拉深模。

如图 5－54 所示，该模具增加了弹性压边装置，可以减小起皱趋势。但同时也增大了毛坯变形时的摩擦阻力，使毛坯的拉裂倾向增加。

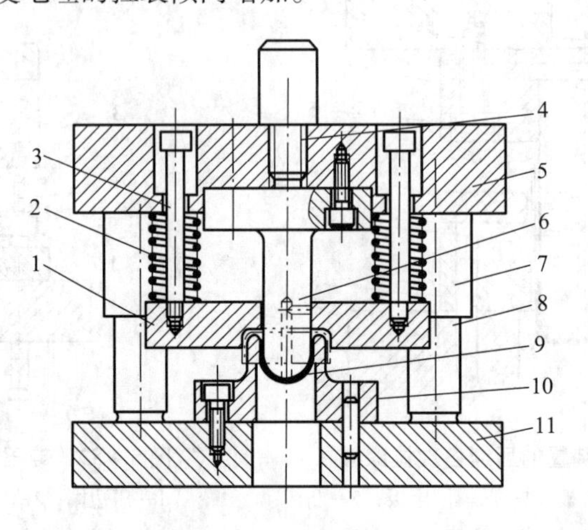

图 5－54　带压边装置反向后续各次拉深模

1—压边圈；2—弹簧；3—卸料螺钉；4—模柄；5—上模座；
6—凸模；7—导套；8—导柱；9—冲压件；10—凹模；11—下模座

二、拉深模工作零件的结构设计和尺寸计算

拉深模结构与冲裁模类似，也是由工作零件，定位零件，卸料、压料零件，固定零件和导向零件等组成的，只是因为拉深时凸、凹模之间的间隙较大，因此在单纯的拉深模中，通常不需要设置导向零件，而是由设备保证上模部分的运动方向。拉深模中定位零件，卸料、压料零件，固定零件，导向零件（如果需要）的设计可参考冲裁模，这里主要介绍工作零件的设计。

拉深凸、凹模工作部分的设计主要包括拉深凹模圆角半径 r_d，凸模圆角半径 r_p，凸、凹模工作部分的间隙 c，以及凸模与凹模的工作部分尺寸 D_P、D_d 等，如图 5－55 所示。

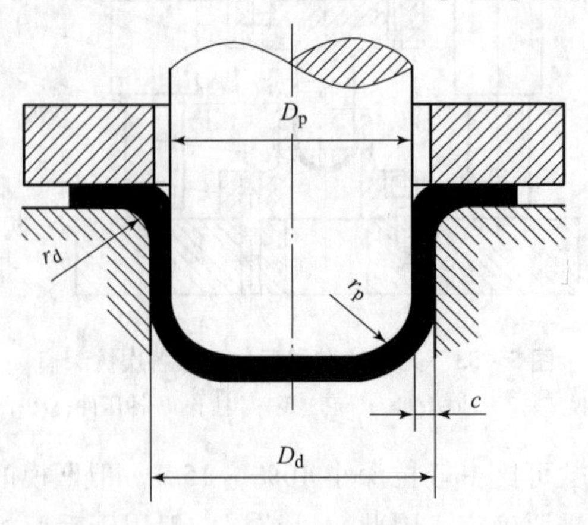

图 5－55　拉深模工作部分的尺寸

1. 凹模圆角半径 r_d

拉深时，材料在经过凹模圆角时不仅因为发生弯曲变形需要克服弯曲阻力，还要克服因相对流动引起的摩擦阻力，所以 r_d 的大小对拉深过程的影响非常大。r_d 太小，材料流过时，弯曲阻力和摩擦力较大，拉深力增加，磨损加剧，拉深件易被刮伤、过度变薄甚至破裂，模具寿命降低；r_d 太大，拉深初期不受压边力作用的区域较大，拉深后期毛坯外缘过早脱离压边圈的作用，容易起皱。

因此，r_d 的值既不能太大也不能太小。在生产上，一般应尽量避免采用过小的凹模圆角半径，在保证工件质量的前提下，尽量取大值，以满足模具寿命的要求。凹模圆角半径 r_d 按下述经验公式计算：

$$r_d = 0.8\sqrt{(D-d)t} \tag{5-33}$$

$$r_{dn} = (0.6 \sim 0.8) r_{d(n-1)} \tag{5-34}$$

式中　D——毛坯直径；

d——本道工序拉深件的直径。

第一次拉深的凹模圆角半径也可以按表 5－17 选取。

表 5－17　首次拉深凹模圆角半径 r_d

拉深零件	材料厚度 t/mm				
	≥2.0～1.5	<1.5～1.0	<1.0～0.6	<0.6～0.3	<0.3～0.1
无凸缘	$(4\sim7)t$	$(5\sim8)t$	$(6\sim9)t$	$(7\sim10)t$	$(8\sim13)t$
有凸缘	$(6\sim10)t$	$(8\sim13)t$	$(10\sim16)t$	$(12\sim18)t$	$(15\sim22)t$

2. 凸模圆角半径 r_p

凸模圆角半径大小对拉深过程的影响没有凹模圆角半径大，但其值也必须合适。r_p 过小，会使危险断面受拉力增大，工件易产生局部变薄甚至拉裂；而 r_p 过大，则使凸模与毛坯接触面小，易产生底部变薄和内皱。

一般情况下，拉深凸模圆角半径 r_p 为

$$r_p = (0.7 \sim 1.0) r_d \tag{5-35}$$

最后一次拉深时，凸模圆角半径应等于零件圆角半径，$r_{pn}=r$，若零件的圆角半径 $r<t$，则取 $r_{pn}>t$，拉深结束后再通过整形工序获得 r。

3. 凸、凹模间隙 c

拉深时凸、凹模之间的间隙对拉深力、工件质量、模具寿命等都有影响。凸、凹模间隙 c 过大，易起皱，工件有锥度，精度差；间隙 c 过小，摩擦加剧，导致工件变薄严重，甚至拉裂。因此，正确确定凸、凹模之间的间隙是很重要的。确定拉深间隙时，需要考虑压边状况、拉深次数和工件精度等，间隙选择一般都比毛坯厚度略大一些。

对于圆筒形及椭圆形件的拉深，凸、凹模的单边间隙 c 可按下式计算：

$$c = t_{max} + K_c t \tag{5-36}$$

式中　t_{max}——板料最大厚度，mm；

K_c——系数，见表 5－18。

表 5－18　系数 K_c

板料厚度 t/mm	一般精度		较精密	精密
	一次拉深	多次拉深		
≤0.4	0.07～0.09	0.08～0.10	0.04～0.05	0～0.04
>0.4～1.2	0.08～0.10	0.10～0.14	0.05～0.06	
>1.2～3.0	0.10～0.12	0.14～0.16	0.07～0.09	
>3.0	0.12～0.14	0.16～0.20	0.08～0.10	

注：1. 对于强度高的材料，表中数值取小值。

2. 精度要求高的工件，建议末道工序采用间隙（0.90～0.95）t 的整形工序。

3. 对于盒形件的拉深，模具转角处的间隙应比直边部分大 0.1t，而直边部分的间隙可按式（5－37）计算，系数 K_c 按表中较精密或精密选取。

4. 凸模与凹模工作尺寸及公差

拉深件的尺寸精度是由末次拉深模保证的，与中间工序的尺寸精度无关。因此，中间工序可以直接取工序件尺寸作为模具工作部分尺寸，而最后一道工序则要根据产品内（外）形尺寸要求及磨损方向来确定拉深模凸、凹模的工作尺寸及公差。根据拉深件横向尺寸的标注不同，可以分为以下两种情况：

（1）拉深件标注外形尺寸［图 5－56（a）］，此时应以拉深凹模为基准，首先计算凹模的尺寸及公差，再确定凸模的尺寸及公差。

$$D_d = (D_{max} - 0.75\Delta)^{+\delta_d}_{0} \tag{5-37}$$

$$D_p = (D_d - 2c)^{0}_{-\delta_p} \tag{5-38}$$

（2）拉深件标注内形尺寸［图 5－56（b）］，此时应以拉深凸模为基准，首先计算凸模的尺寸及公差，再确定凹模的尺寸及公差。

$$D_p = (d_{min} + 0.4\Delta)^{0}_{-\delta_p} \tag{5-39}$$

$$D_d = (D_p + 2c)^{+\delta_d}_{0} \tag{5-40}$$

式中　D_d，D_p——凹模和凸模的基本尺寸，mm；

D_{max}——拉深件外径的最大极限尺寸，mm；

d_{min}——拉深件内径的最小极限尺寸，mm；

Δ——工件公差，mm，其值可参见表 5－19；

δ_d，δ_p——凹模和凸模的制造公差可按 IT6～IT8 级选取，也可按表 5－20 选取；

c——拉深模单边间隙，mm。

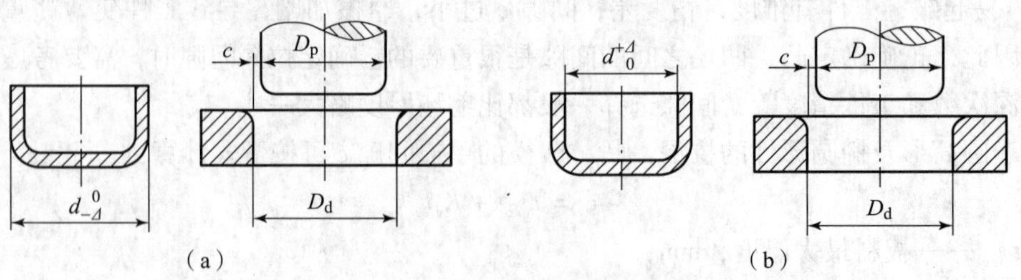

图 5－56　圆筒形件拉深模工作部分尺寸

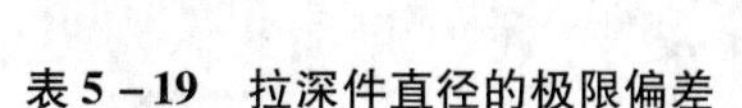

表 5－19　拉深件直径的极限偏差　　mm

板料厚度 t	拉深件直径 d			板料厚度 t	拉深件直径 d		
	≤50	>50～100	>100～300		≤50	>50～100	>100～300
0.5	±0.12	—	—	2.0	±0.40	±0.50	±0.70
0.6	±0.15	±0.20	—	2.5	±0.45	±0.60	±0.80
0.8	±0.20	±0.25	±0.30	3.0	±0.50	±0.70	±0.90
1.0	±0.25	±0.30	±0.40	4.0	±0.60	±0.80	±1.00
1.2	±0.30	±0.35	±0.50	5.0	±0.70	±0.90	±1.10
1.5	±0.35	±0.40	±0.60	6.0	±0.80	±1.00	±1.20

表 5－20　拉深模凸模和凹模的制造公差　　mm

板料厚度 t	拉深直径 d					
	≤20		20～100		>100	
	δ_d	δ_p	δ_d	δ_p	δ_d	δ_p
≤0.5	0.02	0.01	0.03	0.02	—	—
>0.5～1.5	0.04	0.02	0.05	0.03	0.08	0.05
>1.5	0.06	0.04	0.08	0.05	0.10	

5. 凸模通气孔

拉深时，由于拉深件金属材料的贴模性、拉深力的作用及润滑油等因素的影响，拉深件易被黏附在凸模上，卸下拉深件时，凸模与拉深件之间易形成具有负压的真空，增加了卸件的困难，并造成拉深件底部不平。为此，凸模应设计有通气孔，以便将气通入凸模与拉深件之间的空间，才容易卸件。拉深不锈或大拉深件时，由于黏附力大，可在通气孔中通入高压气体或液体，便于将拉深件卸下。

一般的小型件拉深，可直接在凸模的中心部位及侧壁钻出通气孔，两种孔相通，通气孔的直径（D）根据凸模尺寸大小而定，一般 $D=3\sim10$ mm，其尺寸可查表 5－21，其轴向深度 H 大于工件高度 h，如图 5－57 所示。

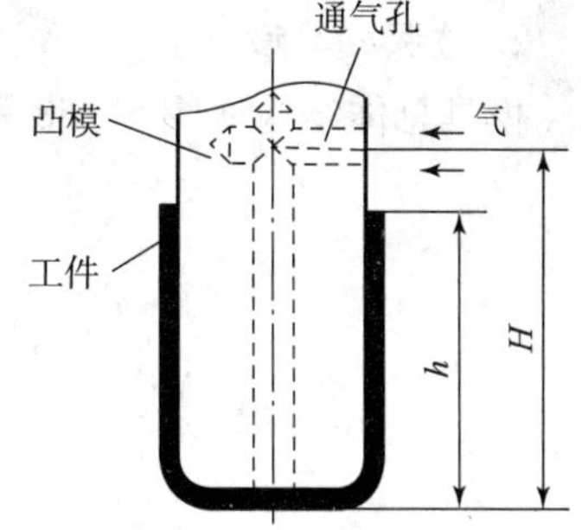

图 5－57　凸模的通气孔

表 5－21　通气孔尺寸　　mm

凸模直径	～50	>50～100	>100～200	>200
通气孔直径	5	6.5	8	9.5

任务实施

1. 拉深模工作零件的结构设计和尺寸计算

1）凹模圆角半径 r_d

$r_{d1} = 0.8\sqrt{(D-d_1)t} = 0.8\sqrt{(283-161)t} = 12.5\ \text{mm}$，取 $r_{d1} = 12\ \text{mm}$。

$r_{d2} = (0.6 \sim 0.8)r_{d1} = (7.2 \sim 9.6)\ \text{mm}$，取 $r_{d2} = 8\ \text{mm}$。

$r_{d3} = (0.6 \sim 0.8)r_{d2} = (4.8 \sim 6.4)\ \text{mm}$，取 $r_{d3} = 5\ \text{mm}$。

$r_{d4} = (0.6 \sim 0.8)r_{d3} = (3 \sim 4)\ \text{mm}$，取 $r_{d4} = 3\ \text{mm}$。

2）凸模圆角半径 r_p

凸模圆角半径可取与凹模圆角半径相同，即 $r_{p1} = 12\ \text{mm}$，$r_{p2} = 8\ \text{mm}$，$r_{p3} = 5\ \text{mm}$，$r_{p4} = 3\ \text{mm}$。

3）凸、凹模间隙 c

$c = 2 + (0.14 \sim 0.16)t = 2.28 \sim 2.32\ \text{mm}$，取 $c = 2.3\ \text{mm}$。

4）凸模与凹模工作尺寸及公差

因拉深件标注外形尺寸，此时应以拉深凹模为基准，首先计算凹模的尺寸及公差，再确定凸模的尺寸及公差。

Δ 为工件公差，可由表 5－19 查得，查表 5－20 得：$\delta_d = 0.08\ \text{mm}$，$\delta_p = 0.05\ \text{mm}$。

$$D_{d4} = (90.5 - 0.75 \times 1)^{+0.08}_{0} = 89.75^{+0.08}_{0}$$

$$D_{p4} = (89.75 - 2 \times 2.3)^{0}_{-0.05} = 85.15^{0}_{-0.05}$$

5）凸模通气孔

查表 5－21，凸模通气孔尺寸为 6.5 mm。

2. 拉深模具设计

模具总体结构如图 5－58 所示。

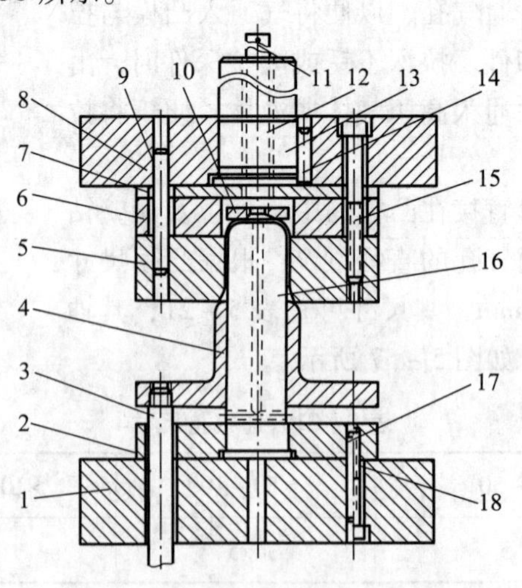

图 5－58　第四次拉深模总装图

1—下模座；2—凸模固定板；3—卸料螺钉；4—压边圈；5—凹模；6—空心垫板；7—垫板；8—上模座；9，17—销钉；10—推件板；11—横销；12—打杆；13—模柄；14—止动销；15，18—螺钉；16—拉深凸模

3. 拉深模具零件设计

1）拉深凸模（图5－59）

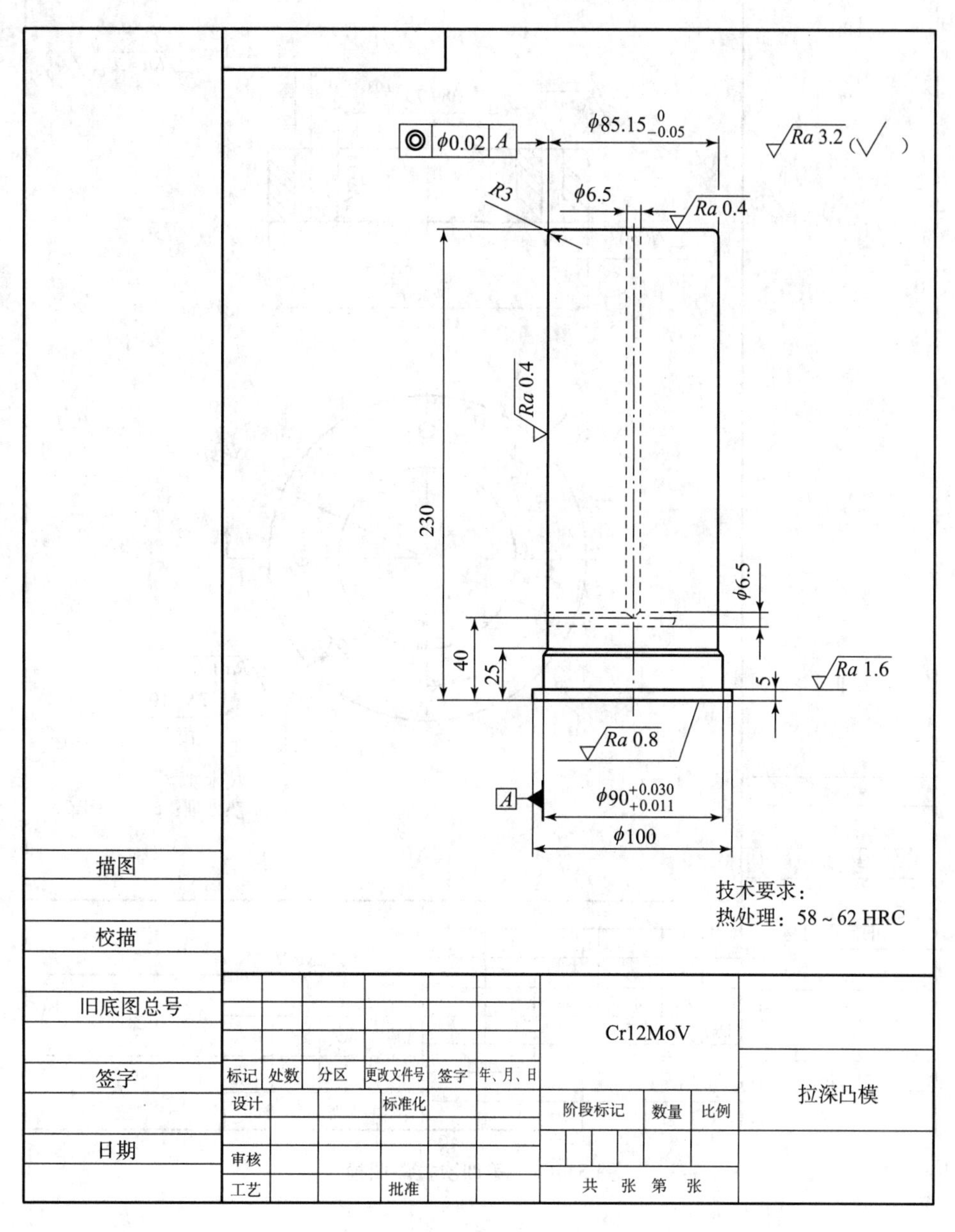

图5－59　第四次拉深模凸模

2）拉深凹模（图 5－60）

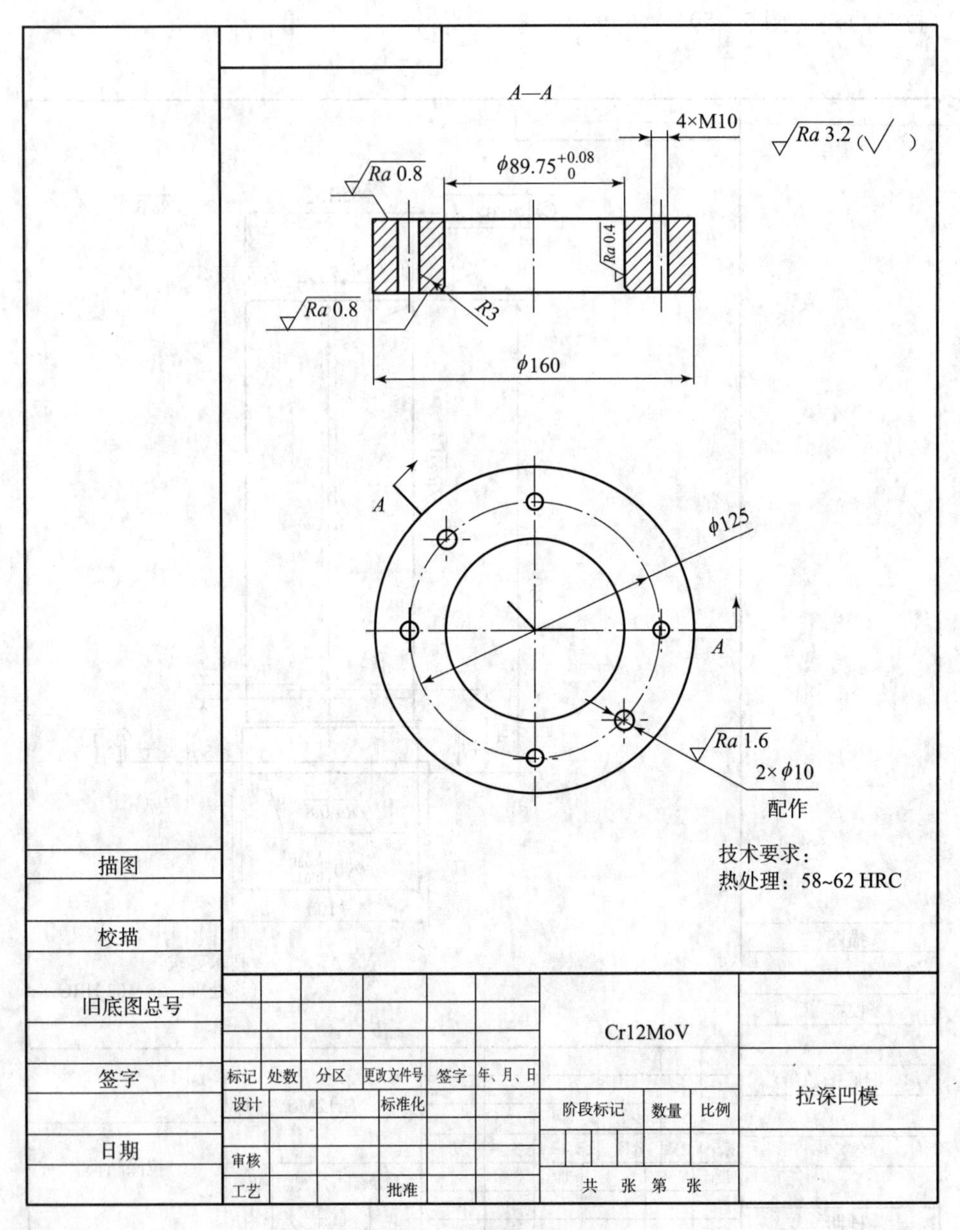

图 5－60　第四次拉深凹模

项目六　其他成形工艺与模具设计

知识目标

（1）了解翻边、胀形等成形工艺的类型、特点及成形过程。
（2）了解翻边、胀形等成形工艺的主要质量问题及相关解决方法。
（3）掌握翻边、胀形等成形工艺设计的基本原则、方法和步骤。

技能目标

（1）在冲压生产实际中遇到具体问题时，应根据各种成形工艺和力学原理，针对具体情况进行具体分析，合理、灵活地解决实际问题。

（2）能通过查表进行成形工艺和模具结构设计。

在冲压生产中，除冲裁、弯曲和拉深三大基本冲压工序外，还有胀形、翻边、缩口、旋压、校形等基本工序。每种工序都有各自的变形特点，它们可以是独立的冲压工序，如空心零件胀形、钢管缩口、封头旋压等，但在生产中往往还和其他冲压工序组合在一起成形一些复杂形状的冲压零件，如图 6－1 所示。这些成形工序的共同特点是通过材料的局部变形来改变毛坯或工序件的形状，但各自的变形特点差异较大。

图 6－1　成形工艺产品举例

项目描述

本项目主要介绍翻边、胀形和缩口等成形工序的变形特点及成形极限，以及相对应的模具结构。

任务1 翻 边

任务描述

理解翻边的受力特点；会判断能否一次翻边成形，如果可以一次翻边成形，能正确计算预制孔的尺寸；如果需要拉深后翻边，能正确计算拉深的高度。

相关知识

翻边是将毛坯或半成品的外边缘或孔边缘沿一定的曲线翻成竖立的边缘的冲压方法。用翻边方法可以加工形状较为复杂且有良好刚度的立体零件，能在冲压件上制取与其他零件装配的部位，如机车车辆的客车中墙板翻边、客车脚蹬门压铁翻边、汽车外门板翻边、金属板小螺纹孔翻边等。翻边可以代替某些复杂零件的拉深工序，改善材料的塑性流动以免破裂或起皱；代替先接后切的方法制取无底零件，可减少加工次数，节省材料。

根据工件边缘的形状和应力、应变状态的不同，翻边可分为内孔翻边和外缘翻边，如图6-2所示。

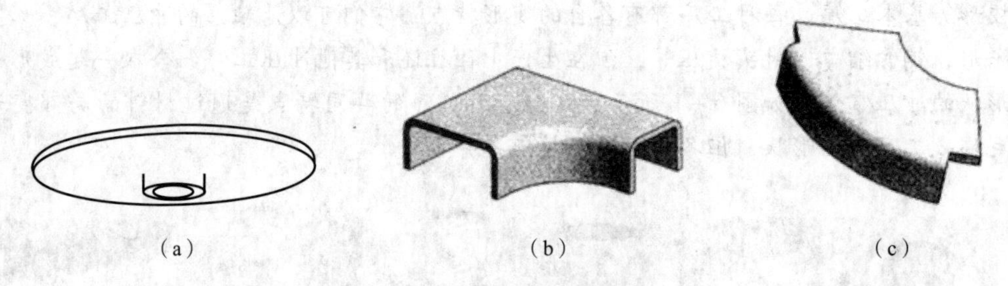

图6-2 内孔翻边和外缘翻边

(a) 内孔翻边；(b) 内凹外缘翻边；(c) 外凸外缘翻边

一、内孔翻边

内孔翻边又称翻孔，是指利用模具使制件的孔边缘翻起呈竖立或一定角度直边的冲压加工方法。根据所用毛坯及所翻孔边缘的形状不同，有在平板上进行的翻孔，也有在曲面上进行的翻孔，如管坯上的翻孔；可翻圆孔，也可翻非圆孔，如图6-3所示。

1. 内孔翻边的变形特点

如图6-4所示，将外径为D_0、预制孔孔径为d_0的毛坯放入图6-4（a）所示的模具中，当D_0/d_p的值达到一定值时，毛坯外缘部分$[D_0-(d_p+2r_d)]$在压边力$F_{压}$的作用下被压死，不再发生变形，变形主要发生在位于凸模底下的区域。随着凸模的不断下行，预制孔的孔径d_0不断扩大，位于d_1与d_0之间的环形区域内的材料不断向凹模的侧壁转移，最终与凹模的侧壁完全贴合，形成竖边，完成翻孔。

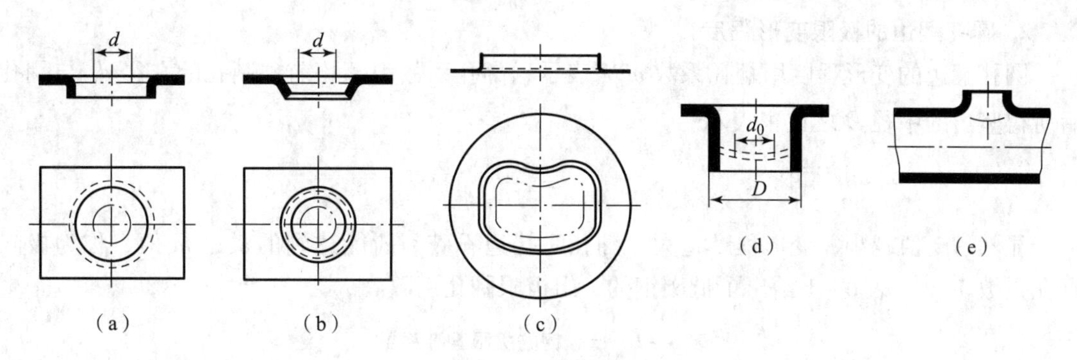

图 6-3　内孔翻边

(a) 沿圆孔缘翻竖边；(b) 沿圆孔缘翻斜边；(c) 沿非圆孔缘翻竖边；(d) 拉深底部翻孔；(e) 管坯翻孔

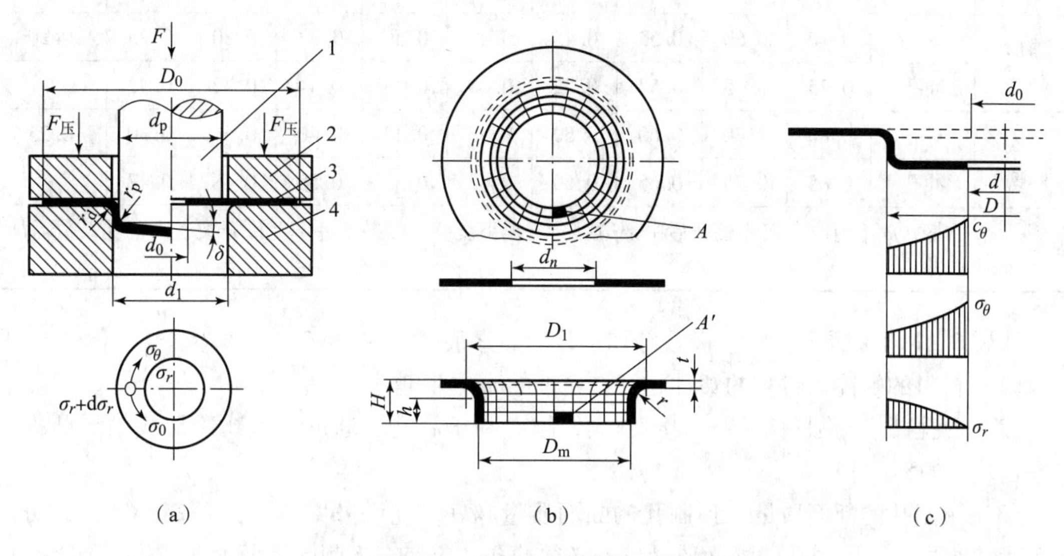

图 6-4　内孔翻边时的变形情况

1—凸模；2—压料板；3—毛坯；4—凹模

为了分析内孔翻边时的变形情况，可预先在坯料上画出距离相等的极坐标网格，如图 6-4 (b) 所示。分析可以看出，变形主要发生在 $D-d_0$ 的环形区域，该区域的网格由变形前的扇形变成矩形，说明材料沿切向伸长，越靠近口部伸长越多，而各等距离的同心圆之间的距离变形后变化不明显，说明材料沿径向的变形很小，但被竖起的直边厚度变小了，越到口部变薄越严重，口部厚度最小。

上述试验结果说明翻圆孔时的变形特点是：

(1) 变形是局部的，主要发生在凸模底部区域。

(2) 变形区的材料受切向拉应力 σ_θ 和径向拉应力 σ_r 的共同作用，产生切向和径向均伸长，而厚度减小的变形。

(3) 变形区材料的变形不均匀，径向变形不明显，沿切向产生较大的伸长变形，且越靠近口部伸长越多，导致口部厚度减小最为严重，属伸长类变形。因此翻圆孔能否成功的关键在于口部的伸长变形量不能超过材料允许的变形极限，否则就会在口部造成开裂。

2. 圆孔翻边的极限变形程度

圆孔翻边的变形程度用翻孔系数 m 来表示，翻孔系数用翻孔前预制孔的孔径 d_0 与翻孔后所得竖边的中径 D 之比来表示。

$$m = \frac{d_0}{D} \tag{6-1}$$

显然，m 值越小，变形程度越大，翻孔时孔边不破裂所能达到的最小 m 值，称为极限翻孔系数 m_{min}。表 6-1 给出了低碳钢的一组极限翻孔系数。

表 6-1 低碳钢的极限翻孔系数

凸模形状	制孔方法	预制孔孔径与板料厚度比值 d_0/t									
		100	50	35	20	15	10	8	5	3	1
球形凸模	钻孔	0.70	0.60	0.52	0.45	0.40	0.36	0.33	0.30	0.25	0.20
	冲孔	0.75	0.65	0.57	0.52	0.48	0.45	0.44	0.42	0.42	
平底凸模	钻孔	0.80	0.70	0.60	0.50	0.45	0.42	0.40	0.35	0.30	0.25
	冲孔	0.85	0.75	0.65	0.60	0.55	0.52	0.50	0.48	0.47	
注：采用表中 m_{min} 值时，实际翻孔后中部边缘会出现小裂纹，如果工件不允许开裂，则翻孔系数需加大 10% ~15%。											

从表 6-1 可以看出，影响极限翻孔系数的因素很多，主要有：

（1）材料的塑性。材料的塑性越好，允许的 m_{min} 值越小。

（2）翻孔凸模的圆角半径 r_p。r_p 越大，越有利于翻孔，球形、抛物线形或锥形凸模允许采用较小的 m_{min} 值。

（3）预制孔的断面质量。预制孔的断面质量越好，允许采用的 m_{min} 值越小。因此可用钻孔代替冲孔，以提高孔的断面质量。若必须冲孔，应使有毛刺的一面朝向凸模，或将孔口进行退火，消除冷作硬化，恢复其塑性。

（4）预制孔的孔径与板料厚度的比值，此值越大，允许的 m_{min} 值越小。

3. 圆孔翻边的工艺设计

1）翻圆孔件的工艺性

图 6-5 所示为翻圆孔件的尺寸，翻孔后的竖边与凸缘之间的圆角半径应满足：材料厚度 $t_0 \leqslant 2$ mm 时，$r=(2\sim4)t_0$；材料厚度 $t_0>2$ mm 时，$r=(1\sim2)t_0$。若不能满足上述要求，则在翻孔后需增加整形工序以整出需要的圆角半径。

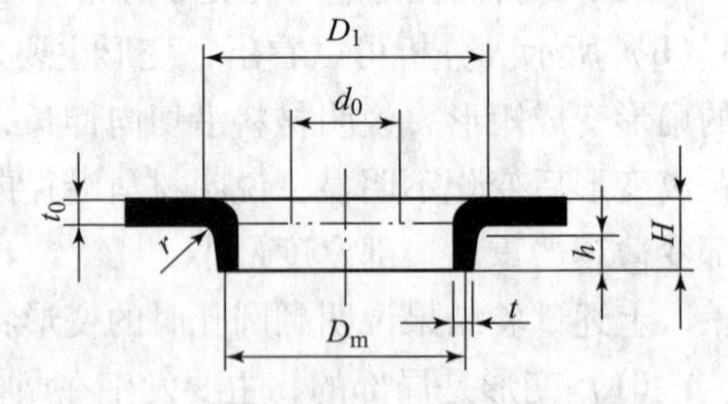

图 6-5 翻圆孔件的工艺计算图形

翻孔后竖边口部减薄最为严重，最薄处的厚度为

$$t = t_0\sqrt{d_0/D_m} \tag{6-2}$$

2）预制孔 d_0 和翻边高度 H

（1）一次翻孔成形。

当翻孔系数 m 大于极限翻孔系数 m_{min} 时，可采用一次翻孔成形。当 $m \leqslant m_{min}$ 时可采用

多次翻孔，由于在第二次翻孔前往往要将中间毛坯进行软化退火，故该方法较少采用。对于一些较薄料的小孔翻孔，可以不先加工预制孔，而是采用带尖锥形凸模在翻孔前先完成刺孔继而进行翻孔的方法。

图6-5所示为平板毛坯一次翻孔示意图，d_0 与 H 按下式计算：

$$d_0 = D_m - 2(H - 0.43r - 0.72t) \tag{6-3}$$

$$H = \frac{D}{2}\left(1 - \frac{d_0}{D}\right) + 0.43r + 0.72t = \frac{D}{2}(1 - m) + 0.43r + 0.72t \tag{6-4}$$

上式是按中性层长度不变的原则推导的，是近似公式，当 $m = m_{min}$ 时，$H = H_{max}$。生产实际中往往通过试验来检验和修正计算值。

（2）拉深后再翻孔。

当 $m \leqslant m_{min}$ 时，可采用先拉深后翻孔的方法达到要求的翻孔高度，如图6-6所示。这时应先确定翻孔高度 h，再根据翻孔高度确定预制孔直径 d_0 和拉深高度 h_1，从图中的几何关系可得

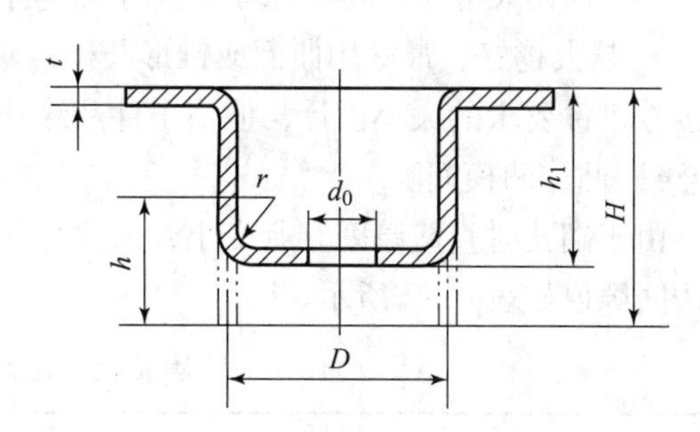

图6-6　拉深件底部冲孔后翻孔

$$h = \frac{D - d_0}{2} - \left(r + \frac{t}{2}\right) + \frac{\pi}{2}\left(r + \frac{t}{2}\right) \approx \frac{D}{2}(1 - m) + 0.57\left(r + \frac{t}{2}\right) \tag{6-5}$$

$$h_1 = H - h + r + t \tag{6-6}$$

式中，当 $m = m_{min}$ 时，$h = h_{max}$，此时有最小拉深高度 h_{1min}。可以根据极限翻边系数求得最小预制孔直径 $d_{0min} = m_{min}D$，也可以根据下式求得：

$$d_0 = D + 1.14\left(r + \frac{t}{2}\right) - 2h$$

先拉深后翻孔的方法是一种很有效的方法，但若先加工预制孔后拉深，则孔径有可能在拉深过程中变大，使翻孔后达不到要求的高度。

3）凸、凹模形状及尺寸

翻孔凸模的形状有平底形、曲面形（球形、抛物面形等）和锥形，图6-7所示为几种

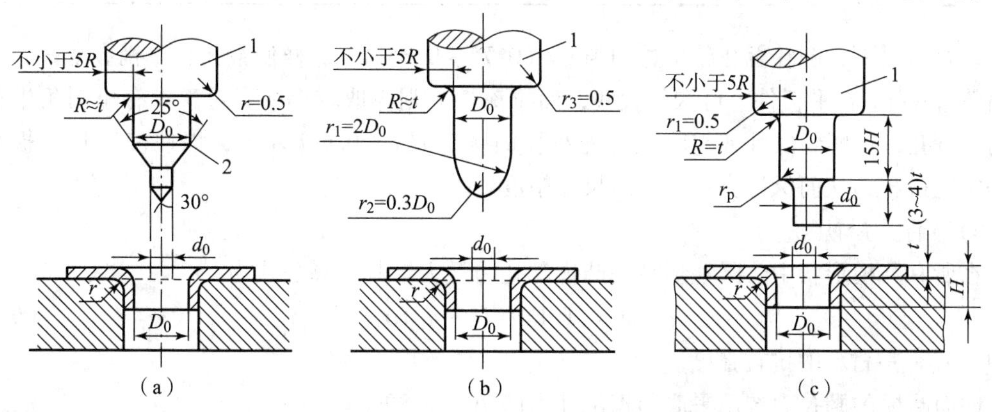

图6-7　翻孔凸、凹模形状及尺寸

1—整形台阶；2—锥形过渡部分

常见的翻孔凸模的结构形状，图中凸模直径 D_0 段为凸模工作部分，凸模直径 d_0 段为导正部分，1 为整形台阶，2 为锥形过渡部分。其中，图 6－7（a）所示为带导正销的锥形凸模，当竖边高度不高、竖边直径大于 10 mm 时，可设计整形台阶，当翻孔模采用压边圈时，可不设整形台阶；图 6－7（b）所示为一种双圆弧形无导正的曲面形凸模，当竖边直径大于 6 mm 时用平底，竖边直径小于或等于 6 mm 时用圆底；图 6－7（c）所示为带导正的翻孔凸模。此外，还有用于无预制孔的带尖锥形凸模。

凸、凹模尺寸可参照拉深模原尺寸确定原则确定，只是应注意保证翻孔间隙。凸模圆角半径 r_p 越大越好，最好用曲面或锥形凸模，对平底凸模一般取 $r_p \geqslant 4t$。凹模圆角半径可以直接按工件要求的大小设计，但当工件凸缘圆角半径小于最小值时应加整形工序。

4）凸、凹模间隙

由于翻孔时直壁厚度有所变小，因此翻孔单边间隙 c 一般小于材料原有的厚度。翻孔的单边间隙值如表 6－2 所示。

表 6－2　翻孔的单边间隙值　　mm

材料厚度	间隙值	
	在平板上翻孔	在拉深件上翻孔
0.3	0.25	—
0.5	0.45	—
0.7	0.60	—
0.8	0.70	0.60
1.0	0.85	0.75
1.2	1.00	0.90
1.5	1.30	1.10
2.0	1.70	1.50
2.5	2.20	2.10

一般情况下，圆孔翻孔的单边间隙 $c=(0.75\sim0.85)t$，这样使翻孔直壁稍有变薄，以保证筒壁直立。c 在平板件上可取较大些，而拉深件上则应取较小些。对于具有小圆角半径的高筒壁翻孔，如螺纹底孔或与轴配合的小孔筒壁，取 $c=0.65t$ 左右，以便使模具对板料产生一定的挤压，从而保证直壁部分的尺寸精度。

5）翻孔力与压边力

在所有凸模形状中，圆柱形平底凸模翻孔力最大，其计算公式为

$$F = 1.1\pi t(D-d_0)\sigma_b \qquad (6-7)$$

式中　σ_b——材料的抗拉强度。

曲面凸模的翻孔力选用平底凸模翻孔力的 70%～80%。

由于翻孔时压边圈下的坯料是不变形的，所以一般情况下，其压边力比拉深时的压边力要大，压边力的计算可参照拉深压边力计算并取偏大值。当外缘宽度相对竖边直径较大时，

所需的压边力较小，甚至可不用压边力。这一点刚好与拉深相反，拉深时的外缘宽度相对拉深直径越大，越容易失稳起皱，所需压边力越大。

二、外缘翻边

外缘翻边可分内凹外缘翻边和外凸外缘翻边，由于不是封闭轮廓，故变形区内沿翻边线上的应力和变形是不均匀的。

1. 内凹外缘翻边

图6-8（a）所示的内凹外缘翻边，其变形情况近似于翻圆孔，变形区主要受切向拉应力作用，属于伸长类平面翻边，材料变形区外缘边所受拉伸变形最大，容易开裂。其变形程度可用翻边系数 E_s 表示：

$$E_s = \frac{b}{R-b} \tag{6-8}$$

内凹外缘翻边的变形极限以所翻竖边的边缘是否发生破裂为依据确定，具体数值可查阅有关冲压设计资料。

2. 外凸外缘翻边

图6-8（b）所示为外凸外缘翻边示意图，其变形情况类似于浅拉深，属于压缩类变形，坯料变形区在切向压应力作用下主要产生压缩变形，容易失稳起皱，其变形程度可用翻边系数 E_e 表示：

$$E_e = \frac{b}{R+b} \tag{6-9}$$

外凸外缘翻边的成形极限以竖边是否失稳起皱为依据确定，具体的值可查阅相关冲压设计手册。当翻边高度较大时，为避免起皱，可采用压边装置。

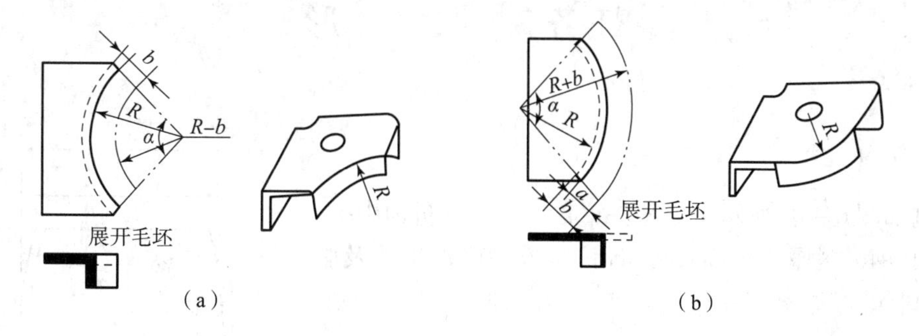

图6-8　外缘翻边

（a）内凹外缘翻边；（b）外凸外缘翻边

三、变薄翻边

变薄翻边是指采用较小的模具间隙使竖边厚度变小、高度增加的一种变形工艺。变薄翻边属于体积成形，如果用一般翻边方法达不到要求的翻边高度，可采用变薄翻边方法增加竖边高度。变薄翻边常用于M5以下的小螺纹底边翻边，此时凸模下方材料的变形与圆孔翻边相似，但竖边的最终壁厚和高度是靠凸、凹模间的挤压变薄来达到的。图 6-9 所示的翻孔件采用厚度为 2 mm 的毛坯，利用阶梯凸模翻成竖边厚度为 0.8 mm 的工件。由图 6-9 可见，保持凹模内径尺寸不变，使凸模外径尺寸逐渐增大，从而逐渐减小凸、凹模之间的间隙，迫使进入凸、凹模间隙的材料厚度减小，沿高度方向流动。注意凸模上各阶梯之间的距离应大于零件高度，以便前一阶梯挤压竖边之后再用后一阶梯进行挤压。用阶梯形凸模进行变薄翻边时，应有强力的压料装置和良好的润滑。

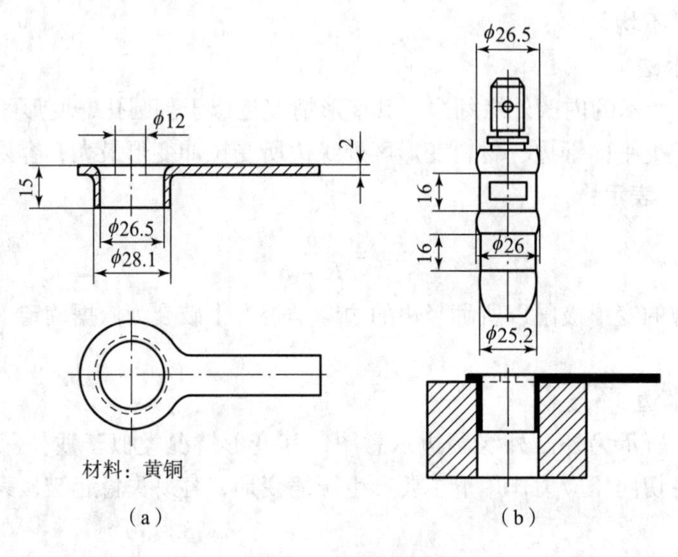

图 6-9 变薄翻边

(a) 翻孔件；(b) 翻孔凸模和凹模

任务 2 胀 形

任务描述

冲制如图 6-10 所示胀形零件罩盖，生产批量为中批，材料为 10 钢，料厚 0.5 mm，设计该零件的胀形工艺及胀形模具结构。

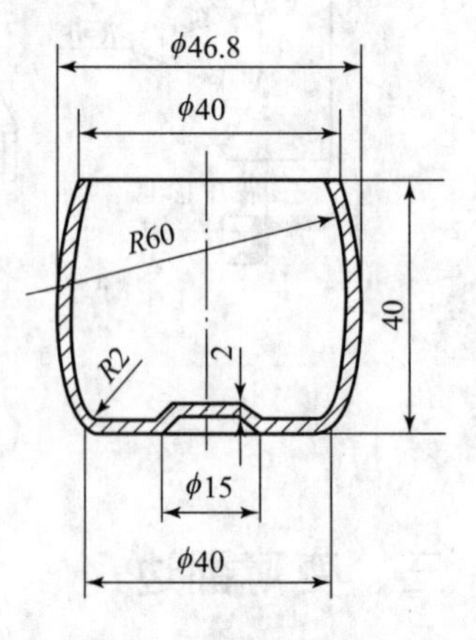

图 6-10 罩盖零件图

相关知识

胀形是在板料或制件的局部施加压力，使变形区内的材料在拉应力的作用下，厚度变小，表面积增大，以获得具有凸起或者凹进曲面几何形状制件的成形工艺。

利用胀形工艺可以制出肋、棱、鼓包以及由它们所构成的图案，可增加制件的刚度并能起到装饰效果，还能使圆形空心形状的构件局部凸起，制成形状复杂的制件。图 6-11 所示为胀形制件的几个例子。

胀形有多种工序形式，如起伏、圆管胀形等，前者是平板毛坯的胀形，后者则是管状毛坯的胀形。它们在变形方面的共同之处是，对毛坯所产生的塑性变形仅局限在局部的范围，变形区以外的材料不向变形区内转移。变形区内大部分材料处于两向或单向拉应力状态，厚度方向有一定的收缩，变形区的材料不会产生失稳起皱现象，因此成形后零件的表面光滑，质量好。同时，由于变形区材料截面上的拉应力沿厚度方向的分布比较均匀，所以卸载时的弹性恢复很小，容易得到尺寸精度较高的零件，因此胀形工艺在飞机、汽车、仪器、仪表、民用等行业的应用十分广泛，飞机蒙皮、汽车外覆盖件等的成形中有含有胀形变形的成分。

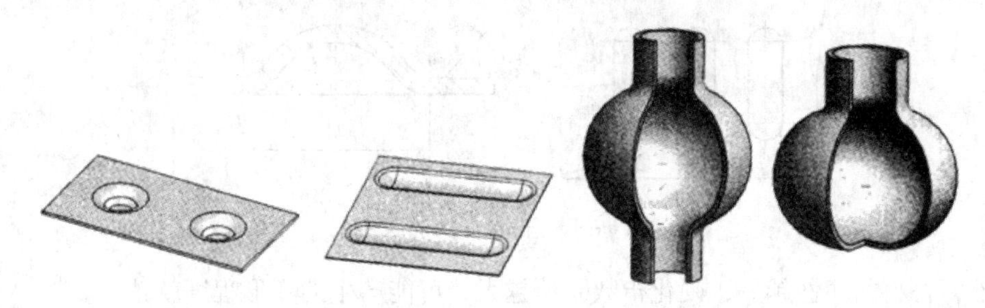

图 6－11　胀形制件

一、平板毛坯的起伏成形

平板毛坯在模具的作用下发生局部胀形而形成各种形状的凸起或凹下的冲压方法称为起伏成形。起伏成形主要用于加工加强筋、局部凹槽、文字、花纹等。

1. 压筋

图 6－12 所示为压筋及其应用，当 D/d 的值超过某一值时，筋的成形仅以直径为 d 的圆周以内的金属厚度变小、表面积增大来实现，即 d 以内的金属不向外流动，d 以外的金属也不流入其内，成形结束后工件的外形尺寸仍保持为 D。

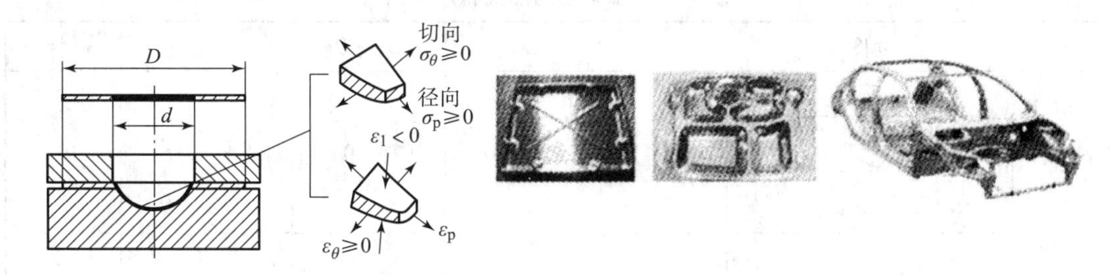

图 6－12　压筋及其应用

很显然，压筋的变形特点是变形区是局部的，变形区内金属沿切向和径向伸长，厚度方向减薄，属伸长类成形，其成形极限将受到拉裂的限制。

利用压筋可以增强零件的刚度和强度，因此广泛应用于汽车、飞机、车辆、仪表等工业中。

压筋的成形极限可以用压筋前后变形区的长度改变量来表示，如图 6－13 所示。加强筋能否一次成形，取决于筋的几何形状和所用材料。能够一次压出加强筋的条件是

$$\frac{l - l_0}{l_0} \leqslant (0.70 \sim 0.75)\delta \tag{6-10}$$

式中　l——成形后筋断面的曲线长度，mm；

l_0——压筋前原材料的长度，mm；

δ——材料的均匀延伸率。

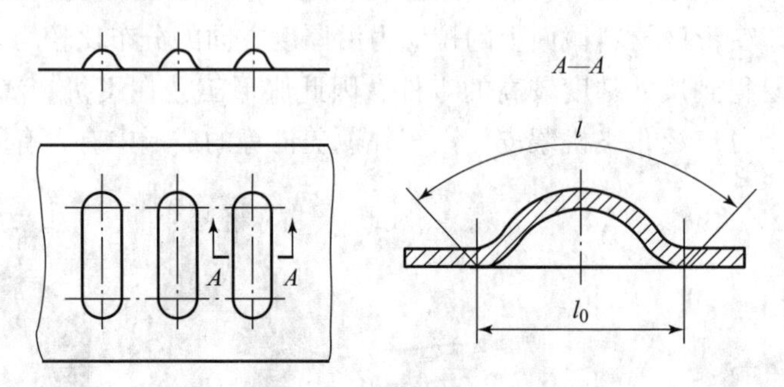

图 6-13　一次压筋的条件

显然，材料的塑性越好，硬化指数 n 值越大，可能产生的变形程度就越大。

若计算结果不满足上述不等式，则不能一次压出，需要分步成形。两道工序成形的加强筋如图 6-14 所示，第一道工序用大直径的球形凸模压制，达到在较大范围内聚料和均匀变形的目的，第二道工序成形使零件尺寸符合要求。表 6-3 所示为加强筋的形式和尺寸。

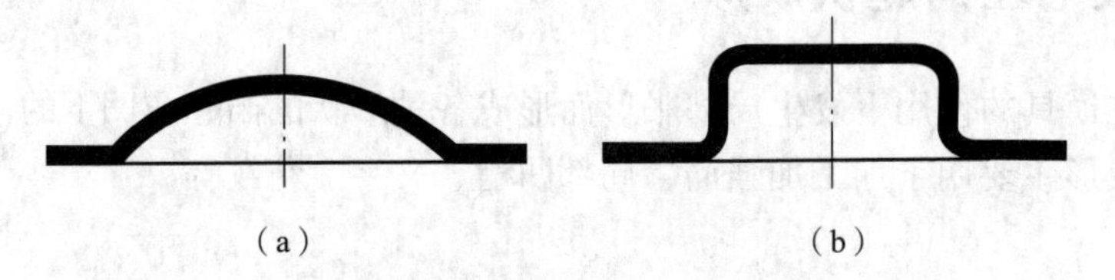

（a）　　（b）

图 6-14　两道工序成形的加强筋

（a）预成形；（b）最终成形

表 6-3　加强筋的形式和尺寸

名称	简图	R	h	B 或 D	r	α/(°)
半圆形筋		$(3 \sim 4)t$	$(2 \sim 3)t$	$(7 \sim 10)t$	$(1 \sim 2)t$	—
梯形筋		—	$(1.5 \sim 2.0)t$	$\geqslant 3h$	$(0.5 \sim 1.5)t$	15 ~ 30

用刚性凸模压制加强筋的变形力按下式计算：

$$F = KLt\sigma_b \tag{6-11}$$

式中　F——变形力，N；

K——系数，一般取 0.7 ~ 1.0，加强筋形状窄而深时取大值，宽而浅时取小值；

L——加强筋的周长，mm；

t——料厚，mm。

2. 压凸包

压凸包的成形极限可以用凸包的高度表示。凸包高度受材料塑性的限制，不能太大。表 6-4 所示为在平板上压凸包的成形高度极限值，如果实际需要的凸包高度高于表中值，则可采取类似于多道工序压筋的方法冲压成形。

表 6-4　平板局部冲压凸包的极限高度

简图	材料	极限成形高度
	软钢	$\leqslant (0.15 \sim 0.20)d$
	铝	$\leqslant (0.10 \sim 0.15)d$
	黄铜	$\leqslant (0.15 \sim 0.22)d$

如果所压凸包或筋与边缘的距离小于 $(3 \sim 5)t$，在成形时，边缘的材料会发生收缩变形，如图 6-15 所示，此时确定毛坯尺寸时需考虑增加修边余量。

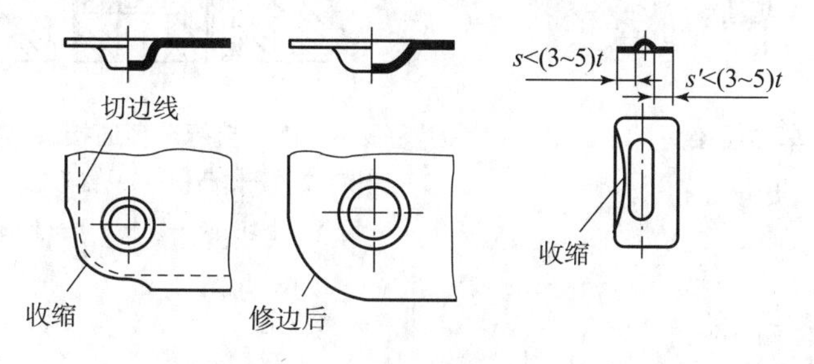

图 6-15　边缘收缩变形

若工件底部允许有孔，可以预先冲出小孔，使其底部中心部分材料在胀形过程中易于向外流动，以达到提高成形极限的目的，有利于达到胀形要求。

3. 压印

压印是指利用模具在制件上压出各种花纹、文字和商标等印记的冲压加工方法，如图 6-16 所示。压印的变形特点与压凸包或压筋相同，也是通过变形区材料厚度减小、表面积增大的变形方式获得所需形状。压印工艺广泛应用于金属工艺品、金属商标、铭牌和纪念币等的制作中。

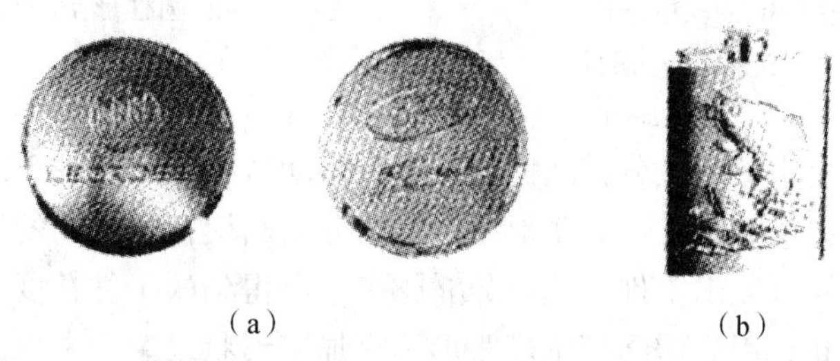

(a)　　(b)

图 6-16　压印件

(a) 油箱盖；(b) 酒壶

二、空心毛坯的胀形

空心毛坯胀形是将空心件或管状坯料胀出所需曲面的一种加工方法。用这种方法可以成形高压气瓶、球形容器、波纹管、自行车多通接头（图 6 – 17）等产品或零件。图 6 – 18 和图 6 – 19 所示分别为自行车多通接头钢模胀形和软模胀形示意图。圆柱形空心毛坯胀形时的应力状态如图 6 – 20 所示，其变形特点仍然是厚度减小，表面积增大。

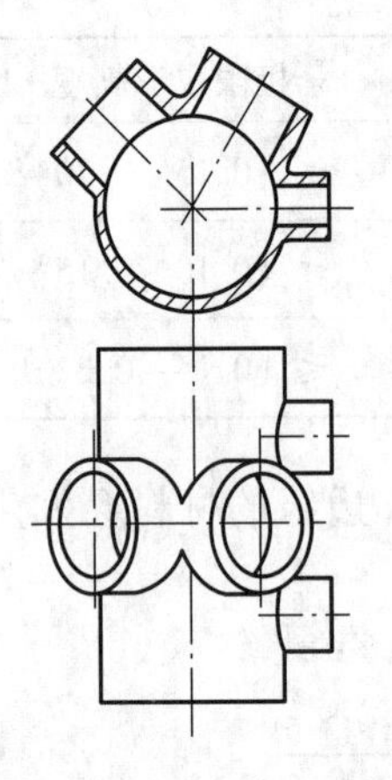

图 6 – 17　自行车多通接头

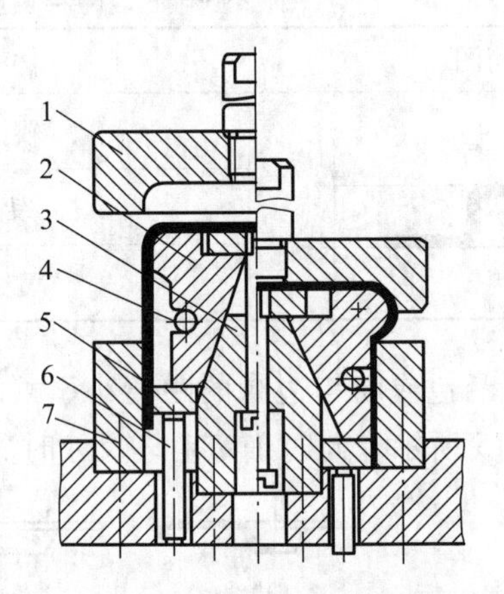

图 6 – 18　自行车多通接头钢模胀形

1—凹模；2—分瓣凸模；3—锥形芯轴；4—拉簧；5—毛坯；6—顶杆；7—下凹模

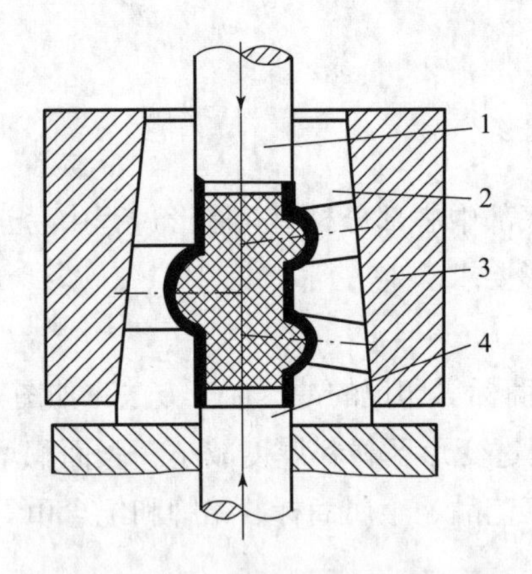

图 6 – 19　自行车多通接头软模胀形

1，4—凸模压柱；2—分块凹模；3—模套

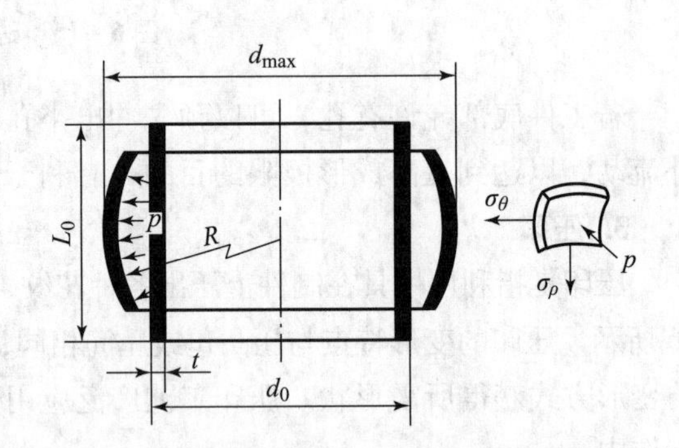

图 6 – 20　圆柱形空心毛坯胀形时的应力

图 6 – 18 所示钢模胀形中，分瓣凸模 2 在向下移动时因锥形芯轴 3 的作用向外胀开，使毛坯 5 胀形成所需形状尺寸的工件。胀形结束后，分瓣凸模在顶杆 6 的作用下复位，拉簧使分瓣凸模合拢复位，便可取出工件。凸模分瓣越多，所得到的工件精度越高，但模具结构复杂，成本也较高。因此，用分瓣凸模钢模胀形不宜加工形状复杂的零件。

图 6 – 19 所示自行车多通接头软模胀形中，凸模压柱 4 将力传递给橡胶棒等软体介质。软体介质再将力作用于毛坯上使之胀形，材料向阻力最小的方向变形，并贴合于可以分开的

凹模2，从而得到所需形状尺寸的工件。冲床回程时，橡胶棒复原为柱状，下模推出分块凹模取出工件。

1. 胀形成形极限

空心毛坯胀形的变形程度用胀形系数表示，即

$$K = \frac{d_{max}}{d_0} \tag{6-12}$$

式中　K——胀形系数，K_{max}表示极限胀形系数；

d_0——毛坯直径；

d_{max}——胀形后工件的最大直径。

极限胀形系数与工件切向延伸率的关系为

$$\delta = \frac{\pi d_{max} - \pi d_0}{\pi d_0} = K_{max} - 1 \tag{6-13}$$

或

$$K_{max} = 1 + \delta \tag{6-14}$$

表6－5所示为一些材料的极限胀形系数和切向许用延伸率［δ］的试验值。如采取轴向加压或对变形区局部加热等辅助措施，还可以提高极限变形程度。

表6－5　极限胀形系数和切向许用延伸率

材料	厚度/mm	极限胀形系数 K_{max}	切向许用延伸率［δ］×100
L1、L2 纯铝 L3、L4 L5、L6	1.0 1.5 2.0	1.28 1.32 1.32	28 32 32
铝合金 LF21－M	0.5	1.25	25
黄铜 H62 H68	0.5～1.0 1.5～2.0	1.35 1.40	35 40
低碳钢 08F 10、20	0.5 1.0	1.20 1.24	20 24
不锈钢 1Cr18Ni9Ti	0.5 1.0	1.26 1.28	26 28

2. 胀形力

钢模胀形所需压力的计算公式可以根据力的平衡方程推导得到，其表达式为

$$F = 2\pi Ht\sigma_b \cdot \frac{\mu + \tan\beta}{1 - \mu^2 - 2\mu\tan\beta} \tag{6-15}$$

式中　F——所需胀形力，N；

H——胀形后高度，mm；

t——材料厚度，mm；

μ——摩擦系数，一般μ=0.15～0.20；

β——芯轴锥角，一般β=8°，10°，12°，15°；

σ_b——材料的抗拉强度，MPa。

软模胀形圆柱形空心毛坯时，所需胀形压力表达式为

$$F = Ap \tag{6-16}$$

式中 A——成形面积；

p——单位压力。

p 可按下式计算：

$$p = 2\sigma_b\left(\frac{t}{d_{max}} + m\frac{t}{2R}\right) \tag{6-17}$$

式中 m——约束系数，当毛坯两端不固定且轴向可以自由收缩时 $m=0$，当毛坯两端固定且轴向不可以自由收缩时 $m=1$。

3. 胀形毛坯尺寸的计算

圆柱形空心毛坯胀形时，为增加材料在周围方向的变形程度和减小材料的变薄，毛坯两端一般不固定，使其自由收缩。因此，毛坯长度 L_0（图 6－20）应比工件长度增加一定的收缩量。毛坯长度可按下式近似计算：

$$L_0 = L[1 + (0.3 \sim 0.4)\delta] + \Delta h \tag{6-18}$$

式中 L——工件的母线长度，mm；

δ——工件切向延伸率；

Δh——修边余量，为 5～20 mm。

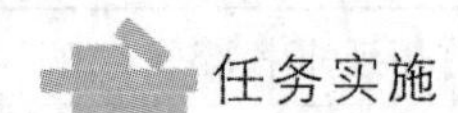
任务实施

1. 零件成形工艺分析

该零件侧壁属空心毛坯胀形，底部属起伏成形，具有胀形工艺的典型特点，筒形半成品毛坯由拉深获得。

2. 工艺计算

1）底部压凹坑计算

查表 6－4 并计算，极限胀形深度 $h=(0.15 \sim 0.20)d=(2.25 \sim 3.00)$ mm，此值大于工件底部凹坑的实际高度 2 mm，一次胀形就能获得底部压凹尺寸。

压凹坑所需成形力由式（6－11）计算（取 $\sigma_b=430$ MPa）：

$$F_{压凹} = KLt\sigma_b = 0.7 \times \pi \times 15 \times 0.5 \times 430 = 7\,088.55(\text{N})$$

2）侧壁胀形计算

胀形系数 K 为

$$K = \frac{d_{max}}{d_0} = \frac{46.8}{39} = 1.2$$

查表 6－5 得极限胀形系数为 1.24。该工序的胀形系数小于极限胀形系数，侧壁可以一次胀成形。

侧壁胀形的单位压力近似按两端不固定形式计算，$m=0$，$\sigma_b=430$ MPa，由式（6－17）得

$$p = 2\sigma_b\left(\frac{t}{d_{max}} + m\frac{t}{2R}\right) = 2 \times 430 \times (0.5 \div 46.8 + 0 \times 0.5 \div 2 \times 60) = 9.19\ (\text{MPa})$$

$$F_{侧壁} = Ap = \pi d_{max}Lp = 3.14 \times 46.8 \times 40 \times 9.19 = 54\,019.55\ (\text{N})$$

胀形前毛坯的原始长度 L_0 由式（6－18）计算：

$$\delta = \frac{\pi d_{\max} - \pi d_0}{\pi d_0} = \frac{46.8 - 39}{39} = 0.2$$

计算工件母线长 $L = 40.8$ mm，取修边余量 $\Delta h = 3$ mm，则

$$L_0 = L[1 + (0.3 \sim 0.4)\delta] + \Delta h = 40.8 \times (1 + 0.35 \times 0.2) + 3 = 46.66\ (\text{mm})$$

L_0 取整为 47 mm，则胀形前毛坯取外径为 39 mm、高 47 mm 的圆筒形件。

3）总成形力

$$F = F_{压凹} + F_{侧壁} = (7\ 088.55 + 54\ 019.55)\text{N} = 61\ 108.1\ \text{N} = 61.11\ \text{kN}$$

2. 模具结构设计

胀形模如图 6－21 所示。侧壁靠聚氨酯橡胶 7 的胀压成形，底部靠压凹坑凸模 3 和压凹坑凹模 4 成形，为便于取件，将模具型腔侧壁设计成胀形下模 5 和胀形上模 6。

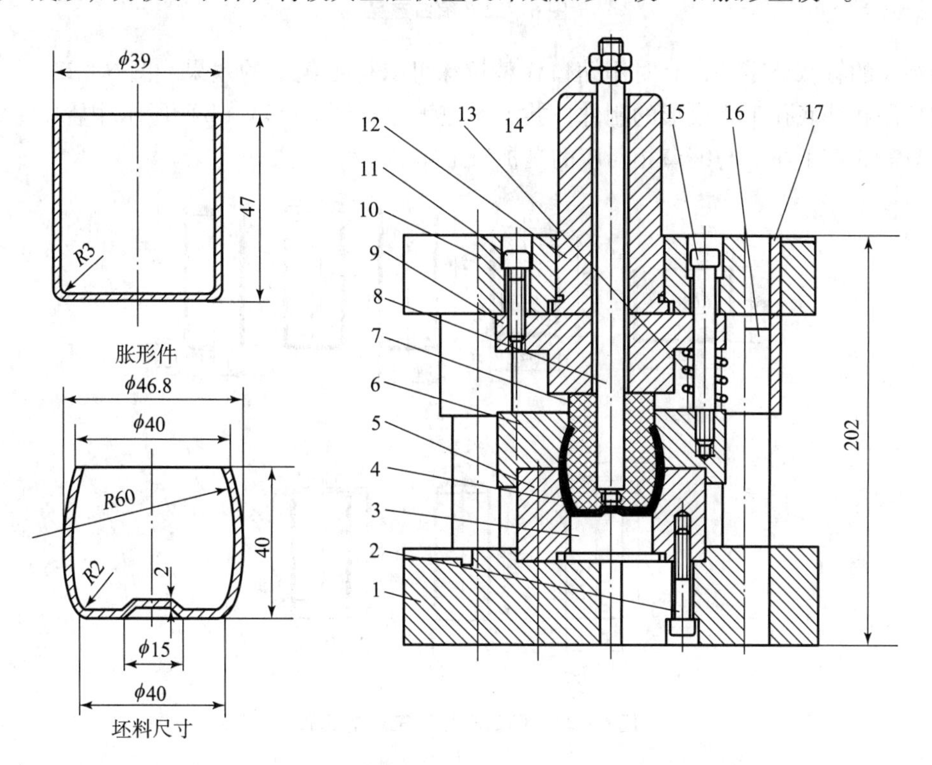

图 6－21　罩盖胀形

1—下模板；2—螺栓；3—压凹坑凸模；4—压凹坑凹模；5—胀形下模；6—胀形上模；7—聚氨酯橡胶；8—拉杆；9—上固定板；10—上模板；11—螺栓；12—模柄；13—弹簧；14—螺母；15—拉杆螺栓；16—导柱；17—导套

任务 3　缩　　口

任务描述

理解缩口的受力特点；能利用公式正确计算缩口毛坯尺寸、缩口力及缩口次数。

相关知识

缩口是将预先成形好的圆筒件或管件坯料，通过缩口模具将其口部缩小的一种成形工序。缩口工序的应用比较广泛，可用于子弹壳、炮弹壳、钢制气瓶、自行车车架立管、自行车坐垫鞍管等零件的成形。图 6－22 所示为利用缩口工序获得的产品。

图 6－22　缩口产品

对细长的管状类零件，有时用缩口代替拉深可取得更经济的效果。图 6－23（a）所示为采用拉深和冲底孔工序成形的制件，共需 5 道工序；图 6－23（b）所示用管状毛坯缩口工序，只需 3 道工序。与缩口相对应的是扩口工序。

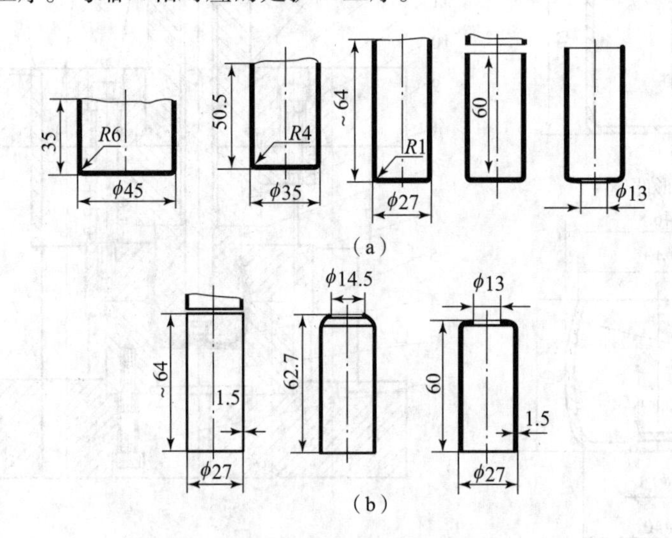

图 6－23　缩口与拉深工序的比较

一、缩口成形

1. 缩口成形的变形特点

图 6－24 所示为利用缩口模将直径为 D 的管状毛坯的口部直径缩小的过程。由图 6－24 可以看出，变形区主要受两向压应力作用，其中切向压应力 σ_θ 的绝对值最大。σ_θ 使直径缩小，厚度和高度增加，属压缩类变形，因此变形区由于受到较大切向压力的作用易产生切向失稳而起皱，起传力作用的筒壁区由于受到轴向压应力的作用也容易产

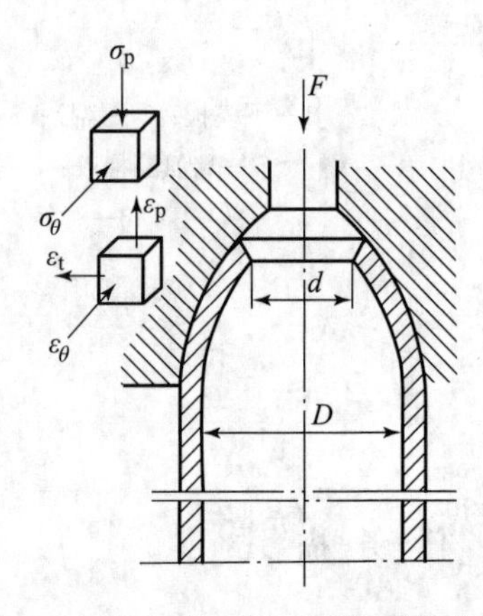

图 6－24　缩口成形的变形特点

生轴向失稳而起皱，所以失稳起皱是缩口工序的主要成形障碍。

2. 缩口成形极限

缩口变形程度用缩口系数 m_s 表示，其表达式为

$$m_s = \frac{d}{D} \tag{6-19}$$

式中　d——缩口后直径；

D——缩口前直径。

缩口系数 m_s 越小，变形程度越大，在保证缩口件不失稳的前提下得到的缩口系数的最小值称为极限缩口系数 $[m_s]$。材料的塑性好、厚度大，模具对筒壁的支撑刚性好，极限缩口系数就小。此外，极限缩口系数还与模具工作部分的表面形状和粗糙度、坯料的表面质量、润滑等有关。图6－25所示为不同支撑方式的模具结构。其中，图6－25（a）所示为无支撑形式，其模具结构简单，但缩口过程中坯料稳定性差；图6－25（b）所示为外支撑形式，缩口时坯料的稳定性较前者好；图6－25（c）所示为内外支撑形式，其模具结构较前两种复杂，但缩口时坯料的稳定性最好。

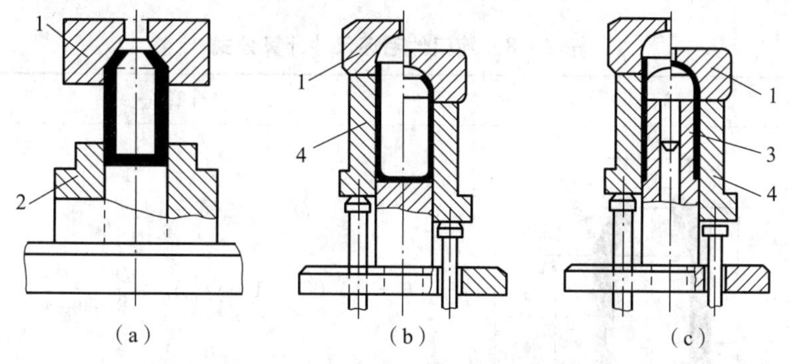

图6－25　不同支撑方式的模具结构

（a）无支撑形式；（b）外支撑形式；（c）内外支撑形式

1—凹模；2—定位圈；3—内支撑；4—外支撑

表6－6所示为不同材料和不同厚度的平均缩口系数 m_m。表6－7所示为一些材料在不同模具结构形式下的极限缩口系数。当计算出的缩口系数 m_s 小于表中值时，要进行多次缩口。

表6－6　不同材料和厚度的平均缩口系数 m_m

材料	材料厚度/mm		
	~0.5	>0.5~1.0	>1.0
软钢	0.85	0.75	0.65~0.70
黄铜	0.85	0.70~0.80	0.65~0.70

表6－7　不同支撑方式的极限缩口系数 $[m_s]$

材料	模具支撑方式		
	无支撑	外支撑	内外支撑
软钢	0.70~0.75	0.55~0.60	0.30~0.35

续表

材料	模具支撑方式		
	无支撑	外支撑	内外支撑
黄铜（H62，H68）	0.65～0.70	0.50～0.55	0.27～0.32
铝	0.68～0.72	0.53～0.57	0.27～0.32
硬铝（退火）	0.73～0.80	0.60～0.63	0.35～0.40
硬铝（淬火）	0.75～0.80	0.68～0.72	0.40～0.43

二、缩口工艺计算

1. 毛坯尺寸确定

缩口坯料尺寸主要是指缩口前制件的高度，一般根据变形前后体积不变的原则计算。表6－8所示为三种常见缩口件毛坯尺寸的计算公式。

表6－8　缩口件毛坯尺寸计算公式

缩口形式	简图	计算公式
斜口	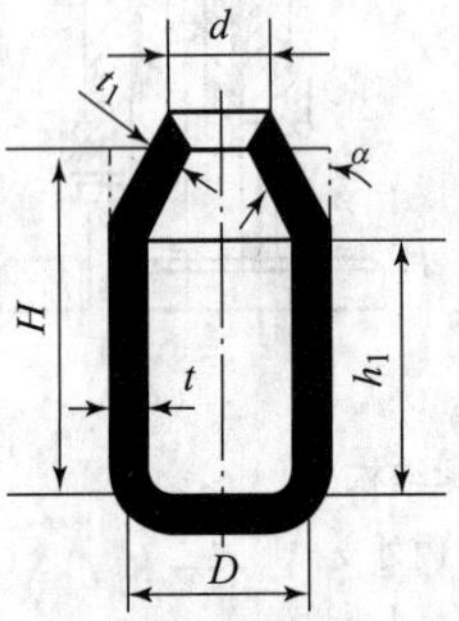	$H=(1.00\sim1.05)\left[h_1+\frac{D^2-d^2}{8D\sin\alpha}\left(1+\sqrt{\frac{D}{d}}\right)\right]$
直口	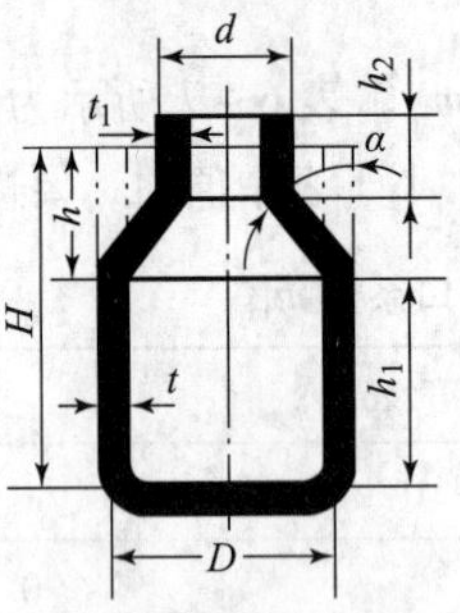	$H=(1.00\sim1.05)\left[h_1+h_2\sqrt{\frac{d}{D}}+\frac{D^2-d^2}{8D\sin\alpha}\left(1+\sqrt{\frac{D}{d}}\right)\right]$
球面	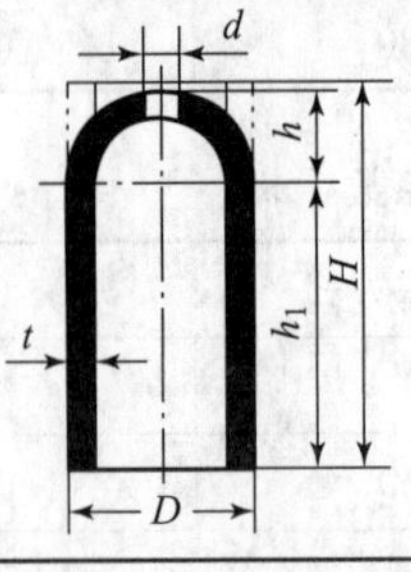	$H=h_1+\frac{1}{4}\left(1+\sqrt{\frac{D}{d}}\right)\sqrt{D^2-d^2}$

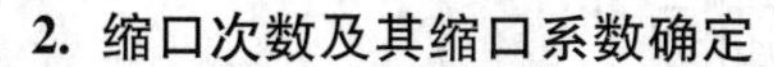

2. 缩口次数及其缩口系数确定

当计算出的缩口系数 m_s 小于极限缩口系数 $[m_s]$ 时，要进行多次缩口，其缩口次数 n 由下式确定：

$$n = \frac{\lg m_{sz}}{\lg m_m} = \frac{\lg d - \lg D}{\lg m_m} \tag{6-20}$$

式中　d——缩口后的直径，mm；

D——缩口前的毛坯直径，mm；

m_m——平均缩口系数，见表6－6。

n 的计算值一般是小数，应进位成整数。

多次缩口工序中第一次采用比平均值 m_m 小10%的缩口系数，以后各次采用比平均值大5%～10%的缩口系数。考虑材料的加工硬化以及后续缩口可能增加的生产成本等因素，缩口次数不宜过多。

3. 缩口力

无支撑缩口时，缩口力可按下式近似计算：

$$F = k\left[1.1\pi D t_0 \sigma_b \left(1 - \frac{d}{D}\right)(1 + \mu\cot\alpha)\frac{1}{\cos\alpha}\right] \tag{6-21}$$

式中　F——缩口力，N；

t——缩口毛坯厚度，mm；

σ_b——材料的抗拉强度，MPa；

D——缩口前毛坯直径，mm；

d——缩口后的口部直径，mm。

值得注意的是，当缩口变形压力大于筒壁材料失稳临界压力时，此时筒壁将先失稳，缩口就无法进行。此时，要对有关工艺参数进行调整。

4. 缩口模设计举例

缩口凹模锥角的正确选用很关键。在相同缩口系数和摩擦系数条件下，锥角越小缩口变形力在轴向的分力越小，但同时变形区范围内增大使摩擦阻力增加。所以理论上应存在合理锥角 α_0，在此合理锥角情形下缩口时缩口力最小，变形程度得到提高，通常可取 $2\alpha_0 \approx 52.5°$。

由于缩口变形后的回弹，缩口工件的尺寸往往比凹模内径的实际稍大。所以对有配合要求的缩口件，在模具设计时应进行修正。

图6－26所示为钢制气瓶缩口模。材料为厚1 mm的08钢，缩口模采用外支撑结构，一次缩口成形。由于气瓶锥角接近合理锥角，所以凹模锥角也接近合理锥角，凹模表面粗糙度 $Ra = 0.4\ \mu m$。

图6－27所示为缩口与扩口同时成形复合模。

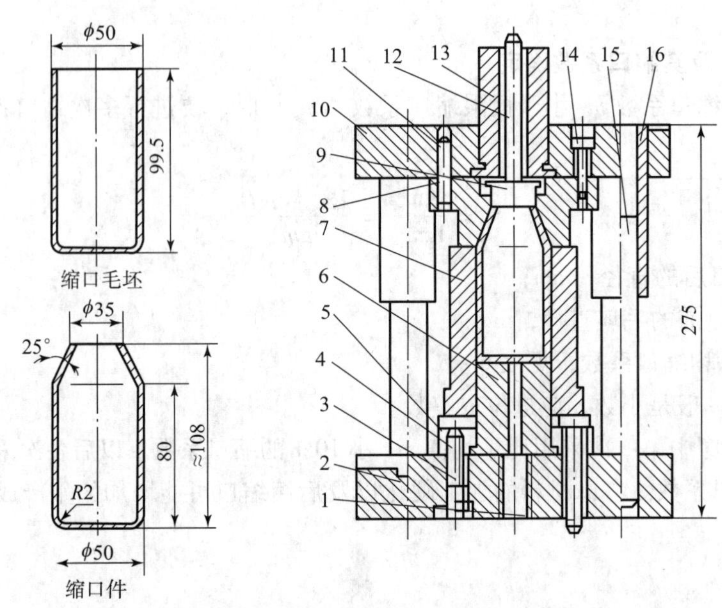

图 6-26　钢制气瓶缩口模

1—顶杆；2—下模板；3，14—螺栓；4，11—销钉；5—下固定板；6—垫板；7—外支撑套；8—缩口凹模；9—顶出器；10—上模板；12—打料杆；13—模柄；15—导柱；16—导套

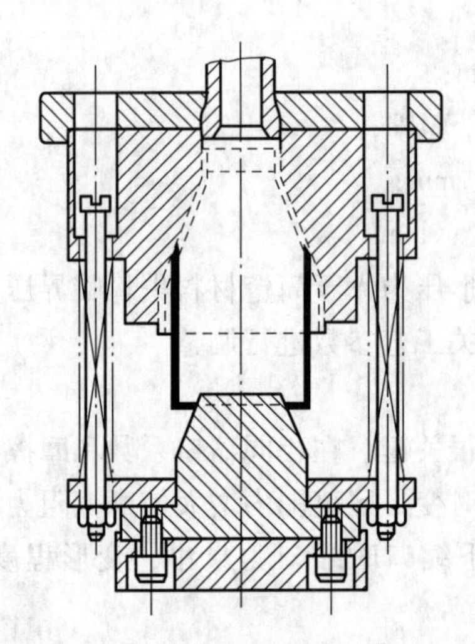

图 6-27　挡环缩口与扩口复合模

项目七　多工位级进模设计

知识目标

(1) 了解多工位级进模冲压的特点。

(2) 熟悉多工位级进冲压排样设计的原则、工位的排序和不同类型冲压件排样设计方法，熟悉多工位级进模的结构设计。

(3) 掌握不同形状零件工艺载体的选择，复杂形状轮廓的分段冲切设计，空工位的设计原则；掌握级进模凸模设计，凹模及凹模拼块设计，料带的导正定位、导向和浮动托料；掌握级进模冲压时的卸料装置与安全保护装置设计，掌握冲压加工方向的转换机构设计。

技能目标

能独立完成8~10工位级进模设计，并能绘制出符合要求的图样。

项目描述

本项目主要通过大量实例介绍如何进行多工位级进模的排样，以及级进模模具的结构特点和设计要点。

任务1　多工位级进模排样设计

多工位级进冲压是指在压力机的一次行程中，在送料方向连续排列的多个工位上同时完成多道冲压工序的冲压方法。这种方法使用的模具即多工位级进冲压模具，简称级进模，又称连续模、跳步模、多工位级进模，如图7-1所示。

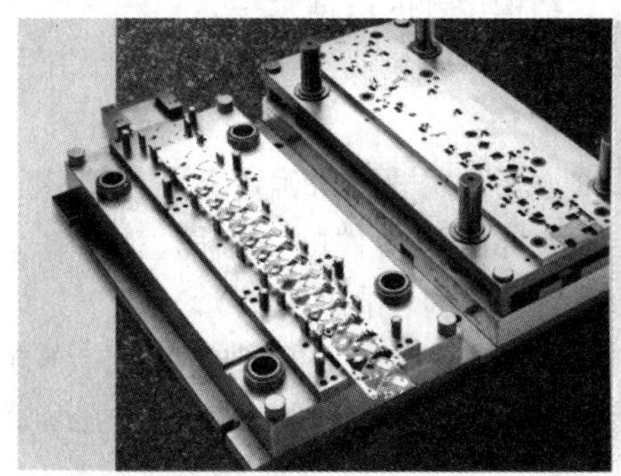

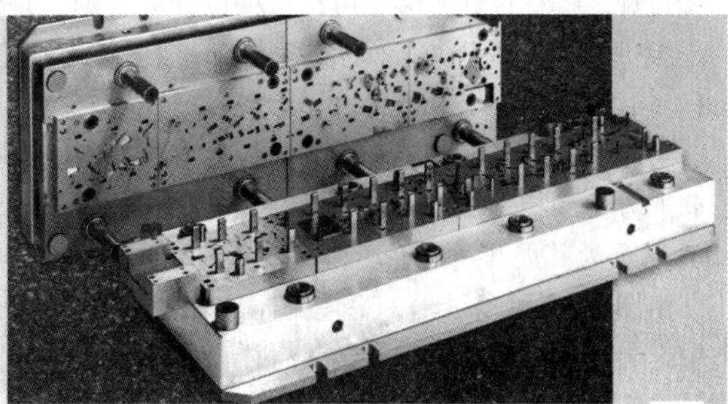

图7-1　多工位级进模

多工位级进模是一种精密、高效、长寿命的模具，其工位数多达几十个，利用多工位级进模冲压具有以下特点：

(1) 生产率高，易于自动化。在一副级进模具中往往包括冲裁、弯曲、拉深、成形等多道冲压工序，可采用自动送料，配合高速冲床及各种辅助设备，便于实现冲压过程的机械化和自动化，级进模可进行高速冲压，目前世界上高速冲床已达 4 000 次/min，因而具有较高的生产率。

(2) 操作安全。多工位级进模需要配备自动送料、自动检测、自动出件等自动化装置，手不必进入危险区域。同时，模具内还装有安全检测装置，可防止加工时发生误送造成的意外。

(3) 模具寿命长。由于在级进模中工序可以分散在不同的工位上，避免了凹模壁的“最小壁厚”问题，且改变了凸、凹模的受力情况，因而模具强度高，寿命较长。

(4) 减少厂房面积、半成品运输及仓库面积，免去用简单模具生产制件的周转和储备。

(5) 多工位级进模通常具有高精度的导向和送料定距系统，能够保证产品零件的加工精度和送料精度。

(6) 多工位级进模结构复杂，镶块较多，模具制造精度要求很高，给模具的制造、调试及维修带来一定的难度；模具的造价高，制造周期长，模具设计与制造难度较大。同时要求模具零件具有互换性，在模具零件磨损或损坏后要求更换迅速、方便、可靠。

(7) 多工位级进模主要用于中、小型复杂冲压件的大批量生产，对较大的制件可选择多工位传递式冲压模具加工。

(8) 材料的利用率有所降低。排样时要求有一定强度和刚性的载体，保证零件在工位间可靠送进，特别是某些形状复杂的零件，产生的工艺废料较多。

尽管多工位级进模比普通冲压模具在结构上要复杂得多，但基本组成却是相同的，也是由工作零件，定位零件，卸料、压料零件，导向零件和连接固定零件等组成（在自动冲压时还需增加自动送料装置、安全检测装置等），因此模具的设计步骤仍然遵循普通模具的设计程序，不同的是多工位级进模中零件数量增多，要求更高，需要考虑的问题更复杂，如多工位级进冲压时的排样设计，就需要解决多个方面的问题。

在多工位精密级进模设计中，要确定从毛坯板料到产品零件的转化过程，即要确定级进模具中各工位所要进行的加工工序内容，并在料带上进行各工序的布置，这一设计过程就是排样设计。排样设计是多工位级进模设计的关键，是模具结构设计的依据之一。

级进冲压中的排样设计包含三部分内容，即毛坯排样、冲切刃口外形设计和工序排样。

毛坯排样是指零件展开后的平板毛坯在条料上的排列方式，主要用来确定毛坯在条料上的截取方位和相邻毛坯之间的关系。图 7－2（a）所示为屏蔽盖零件的三维图，图 7－2（b）所示为其展开后的毛坯，图 7－2（c）所示为屏蔽盖毛坯三种不同的排样形式。

由图 7－2 可以看出，毛坯排样具有多样性，毛坯排样的目的就是从不同的毛坯排样方向中选出最佳方案。毛坯排样是排样设计中最基础的一步，在所有含有落料工序的各类冲模设计中都必须进行。

当毛坯排样方案确定后，就需要解决毛坯外形和内孔逐步冲切的顺序和形状，即冲切刃

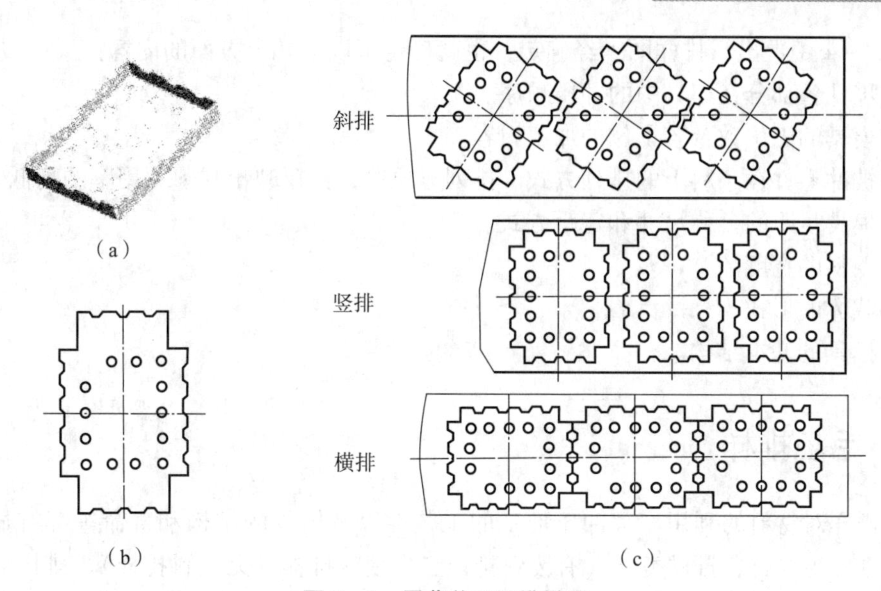

图 7－2　屏蔽盖毛坯排样图

(a) 产品图；(b) 展开图；(c) 毛坯排样图

口的外形设计。图 7－3 所示为针对图 7－2 中毛坯横排时的冲切刃口的外形设计。由图 7－3 可以看出，冲切刃口外形设计的目的是对复杂外形或内孔的毛坯几何形状进行分解，以确定毛坯形状的冲切顺序及各次冲切凸、凹模的刃口形状，是工序排样前必须完成的设计工作。

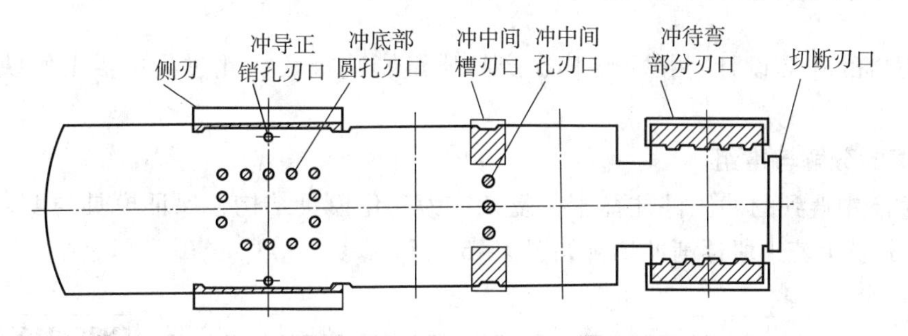

图 7－3　屏蔽盖的冲切刃口外形设计

工序排样确定了模具由多少工位组成、每个工位的具体加工工序和内容、条料的定位方式等，是毛坯排样和冲切刃口外形设计的综合。图 7－4 所示为屏蔽盖的工序排样图。从图中可以看出，工序排样图清楚地表达了该产品的加工工艺过程，进而决定了模具的结构，因此工序排样是级进模设计的核心。

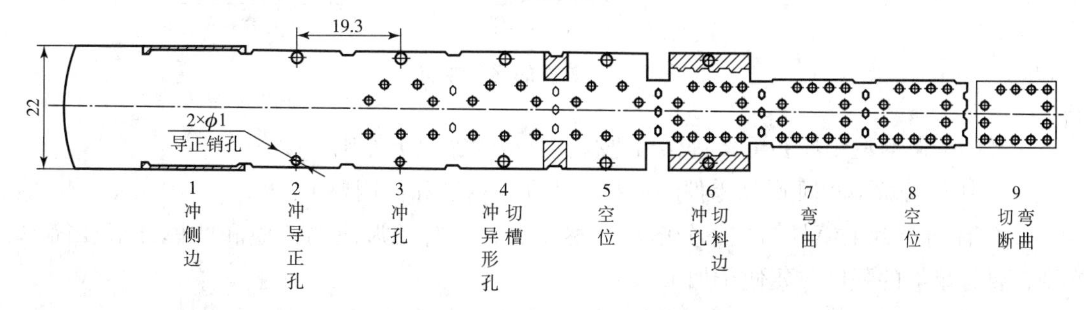

图 7－4　屏蔽盖的工序排样图

从图7-4中看出，排样图一经确定，也就确定了以下几个方面的内容：

（1）零件各部分在模具中的冲压顺序。

（2）模具的工位数及各工位的加工内容。

（3）被冲零件在条料上的排列方式、排列方位等，并反映出材料利用率的高低。

（4）模具步距的公称尺寸和定距方式。

（5）条料的宽度。

（6）载体的形式。

（7）模具的基本结构。

一、毛坯排样

毛坯排样对材料的利用率、冲压加工的工艺性以及模具的结构和寿命等都有显著的影响。毛坯排样主要解决排样类型（有废料排样、少废料排样、无废料排样）、排样形式（单排、多排、直排、斜排、对排等）、搭边值、进距、条料宽度、原材料规格及材料利用率的计算等，这部分内容详见项目三中相关内容，此处不再赘述。但需要说明的是，级进冲压时的搭边值大于普通冲压时的搭边值，设计时需查相关手册选用。

二、冲切刃口外形设计

冲切刃口的外形设计对模具结构、产品质量影响极大，此过程中需要解决以下两个问题。

1. 轮廓的分解与重组

实际生产中遇到的冲压件往往十分复杂，为简化模具结构，保证模具强度，常将外形（或内孔）分解为若干段逐渐冲切，如图7-5所示。

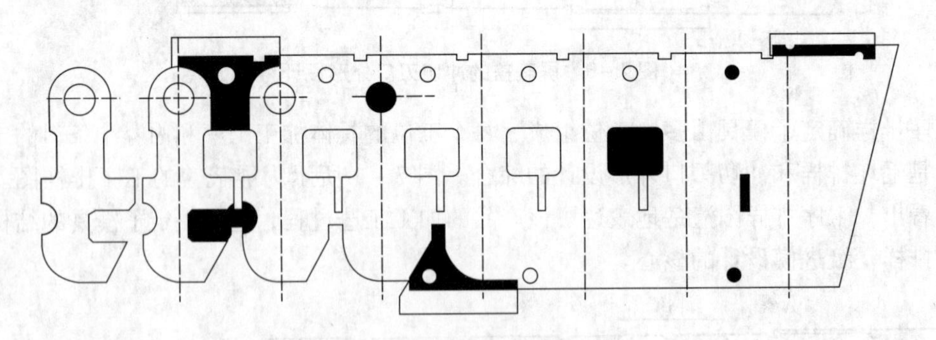

图7-5　轮廓的逐渐冲切

轮廓的分解与重组应在毛坯排样后进行，且应遵循以下原则：

（1）切口分解应保证产品零件的形状、尺寸、精度和使用要求。

（2）有利于简化模具结构，分解段数尽量少，分解后形成的凸模和凹模外形要简单、规则，要有足够的强度，要便于加工。

（3）内外形轮廓分解后各段间的连接应平直或圆滑。

（4）分段搭接点应尽量少，搭接点位置要避开产品零件的薄弱部位和外形的重要部位。

（5）有公差要求的直边和使用过程中有滑动配合要求的部位应一次冲切，不宜分段，以免累积误差，影响使用。

（6）复杂内、外形以及有窄槽或细长臂的部位最好分解。

（7）毛刺方向有不同要求时应分解。

（8）刃口分解应考虑加工设备条件和加工方法，便于加工。

刃口外形的分解与重组不是唯一的，设计过程十分灵活，经验性强，难度大，设计时应多考虑几种方案，经综合比较选出最优方案。图7－6所示为对同一产品几种不同刃口分解的排样示例。当对A面有配合要求时，则不能采用图7－6（c）所示分解，最好采用图7－6（b）或图7－6（d）所示分解，使该面能够一次冲切出来。当对B面有要求时，则图7－6（d）所示分解方式不适用。

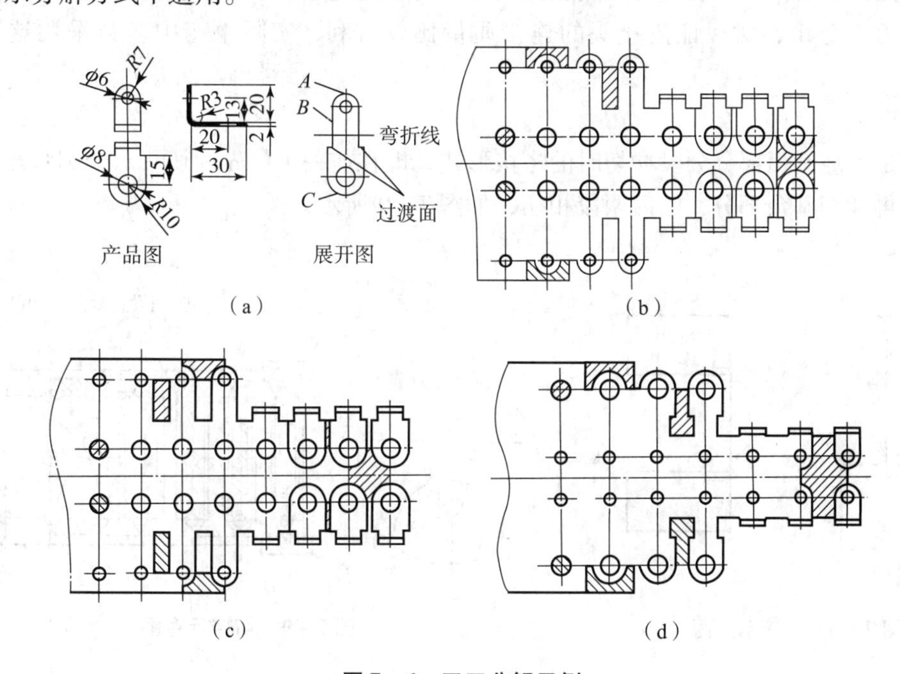

图7－6　刃口分解示例

（a）产品及展开图；（b）～（d）刃口分解方案

2. 轮廓分解时分段搭接头的基本形式

内外形轮廓分解后，各段之间必然要形成搭接头，不恰当的分解会导致搭接头处产生毛刺、错牙、尖角、塌角、不平直和不圆滑等质量问题。常见的搭接头形式有平接、交接和切接三种。

1）平接

平接就是把零件的直边先在一个工位上冲去一部分，然后在另一工位再切去余下部分，两次冲切刃口平行、共线，但不重叠，如图7－7所示。平接在搭接头处易产生毛刺、台阶、不平直等质量问题，生产中应尽量避免采用。为了保证平接各段的搭接质量，应在各段的冲切工位上设置导正销。

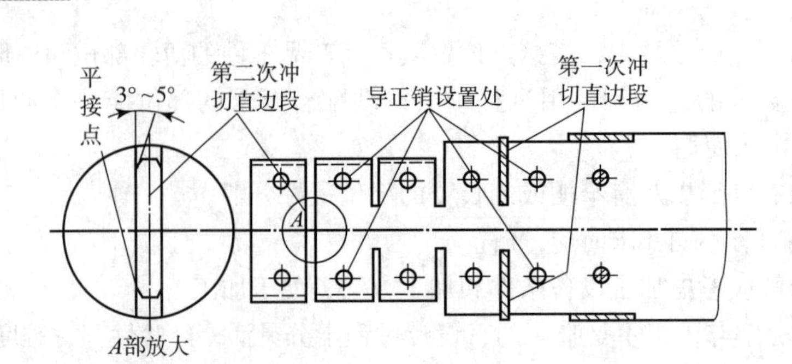

图 7-7　平接示意图

2）交接

交接是指前后两次冲切刃口之间相互交错，有少量重叠部分，如图 7-8 所示。按交接方式进行刃口分解，对保证搭接头的连接质量比较有利，实际生产中多数采用这种搭接方式。

3）切接

切接是毛坯圆弧部分分段冲切时的搭接形式，即在前一工位先冲切一部分圆弧段，在后续工位上再冲切其余部分，前后两段相切，如图 7-9 所示。

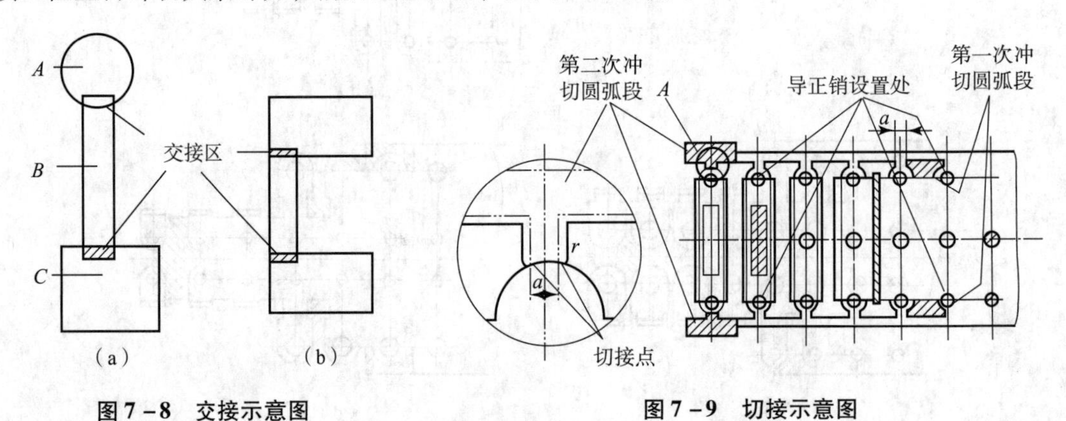

图 7-8　交接示意图

图 7-9　切接示意图

三、工序排样

将需冲压工件从坯料到冲件完成的各种冲压工序方法及先后顺序过程绘制成排样图，就是工序排样。工序排样是级进冲压排样中的最后一步，是在毛坯排样和冲切刃口外形设计的基础上进行的，其内容主要有以下几种。

1. 工序确定与排序

主要考虑工件的形状、尺寸及各工位材料变形和分离的合理性。基本原则是要有利于下道工序的进行，做到先易后难，先冲平面形状后冲立体形状。

1）级进冲裁的工序排样

（1）带孔的工件，先冲孔，后冲外形。若内孔或外形复杂，应对轮廓进行分解，采用分段切除的办法，如图 7-10 所示。

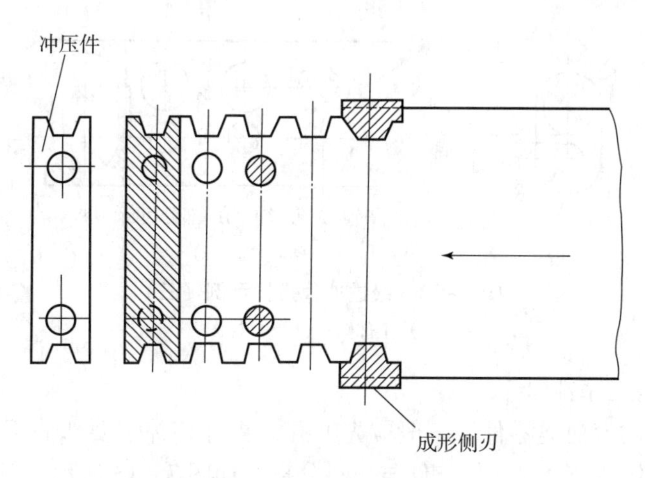

图 7－10　级进冲裁排样示例（一）

（2）工件上有严格要求的相对尺寸，应放在同一工位冲出。若无法安排在同一工位冲出，可安排在相近工位冲出。

（3）孔边距离较小，孔的精度较高时，冲外轮廓时孔可能会变形，可将孔旁外缘先于内孔冲出，如图 7－11 所示。

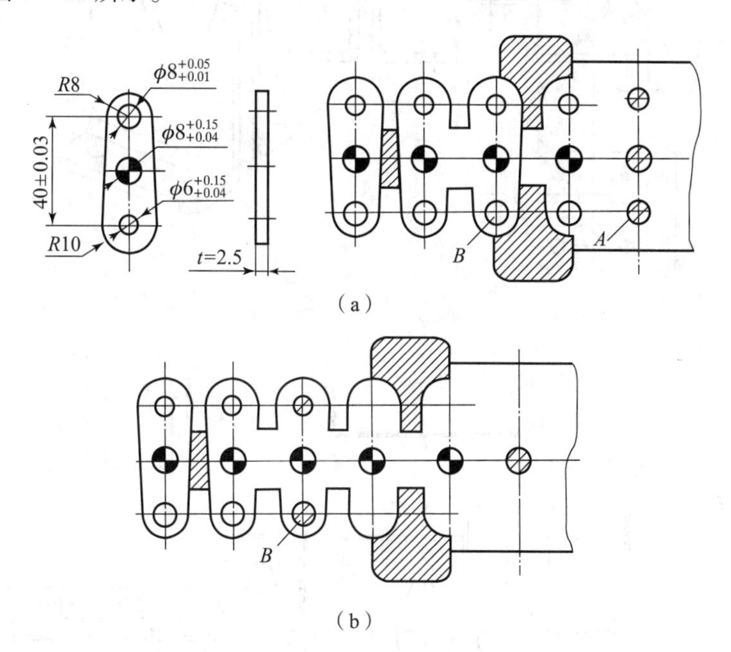

图 7－11　级进冲裁排样示例（二）

（a）原排样；（b）修改后的排样

（4）当工件上孔间距离较小时，为保证凹模强度及凸模足够用的安装位置，应将冲孔工序分解，安排在相邻的两工位冲出，如图 7－12 所示。

（5）凹模上冲切轮廓之间的距离不应小于凹模的最小允许壁厚，一般取为 2.5t（t 为工件材料厚度），但至少大于 2 mm。

（6）轮廓周界较大的冲切，尽量安排在中间工位，以使压力中心与模具几何中心重合。

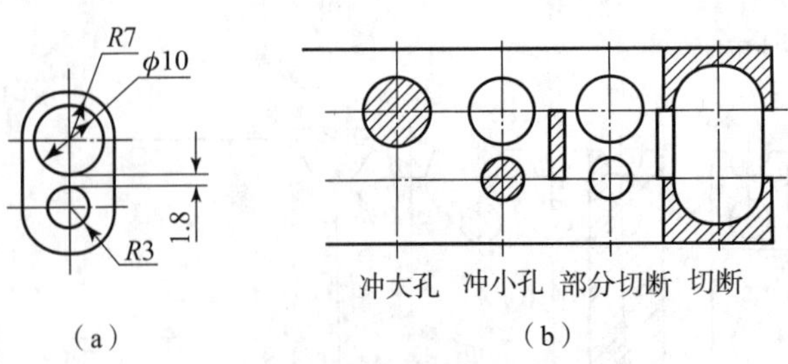

图 7-12 级进冲裁排样示例（三）

（a）工件图；（b）排样图

2）级进弯曲的工序排样

（1）对于带孔的弯曲类零件，一般应先冲孔，再冲切掉需要弯曲部分的周边材料，然后再弯曲，最后切除其余废料，使工件与条料分离，如图 7-13 所示。但当孔靠近弯曲变形区且又有精度要求时应先弯曲后冲孔，以防孔变形。

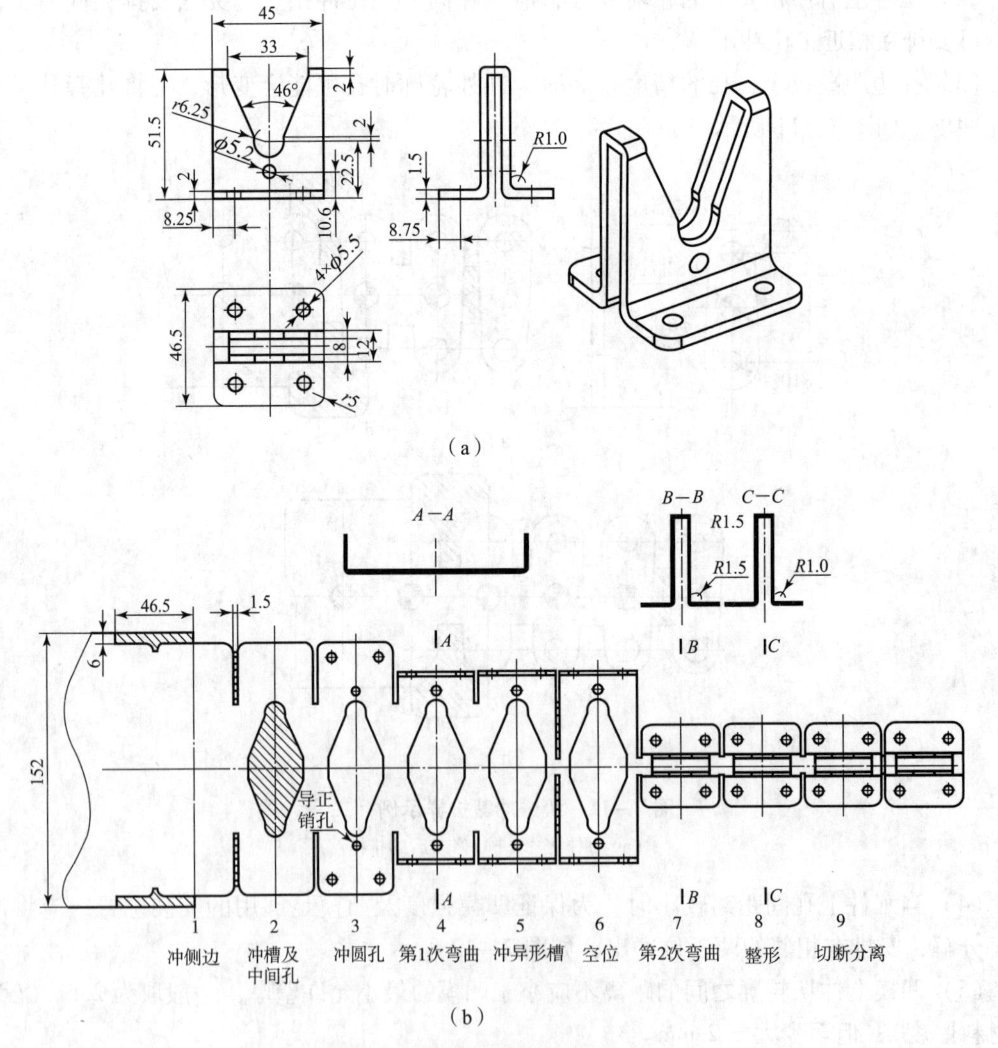

图 7-13 级进弯曲排样示例（一）

（a）工件图；（b）排样图

（2）压弯时应先弯外角再弯内角，弯曲半径过小时应加整形工序。

（3）毛刺方向一般应尽量位于弯曲区内侧，以减小弯曲破裂的危险，改善产品外观，如图 7－14 所示。

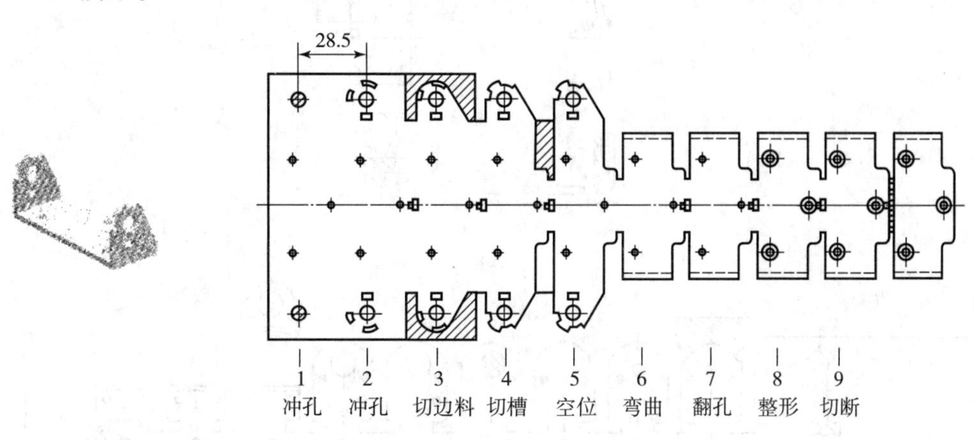

图 7－14　级进弯曲排样示例（二）

（4）弯曲线应与纤维方向垂直，当零件在相互垂直的方向或几个方向都要进行弯曲时，弯曲线应与条料的纤维方向成 30°～60°的角度，如图 7－15 所示。

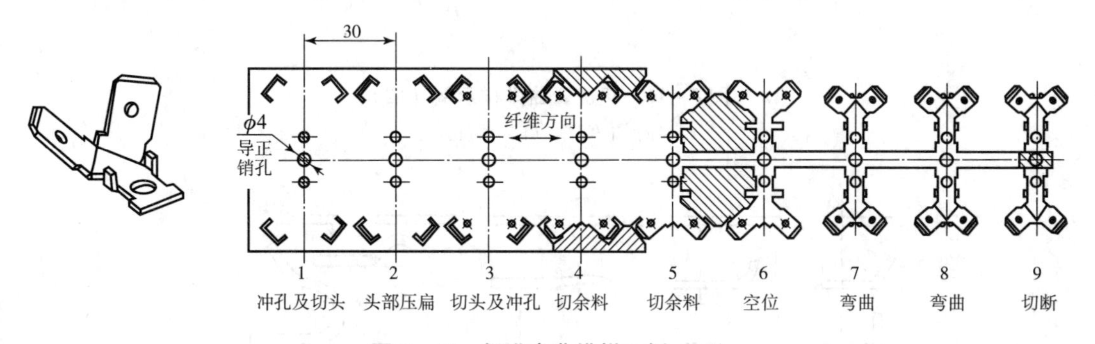

图 7－15　级进弯曲排样示例（三）

（5）对于小型不对称的弯曲件，为避免弯曲时载体变形和侧向滑动，应尽量成对弯曲后再切开，如图 7－16 所示。

（6）对于一个零件的两个弯曲部分都有尺寸精度要求时，应在同一工位一次成形以保证尺寸精度。

（7）在一个工位上，弯曲变形程度不宜过大。对于复杂的弯曲件，应分解为简单弯曲工字的组合，经逐次弯曲而成，如 U 形弯曲件可先弯成 45°，再弯成 90°，这样既有利于质量的保证，又有利于模具的调试修整，如图 7－17 所示。

（8）排样时采用向上弯曲或向下弯曲，既要考虑冲切余料的毛刺方向，还要充分考虑模具的结构形式和条料送进时是否稳定和方便，向上弯曲时的相对尺寸精度较高，往往需要采用斜楔滑块机构实现侧向冲压；向下弯曲可直接利用压弯成形，但是必须考虑条料的送进问题。

3）级进拉深的工序排样

在进行多工位级进拉深成形时，不像单工序拉深那样以单个毛坯送进，而是以带料的形

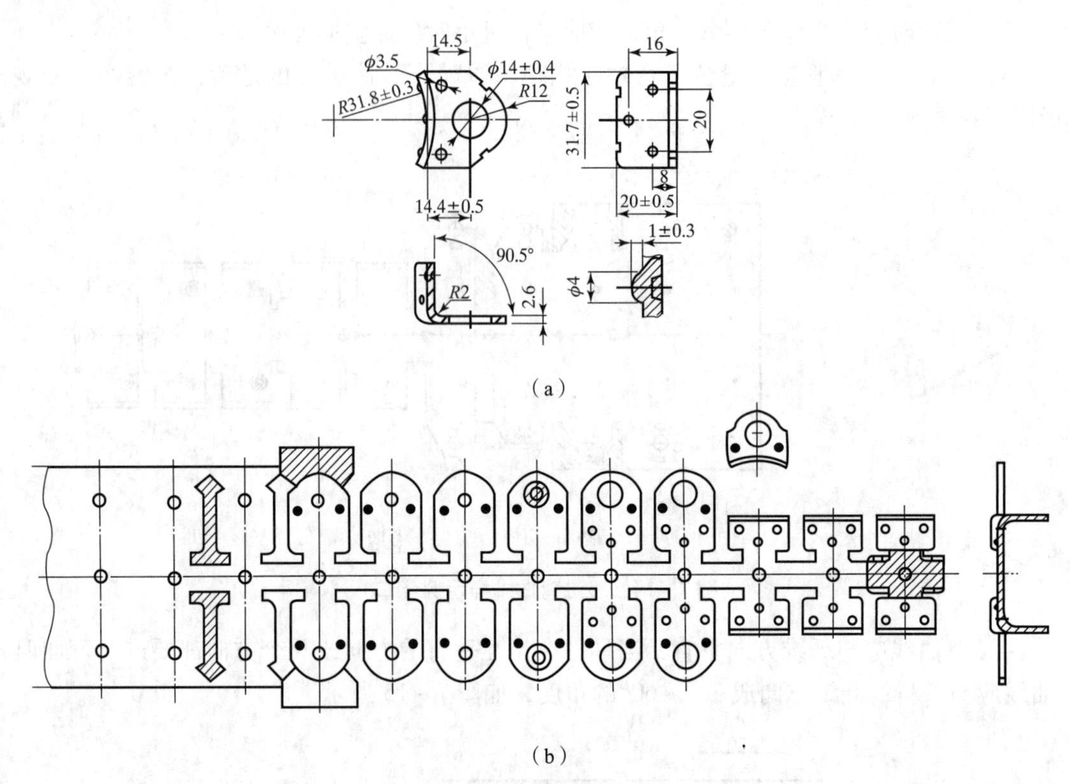

图 7－16　级进弯曲排样示例（四）

（a）工件图；（b）排样图

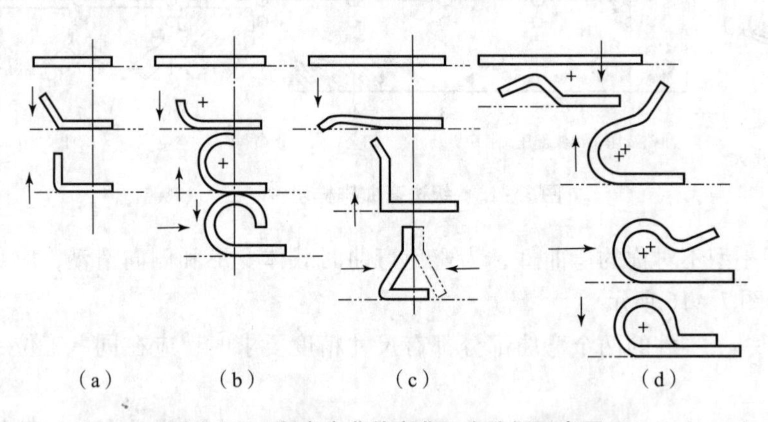

图 7－17　复杂弯曲件弯曲工序分解示意图

式连续送进（图 7－18），因此无论有无凸缘，都可看作带凸缘件的拉深。但由于级进拉深时不能进行中间退火，故要求材料具有较高的塑性，并且由于级进拉探过程中工序件间的相互制约，每一工位拉深的变形程度均小于单个毛坯的拉深变形程度。

凸缘材料的收缩是拉探时材料变形的主要特征。在级进拉深工序排样中，关键是要解决因凸缘收缩而导致的各工位进距和条料宽度不一致的问题。为此，级进拉深工序排样应遵循以下原则：

（1）对于有拉深又有弯曲和其他工序的工件，应先拉深再进行其他工序的冲压，以避免因拉深时材料的流动对已成形部位产生影响，如图 7－19 所示。

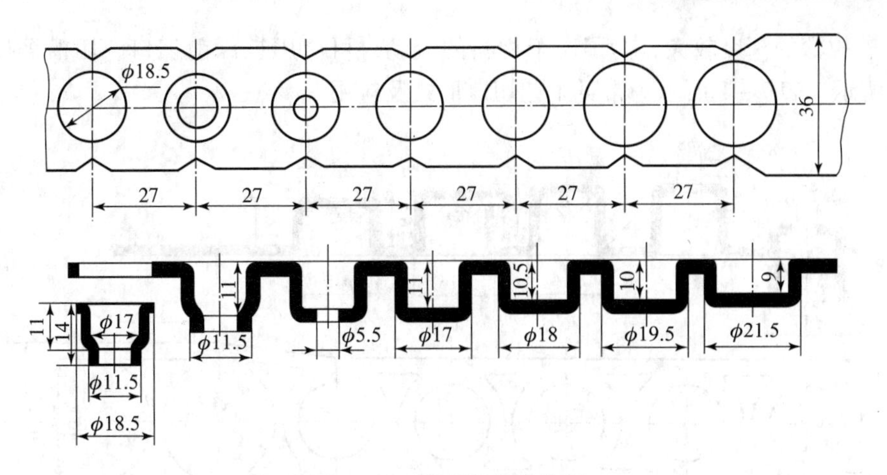

图 7－18 带料的级进拉深

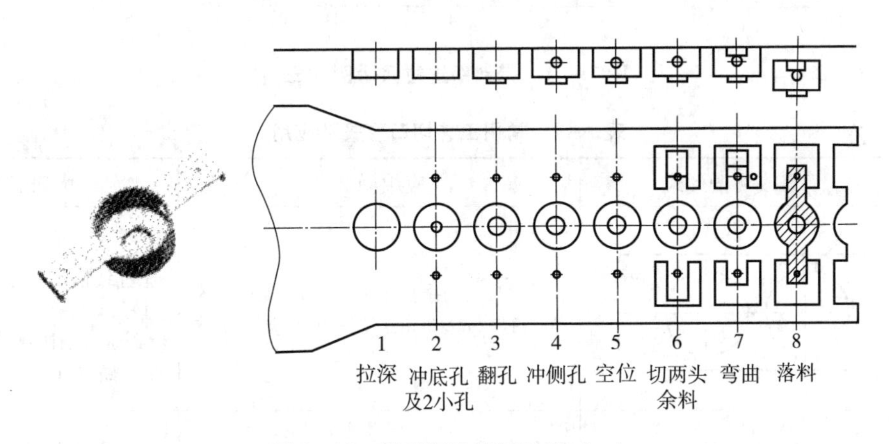

图 7－19 带料级进拉深示例（一）

（2）拉深件底部有较大孔时，可以在拉深前先冲较小的预制孔，以改善材料的拉深性，拉深后再将孔冲到需要的尺寸，如图 7－20 所示。

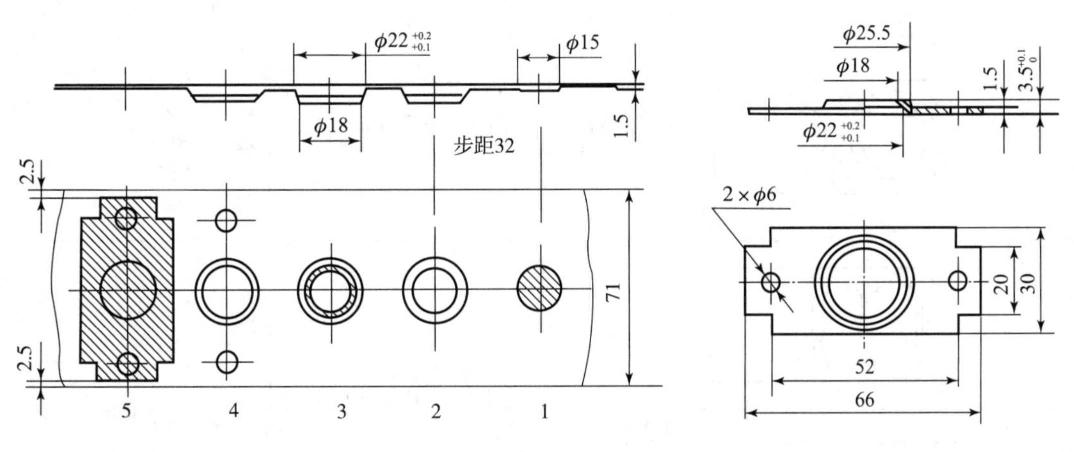

图 7－20 带料级进拉深示例（二）

（3）适当增加空位作为试模时拉深次数调整的预备工位，且有利于提高载体的刚性，便于送料。

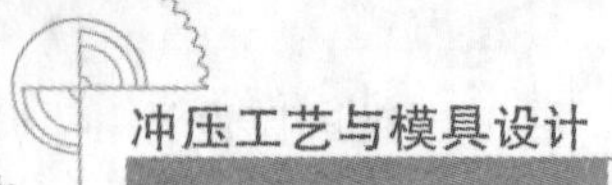

（4）若拉深的深度较大，为了便于材料的流动，可应用拉深前切口、切槽等技术，如图 7－21 所示。表 7－1 所示为常见工艺切口形式及应用。

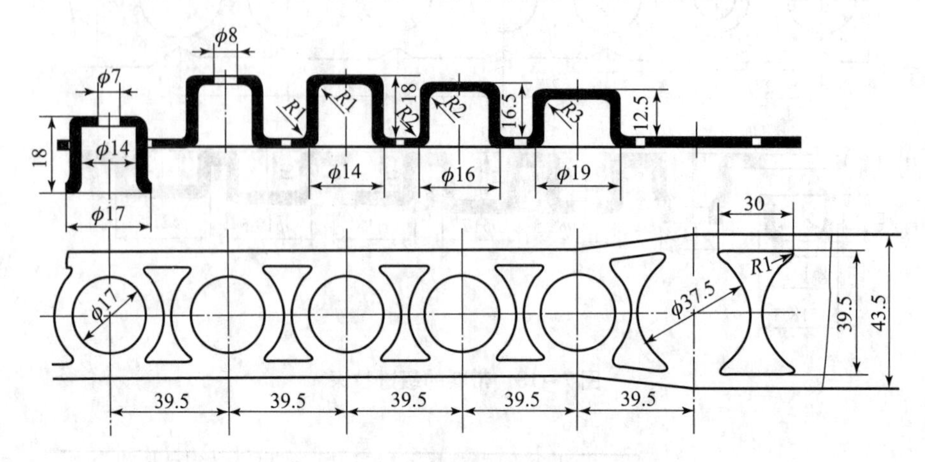

图 7－21　带料级进拉深示例（三）

表 7－1　常用工艺切口形式及应用

序号	切口或切槽形式	应用场合	优缺点
1		单切口：用于材料厚度 $t<1$ mm 的大直径（$d>5$ mm）的圆形浅拉深件	1. 首次拉深工位，料边起皱情况较无切口时为好； 2. 拉深中侧搭边会弯曲，妨碍送料
2		切槽：用于材料厚度 $t>0.5$ mm 的圆形小工件，应用较广	1. 不易起皱； 2. 拉深中带料会缩小，不能用来定位； 3. 材料的利用率有所降低
3		双切口：用于薄料 $t<0.5$ mm 的小工件	1. 拉深过程中料宽与进距不变，可用废料搭边上的孔定位； 2. 材料的利用率有所降低
4		用于矩形件的拉深，其中序号 4 应用较广	与序号 2 相同
5			

续表

序号	切口或切槽形式	应用场合	优缺点
6		用于单排或双排的单头焊片	与序号 1 相同
7		用于双排或多排筒形件的连续拉深（如双孔空心铆钉）	1. 中间压筋后，使在拉深过程中消除了两筒形间产生开裂的现象； 2. 保证两筒形中心距不变

4）局部成形工序的工件工序排样

（1）对于有局部成形的带孔件，若孔距离局部成形区较近，应先成形再冲孔，如图 7－22 所示。

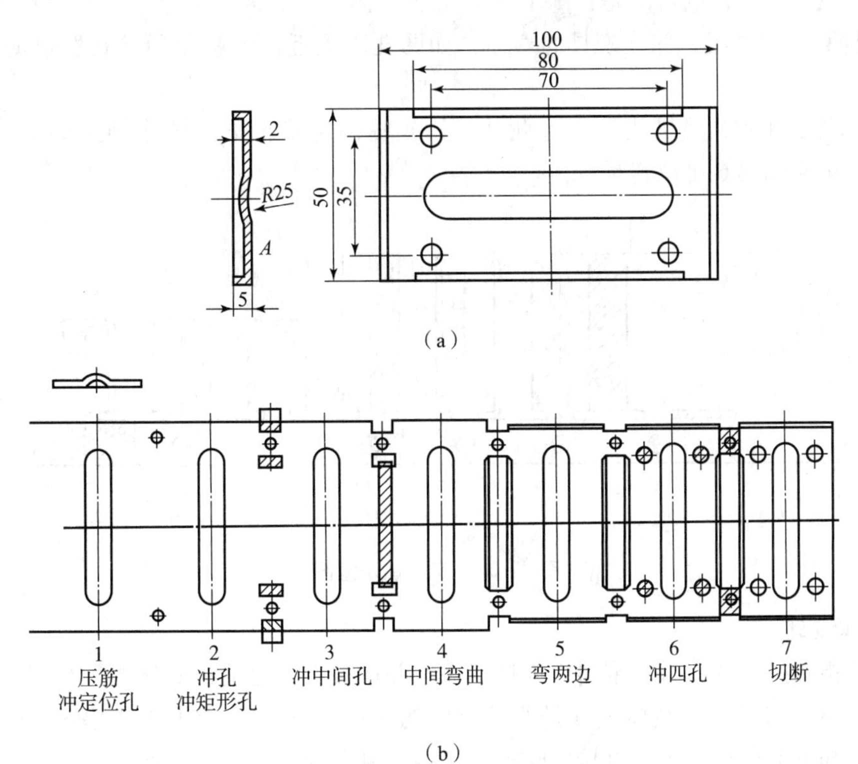

图 7－22　有局部成形工序的排样图

（a）工件图；（b）排样图

（2）轮廓旁的鼓包要先冲，以避免轮廓变形。若鼓包中心线上有孔，应先冲出小孔，待鼓包压成后再将孔冲到需要的尺寸。

（3）镦形前应将其周边余料适当切除，然后在镦形完成后再安排进行一次冲裁工序，冲去被延展的余料。如图 7－23 所示，材料厚度为 0.9 mm，在第 2 工位切除了多余部分材料（梯形剖面部分），第 4、5 工位为镦压，延展金属，镦形后的料厚达到制件要求，第 9 工位修边，切除延展后的余料。

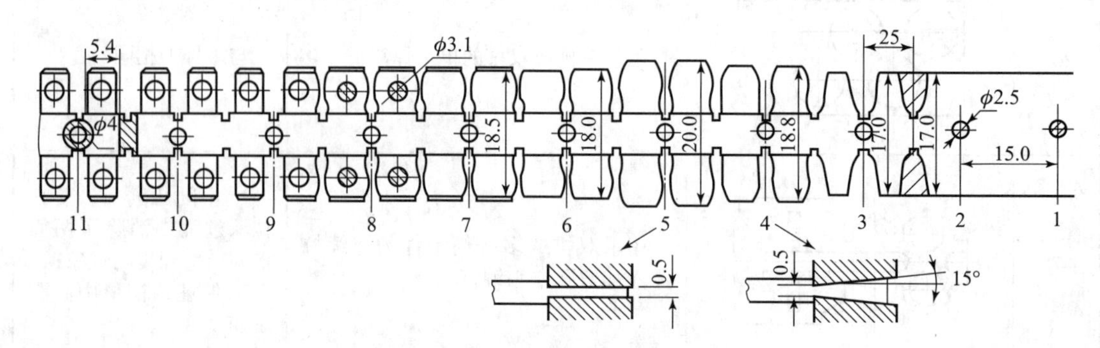

图 7－23　镦压变薄材料后修边

2. 空工位设置

空工位简称空位，是指工序件经过时不作任何冲压加工的工位。级进模中空工位的应用非常普遍，设置空工位的目的是：

（1）提高模具强度，保证模具的寿命，如两孔距太近，为避免凹模孔壁过薄，中间设置一空位。

（2）为模具中设置特殊机构（如侧冲机构）提供足够的安装空间。图 7－24 所示的工序排样中，第 4 和第 6 工位就是空位。

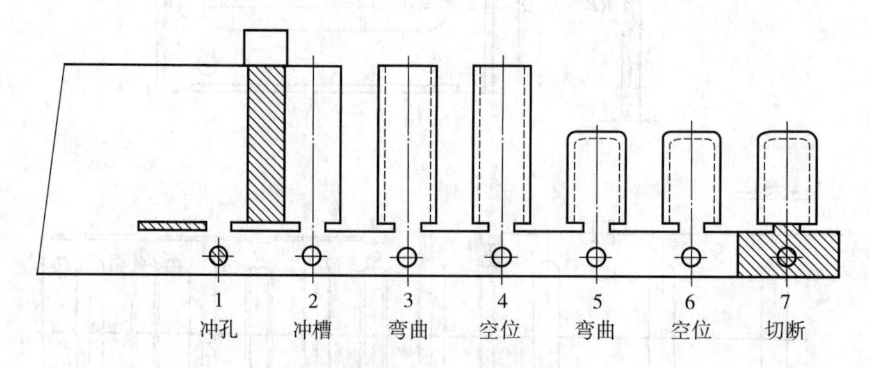

图 7－24　空工位示意图

3. 载体设计

载体是指级进模冲压时，带料内连接工序件并运载其稳定前进的这部分材料，如图 7－25 所示。在排样过程中，载体设计是非常重要的，不仅决定了材料的利用率，而且关系到制件的精度和冲制效果，更是直接影响模具结构的复杂程度和制造的难易程度。

既然载体是为运载条料上的工序件到后续工位而设计的，因此载体必须具有足够的强度，能平稳地将工序件送进。一旦载体发生变形，条料的送进精度就无法保证，甚至阻碍条料送进或造成事故、损坏模具。因此，从保证载体强度及刚度的角度出发，载体宽度远大于搭边宽度。但带料载体强度的增强，并不能单纯靠增加载体宽度来保证，重要的是合理地选择载体形式。由于被加工零件的形状和工序要求不同，其载体的形式是各不相同的。载体的

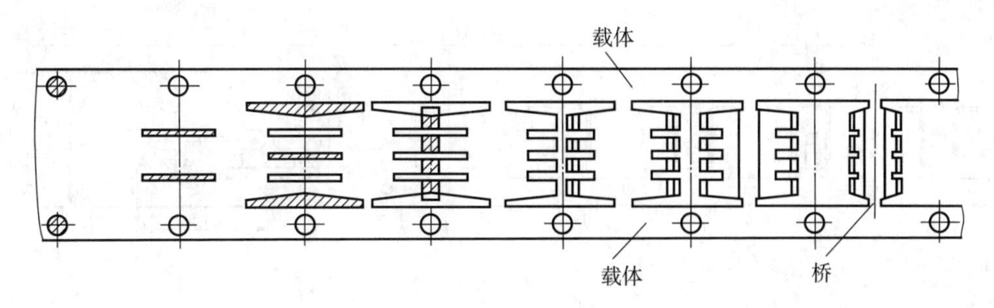

图 7-25　载体示意图

基本形式主要有双侧载体、单侧载体和中间载体这三种。

1）双侧载体

双侧载体又称标准载体，简称双载体。它是在条料两侧分别留出一定宽度的材料运载工序件，工序件连接在两侧载体的中间，所以双侧载体比单侧载体更稳定，具有更高的定位精度。这种载体主要用于薄料（$t \leqslant 0.2$ mm）、工件精度要求较高的场合，但材料的利用率有所降低，往往是单件排列。双侧载体分为等宽双侧载体和不等宽双侧载体两种。

等宽双侧载体一般应用于送进步距精度高、条料偏薄、精度要求较高的冲裁多工位级进模或精度较高的冲裁弯曲多工位级进模，在载体两侧的对称位置冲出导正孔（图 7-25）。

不等宽双侧载体中，宽的一侧称为主载体，窄的一侧称为副载体，一般在主载体上冲导正销孔，条料沿主载体一侧的导料板送进，如图 7-26 所示。冲压过程中可在中途冲切去副载体，以便进行侧向冲压加工或其他加工。在冲切副载体之前应将主要冲裁工序都进行完毕，以确保冲制精度。

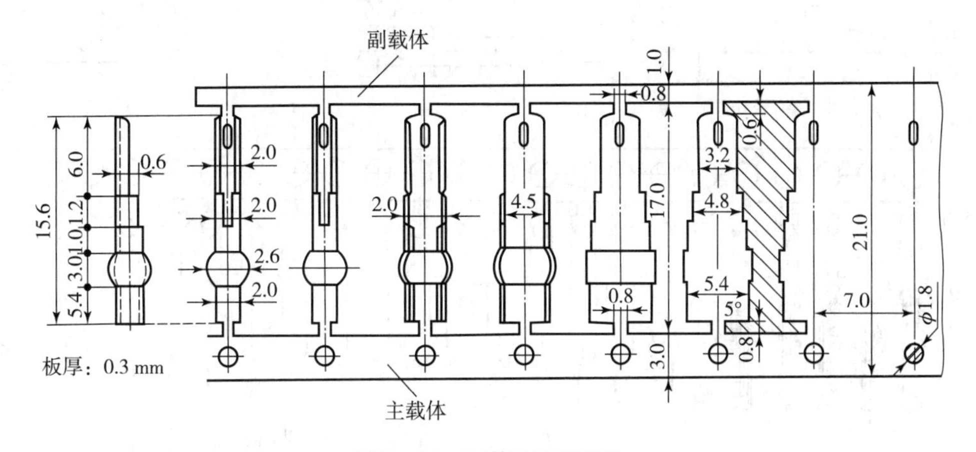

图 7-26　不等宽双侧载体

2）单侧载体

单侧载体简称单载体，是在条料的一侧留出一定宽度的材料，并在适当位置与工序件连接，实现对工序件的运送。单侧载体一般应用于条料厚度在 0.5 mm 以上的冲压件，特别对于零件一端或几个方向有弯曲的场合，如图 7-27 所示。

在冲裁细长零件时，为了增强载体的强度，并不过分增加载体宽度，仍设计为单侧载体，但在每两个冲压件之间适当位置用一小部分连接起来，以增强带料的强度和刚度，复印件为桥接载体，其中连接两工序件的部分称为桥。采用桥接载体时，冲压进行到一定工位或

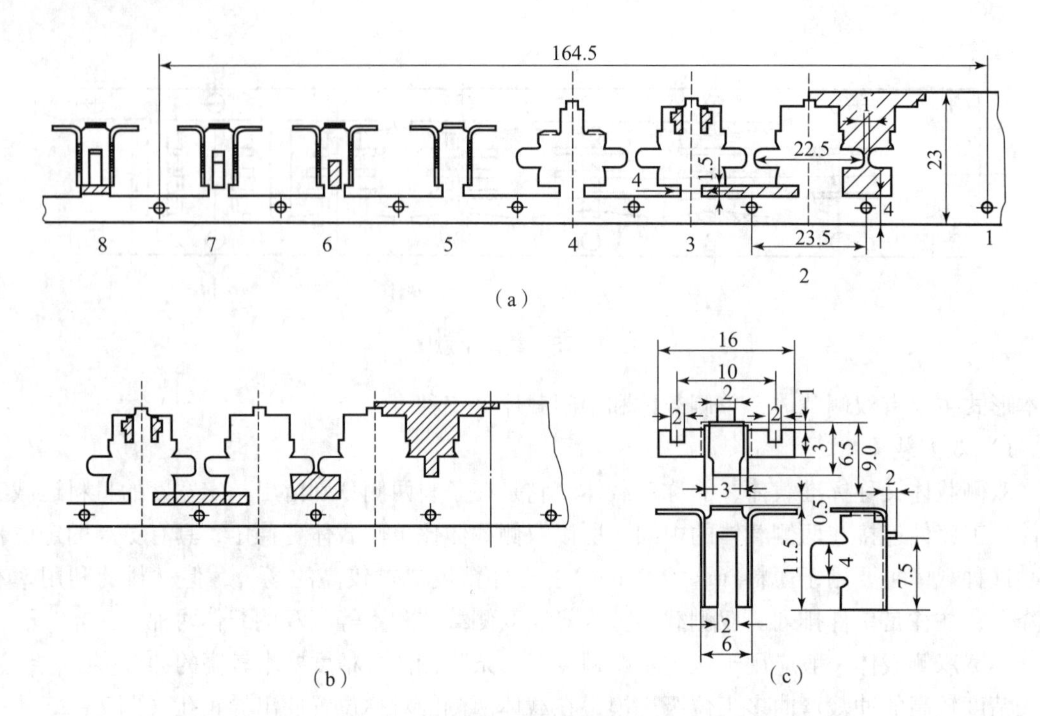

图 7－27　单侧载体

到最后再将桥接部分冲切掉，如图 7－28 所示。

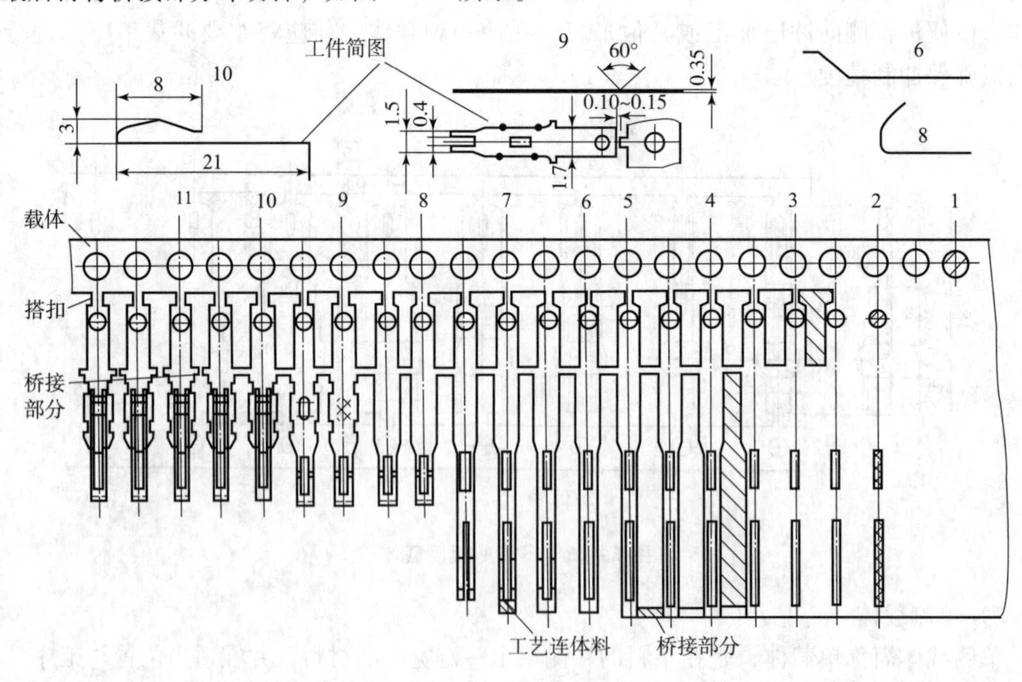

图 7－28　桥接载体

3） 中间载体

中间载体是指载体位于条料中部，它比单侧载体和双侧载体节省材料，在弯曲件的工序排样中用得较多，最适合材料厚度大于 0.2 mm 的对称性且两外侧有弯曲的零件，也可用于不对称弯曲件的成对弯曲。中间载体宽度要根据零件的特点灵活掌握，但不应小于单侧载体的宽度。中间载体有单中间载体（图 7 – 29）和双中间载体（图 7 – 30）两类。

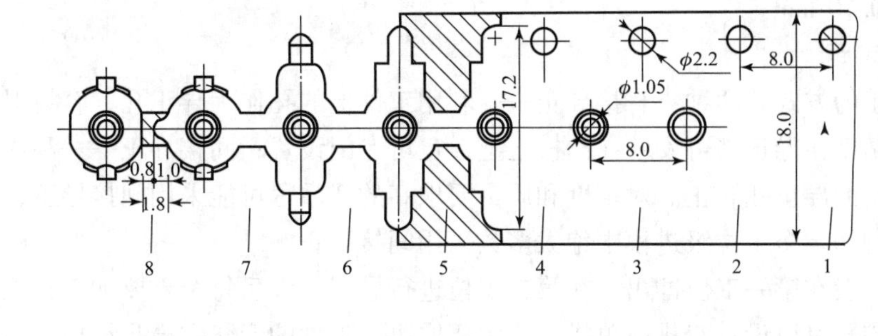

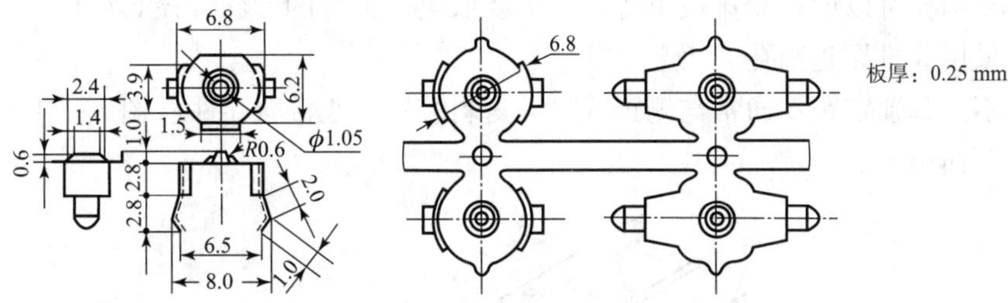

图 7 – 29　单中间载体

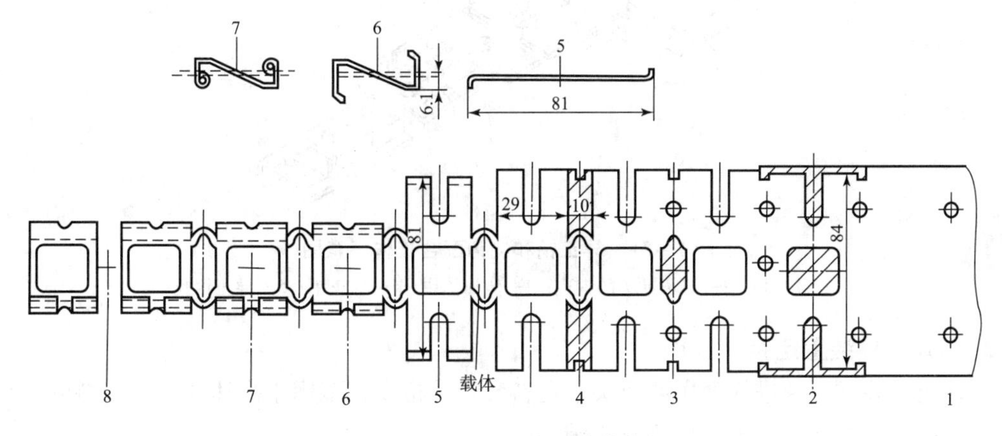

图 7 – 30　双中间载体

四、定距形式与进距精度

由于产品的冲压工序是在多工位上依次完成的，故要求前后工位工序件的冲切刃口能准确衔接和匹配，这就要求工序件在每一工位上都能被准确定距定位。定距形式主要有侧刃定距、导正销定距、自动送料装置定距等，其中只有导正销能作精定距，其他只能作为粗定距，级进模的精确定位都是采用导正销与其他粗定位方式配合使用。

1. 侧刃定距

侧刃定距在料厚 $t=0.1\sim1.5$ mm、工位数不多（人工送料时 3 ~ 6 个为宜）、冲件精度在 IT11 ~ IT13 级的级进模中是一种比较常用的定距方式。定距用的侧刃一般安排在第一工位，目的是使冲压一开始条料就能按一定进距送进。当侧刃作为唯一的定距零件使用时，侧刃的刃口宽度等于步距尺寸；粗定位（导正销作精定位）时，侧刃的刃口宽度应略大于送料步距0.05～0.10 mm。

2. 导正销定距

导正销导正的方式有两种：直接导正——利用工件上的孔作为导正孔，容易保证外形和孔的相对位置精度，导正销可安装在凸模之上，也可专门设置；间接导正——利用在载体或废料上专门冲出的导正孔导正。对精度和质量要求高的产品尽可能采用间接导正，以避免导正孔变形或被划伤。多工位级进模中绝大多数采用间接导正。

导正销孔一般在第一工位冲出，在第二工位进行导正，以后每个重要加工工位都应设置导正销。导正销孔可以设置双排或单排，这主要取决于工件的形状和模具结构，当条料宽度较大时尽量采用双排导正销孔。

导正销不能单独定距，通常与侧刃或自动送料装置一起混合定距。图7－31所示为导正销和侧刃配合使用。

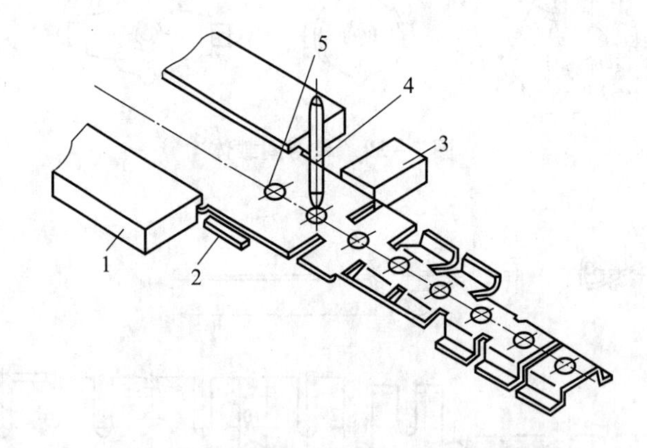

图7－31　导正销和侧刃配合工作示意图

1—导料板；2—侧刃冲去的料边；3—侧刃挡块；4—导正销；5—导正销孔

3. 自动送料装置定距

自动送料装置的送进精度主要取决于送料装置的精度，多用于高速冲压中带料的自动送进，步距精度要求高时，仍要用到导正销。

任务2　多工位级进模主要零部件设计

多工位级进模主要零部件的设计，除应满足一般冲压模具的设计要求外，还应根据级进模的冲压特点、模具主要零部件装配和制造要求来考虑其结构形状和尺寸。

一、凸模设计

在多工位级进模具中有许多冲小孔的细小凸模，冲窄长槽凸模、分解冲裁凸模和受侧向力的弯曲凸模等。这些凸模的设计应根据具体的冲压要求，如冲压材料的厚度、冲压速度、冲裁间隙和凸模的加工方法等因素来考虑凸模的结构及凸模的固定方法。

1. 圆形凸模

1）台肩式圆形凸模（ > ϕ6 mm 时常用）

这种凸模不需要经常拆卸，通常设计成带台阶的形式，如图 7 – 32 所示，与固定板采用 H7/m6 的过渡配合，各台阶过渡部分必须用圆弧光滑过渡，不允许有刀痕。此时凸台的尺寸比固定部分的直径大 3 ~4 mm，利用凸台防止凸模从固定板中脱落。

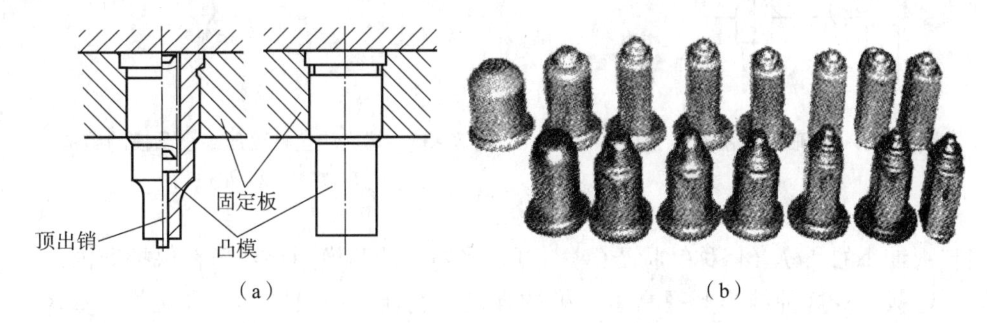

图 7 – 32　台肩式圆形凸模

（a）圆形凸模结构及固定方式；（b）级进拉深圆形凸模的结构

冲孔后的废料若贴附在凸模端面上，会使模具损坏，故对 ϕ2.0 mm 以上的凸模应采用能够排除废料的结构。图 7 – 30（a）所示为带顶出销的凸模结构，利用弹性顶销使废料脱离凸模端面。也可在凸模中心加通气孔，减小冲孔废料与冲孔凸模端面上的“真空区压力”，使废料易于脱落。其具体结构如图 7 – 33 所示。

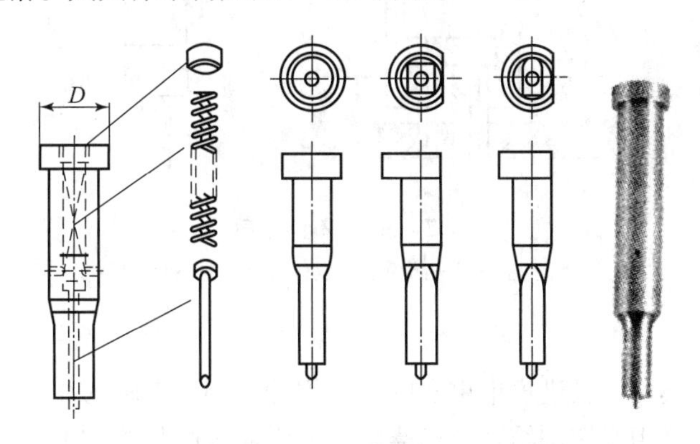

图 7 – 33　带顶出销防止废料回升的凸模

2）直通式圆形凸模（拆卸时常用）

采用吊装方式，用螺钉紧固在垫板上，圆形凸模吊装如图 7 – 34 所示。冲裁间隙小于 0. 1 mm 时，凸模与固定板应取 H6/m5 过渡配合；间隙大于 0. 1 mm 时，可选用 H7/m6 或 K7/k6 过渡配合。细小圆形凸模，在多工位级进模中使用得最多。为便于拆卸，应设计成台肩形结构形式，如图 7 – 32 所示。凸模插入固定板后，利用其台肩卡在固定板的平面上，用两个螺塞［图 7 – 35（a）］或两个螺塞加一淬硬的圆柱形垫柱［图 7 – 35（b）］在凸模的顶端压牢，拆卸时只需拧出螺塞，取走垫柱，即可卸下凸模。如果凸模工作直径差别不大，其安装配合直径应尽量取统一尺寸，以便于凸模固定板的型孔加工。这类凸模与固定板采用 H7/h6 或 H6/h6 间隙配合，工作时必须由精确导向的弹压卸料板导向。

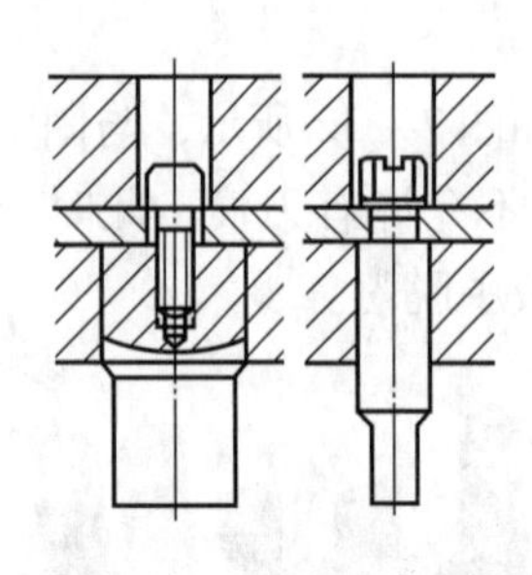

图 7-34　圆形凸模吊装

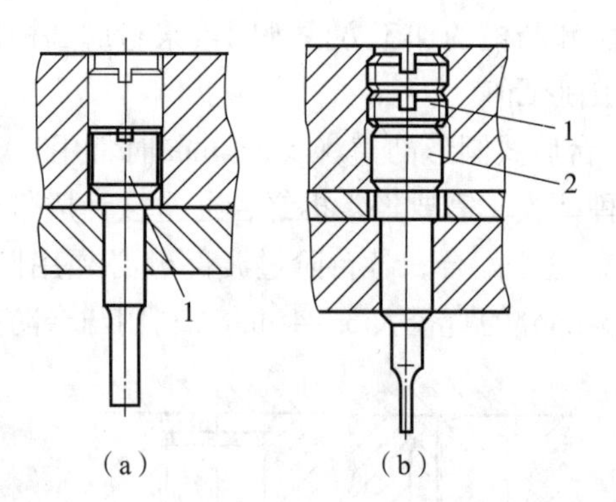

图 7-35　螺塞和垫柱顶压细小凸模的结构

1—螺塞；2—垫柱

对特别细小的凸模（俗称针状凸模），可以将缩小的凸模用垫柱压在保护套内，再一起固定在固定板上，这种结构既提高了凸模的强度，也便于凸模的加工和更换，如图 7-36 所示。

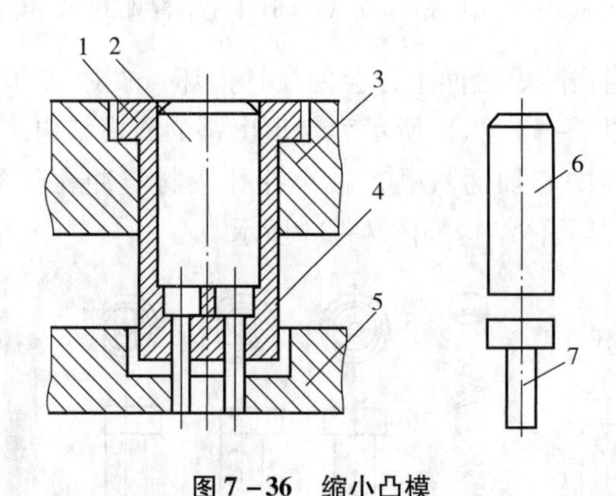

图 7-36　缩小凸模

1—保护套；2，6—垫柱；3—凸模固定板；4，7—缩小的凸模；5—卸料板

2. 异形凸模

除了冲圆形孔凸模外，级进模中更多的是分解冲裁制件轮廓的冲裁凸模，这些凸模的形状大多不规则，通常采用线切割结合成形磨削、光学曲线磨削等加工方法制成。异形凸模可以做成直通式，也可以设计成带凸缘式的。

1）直通式异形凸模

直通式异形凸模如图 7-37 所示，便于线切割或成形磨削，用螺钉吊装并与固定板采用 H7/m6 或 H6/m5 配合。异形凸模基面较小不便吊装紧固时，可考虑采用图 7-37 所示的另外三种安装结构。

2）凸缘式异形凸模

目前生产中比较流行的另一种方法是在凸模（一般为小型凸模）的固定端加工一个比较小的挂台，再在固定板上铣出一个与挂台匹配的槽，利用挂台挂在槽的台阶上，而凸模与固定板则采用间隙配合的方法，如图 7-38 所示。

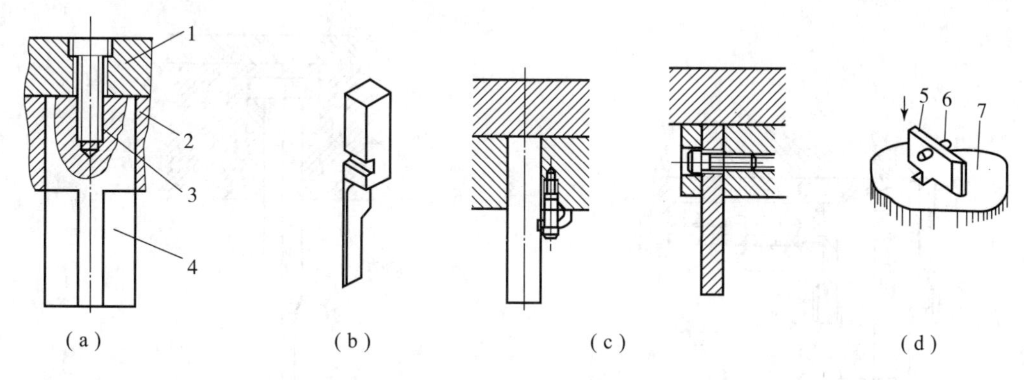

图 7-37　直通式异形凸模常用的固定方法

(a) 螺钉；(b) 用压板固定侧面开槽凸模；(c) 侧面螺钉固定；(d) 横销吊装
1—垫板；2—凸模固定板；3—螺钉；4—凸模；5—固定板；6—凸模；7—压板

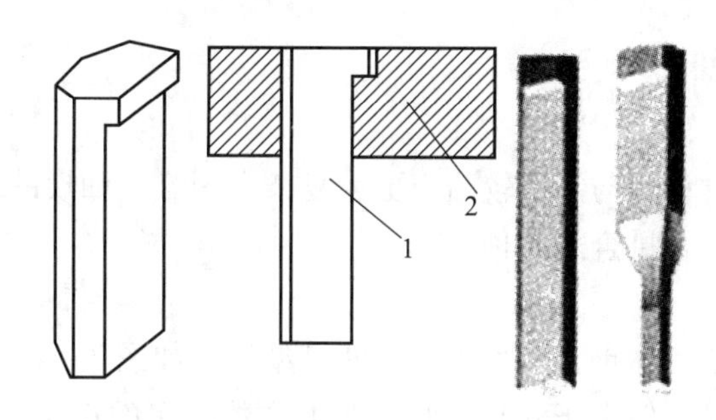

图 7-38　用挂台固定的凸模

1—带挂台的凸模；2—固定板

总之，凸模及其固定板尽可能设计成从下面拆装，以便当凸模损坏时，仅需把损坏部分取下，换上备用凸模即可，而不用把整副冲模拆离压力机。

3. 凸模长度设计

凸模要有合适的长度，以满足安装、冲压的需要，还要有足够的强度和刚度，以承受冲压时的冲击载荷。确定凸模高度需考虑以下几项原则：

(1) 在同一副模具中各凸模绝对高度不一致，应确定一个基准凸模的工作长度。如基准长度为 35 mm、40 mm、45 mm、…、65 mm，其他凸模按基准长度计算，尽量选用标准凸模长度。凸模工作部分基准长度由制件料厚和模具结构等因素决定，在满足多种凸模结构的前提下，基准长度尽量取小值。

(2) 凸模应有一定的使用高度和足够的刃磨量。

(3) 注意凸模加工的同步性，即保证凸模进入工作前，导料销插入导料孔，卸料板将条料压紧。

包含冲裁和成形工序的级进模冲压时，冲裁是在成形工作开始后进行，并在成形工作结束前完成，所以冲裁凸模和成形凸模的高度是不一样的，两者之间有一定的差量，有时甚至要求很严，此时应考虑凸模高度可调，以满足其同步性。图 7-39 所示为凸模高度的可调装置。图 7-40 所示的凸模磨损后，通过更换垫片和垫圈可以保证模具闭合高度不变，这种结构在生产中广泛采用。

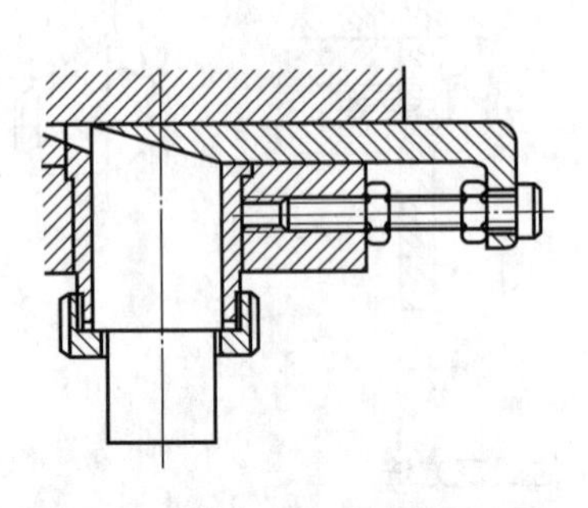

图 7－39　凸模高度的可调装置

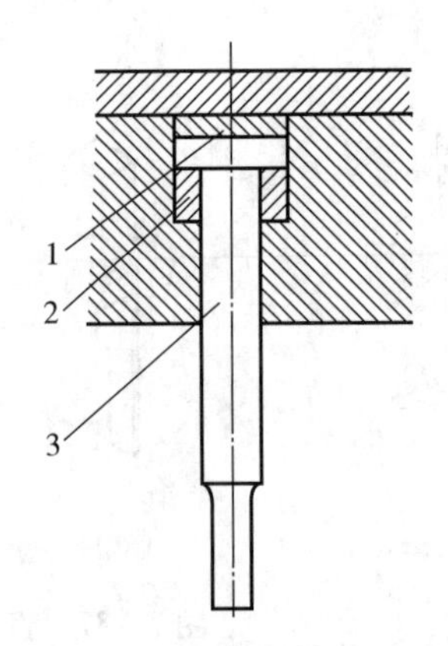

图 7－40　刃磨后不改变闭合高度的结构

1—垫片；2—垫圈；3—凸模

二、凹模设计

多工位级进模凹模的设计与制造较凸模更为复杂和困难。凹模的结构常用的类型有整体式、嵌块式、拼合式、综合拼合式四种。

1. 整体式凹模

整体式凹模即在一块整体钢板上加工出各凹模型孔，如图 7－41 所示。这种凹模一旦局部损坏，就需要整体更换。但由于安装方便，在工位数不多的小型级进模中仍被经常采用。这种整体式凹模直接利用螺钉、销钉固定在模座上。

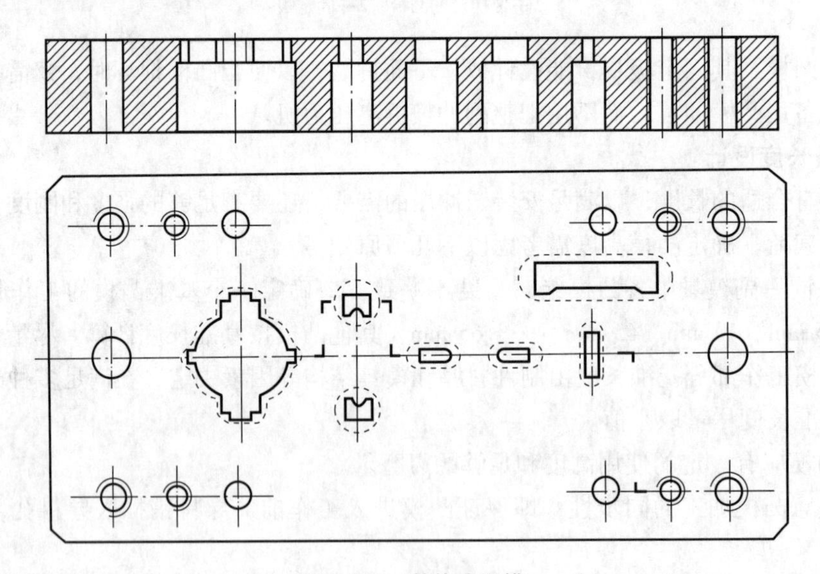

图 7－41　整体式凹模

2. 嵌块式凹模

嵌块式凹模即在一块凹模固定板上嵌入凹模嵌块，如图 7－42 所示。其特点是：嵌块外形为矩形（图 7－42）或圆形（图 7－43），在嵌块上加工出型孔，嵌块损坏后可迅速更换备件，同时也便于模具的维修和调整。嵌块可以是整体式的（图 7－42 中件 2 和件 4），也可以是拼合式的（图 7－42 中件 3），镶块与固定板采用 H7/m6 的过渡配合，下面放一垫板，再利用螺钉、销钉将固定板、垫板和模座固定成一个整体。这种凹模可节省昂贵的模具材料，也便于嵌块的更换，常用于精度要求高的小型连续模。

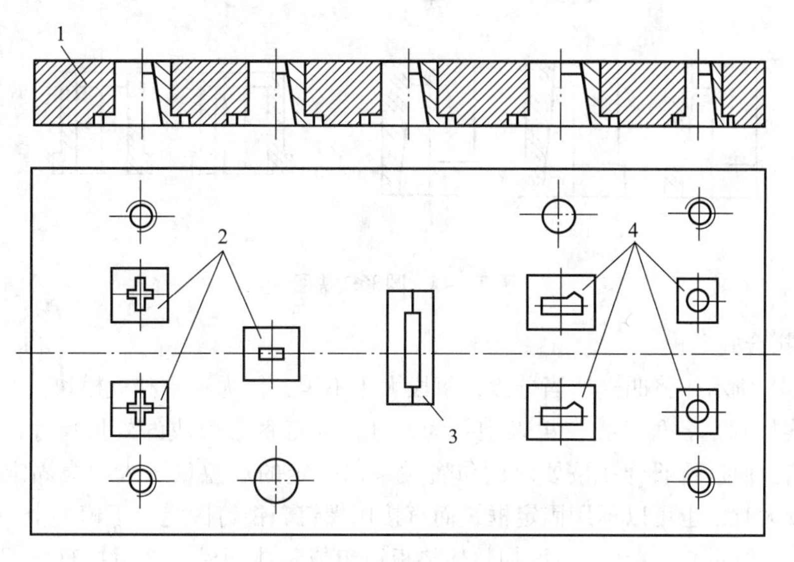

图 7－42　矩形嵌块凹模

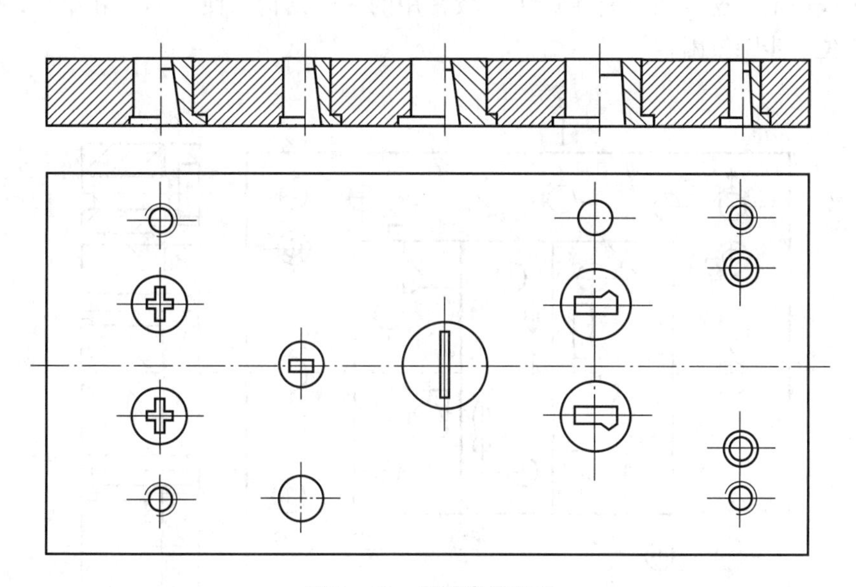

图 7－43　圆形嵌块凹模

当嵌块外形为圆形，而工作孔为非圆形孔，为防止圆形凹模松动后发生转动，通常将其外形加工出一小缺口，如图 7－44 所示的圆形凹模嵌块。

3. 拼合式

对于某些难加工的凹模型孔，常采用拼合式凹模，即由数个凹模块组装在凹模固定框内，达到整体凹模的功能。目前生产中，拼合式凹模有两种，即分段拼合式凹模和拼合型孔式凹模。

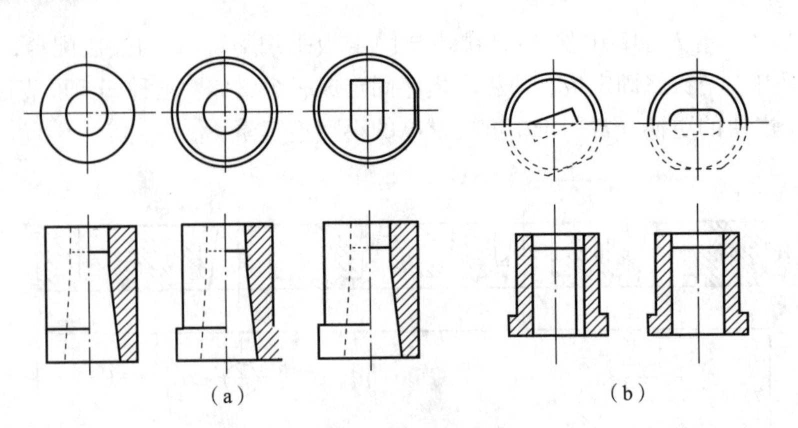

图 7－44　圆形嵌块图

1）分段拼合式凹模

如图 7－45 所示，将凹模适当分段，每段大小不等，作为一个独立模块，在每一段上加工出（常用线切割）各种型孔，再以型孔为基准，加工每个模块的外形尺寸，然后将这些凹模组件的结合面进行研合并按要求的位置关系以一定的过盈量压入凹模固定框内（当凹模组件尺寸较大时，也可以不用固定框，而直接用螺钉、销钉固定在下模座上，即平面固定式，如图 7－46 所示），并在其下面加整体垫板以组成整体凹模，然后按整体凹模的固定方式固定到下模座上。这种凹模是生产中比较常用的一种结构，便于制造和维护，但拼合费时，调整工位、步距较困难。

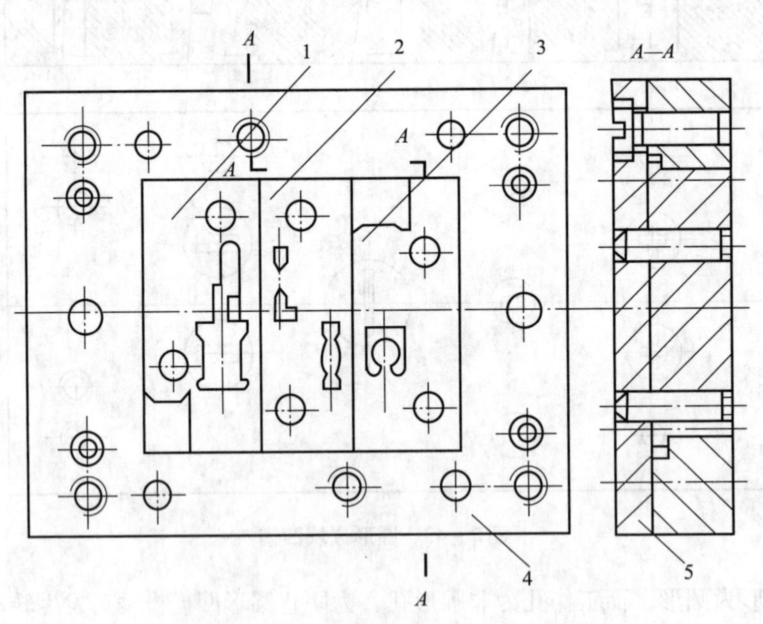

图 7－45　分段拼合式凹模组配示意图

1，2，3—凹模拼块；4—凹模固定板；5—垫板

分段拼合应遵循以下原则：

（1）选择分割时，要尽量以直线分割；精度有要求的部位，原则上不应分为两段。

（2）每段凹模不宜包含太多的型孔；比较容易损坏的型孔，应独立分段。

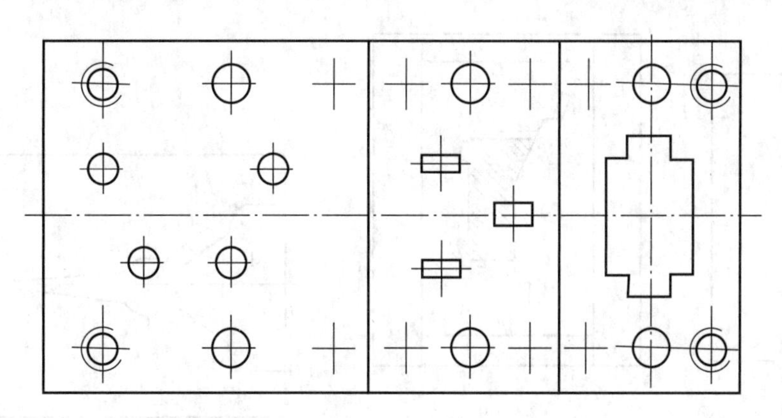

图 7－46　平面固定式分段拼合凹模示意图

(3) 不同塑性成形工序的工位（如弯曲、拉深、成形等），应当与冲裁工位分开，以便于刃磨。

(4) 为保证凹模型孔部位的强度，凹模分段块的分割面到型孔边要有足够的距离，以保证凹模的强度。

2）拼合型孔式凹模

为便于加工，也可将凹模型孔进行分解，如图 7－47 所示，使型孔的内形加工转换成外形加工，充分利用精密成形磨削加工工艺加工各拼块，再由这些拼块的外形组成各凹模刃口，然后将加工好的拼块按一定的位置要求固定到凹模固定板内。这种凹模制造方便，加工精度高，无论是型孔精度还是孔距精度都十分精确，且模具使用寿命长，目前在生产中应用广泛，尤其是在精密、复杂、长寿命的模具中应用较多。

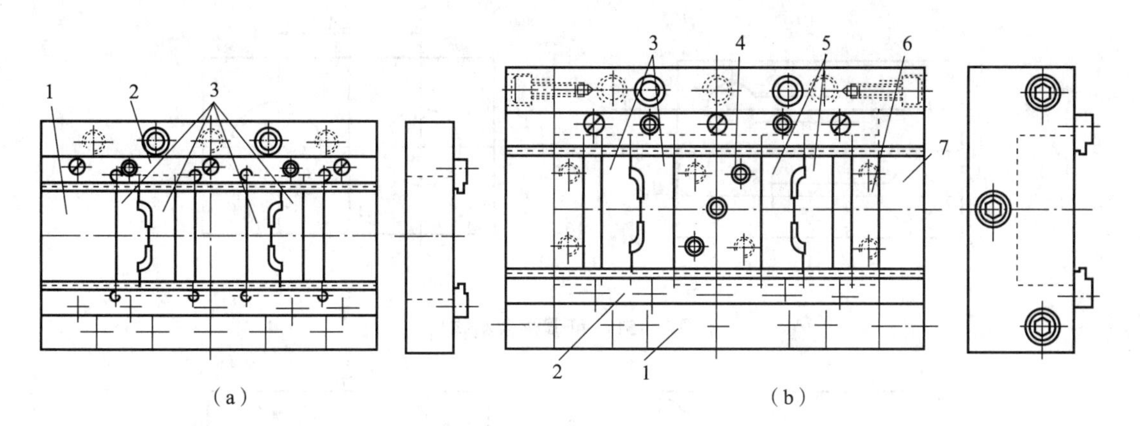

图 7－47　拼合型孔式凹模

(a) 嵌入式固定凹模拼块；(b) 直槽固定凹模拼块

1—凹模固定板；2—导料板；3，5—凹模拼块；4—型孔；6—左右楔块；7—左右挡板

拼块的刃口分解应遵循以下原则：

(1) 分割点应尽可能选在转角或直线和曲线的交点上，避免选在有使用要求的功能面上，如图 7－48 所示。尖角处为便于加工和进行材料的热处理，应进行分割，如图 7－49 所示。

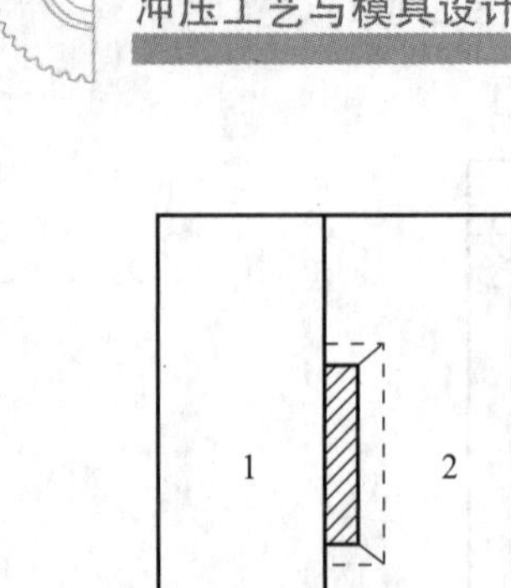

（a）

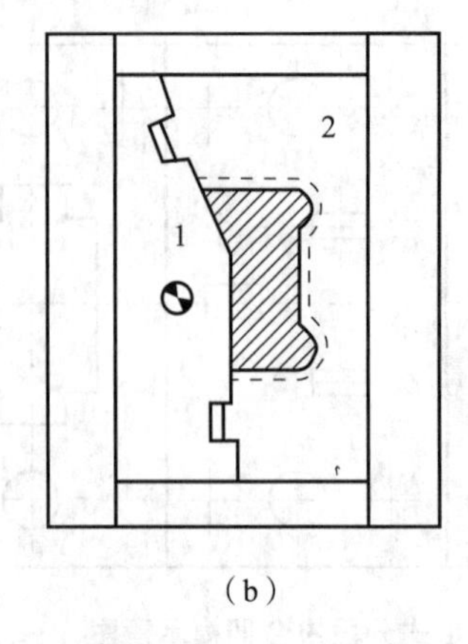

（b）

图 7－48　沿直线分割

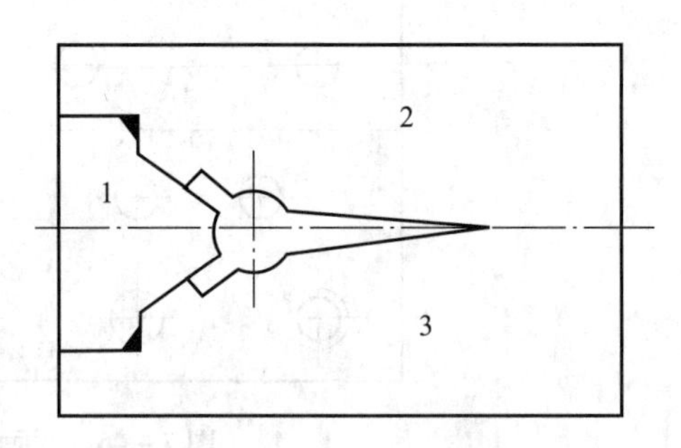

图 7－49　尖角处分割

（2）拼块应有利于加工、装配、测量和维修。

（3）复杂对称型孔，应沿对称线分割成简单的几何线段，如图 7－50 所示。

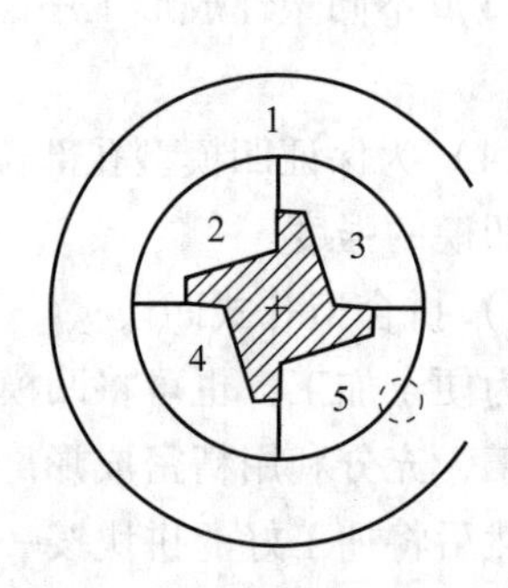

图 7－50　对称线分割

（4）如果孔心距精度要求较高，或型孔中心中加工出现误差要求而需要进行调整时，可采用如图 7－51 所示的可调拼合结构。

（5）拼块要避免出现太大的凸凹模轮廓的急剧变化，如图 7－52（a）所示为不合理的拼接，图 7－50（b）则为合理拼接。

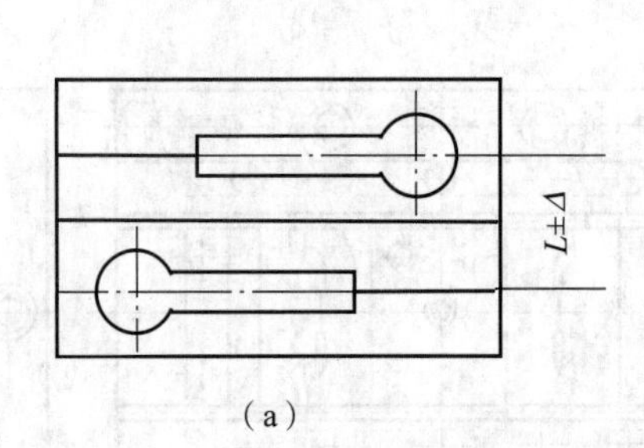

（a）

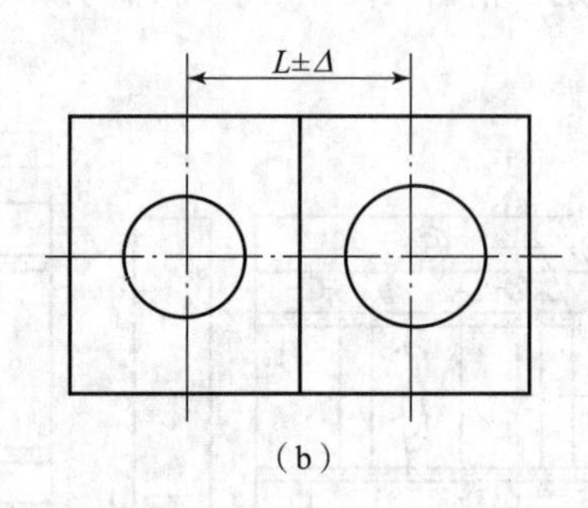

（b）

图 7－51　可调拼合结构

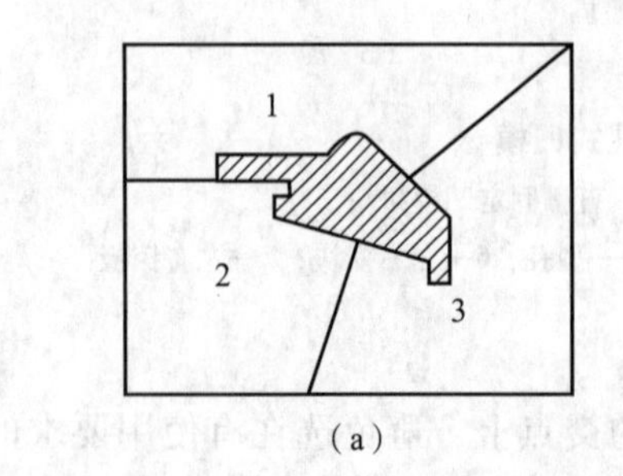

（a）

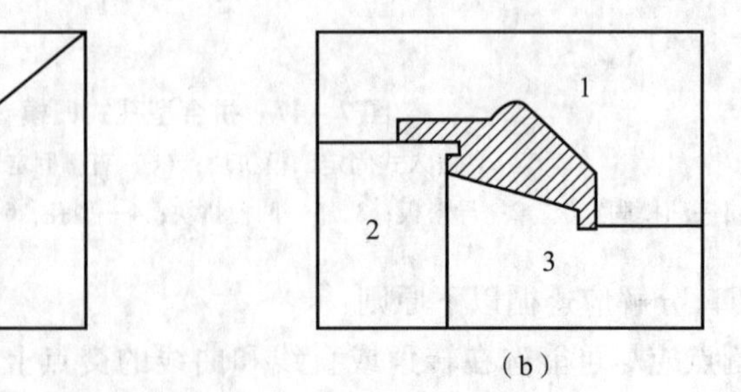

（b）

图 7－52　轮廓变化的分割

4. 综合拼合式凹模

综合拼合式凹模的设计是将各种拼合形式综合考虑，利用各种拼合的特点，以适应凹模的特定要求。综合拼合式凹模适合于冲裁、弯曲、成形和异形拉深等多工位级进模使用。

三、带料的定距零件设计

定距的主要目的是保证各工位工序件能按设计要求等距向前送进，控制带（条）料的送进方向的位置。在多工位级进模设计时，常用的定距方式有两种：侧刃和导正销配合使用以及自动送料机构和导正销配合使用，其中导正销为精定距，侧刃或自运送料机构为粗定距。

1. 侧刃设计

侧刃有标准侧刃和非标准侧刃两类，标准侧刃可参考相关资料，这里不再赘述。在级进模中使用较多的是非标准侧刃，此时的侧刃除作定距外，兼作切除废料用。显然，侧刃的刃口截面形状取决于工件被冲切部分的形状。需要指出的是，侧刃必须与侧刃挡块配合使用。

2. 导正销设计

导正销是级进模中应用最为普遍的用于精确定距的零件。在多工位级进模中，导正销的设计要考虑如下几个方面。

1）导正销的结构与装配方式

级进模中大部分导正销是间接导正的，导正销可以采用图 7－53 所示的固定方式。其中图 7－53（a）、（b）、（c）所示的导正销直接固定在凸模固定板上，与固定板一般按 H7/m6 过渡配合。图 7－53（c）是带有弹压卸料块的导正销，用于薄料及较大型制件，在导正销未插入导正孔之前，先由弹压卸料块将条料压住再由导正销导正。图 7－53（d）、（e）所示的导正销易拆装、方便更换的固定方式，此时导正销的固定部分与固定板采用 H7/h6 或 H7/h7 的间隙配合［图 7－53（f）］。图 7－53（g）、（h）是导正销直接固定在卸料板上，用于卸料板厚度比较大、模具行程较大时。

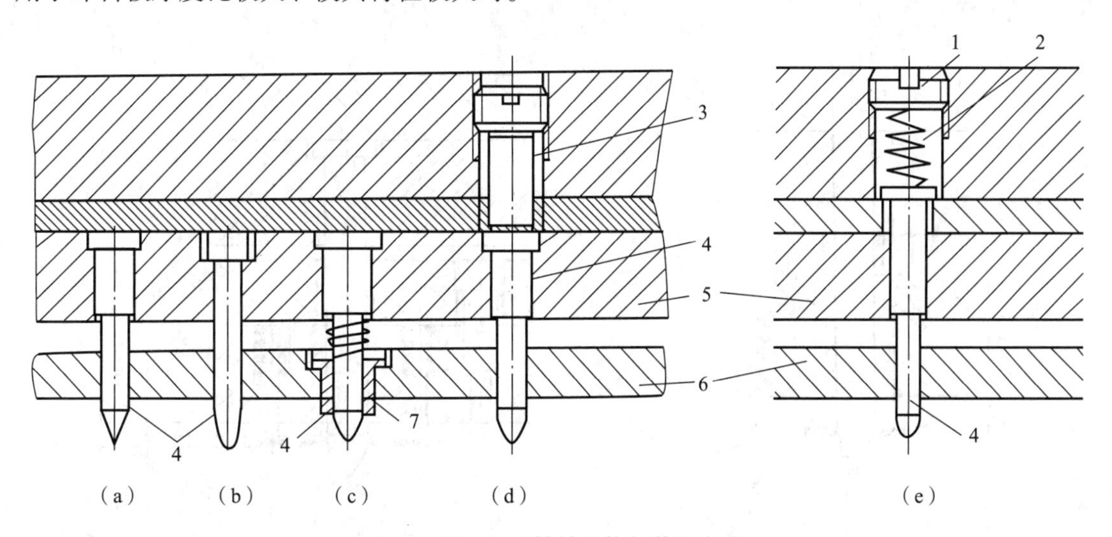

图 7－53　导正销的结构与装配方式

1—螺塞；2—弹簧；3—垫柱；4—导正销；5—固定板；6—弹性卸料板；7—弹顶套

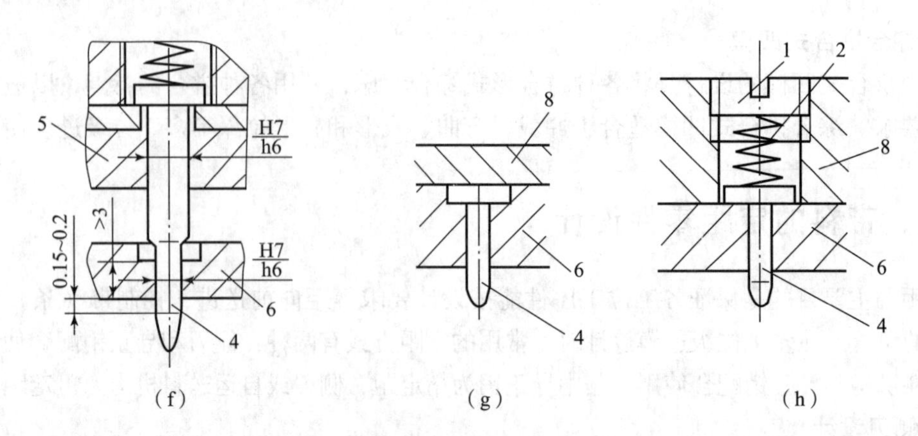

图 7-53　导正销的结构与装配方式（续）

1—螺塞；2—弹簧；4—导正销；5—固定板；6—弹性卸料板；8—卸料板背板

为防止冲薄料时导正销带起带料，影响带料的正常送进，通常使用带弹顶器的导正销，如图 7-54 所示。

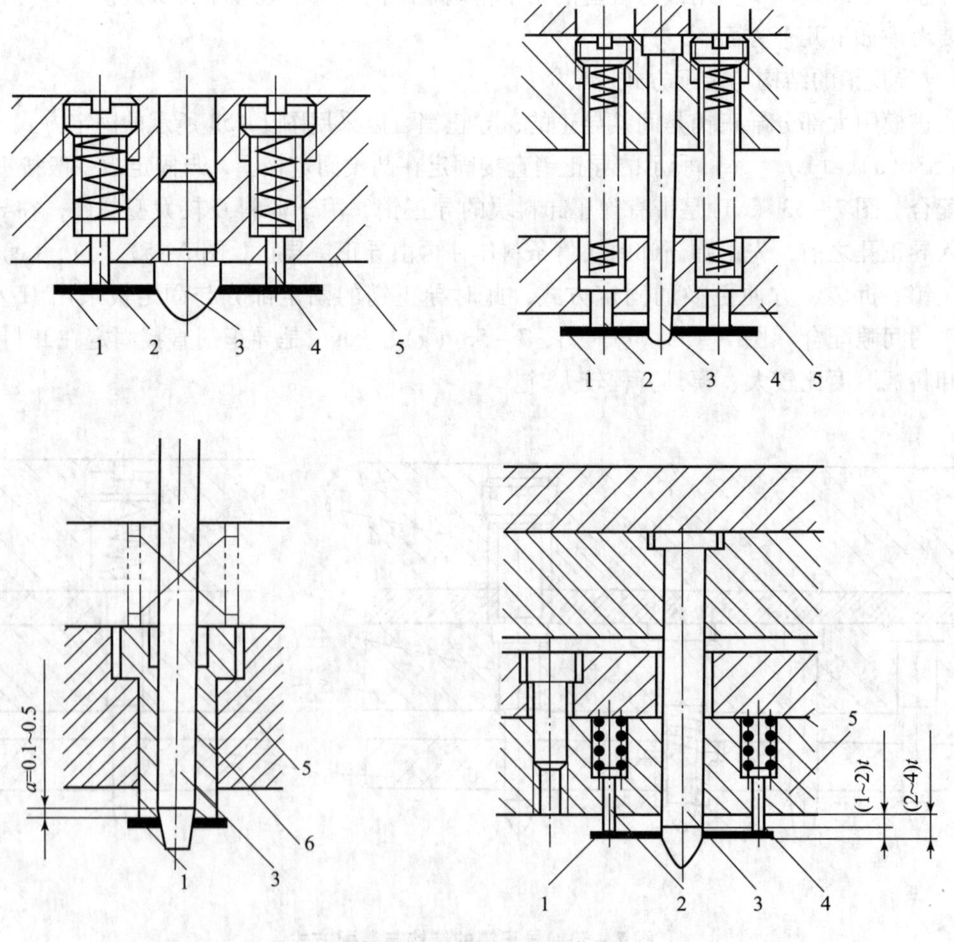

图 7-54　带弹顶器的导正销

1—带料；2，4—弹顶杆；3—导正销；5—卸料板；6—弹顶套

2）导正销与导正孔的关系

导正销导入材料时，既要保证材料的定位精度，又要保证导正销能顺利地插入导正孔。配合间隙大，定位精度低；配合间隙过小，导正销磨损加剧并形成不规则形状，从而影响定位精度。导正销的使用对于一般精度的小型冲压件，导正销工作直径 d 与导正孔直径 D 的关系如图 7－55 所示。

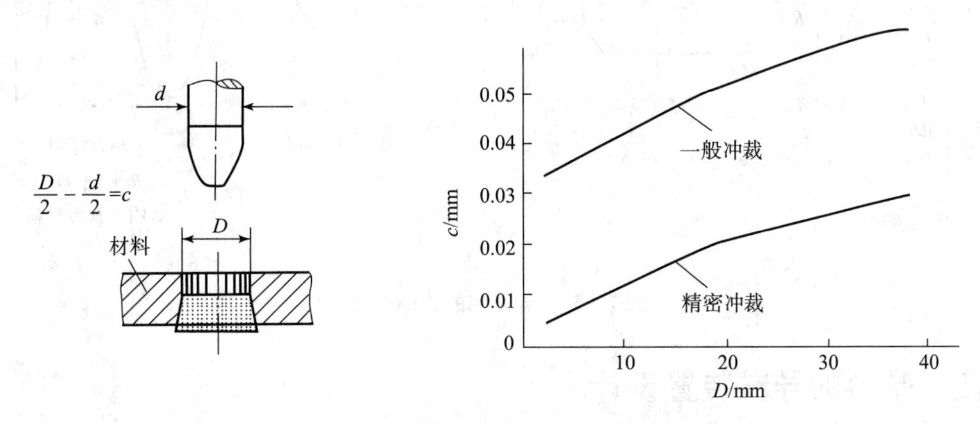

图 7－55　导正销与导正孔的关系

3）导正销的突出量

为保证多工位级进模顺利连续地冲出合格产品，在卸料板压紧条料前，导正销必须预先插入条（带）料的导正孔中，确定条（带）料在模具中的准确位置，因此导正销必须突出卸料板的下端面，如图 7－56 所示。突出量 x 的取值范围为 $0.6t < x < 1.5t$。薄料取较大的值，厚料取较小的值，当 $t > 2$ mm 时，$x = 0.6t$。

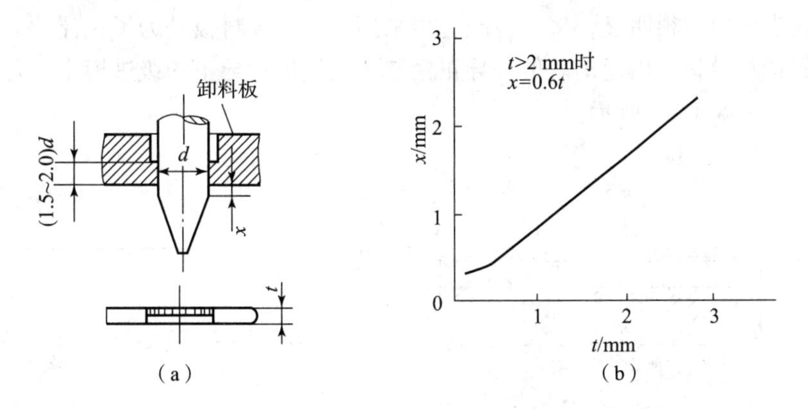

图 7－56　导正销的突出量

当导正销在一副模具中多处使用时，其突出长度 x、直径尺寸 d 和头部形状必须保持一致，以使所有的导正销承受基本相等的载荷。

4）导正销的头部形状

导正销的头部形状分为引导和导正两个部分，根据几何形状可分为圆弧和圆锥头部。图 7－57（a）所示为常见的圆弧头部，图 7－57（b）所示为圆锥头部。

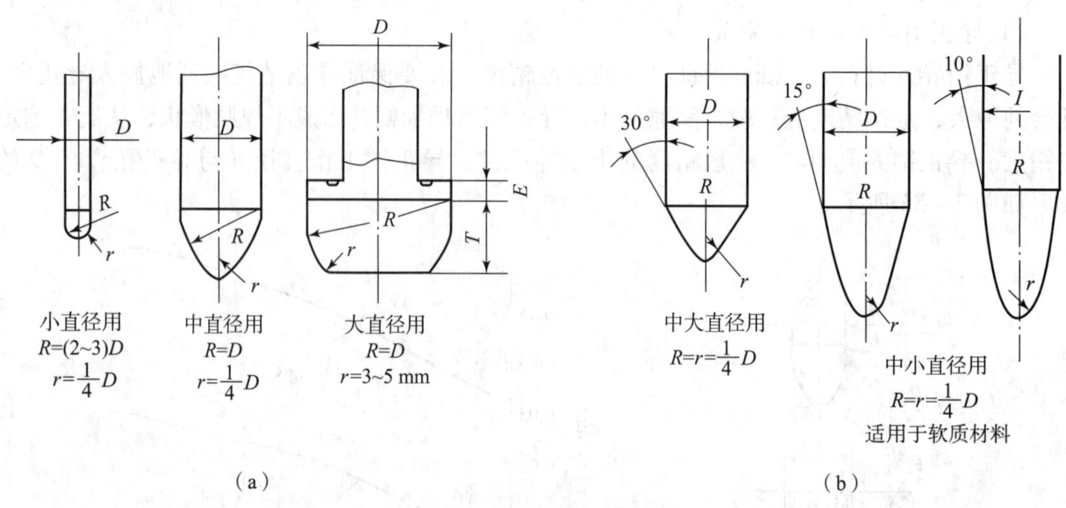

图 7－57　导正销的头部形状

四、带料的导料装置设计

多工位级进模依靠送料装置的机械动作，把带料按规定的尺寸间隙送进实现自动冲压。由于带料经过冲裁、弯曲、拉深和成形等变形后，在条料厚度方向上会有不同高度的弯曲和突起，为了顺利送进带料，必须将带料托起，使突出和弯曲的部位离开凹模工作表面。这种使带料托起的特殊结构称为浮动托料装置。该装置往往和带料的导料零件共同使用。

1. 带台式导料板与浮顶器配合使用的导料装置

该导料装置的结构如图 7－58（a）所示，是一种常用的导料装置，尤其适用于料边为断续条料的送进导向。很明显，多工位级进模采用带台式导料板是为了在浮顶器的弹顶作用下，条料仍保持在导料板内运动。但在导正销装于两侧进行导正的级进模中，台阶必须做出让位口，如图 7－58（b）所示。

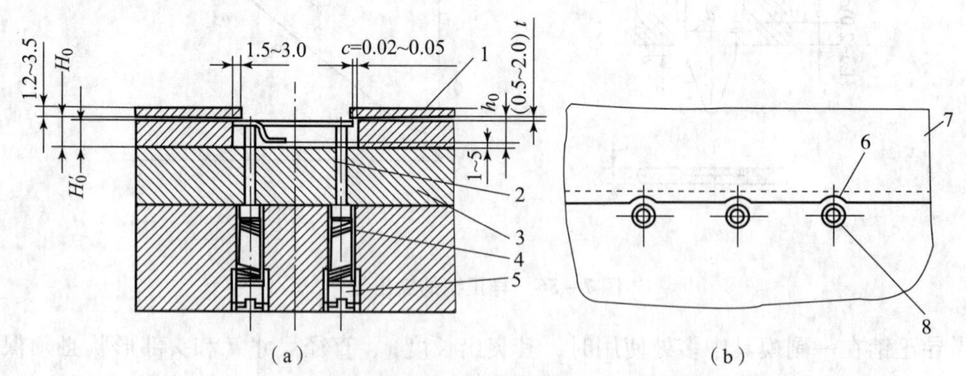

图 7－58　带台式导料板与浮顶器配合使用的导料装置

（a）装置的构成及尺寸；（b）导料板上导正销让位口

1—带台式导料板；2—浮顶销；3—凹模；4—弹簧；5—螺塞；6—让位口；7—导料板；8—套式浮顶销

典型浮顶器的安装结构由顶料销、弹簧和螺塞组成，顶料销下端带台肩，能过台肩下的弹簧实现顶料功能。当模具闭合时，顶料销被压下；当模具开启时，顶料销弹起，并将条料和工序件托起。

浮顶器的种类有三种：柱式（图 7 - 59）、套式（图 7 - 60）和槽式（图 7 - 61）。其中柱式浮顶器最通用，套式浮顶器设在有导正销的位置，对导正销有保护作用，槽式浮顶器兼有对条料导向的功能，可省去导料板，也便于对条料宽度发生变化的无缺口连续区间段进行导向。

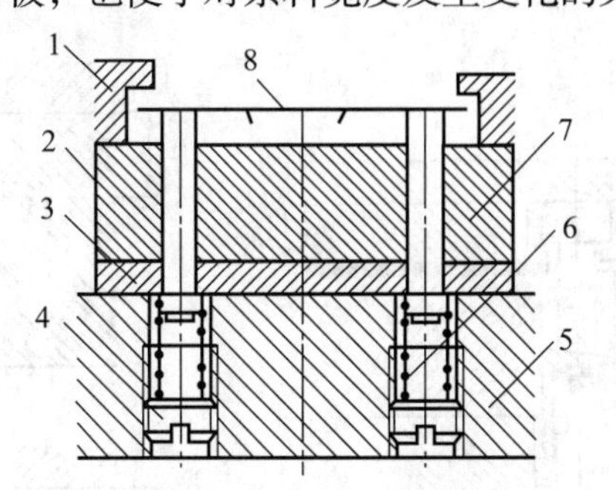

图 7 - 59　普通浮顶器

1—导料板；2—普通浮顶销；3—垫板；4—螺塞；5—下模座；6—弹簧；7—凹模；8—带料

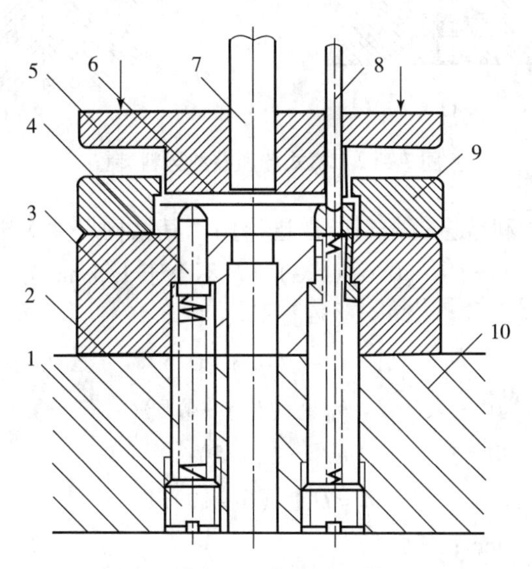

图 7 - 60　套式浮顶器

1—螺塞；2—弹簧；3—凹模；4—套式浮顶销；5—卸料板；6—带料；
7—凸模；8—导正销；9—导料板；10—下模座

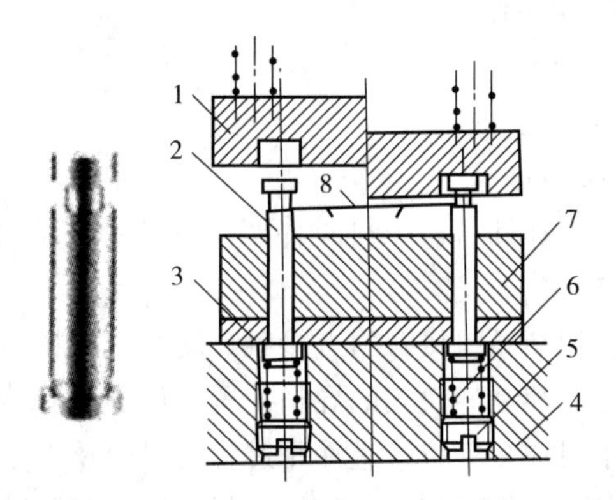

图 7 - 61　槽式浮顶器

1—卸料板；2—槽式浮顶销；3—垫板；4—下模座；5—螺塞；6—弹簧；7—凹模；8—带料

2. 槽式浮顶器的导料装置

图7－62所示的槽式浮顶器既起导料作用，又起托起条料的作用，这也是常用的结构形式。

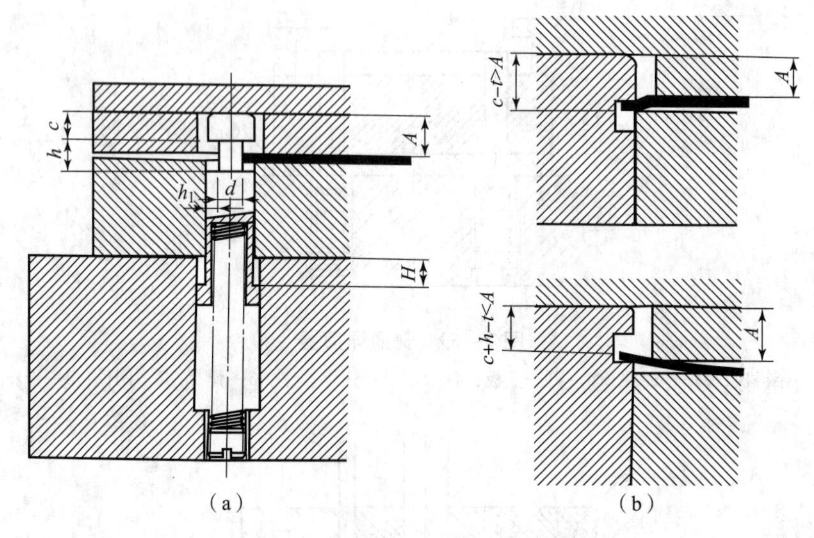

图7－62　槽式浮顶器的导料装置

为了使这种装置能顺利地进行条料的送进导向，其结构尺寸应按下列公式计算：

$$h=t+(0.6\sim1.0)\ (h\text{ 不小于 }1.5\ \text{mm})$$

$$C=1.5\sim3.0$$

$$A=C+(0.3\sim0.5)$$

$$H=h_0+(1.3\sim4.0)$$

$$h_1=(3\sim5)t$$

或

$$d=D-(6\sim10)t$$

式中　h——导向槽高度，mm；

C——带槽导料销头部高度；

A——卸料板让位孔深度，mm；

H——浮顶器活动量，mm；

h_1——导向槽深度，mm；

t——板料厚度，mm；

h_0——冲件最大高度，mm。

如果结构尺寸不正确，则在卸料板压料时将产生图7－62（b）所示的问题，即条料料边产生变形，这是不允许的。

由于带导向槽浮动导料销与条料接触为点接触，间断性导料，不适于料边为断续的条料的导向，故在实际生产中还有浮动导轨式的导料装置，如图7－63所示。

在实际生产中，根据条料在多工位级进冲压过程中料边及工序件的变形情况，往往将两种导料装置联合使用，即条料一侧用带台导料板导料，另一侧用槽式浮顶器导料；或一段用前者，另一段用后者等。

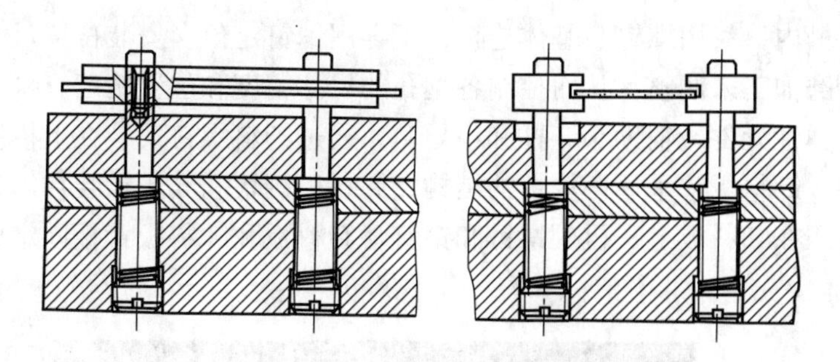

图 7-63　浮动导轨式的导料装置

3. 顶料器设置原则

（1）应保持条料平稳送进，顶料器成偶数，送进方向、左右均匀对称布置，顶料器之间的距离不宜过大，以免薄料波浪式送进。条料过宽时，应在中间适当位置配置顶料器。

（2）各顶料器的工作段高度应一致。

（3）顶料器的弹顶力应足够，以便托起条料及工序件。

（4）已立体成形的加工工位，不能设置顶料器。

五、卸料装置设计

多工位级进模卸料装置一般采用弹压卸料，极少用固定卸料。其基本结构如图 7-61 所示，主要由卸料板、弹性元件（弹簧、橡胶垫、氮气弹簧）、卸料螺钉和辅助导向零件组成。它的作用除冲压开始前压紧带料，冲压结束后及时平稳卸料外，更重要的是卸料板将对各工位上的凸模（特别是细小凸模）起精确导向和有效的保护。

1. 卸料板的结构

多工位级进模的弹压卸料板，由于型孔多、形状复杂，为了便于加工，保证型孔的尺寸、形状、位置精度和配合间隙等，多采用分段镶拼式结构。图 7-64 所示为由 5 个拼块组合而成的卸料板。基体按基孔制配合关系加工出通槽，先将两端的 1 和 5 两块拼块按位置精度的要求压入基体通槽后，分别用螺钉、销钉定位固定，中间的 2、3、4 三块拼块经磨削加

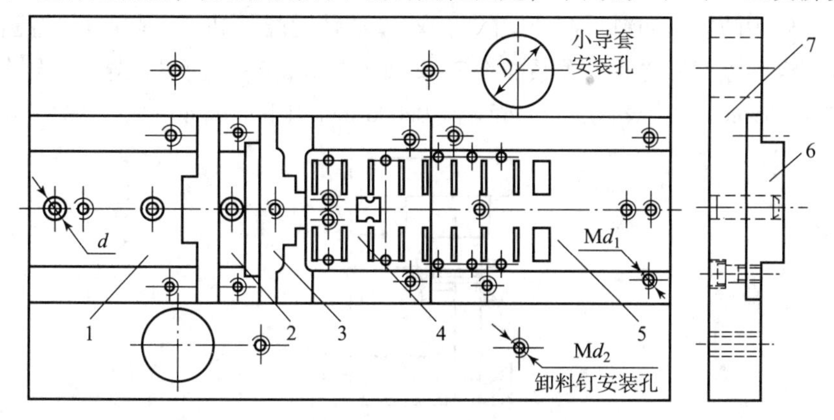

图 7-64　拼块组合式弹压卸料板

1，2，3，4，5—卸料板拼块；6—5 段拼块组成的卸料板；7—卸料板基体

工后直接压入通槽内，仅用螺钉与基体连接，不再用销钉定位。安装位置尺寸采用对各分段的结合面进行研磨加工来调整，从而控制各型孔的尺寸精度和位置精度。拼合调整好的卸料板，连同装上的弹性元件、辅助小导柱和小导套，通过卸料螺钉安装在上模座上。

实际生产中，卸料板常采用两块板的结构，卸料板镶块和导正销装在卸料板上，然后用一块卸料板背板压在卸料板上，再用螺钉和销钉将卸料板和卸料板背板固定成一个整体，如图 7－65 所示。

图 7－65　卸料板结构

卸料板必须具有足够的强度和耐磨性，为此，卸料板和卸料板座应有一定厚度，卸料板选用工具钢制造。高速冲压多工位级进模卸料板可选合金工具钢或高速钢，硬度为 56～58 HRC；冲压速度不高的，可选碳素工具刚，硬度为 40～45 HRC。卸料板各型孔必须具有小的表面粗糙度（Ra 为 0.4～0.1 μm），速度高时，表面粗糙度取小值。在高速冲压中，卸料板与凸模、导正销以及导柱、导套间应有良好的润滑状态。

2. 卸料板的导向

由于弹性卸料板有保护小凸模的作用，要求卸料板有很高的运动精度，为此要在卸料板与上模座、凹模之间增设辅助导向零件——小导柱和小导套，如图 7－66 和图 7－67 所示，其配合间隙一般为凸模与卸料板配合间隙的 1/2。冲裁间隙，卸料板与凸模的配合间隙，导柱与导套的配合间隙三者之间的关系如表 7－2 所示。由表 7－2 可见，导柱、导套间隙很小，当冲裁间隙≤0.05 mm 时，导柱、导套间隙在 0.006 mm 以下，这种情况应该采用滚珠导向。

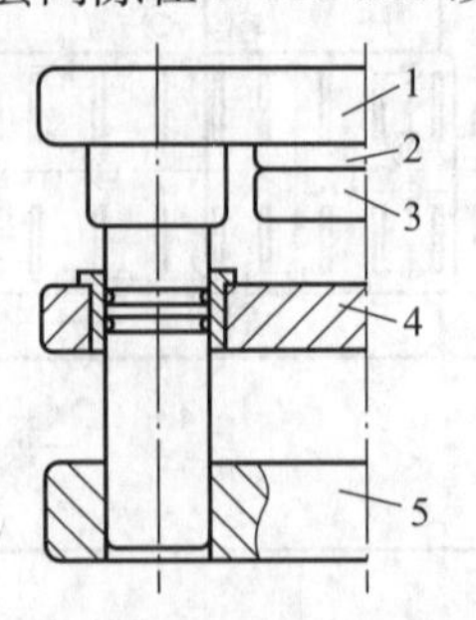

图 7－66　卸料板导向结构之一

1—上模座；2—垫板；3—固定板；4—卸料板；5—下模座

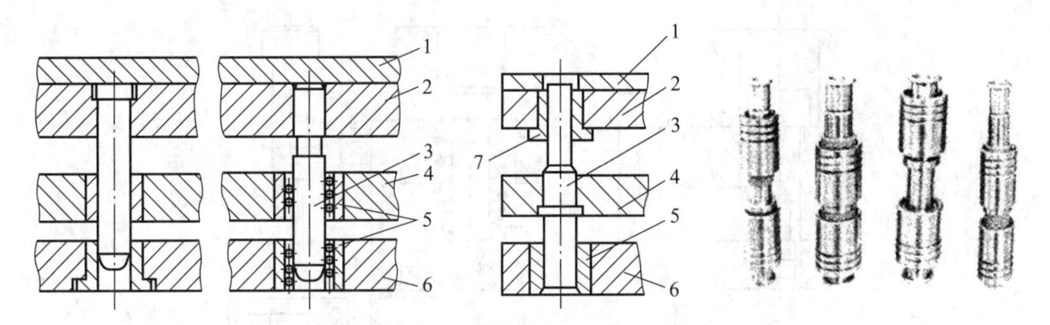

图7－67　卸料板导向结构之二

1—垫板；2—凸模固定板；3—小导柱；4—卸料板；5，7—小导套；6—凹模

表7－2　三种间隙之间的关系

序号	模具冲裁间隙 Z/mm	卸料板与凸模间隙 Z_1/mm	辅助小导柱与导套间隙 Z_2/mm
1	>0.015～0.025	>0.005～0.007	约为0.030
2	>0.025～0.050	>0.007～0.015	约为0.006
3	>0.050～0.100	>0.015～0.025	约为0.010
4	>0.100～0.150	>0.025～0.035	约为0.020

图7－64所示为小导柱固定在上模座上，导套固定在卸料板上，这种结构主要用于较大尺寸和高速冲压，此时卸料板需要加大尺寸；当冲压材料比较薄，模具的精度要求高，工位数比较多且为高速冲压时，应采用图7－67所示的结构，利用小导柱与两个小导套的配合，将凸模固定板、卸料板和凹模三者连为一体，能保证较好的导向精度。

3. 卸料板的安装形式

卸料板采用卸料螺钉吊装在上模座上，卸料螺钉应对称分布在工作型孔外围，工作长度要严格一致。图7－68所示的安装形式多用于一般级进模，卸料螺钉的长度不可调；图7－69所示为对图7－68的改进，卸料螺钉的长度可以通过修磨端面或垫圈的A面来调整；图7－70所示为目前多工位级进模中广泛各用的结构，这种结构对卸料螺钉无特殊要求，可以采用普通螺钉，螺钉的工作长度由套管的高度保证。

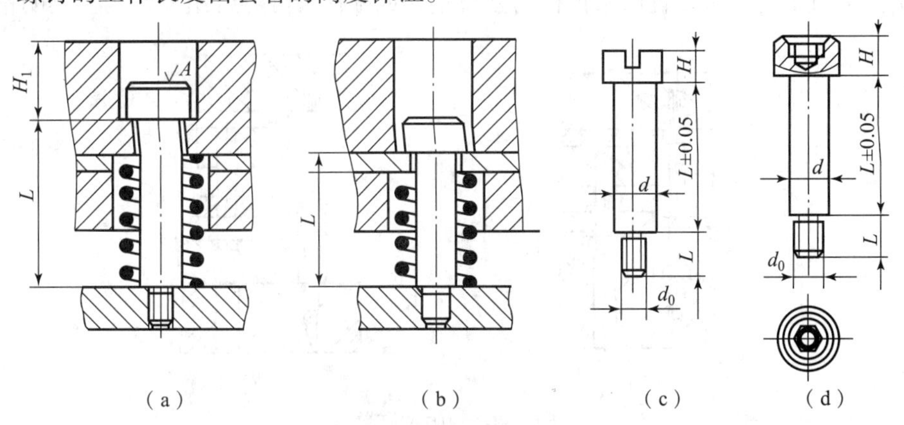

图7－68　卸料板安装形式之一

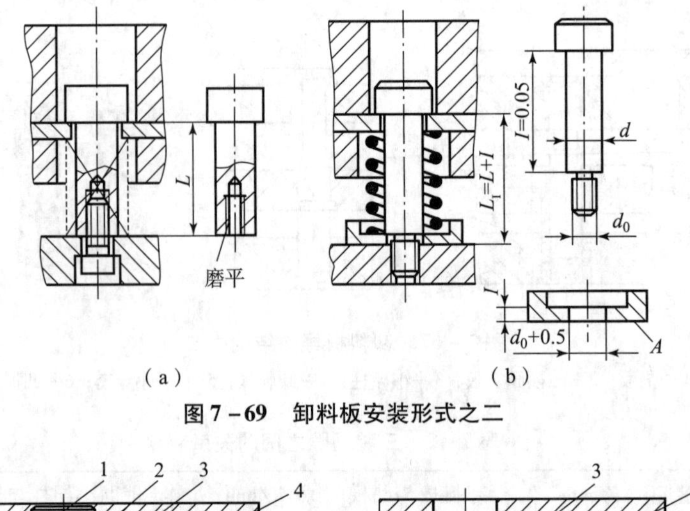

图 7－69　卸料板安装形式之二

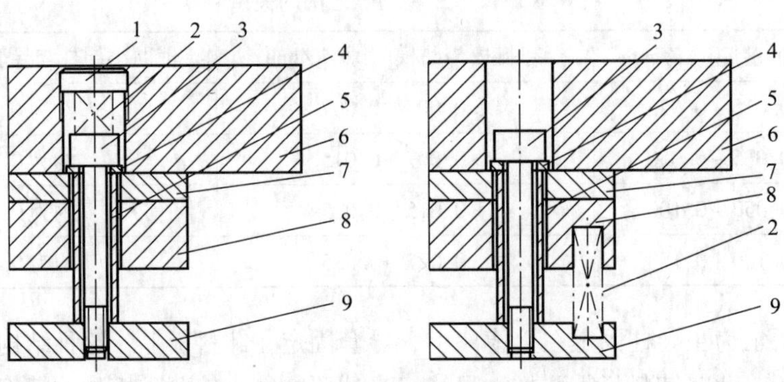

图 7－70　卸料板安装形式之三

1—螺塞；2—弹簧；3—螺钉；4—垫圈；5—套管；

6—上模座；7—垫板；8—固定板；9—卸料板

六、限位装置设计

多工位级进模结构复杂，凸模较多，在工作状态凸模进入凹模不能太深，存放时，凸、凹模应处于开启状态，为此，在设计多工位级进模时应考虑安装限位装置。

图 7－71 所示的限位装置由限位柱与限位垫块或限位套等零件组成。当模具的精度要求

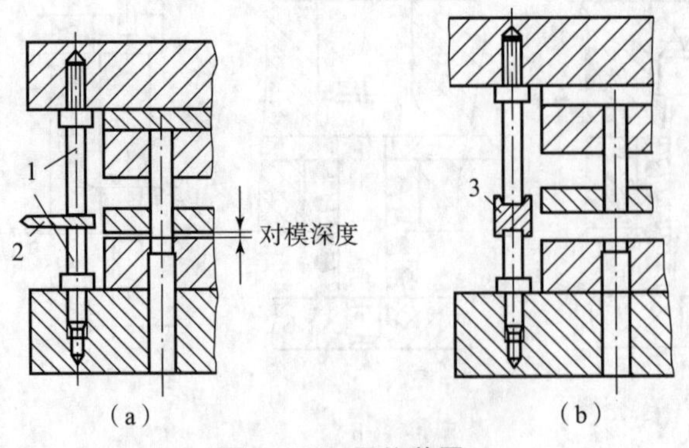

图 7－71　限位装置

1—限位柱；2—限位垫块；3—限位套

较高，且模具有较多的小凸模时，并且又有镦压要求的制件成形时，可在弹压卸料板和凸模固定板之间设计一限位垫板（镦压板），能起到较准确地控制凸模进入凹模深度和镦压的作用，如图 7－72 所示。

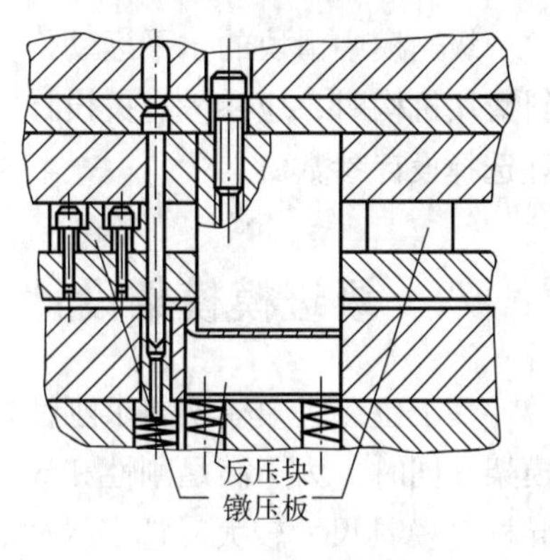

图 7－72　镦压板的使用

七、加工方向转换机构设计

在级进弯曲或其他成形工序冲压时，往往需要从不同方向进行加工。因此需将压力机滑块垂直向上运动，转化成凸模（或凹模）向或水平等不同方向的运动，实现不同方向的成形。完成这种加工方向转换的装置通常采用斜楔滑块机构或杠杆机构，如图 7－73 所示。图 7－73（a）是通过安装在上模的主动压杆 5 打击带压杆的斜楔 1，由件 1 推动水平滑块 2 作水平运动，滑块的斜面推动凸模固定板 3 向上运动，并转化为倒冲凸模 4 的向上运动，从而使成形件在凸模 4 和凹模 6 之间局部成形（突包）。图 7－73（b）是利用压杆 3 和摆杆 1 机构的摆动，转化成凸模 7 向上的直线运动，实现冲切或弯曲。图 7－73（c）是用压杆摆块机构向上成形。图 7－73（d）是采用斜滑块机构向水平方向进行弯曲加工。

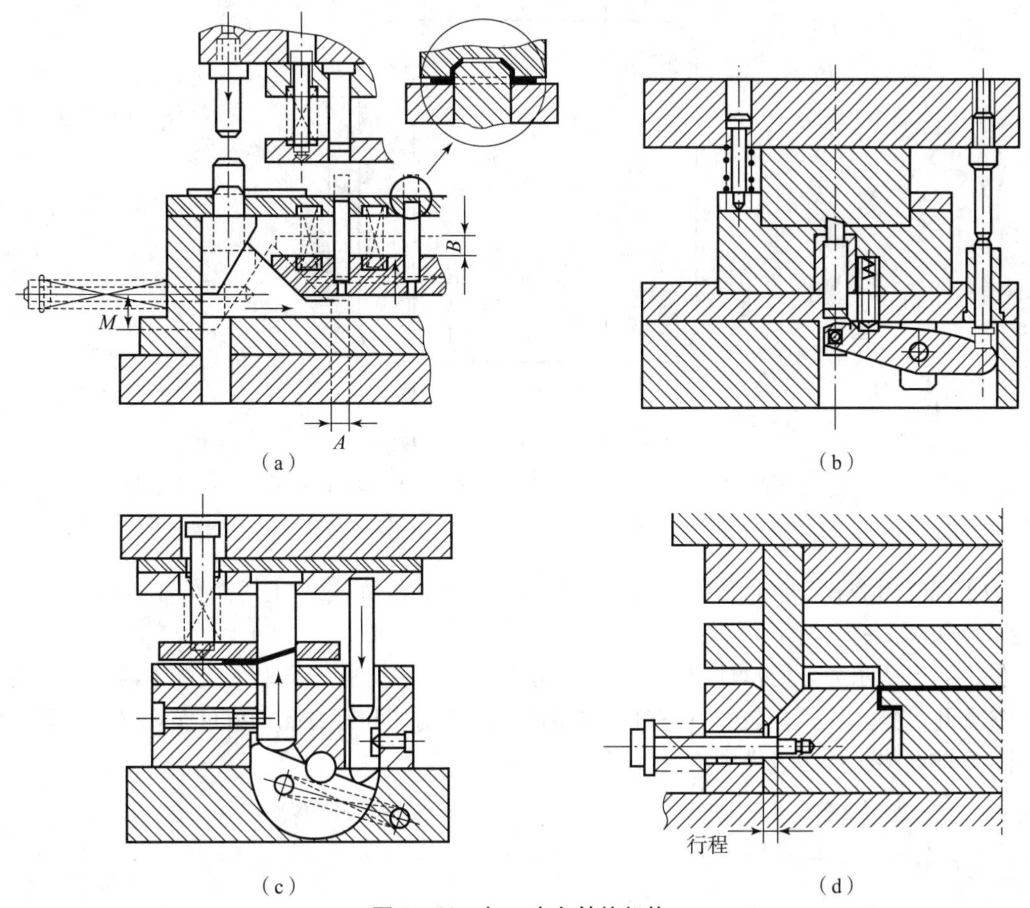

图 7－73　加工方向转换机构

（a）压柱斜楔机构；（b）杠杆机构；（c）摆块机构；（d）斜滑块机构

级进模中滑块的水平运动，多数是靠斜楔将压力机滑块的上下运动转换而来的。在设计斜滑块机构时，应参考有关设计资料，根据楔块的受力状态和运动要求进行正确的设计，合理选择设计参数。

八、级进模模架设计

多工位级进模模架要求刚性好、精度高。因此，通常上、下模座都选择厚度较大的钢质模架。同时，为了满足刚性和导向精度的要求，多工位级进模的模架，一般采用滚动导向四导柱（模具尺寸较大时选多导柱、导套结构），如图 7－74 所示。

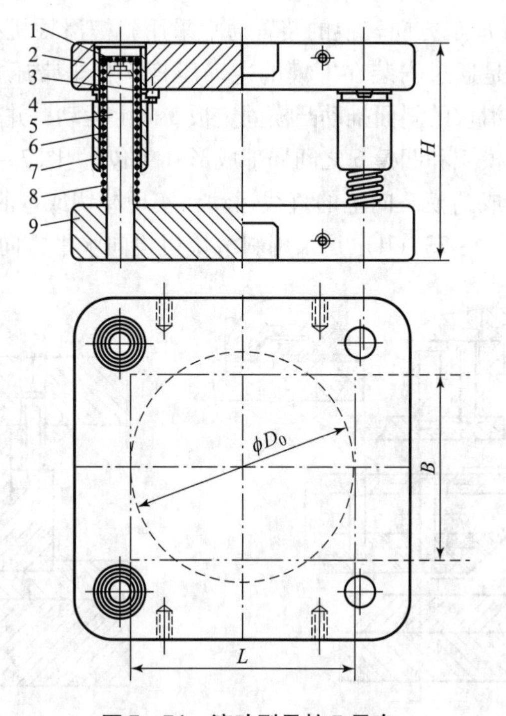

图 7－74　滚动型导柱 7 导套

1—保持器限程挡板；2—上模座；3—压板；4—螺钉；5—导柱；6—钢球保持圈；7—导套；8—弹簧；9—下模座

为了方便刃磨和装拆，常将导柱做成可卸式，即锥度固定式（其锥度为 1∶10）或压板固定式，如图 7－75 所示。

图 7－76 所示为方便模具装配的独立式导柱、导套，导柱、导套的装配不需要加工高精度的装配孔，独立导柱的装配只需钳工在模板上加工销孔和螺钉孔，就可实现导柱、导套的装配。目前在多工位级进模中广泛应用。

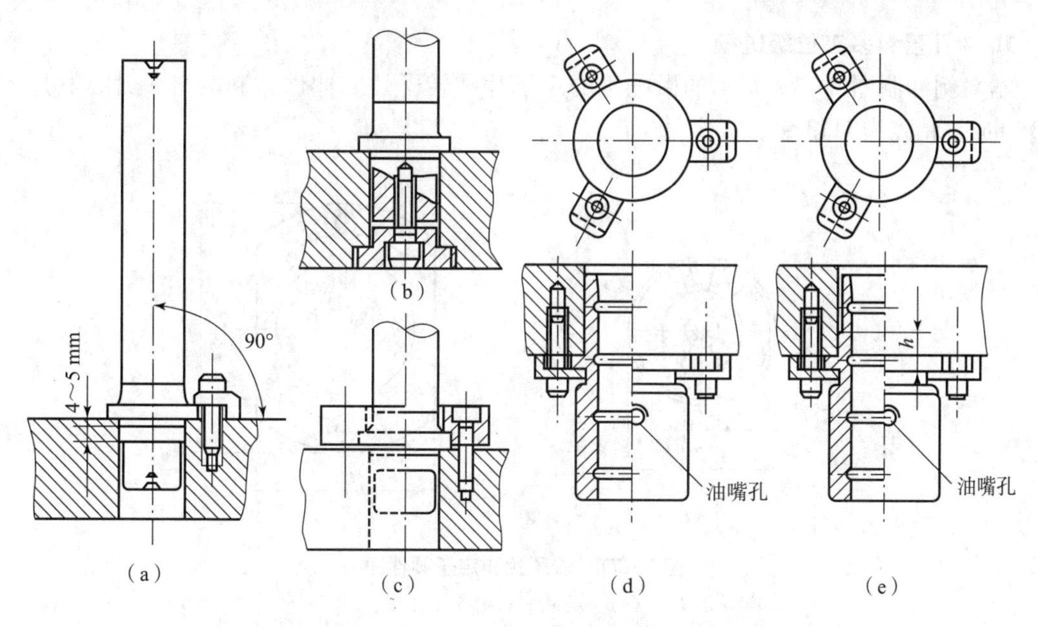

图 7－75　可卸式导柱导套

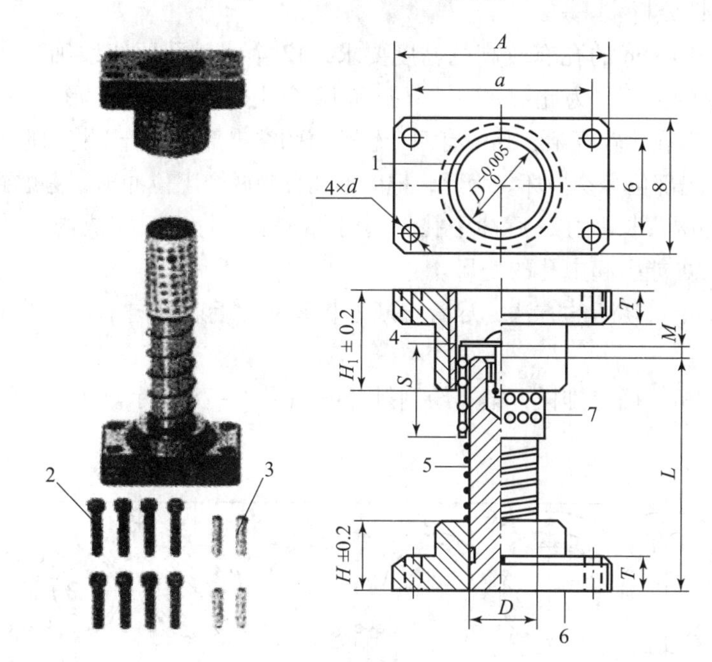

图 7－76　滚动型独立式导柱导套

1—导套；2—螺钉；3—销钉；4—上基座；5—支撑弹簧；6—下基座；7—滚珠保持器

任务 3　多工位级进模的典型结构

根据工序排样，可以考虑多工位级进模的整体结构。下面介绍不同类型的多工位连续模的结构特点。

1. 冲孔落料多工位级进模

本案例冲制图 7－77 所示的微电机的定子片和转子片。冲件材料为硅钢片，料厚 $t=0.35$ mm，精度为 IT13 级，大批量生产。

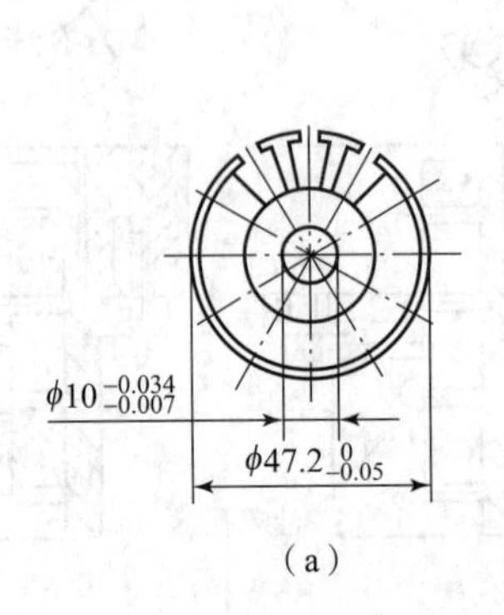

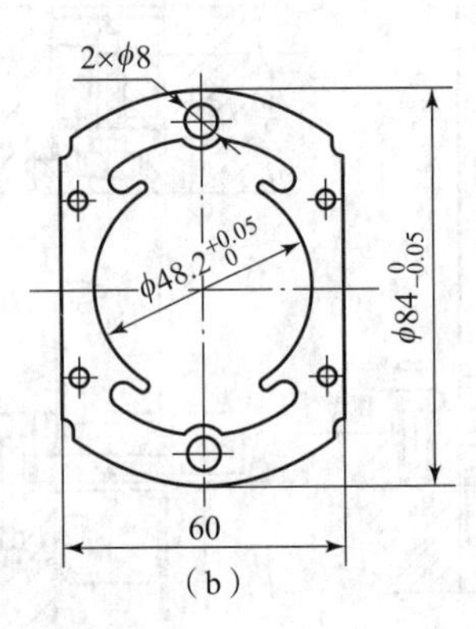

图 7－77　转子片和定子零件图

（a）转子片；（b）定子片

1）零件工艺性分析

转子片中间 $\phi10$ mm 的孔有较高的精度要求，12 个线槽孔要绕线细、绝缘层薄的漆包线，不允许有明显的毛刺，为此对 $\phi10$ mm 孔和 12 个线槽孔设置有整形工序。

定子片中的异形孔比较复杂，孔中有四个较狭窄的突出部分，若不将内形孔分解冲切，则整体凹模中 4 个突出部位容易损坏。为此，把内形孔分为两个工位冲出，考虑到 $\phi48.2$ mm 孔精度较高，应先冲两头长形孔，后冲中孔，同时将 3 个孔打通，完成内孔冲裁。若先冲中孔，后冲长形孔，可能引起中孔的变形。

落料时，采取单边切断的方法，尽管切断处相邻两片毛刺方向不同，但不影响使用。

2）排样设计

根据工艺性分析，确定排样方案，绘制排样图如图 7－78 所示。

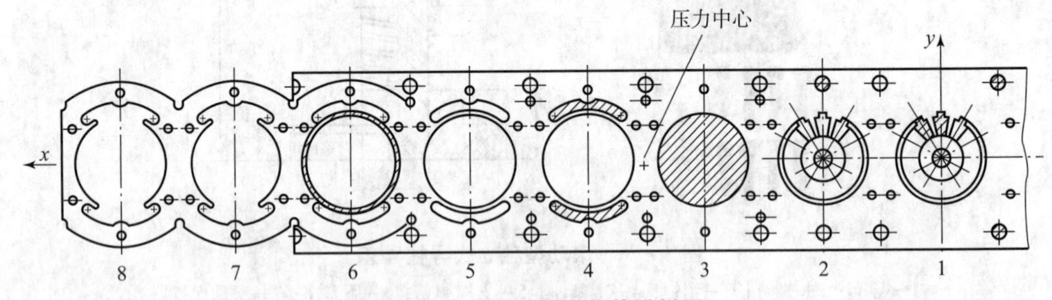

图 7－78　转子片和定子片排样图

载体形式为双侧载体；经计算料宽等于 87 mm（84 mm + 1.5 mm + 1.5 mm，即冲件最大宽度 84 mm 加两侧搭边值 1.5 mm）；工件间采用无搭边方式，因此步距为工件送料方向上的最大轮廓尺寸，即 60 mm。

该排样图共有 8 个工位，各工位工序内容如下：

（1）工位 1：冲 2 个 $\phi8$ mm 导正销孔，冲转子片各槽孔及中心轴孔，冲定子片两端 4 个小孔的左侧 2 孔。

（2）工位2：冲定子片右侧2孔，冲定子片两端中间2孔，冲定子片角部2个工艺孔，转子片槽和 ϕ10 mm孔校平。

（3）工位3：转子片外径 ϕ47.2 mm处落料。

（4）工位4：冲定子片两端异形槽孔。

（5）工位5：空工位。

（6）工位6：冲定子片 ϕ48.2 mm内孔，定子片两端圆弧余料切除。

（7）工位7：空工位。

（8）工位8：定子片切断。

3. 模具结构

模具基本结构如图7－79所示，模具由上下两部分组成，为保证冲件精度，采用四导柱滚珠式导向模架。

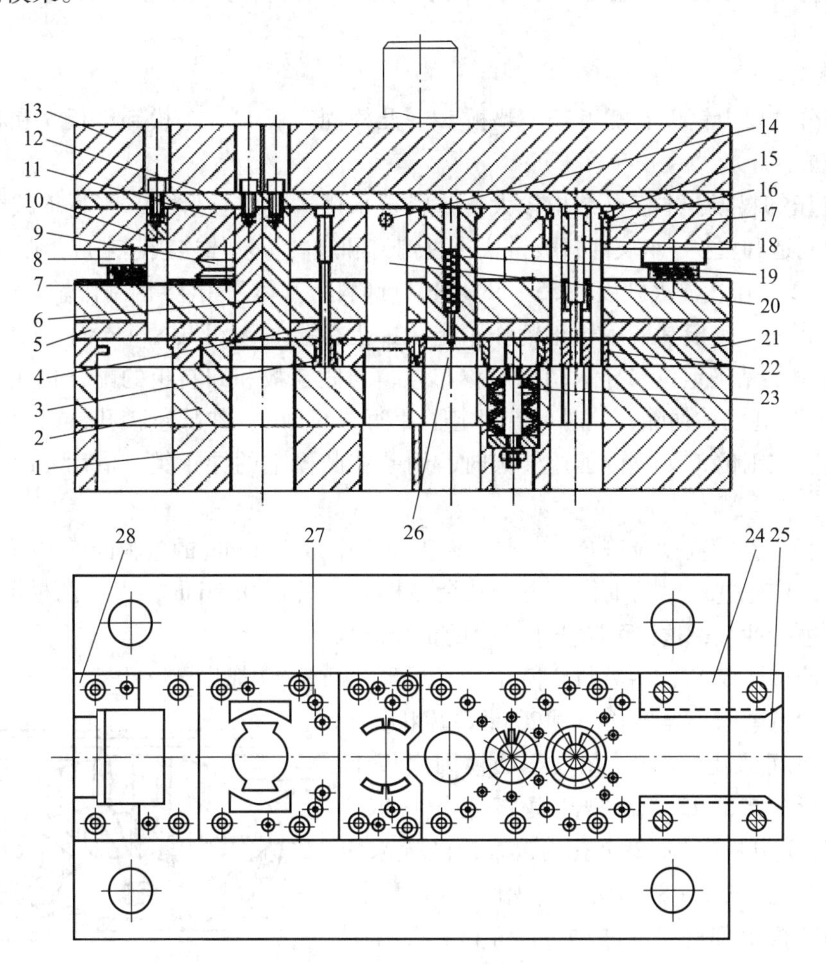

图7－79　电动机转子片、定子片连续模

1—钢板下模座；2—凹模基体；3—导正销座；4—导正销；5—凸模卸料板；6，7—切废料凸模；8—滚动导柱导套；9—碟形卸料弹簧、卸料螺钉；10—切断凸模；11—凸模固定板；12—垫板；13—钢板上模座；14—销钉；15—卡圈；16—凸模座；17—冲槽凸模；18—冲孔凸模；19—落料凸模；20—异形孔凸模；21—凹模拼块；22—冲槽凹模；23—弹性校正组件；24，28—局部导料板；25—承料板；26—弹性防粘销；27—槽式顶料销

1）下模部分

（1）凹模：因模具复杂、精度高、成本高，产品批量大，为保证模具的寿命，不影响生产，凹模采用镶拼结构，由凹模基体 2 和凹模拼块 21 等组成。凹模拼块有 4 个——工位 1、2、3 为第 1 块，工位 4 为第 2 块，工位 5、8 为第 3 块，工位 7、8 为第 4 块，每块凹模用镖钉和销钉分别固定在凹模基体上，保证模具的步距精度为 ±0. 01 mm。

（2）导料装置：下模上始末端均装有局部导料板，始端导料板 24 至第 1 工位开始时为止，末端导料板 28 设在第 7 工位以后，其目的是避免条料送进过程中产生过大的阻力。中间各工位上放置了 4 组 8 个槽式顶料销 27，其结构如图 7 – 79 所示。槽式顶料销兼有导向和顶料的作用，能使带料在送进过程中从凹模面上顶起一定高度，有利于带料送进。

（3）校平部分：下模内还有弹性校正组件 23，起校平作用，因为线槽孔冲后，工件平面度降低，特别是槽孔毛刺会影响电动机组装的下线质量。为提供足够的校平力，采用碟形弹簧。

2）上模部分

上模部分主要由钢板上模座 13、垫板 12、凸模固定板 11、凸模卸料板 5 和各个凸模及导正销等组成。

（1）弹压卸料板：本模具结构较大，卸料板采用拼块组合形式，有利于减少热处理变形，有利于制造和更换。4 块卸料板拼块通过螺钉和卸料板基体连接起来成为凸模卸料板 5。拼块采用 Cr12 制作，淬火硬度为 55 ~ 58 HRC，卸料板基体采用 45 钢制作。

（2）导正销：本模具采用导正销作精定位，上模设置 4 组共 8 个导正销在工位 1、3、4、8 实现带料的精确定位。导正销呈对称布置，与固定板和卸料板的配合选用 H7/h6。在工位 8，导正销孔已被切除，此时可借用定子片两端 6 mm 孔作导正销孔，以保证最后切除时定位精确。在工位 3 切除转子片外圆时，用装在凸模上的导正销，借用 ϕ10 mm 中心孔导正。

（3）凸模：凸模高度应符合工艺要求，工位 3 中 ϕ47. 2 mm 的落料凸模 19 和工位 6 的 3 个凸模较大，应先进入冲裁工作状态，其余凸模均比其短 0. 5 mm，当大凸模完成冲裁后，再使小凸模进行冲裁，这样可防止小凸模的折断。

模具中冲槽凸模 17，切废料凸模 6、7，异形孔凸模 20 都为异形凸模，无台阶。大一些的凸模采用螺钉紧固，异形孔凸模 20 呈薄片状，上端打销孔后，可采用销钉 14 吊装于凸模固定板 11 上，至于环形分布的 12 个冲槽凸模 17 是镶在带台阶的凸模座 16 中相应的 12 个孔内，线槽凸模采用卡圈 15 固定，如图 7 – 80 所示。卡圈切割成两半，用卡圈卡住凸模上部磨出的凹槽可防止凸模工作时被拔出。

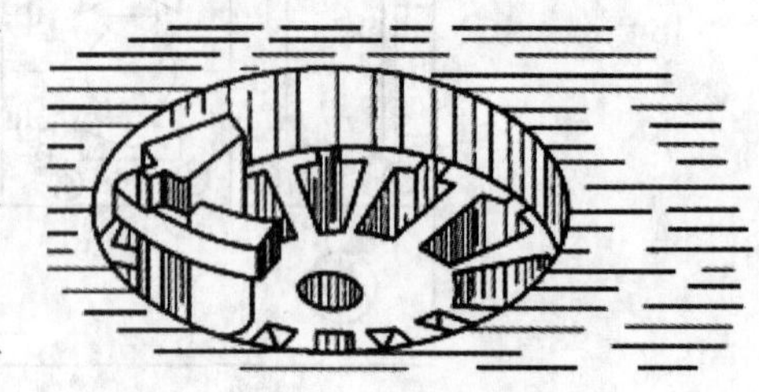

图 7 – 80　冲槽凸模的固定

（4）防粘装置：防粘装置主要是指弹性防粘销 26 及弹簧等，其作用是防止冲裁时分离的材料粘在凸模上，影响模具的正常工作，甚至损坏模具。工位 3 的落料凸模上均布 3 个弹性防粘销，目的是使凸模当中的导正销与零件分离，阻止零件随凸模上升。值得指出的是，为防止冲槽废料的回升，也采用了类似的防粘装置。

2. 冲裁弯曲多工位级进模

本案例冲制图 7 - 81 所示 U 形支架弯曲件，零件材料不锈钢，大批量生产。

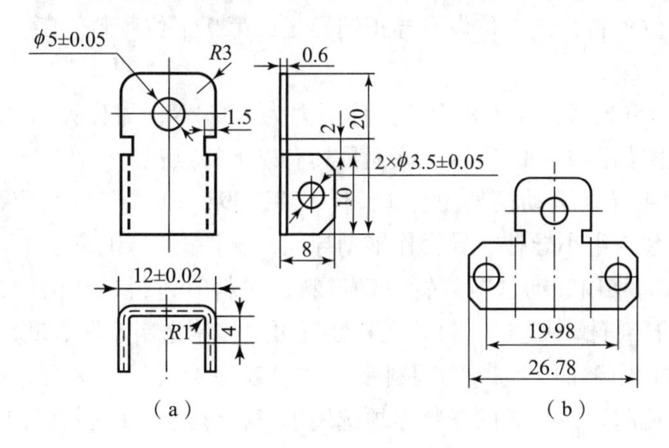

（a）　　　　　　（b）

图 7 - 81　U 形支架弯曲件

（a）零件图；（b）展开图

1）零件工艺性分析

图示 U 形支架弯曲件的结构形状简单，没有特殊的形位公差要求，3 个孔有尺寸公差的要求，尺寸精度为 IT11 级；尺寸 12 ±0. 02 为 IT9 级；其余都为自由尺寸，设计时按 IT14 级处理。冲压材料为不锈钢，零件弯曲后要求底部平整。由于生产量大，考虑采用级进模冲压。图 7 - 79 所示为制件的展开尺寸。

2）排样设计

根据制件的生产批量和零件结构特点、成形特点，设计 U 形支架零件冲压成形排样如图 7 - 82 所示。图 7 - 82（a）采用单排的方案，为单边载体；图 7 - 82（b）采用双排的方案，为中间载体。两种方案都设计了 9 个工位。本设计案例选用单排方案。

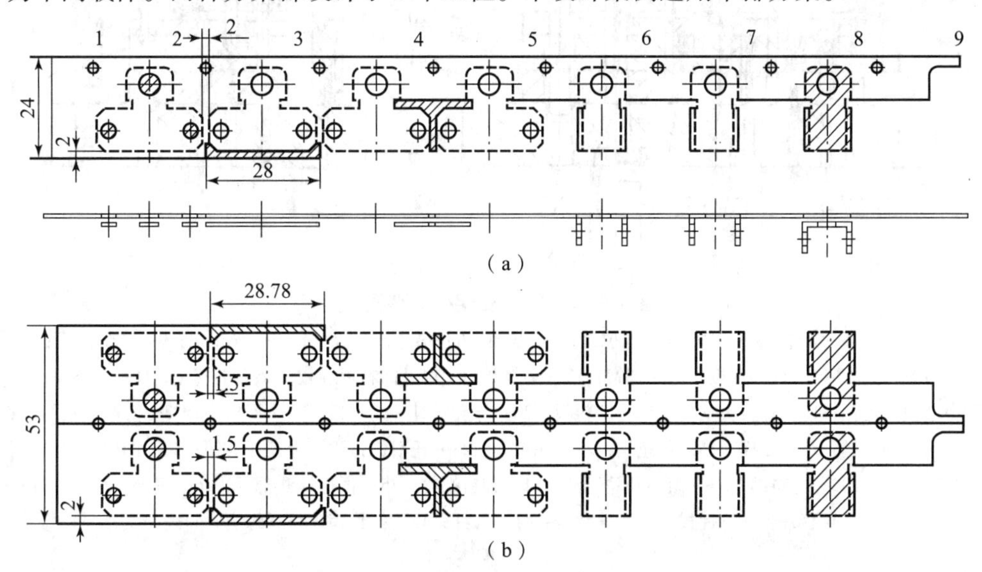

（a）

（b）

图 7 - 82　U 形支架零件冲压成形排样设计

第 1 工位冲工艺导正孔和 3 个零件结构孔；第 2 工位切零件的长边外形，该冲裁凸模还起到侧刃的作用，在该工位设计导正销导正；第 3 工位空工位，同时在该工位设计误送检测装置；第 4 工位切零件的弯曲部位两侧外形；第 5 工位空工位；第 6 工位向下弯曲；第 7 工位空工位；第 8 工位落料，该工位设有导正销导正；第 9 工位废料切断。

3）模具结构

模具用在 SP－15CS 高速压力机上，公称压力为 150 kN，每分钟的行程次数为 80～850 次冲程。模具装配图如图 7－83 所示。该模具具有以下特点：

（1）模架采用 4 导柱滚动模架由件 1、37、38、39、40 等零件组成，在固定板、卸料板、凹模之间还安装 4 组小导柱、导套作辅助导向，由件 14、20 等零件组成。

（2）模具冲压时采用气动送料装置自动送料，送料时，料带在两侧带有导料槽的浮动导料钉（件 31）的导料槽中送进，自动送料装置可以控制送料步距，实现料带的初始定位。

（3）由于制件向下弯曲，为了实现料带与凹模表面始终保持平行，在整个送料过程中料带都是由浮顶销托起。该模具的托料浮顶选用了三种形式，在送料的前端选用了 3 组带有导料槽的浮顶销（件 31）；在需要导正的位置处设计了 3 组带导正销孔的浮顶销（件 29），便于导正销对材料的导正；另外设计了 3 组仅起托料作用的浮顶销（件 42）。浮顶销的托起高度＞制件高度＋（1.5～2.0）mm。

（4）模具的卸料装置由套管式卸料螺钉组件、卸料板垫板 18、卸料板 19 等零件组成。卸料螺钉和弹簧安装在不同的位置，有利于模具的保养和维修。为了保证料带不黏附在卸料板下表面（如润滑油的黏度造成附着），模具中还设计了数根顶出销（件 24），模具开模后，顶出销将料带推下。

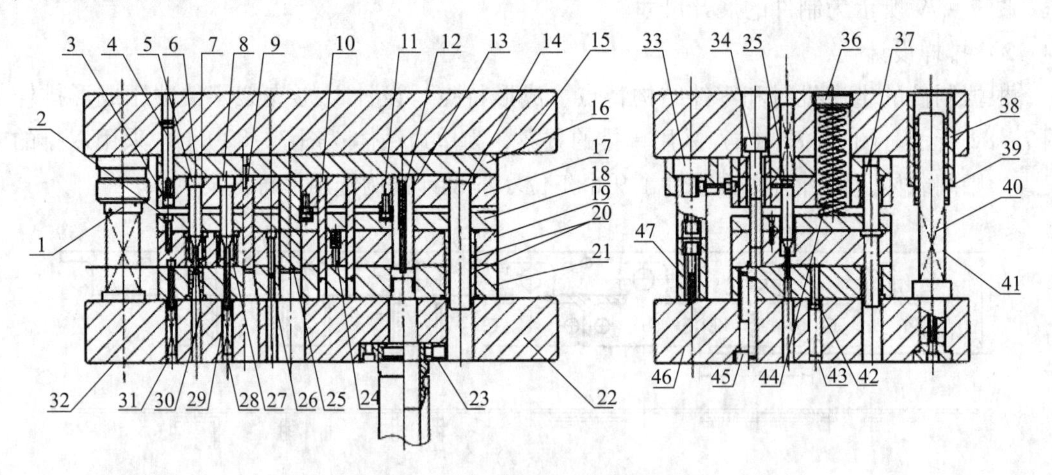

图 7－83　U 形支架模具装配图

1—导套；2—螺钉；3—螺塞；4—定位销；5—凸模；6—垫片；7—衬垫；8—导正销；9—方形凸模；10—弯曲凸模；11—压板；12—弹簧；13—落料凸模；14—卸料板导柱；15—上模座；16—垫板；17—凸模同定板；18—卸料板垫板；19—卸料板；20—导套；21—凹模板；22—下模座；23—产品收集组件；24—顶出销；25—凸模；26—导正销；27—保护套；28—托料销；29—导正托料销；30—凹模镶块；31—导料销；32—托料销；33—微动开关组件；34—卸料螺栓；35—误送检测部件；36—螺塞；37—导柱；38—导套；39—滚针衬套；40—弹簧；41—导柱；42—托料销；43—螺塞；44—弹簧；45—螺钉；46—下模座；47—限位柱

（5）落料后制件的顶出是利用带顶出销的落料凸模的顶出销顶出，落下的制件沿产品收集组件（件23）落入产品收集装置中。生产中通过在产品收集组件下端通入压缩空气，可吸附制件到产品收集箱中。

（6）送料误差检测销安装在第3工位，选用的是孔加工型微动开关误差检测组件。

（7）该模具卸料板、凸模、凹模均可采用 Cr12MoV（SKD11、D2）钢制造。热处理：凸模硬度为58～62 HRC，卸料板、凹模硬度为60～64 HRC。凹模、卸料板、固定板型孔用慢走丝线切割分别割出，4个小导柱孔也一同割出，然后利用4个小导柱导正、固定。螺孔、销孔由钳工配作。

3. 多工位拉深级进模

本案例冲制图7－84所示电位器外壳件，零件材料为08F，大批量生产。

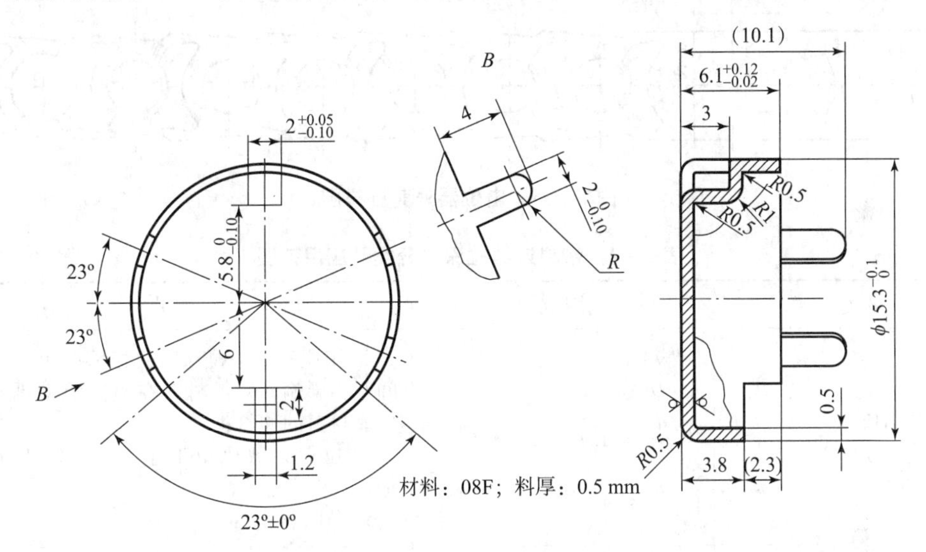

图7－84　电位器外壳零件图

1）零件工艺性分析及排样设计

采用带料连续拉深主要考虑两点：一是这种冲压工艺方案适合于生产用普通拉深方法难以操作的小型空心件；二是所给材料在不进行中间退火的情况下，允许的总拉深系数应小于零件成形需要的总拉深系数，否则，不能用带料连续拉深。材料的极限总拉深系数 m_z 如表7－3所示。电位器外壳符合以上两点，故可采用带料连续拉深。

表7－3　连续拉深的极限总拉深系数

材料	抗拉强度 σ_b/MPa	伸长率 δ/%	极限总拉深系数 m_z		
			不带推件装置		带推件装置
			材料厚度 $t\leqslant1.2$ mm	材料厚度 $t=(1.2\sim2.0)$ mm	
08F钢	300～400	28～40	0.40	0.32	0.16
黄铜H62、H68	300～400	28～40	0.35	0.29	0.20～0.24
软铝	800～110	22～25	0.38	0.30	0.18

电位器外壳与冲压排样方案如图7－85所示。连续拉深按是否冲工艺切口分为无工艺切口连续拉深和有工艺切口连续拉深两类，两者的应用范围如表7－4所示。可见，电位器外壳基本符合有切口带料连续拉深的应用范围。至于带料宽度和送进步距的计算，其基本依据是拉深件坯料展开计算法、工艺切口形式及考虑了带料连续拉深材料变形特点后所推荐的。

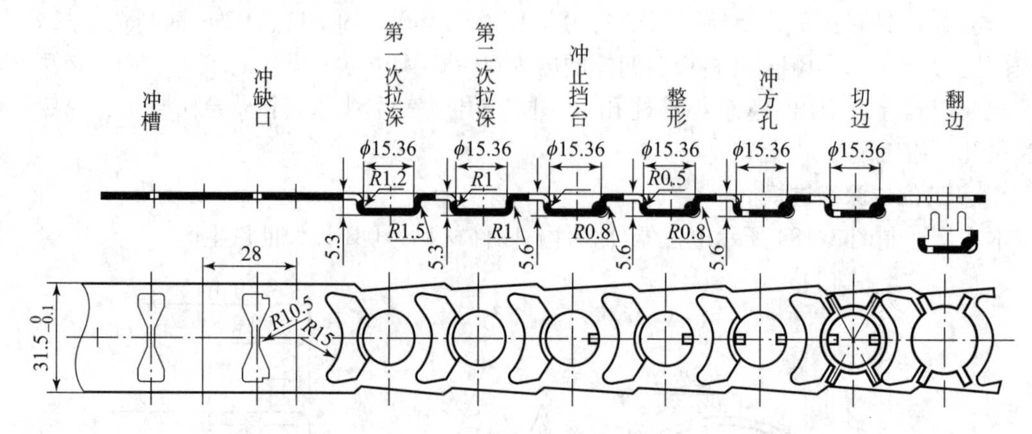

图7－85　电位器外壳排样图

表7－4　带料连续拉深的分类及应用范围

分类	应用范围	特点
无工艺切口 带料连续拉深模	$\frac{t}{D}\times 100>1$ $\frac{d_f}{d}=1.1\sim1.5$ $\frac{h}{d}\leqslant 1$①	1. 用这种方法拉深时，相邻两个拉深件之间互相影响，使得材料在纵向流动困难，主要靠材料的伸长； 2. 拉深系数比单工序大，拉深工步数增加； 3. 节省材料
有工艺切口 带料连续拉深	$\frac{t}{D}\times 100<1$ $\frac{d_f}{d}=1.3\sim1.8$ $\frac{h}{d}>1$	1. 有了工艺切口，类似于有凸缘零件的单个拉深，但由于相邻两个拉深件间仍有部分材料相连，因此变形比单个带凸缘零件稍困难些； 2. 拉深系数略大于单个零件的拉深； 3. 费料
注：t为材料厚度；d为零件直径；d_f为零件凸缘直径；D为包括修边余量的坯料直径；h为零件高度；①表示对于塑性好的材料$h/d>1$也适用。		

2）模具结构设计

带料连续拉深多工位级进模的设计与其他多工位级进模的设计是有一定区别的。下面是图7－86所示模具的结构特点及设计带料连续拉深模时应注意的问题。

（1）该模具的卸料板（压料板）为一整体结构，卸料板下面开一深0.5 mm、宽34 mm的槽，以免拉深过程中带料被压得太紧。必须指出，冲工艺切口和首次拉深最好单独设压料板，尤其是在需要的压边力较大时。

采用弹压卸料（压料），以对零件凸缘平面起校正作用。各拉深工步均设顶件器，将工件顶出凹模。

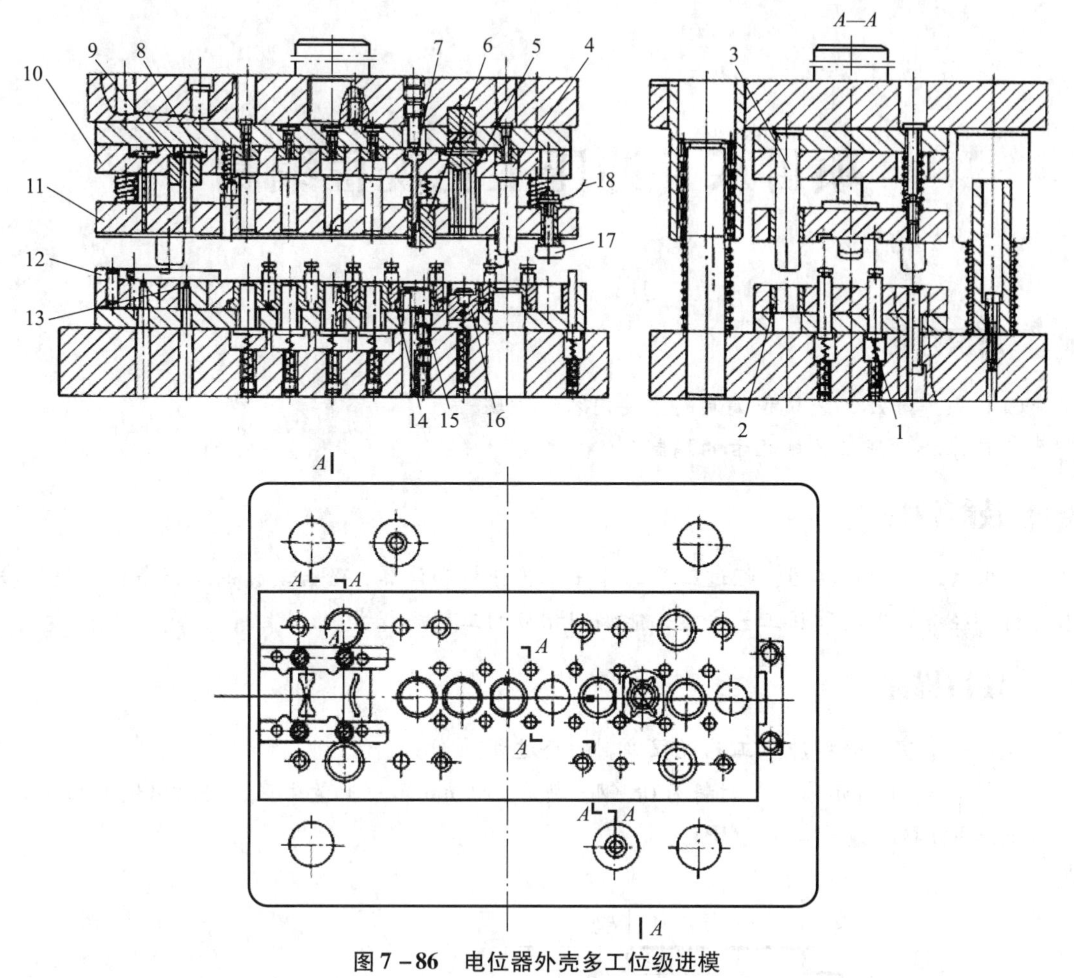

图 7－86　电位器外壳多工位级进模

1—浮动导料销；2—小导套；3—小导柱；4—翻边凸模；5—切边凸模；6—导向套；7—冲小方孔凸模；8—凸模护套；9—冲缺口凸模；10—凸模固定板；11—卸料板；12—侧面导板；13—冲缺口凹模镶块；14—定位圈；15—冲孔凹模；16—顶件块；17—检测导正销；18—导线

（2）带料以导料板和浮动导料销导向，并以浮动导料销辅助抬料与卸料。步距精定位靠导向套 6 和翻边凸模 4 导正。

（3）冲裁凸模与拉深凸模的高度差比拉深工序件高度小些，以便于调节拉深深度。

拉深凸模用螺钉紧固，以便刃磨冲裁凸模时，只要磨削拉深凸模固定端端面，而工作端保持不变。

切边凸模 5 采用高度可调节结构以便控制凸模切入材料的深度，使工件既可分离，又不脱离带料，可靠地带到翻边工位上。

（4）各工步的凹模均为镶块以便维修。必须指出，分离工步与成形工步的凹模最好分开固定，以便修理、刃磨和更换。

（5）凸、凹模尺寸及公差计算方法与普通冲裁和拉深的基本相同，但拉深凸、凹模圆角半径较小。

（6）自动监视与检测采用检测导正销 17，如果带料误送，检测导正销与带料接触，电路接通，使压力机电路断开，立即停机。

项目八　冲压工艺规程编制

知识目标

（1）熟悉冲压工艺规程编制的主要内容和步骤。

（2）掌握冲压工艺规程卡的编制。

技能目标

能根据给定的产品图，经过必要的冲压工艺分析和计算，给合具体的生产条件，提出技术可行、经济合理的冲压工艺方案，能编制相应的工艺规程卡。

项目描述

通过一个实例介绍冲压工艺规程编制的全过程。

冲制图 8－1 所示零件，材料为 08 钢，料厚为 1 mm，中批量生产，要求编制冲压工艺。已知 $\tau_b = 300$ MPa，$\sigma_b = 400$ MPa。

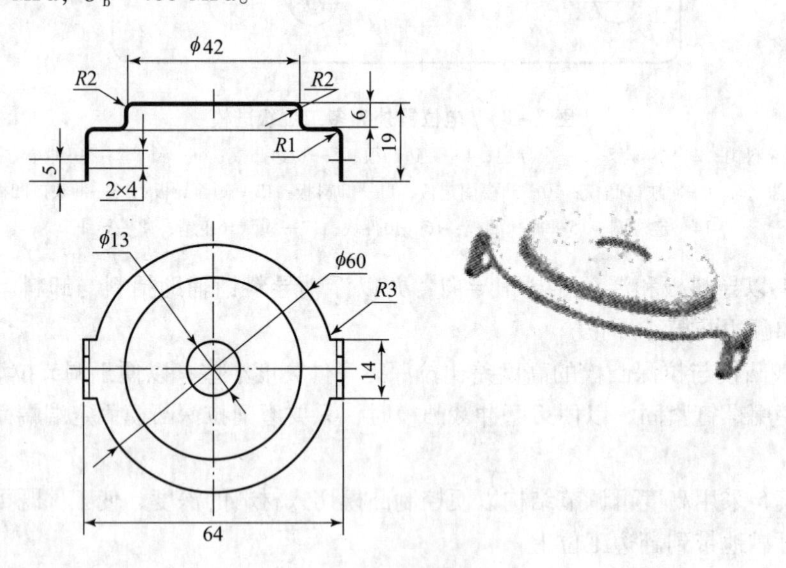

图 8－1　零件图

相关知识

冲压工艺规程是指导冲压件生产过程的工艺技术文件。编制冲压工艺规程通常是针对某一具体的冲压零件，根据其结构特点、尺寸精度要求以及生产批量，按照现有生产设备和生产能力，拟定出最为经济合理、技术上切实可行的生产工艺方案。方案包括模具结构形式、使用设备、检验要求、工艺定额等内容。

为了能编制出合理的冲压工艺规程，不仅要求工艺设计人员本身具备丰富的冲压工艺设计知识和冲压实践经验，而且要在实际工作中，与产品设计、模具设计人员以及模具制造、冲压生产人员密切配合，及时采用先进经验和合理建议，将其融会贯穿到工艺规程的编制中。

冲压工艺规程一经确定，就以正式的冲压工艺文件形式固定下来。冲压工艺文件指冲压工艺过程卡片，是模具设计以及指导冲压生产工艺过程的依据。冲压工艺规程的编制，对于提高生产效率和产品质量，降低损耗和成本，以及保证安全生产等具有重要意义。冲压工艺规程的制定主要有以下步骤。

一、零件图分析

1. 冲压工艺性分析

冲压件的工艺性是指冲压件对冲压工艺的适应性，即设计的冲压件在结构、形状、尺寸及公差以及尺寸基准等各方面是否符合冲压加工的工艺要求。冲压件的工艺性好坏，直接影响到冲压加工的难易程度。工艺性差的冲压件，材料损耗和废品率会大大增加，甚至无法设计出合理的模具，无法生产出合格的产品。

根据产品的零件图，分析研究冲压件的形状特点、尺寸大小、精度要求以及所用材料的机械性能、冲压成形性能、使用性能和对冲压加工难易程度的影响；分析产生回弹、畸变、翘曲、歪扭、偏移等质量问题的可能性。特别要注意零件的极限尺寸（如最小孔间距和孔边距、窄槽的最小宽度、冲孔最小尺寸、最小弯曲半径、最小拉深圆角半径）以及尺寸公差、设计基准等是否适合冲压工艺的要求。若发现冲压件的工艺性很差，则应与产品的设计人员进行协商，提出建议。在不影响产品使用要求的前提下，对产品图纸作出适合冲压工艺性的修改。

2. 加工经济性分析

零件的冲压工艺性好，就意味着可以用常规的工艺方法，高效地冲压加工出质量稳定的零件。显然，工艺性好，冲压加工的经济性也好。零件展开坯料的平面轮廓形状直接影响材料的利用率，对于大批量生产的冲压件而言，这是影响冲压加工经济性的一个重要因素。此外，零件的生产批量对冲压加工的经济性起着决定性的作用。必须根据零件的生产批量和质量要求，确定是否采用冲压加工，以及用哪种冲压工艺方法加工。

3. 零件图修改的必要性与可能性

对于冲压工艺性不好的零件，可会同产品设计人员，在保证产品使用要求的前提下，对零件的形状、尺寸、精度要求及原材料进行必要的修改。图 8－2 所示为针对零件的冲压工艺性进行结构修改的实例。

事实上，零件结构的优化，对改善其冲压工艺性、节约原材料、增强零件的使用功能、简化零件生产的总体工艺过程、提高经济效益都具有十分重要的意义。

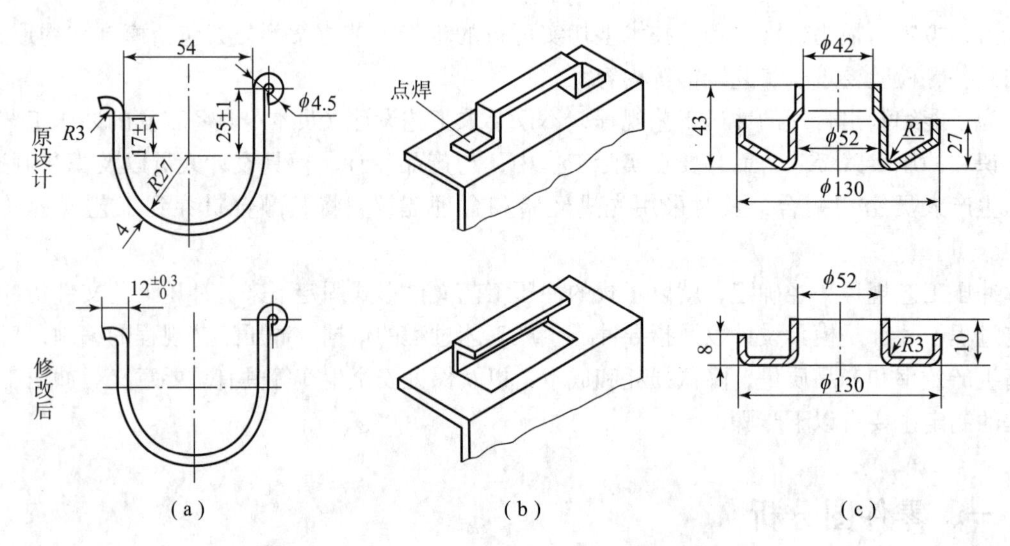

图 8－2　冲压件的结构工艺性改善实例

二、确定冲压件生产的工艺方案

在分析零件图的基础上，根据生产批量的要求，结合实际生产条件，确定最佳的生产工艺方案。

1. 冲压基本工序的性质

生产中有不少冲压件，可以根据其形状特征，直观地判断出所需的工序性质。例如，图 8－3 所示平板零件所需的基本工序有落料、冲孔；图 8－4 所示为弯曲件，所需的基本工序有落料、冲孔、弯曲；图 8－5 所示为拉深零件，所需的基本工序有落料、拉深、切边。

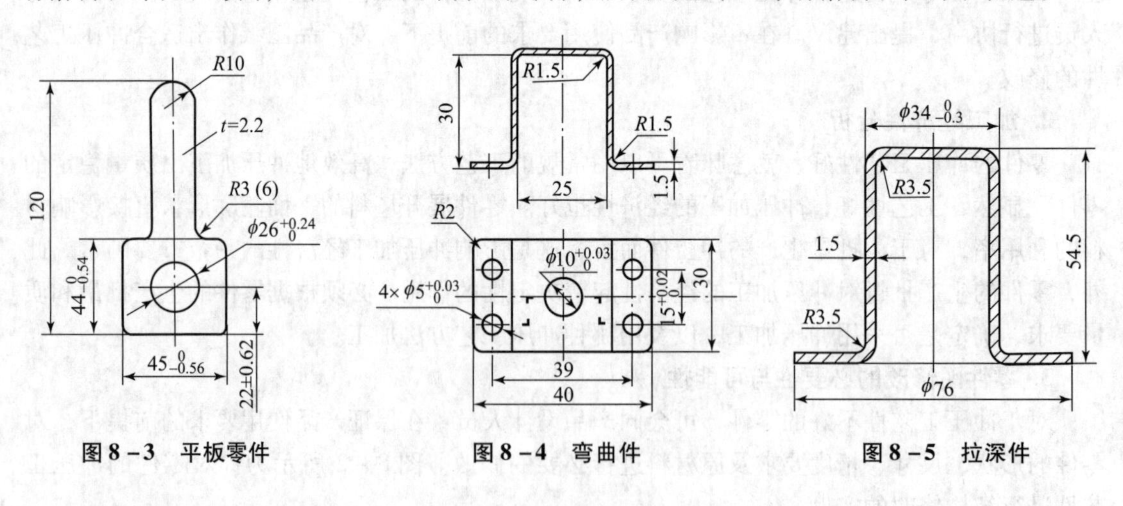

图 8－3　平板零件　　**图 8－4　弯曲件**　　**图 8－5　拉深件**

但在某些情况下，需要对工件图进行计算、分析比较后才能确定其工序性质。图 8－6（a）和（b）所示分别为油封内夹圈和油封外夹圈，两个冲压件的形状类似，但高度不同，分别为 8.5 mm 和 13.5 mm。经计算分析，油封内夹圈翻边系数为 0.83，可以采用落料、冲孔复合和翻边两道冲压工序完成。若油封外夹圈也采用同样的冲压工序，则因翻边高度较大，翻边系数超出了圆孔翻边系数的允许值，一次翻边成形难以保证工件质量。因此考虑改用落料、拉深、冲孔和翻边 4 道工序，利用拉深工序弥补一部分翻边高度的不足。

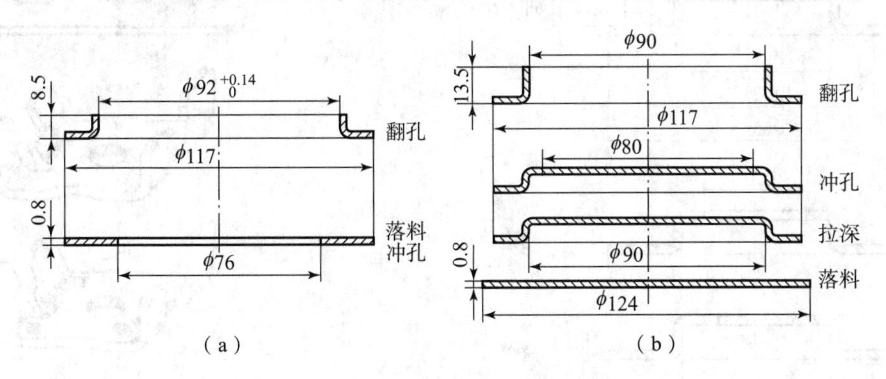

图 8－6　油封内夹圈、外夹圈的冲压工艺过程

（a）油封内夹圈；（b）油封外夹圈

2. 工序的数量

成形工序的数量可根据零件的形状、尺寸及相应的成形极限值进行计算确定。图 8－4 所示的弯曲件一般用两道弯曲工序成形，图 8－5 所示的拉深件需要经过四道拉深工序得到。当零件一次成形的变形程度接近成形极限时，有必要改为两道成形，以保证工序的工艺稳定性，避免导致高的废品率。因为在接近极限变形程度的情况下成形，冲压加工条件的微小变化（包括材料厚度及力学性能的波动、模具制造误差、定位可靠性、设备精度、润滑条件的变化等）都将可能引起坯料的变形力超过其承载极限，导致工艺失效。图 8－6（a）所示内夹圈的翻孔系数为 0.83，且 $d/D=92/117=0.79$，极限翻孔系数是 0.74（球头凸模），满足一次翻孔要求，所以落料、冲孔、翻边三道基本工序可行。图 8－6（b）所示的外夹圈按平板预冲孔后翻孔，则其翻孔系数为 0.68，小于极限翻孔系数 0.70（球头凸模），不能满足要求，冲压时将会出现翻边口部拉裂的问题，所以落料、冲孔、翻边三道基本工序不能满足该零件的成形需要。宜改为在拉深件底部冲孔后再翻孔的工艺方法来保证零件的直壁高度，因此油封外夹圈的冲压工艺过程应如图 8－6（b）所示包括落料、拉深、冲孔、翻孔，比内夹圈多了一道拉深工序。这时翻孔系数 $d_o/D=80/90=0.89$，拉深系数 $d/D=90/117=0.78$。

图 8－7 所示零件的材料为 08 钢，板料厚度为 0.8 mm。直观判断可用落料、拉深、冲孔、切边基本工序完成。计算得落料直径应为 $\phi81$ mm，拉深系数为 $33/81=0.4$，小于极限拉深系数（0.44），用拉深必须两道才能成形。实际生产中采用了图 8－6 所示的工艺过程，即增加了一个冲 $\phi10.8$ mm 的预冲孔。该方案不仅省去了一道拉深工序，而且坯料直径减小，节约了原材料。预冲孔 $\phi10.8$ mm 不是零件结构的需要，属工艺孔；$\phi10.8$ mm 孔改变了坯料的变形趋向，减轻了坯料外环区的拉深变形量，所以也称为“变形减轻孔”。

在多工序冲压时，为了保证各道工序间采用同一定位基准，满足冲件的精度要求，也可在许可的部位上冲制定位用的工艺孔。

对于精度、断面质量要求较高的平板零件，可根据具体情况考虑采用校平工序、整修工序或精冲工艺；对于精度要求高及圆角半径太小的成形件，可考虑安排整形工序。

对于不对称的成形零件，为了改善其冲压工艺性，可用成对冲压，变不对称为对称，成形后再切断或剖切为单件，如图 8－8 所示。

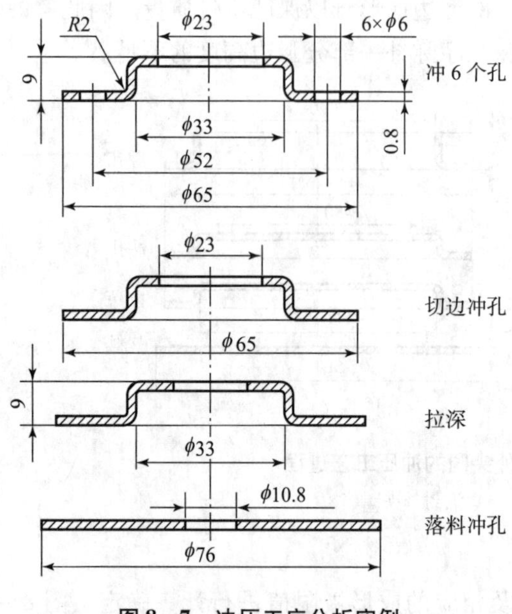

图8－7 冲压工序分析实例

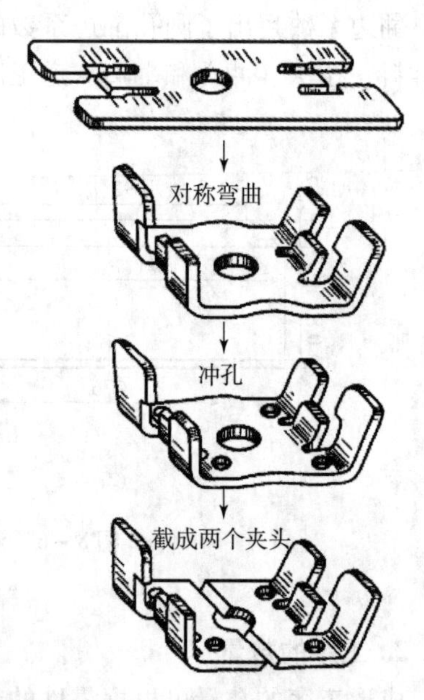

图8－8 成对冲压设计实例

为了保证冲压工艺过程的顺利进行，提高冲压件的尺寸精度和表面质量，提高模具的使用寿命，以及完成冲压件的连接组合，一个完整的冲压工艺规程中往往还包含一些非冲压的辅助工序，如备料、切削加工、焊接、铆合、去毛刺、清理（酸洗）、表面处理（润滑）、坯料或工序件的热处理、检验等。可根据具体的需要，将这些辅助工序穿插安排在冲压基本工序之间或前后。

3. 冲压工序组合和顺序

在确定了各道加工工序后，还要根据生产批量、尺寸大小、精度要求、工序的性质与冲压变形的规律，以及模具制造水平、设备能力、冲压操作方便性等多种因素，将工序进行必要而可能的组合和先后顺序的安排。可参照以下几点进行考虑：

（1）所有的孔，只要其形状、尺寸及位置不受后续工序变形的影响，均应优先安排在平板坯料上冲出。

如图8－4所示的弯曲件，$\phi10^{+0.03}_{0}$ mm孔位于弯曲变形区之外，因而可以在弯曲工序之前冲出。四个$\phi5^{+0.03}_{0}$ mm的孔及其孔心距39 mm会受到弯曲工序变形的影响，不宜在弯曲前冲出，而应在弯曲工序之后冲出。

如图8－9所示的锁圈，材料为黄铜，厚度为0.3 mm，其内径$\phi22^{\ 0}_{-0.1}$ mm是配合尺寸，如果先在平板上冲出，成形后无法保证精度要求，因而采用落料、成形、冲孔三道工序。

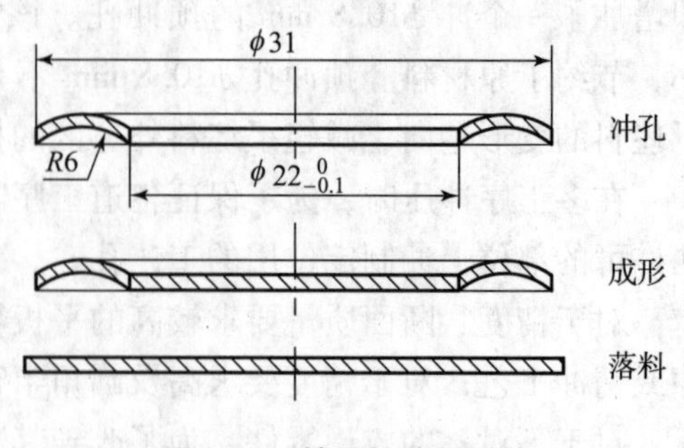

图8－9 锁圈的冲压工艺

（2）多工序弯曲件，可按照前面有关项目中弯曲件工序安排的原则进行安排。

（3）多工序拉深件，按照工艺计算来确定工序的数量。对于形状复杂的拉深件，一般应先成形内部形状，后成形外部形状。

（4）整形、校平工序应安排在基本成形工序之后。

（5）冲压的辅助工序，可根据冲压基本工序的需要、零件技术要求等具体情况，穿插安排在冲压基本工序之间进行。

（6）下列情况下有必要考虑工序组合：大批量生产的产品需提高生产率；生产任务needs需减少场地与机台的占用时间；零件尺寸小需避免操作不便、保障安全；零件形位精度要求高需避免不同模具定位误差的影响；工序组合后综合经济效益有提高等。

（7）工序组合可能性考虑：是否满足冲压工艺性与变形规律的要求，如图 8－7 所示零件的 6 个 ϕ6 mm 的孔不能和拉深工序复合冲；模具强度是否足够，如落料冲孔、落料拉深、冲孔翻孔等复合模的凸凹模壁厚都取决于冲件的尺寸，孔边距太小的环形件、竖边高度太低的翻孔件都不适合用复合冲压；压力机的压力与装模空间是否够用；模具制造和维护的能力是否具备。

（8）工序组合方案还要考虑定位操作是否方便。如图 8－10 所示的冲裁件，有两种冲裁工艺方案：方案一定位较复杂，操作不方便，效率低而且不安全；而采用方案二，先冲大圆孔，再以圆孔定位冲槽和三个小孔，则定位简单可靠，操作方便，效率高。

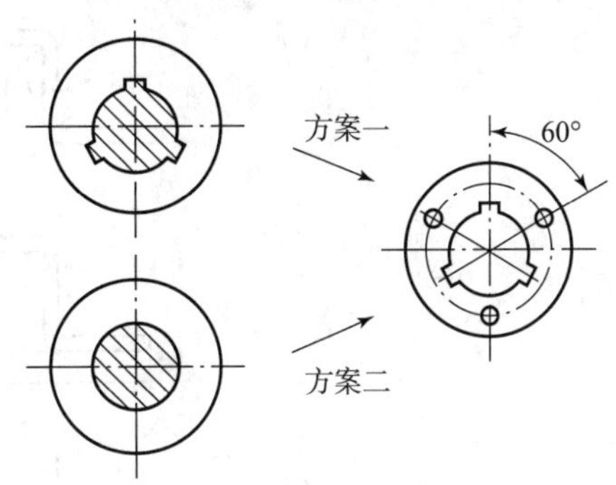

图 8－10　冲裁工艺方案

经过工序的组合与顺序安排，就形成了工艺方案。可行的工艺方案可能有几个，必须从技术经济的角度对它们各自的优缺点进行客观的分析，从中确定一个符合现有生产条件的最佳方案。

4. 各冲压工序的半成品形状和尺寸

对于形状复杂、需要多道成形工序的冲压件，其成形过程中得到的半成品都可以分成两部分：已成形部分，它的形状和尺寸与成品零件相同；有待继续成形部分，它的形状和尺寸与成品不同，是过渡性的。虽然过渡性部分在冲压加工完成后就完全消失了，但是它对每道冲压工序的成败和冲压件质量有极大的影响，必须根据具体情况认真加以确定。

（1）当变形程度超过极限变形参数需多次成形时，应依据具体的工艺计算来确定半成品的尺寸，如拉深、缩口、胀形、翻孔、旋压、挤压等工艺都有这种情况。

（2）当中间工序存在两个以上相互独立、互不影响的变形区时，各变形区的形状和尺寸必须保证变形前后材料体积不变。例如图 8－10 所示出气阀罩盖的冲压工艺过程，第二道拉深后便形成了零件 ϕ16. 5 mm 的圆筒形部分，在以后的各道工序中不再变形。被圆筒形部分隔开的内、外两部分待变形区的表面积，应足够满足以后各道工序里形成零件相应部分的需要，不能从其他部分补充金属，但也不能过剩。

（3）半成品的待变形部分的形状应有利于它在后续工序中形成预期的变形区。在如图 8－11 所示的工艺中，将第二道工序所得半成品的底部做成球面形状，这样在第三道工序成形时，球形区可以在较小的变形力下进入拉深变形状态，成形出 ϕ5. 8 mm 的凹坑。如果做成平底的形状，要形成拉深变形趋向，势必要使 ϕ16. 5 mm 的筒壁也进入变形，则拉深系数为 $m=5.8/16.5=0.35$，大于极限拉深系数，因此压凹坑时只能产生局部胀形，这将可能导致后续翻孔开裂或壁厚过小。

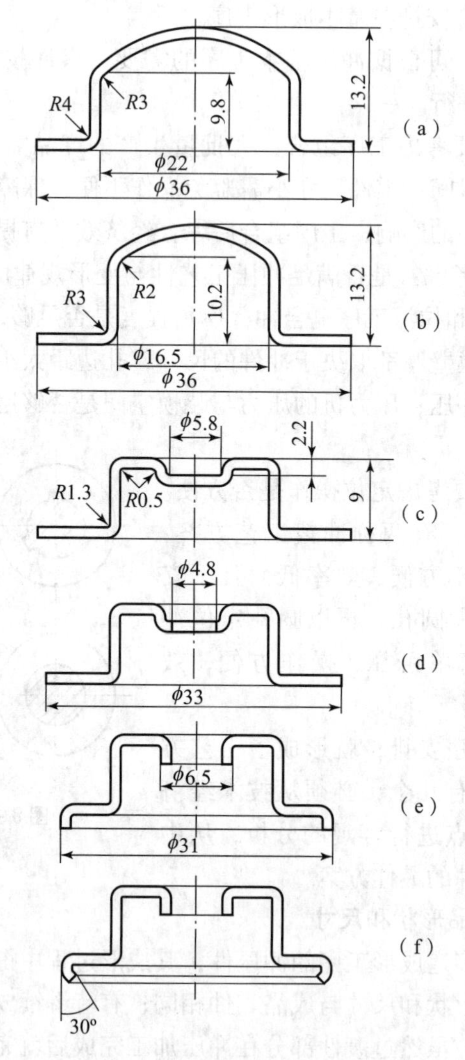

图 8-11 出气阀罩的冲压工艺过程

(a) 落料拉深；(b) 二次拉深；(c) 成形；(d) 冲孔切边；(e) 拉深翻孔；(f) 缩口

在确定盒形件、曲面零件等拉深件的半成品时，均应认真处理过渡部分的形状和尺寸(包括圆角和圆锥角等)。

(4) 工序件的形状和尺寸必须考虑成形后零件表面的质量，有时工序件的尺寸会直接影响到成品零件的表面质量。例如，多次拉深工序件的底部或凸缘处的圆角半径过小，会在成品零件表面留下圆角处的弯曲与变薄的痕迹。如果零件表面质量要求较高，则圆角半径就不应取得太小。板料冲压成形的零件，产生表面质量问题的原因是多方面的，工序件过渡尺寸不合适是其中一个原因，尤其是对形状复杂的零件。

三、确定模具类型及结构形式

冲模的类型与冲压工艺方案是相互对应的，两者都是根据生产批量、零件形状和尺寸、零件质量要求、材料性质和厚度、冲压设备和制模条件、操作因素等确定的。所以冲压工艺方案确定后，冲模的类型基本上也随之确定了。模具类型首先取决于生产批量，零件形状、尺寸、质量要求也是确定模具类型的重要依据。复合模可以冲尺寸较大的零件，但材料厚度、孔心距、孔边距有一定限制；级进模适用于冲小型零件，尤其是形状复杂的异形件，但级进模轮廓尺寸受压力机台面尺寸的限制；单工序模不受零件尺寸和板厚的限制。复合模冲压比单工序模具冲压的冲件质量好；而级进模的冲压件质量一般介于单工序模与复合模之间。

模具类型确定后，还要确定模具的具体结构形式。主要包括送料与定位方式的确定，卸料与出件方式的确定，工作零件的结构及其固定方式的确定，模具精度及导向形式的确定等。对于复杂的弯曲模及其他需要改变冲压力方向和工作零件运动方向的模具，还要确定传力和运动的机构。

冲模的结构形式很多，设计中要将各种结构形式的特点及适用场合与所设计的工艺方案及模具类型的实际情况做全面的比较分析，选用最合适的结构形式，并有针对性地进行必要的改进和创新，尽量设计出最佳的结构方案。必须注意的是，在满足质量与工艺要求的前提下，模具结构设计中应该充分注意其维护、操作方便与安全性。

四、选用冲压设备

1. 设备类型的选择

设备类型选择的主要依据是所完成的冲压工序性质、生产批量、冲压件的尺寸及精度要求、现有设备条件等。

中、小型冲压件主要选用开式单柱（或双柱）机械压力机，大、中型冲压件多选用双柱闭式机械压力机。根据冲压工序可分别选用通用压力机、专用压力机（挤压压力机、精压机、双动拉深压力机等）；大批量生产时，可选用高速压力机或多工位自动压力机；小批量生产，尤其是大型厚板零件的成形时，可采用液压机。

摩擦压力机结构简单，造价低，在冲压时不会因为板料厚度波动等原因而引起设备或模具的损坏，因而在小批量生产中常用于弯曲、成形、校平、整形等工序。

对于薄板冲裁、精密冲裁，应注意选择刚度和精度高的压力机。对于挤压、整形等工序，应选择刚度好的压力机，以提高冲压件尺寸精度。

2. 设备技术参数的确定

选择压力机技术参数的主要依据是冲压件尺寸、变形力大小及模具尺寸，并应进行必要的校核。

对于压力机公称压力的确定，前面有关项目已有叙述，要特别注意冲压工作行程大时对压力机许用负荷的校核。压力机的行程必须保证成形坯料能够放入、成形零件能够取出。

五、冲压工艺文件的编写

冲压的工艺文件一般是工艺过程卡的形式表示，在冲压件的批量生产中，冲压工艺过程卡是指导生产正常进行的重要技术文件，是生产的组织管理、调度、工序间协调以及工时核算的重要依据。图 8 - 12 所示为冲压工艺过程卡片的一种基本格式，可供参考。

<table>
<tr><td rowspan="2">（单位名称）</td><td rowspan="2">冲压工艺卡</td><td>产品型号</td><td colspan="2"></td><td>零件图号</td><td colspan="2"></td><td>共　页</td></tr>
<tr><td>产品名称</td><td colspan="2"></td><td>零件名称</td><td colspan="2"></td><td>第　页</td></tr>
<tr><td>材料</td><td>材料技术要求</td><td>毛坯尺寸</td><td colspan="3">每毛坯可制件数</td><td colspan="2">毛坯质量</td><td>辅料</td></tr>
<tr><td></td><td></td><td></td><td colspan="3"></td><td colspan="2"></td><td></td></tr>
</table>

序号	工序名称	工序内容	加工简图	设备	模具	工时

图 8－12　冲压工艺过程卡片

对一些重要的冲压件工艺制定和模具设计，应编写设计计算说明书，以供审阅和备查。设计计算说明书应简明而全面地记录如下内容：冲压工艺性分析及结论，毛坯展开尺寸计算，排样方式及其经济性分析，工艺方案的分析比较和确认，工序性质和冲压次数的确定，半成品形状与尺寸的计算，模具类型与结构形式的分析，模具主要零件材料的选择、技术要求及强度校核，凸、凹模工作部分尺寸与公差的确定，冲压力的计算与压力中心的确定，选择冲压设备的依据与结论，弹性元件的选择计算等。必要时，说明书中可插图表达。

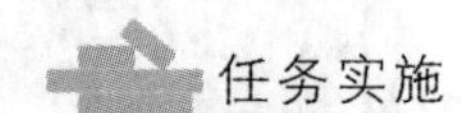
任务实施

1. 工艺性分析

此零件使用的材料为08 钢，是常用的冲压用材料，具有较好的冲压成形性能。

零件结构对称，最小孔径为4 mm，最小孔边距为3 mm，ϕ4 mm 孔离弯曲变形区的最小距离为4 mm，均满足最小值的要求，故冲压工艺性良好。

拉深部分内圆角半径 2 mm，为 2 倍料厚，可以直接拉出；弯曲部分内圆角半径为1 mm，大于最小弯曲半径 0.2 mm，可以直接弯成，故该产品的拉深工艺性与弯曲工艺性均良好。

所有尺寸为未注公差，普通冲压即可满足精度要求。

综合以上几方面的分析，可以认为该零件的冲压工艺性良好，适合冲压成形。

2. 工艺方案的确定

1）毛坯展开尺寸的计算

经过上述分析，冲制该零件需要的基本工序是：落料、拉深、切边、冲孔、弯曲。根据各工序的变形性质，应首先完成拉深成形，即先拉成凸缘件，经过修边后得到图 8－13 所示的形状，再进行弯曲成形。

因此其毛坯展开尺寸的计算可按下述步骤进行（料厚为 1 mm，所有拉深计算的尺寸均以中线尺寸代入公式）：

（1）将弯曲部分展开。由 $r/t=1/1=1$，查表 4－3 得应变中性层系数 $x=0.32$，则有

$$L = 19 - 6 - 1 - 1 + (1 + 0.32 \times 1) \times \pi/2 = 13.07\ (\mathrm{mm})$$

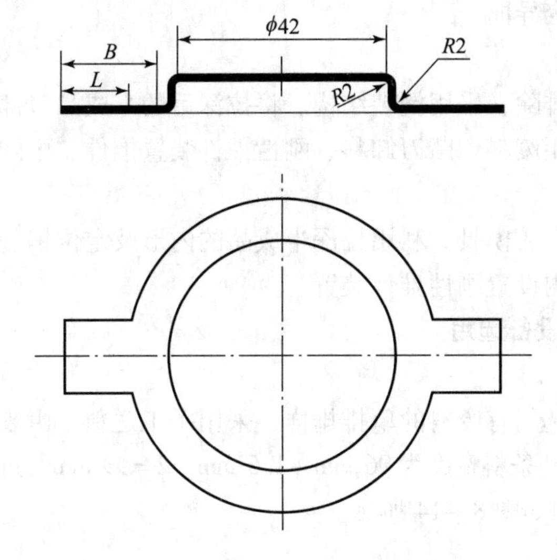

图 8-13　零件展开并修边后的形状

（2）确定拉深凸缘直径 d_f。

$$d_f = 64 + 13.07 \times 2 - (1 + 1) \times 2 = 86.14\ (\text{mm})$$

则由 $d_f/d = 86.14/43 = 2$ 和 $d_f = 86.14$ mm，查表 5-6 得修边余量 $\Delta d_f = 3$ mm。

（3）计算展开毛坯尺寸 D。由式（5-17）得

$$D = \sqrt{d_f^2 + 4dh - 3.44dr}$$

$$= \sqrt{(86.14^2 + 2 \times 3)^2 + 4 \times (42 + 1) \times 6 - 3.44 \times (42 + 1) \times 2} = 96\ (\text{mm})$$

2）判断能否一次拉成

由 $t/D \times 100 = 1/96 \times 100 = 1.04$，$h/d = 6/(42+1) = 0.14$，并假设 $d_f/\text{d} = 1.4$，由表 5-8 查得 $[h_1/d_1] = 0.50 \sim 0.63$ 可知，该零件只需一次即可拉成。

3）确定工艺方案

根据基本工序的不同组合，生产该零件的方案有如下三种：

（1）单工序冲压，即落料—拉深—冲孔—修边—弯曲。

（2）复合冲压，即落料拉深复合—冲孔修边复合—弯曲。

（3）级进冲压。

考虑为中批量生产，这里选用方案（2）。

3. 模具结构形式的确定

1）首次落料拉深复合模

由于相对料厚 1.04 不满足式（5-1）的要求，因此拉深需采用压边圈防皱。本副模具采用：

①正装结构。

②导料板导料，固定挡料销挡料。

③刚性互料板卸料。

④刚性推件装置推件。

⑤由压边装置兼做顶件装置在拉深结束后进行顶件。

⑥中间滑动导柱导套导向。

2）冲孔修边复合模

为便于冲孔废料的排除，采用倒装结构。将拉深后的半成品口部朝下，利用其内形扣在凸凹模上进行定位；采用废料切断刀卸料、刚性推件装置推件、中间滑动导柱导套导向。

3）弯曲模

采用向下弯曲的敞开式模具，利用拉深半成品的内形及定位销进行定位，弯曲凸模内设置顶件装置，弯曲凹模内设置刚性推件装置。

4. 工艺计算及冲压设备选用

1）排样设计

因为是圆形毛坯，选用有废料的单排排样，采用手工送料。由表 3－14 查得搭边和侧搭边均为 1.5 mm，于是得到条料宽度为 96 mm＋1.5 mm×2＝99 mm，进距为 96 mm＋1.5 mm＝97.5 mm。设计的排样图如图 8－14 所示。

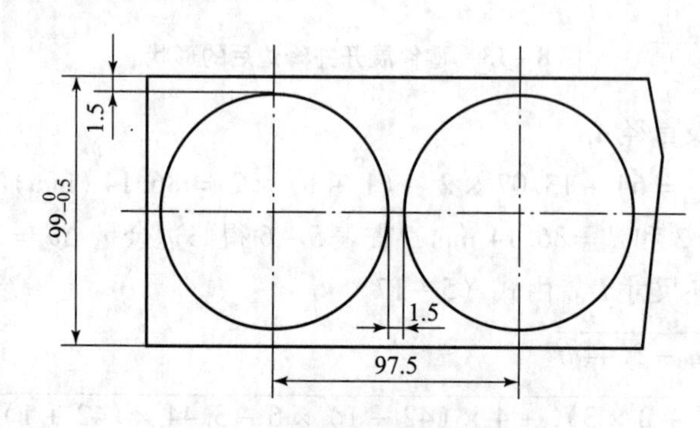

图 8－14　排样图

选择 1 490 mm×2 050 mm 的板料规格，并采用纵向裁法裁板，可裁宽度为 99 mm 的条料 15 条，每条条料可冲出圆形毛坯 21 个，则总的材料利用率为

$$\eta=\frac{NA}{LB}\times100\%=\frac{15\times21\times\pi\times48^2}{1\ 490\times1\ 950}\times100\%=74.6\%$$

2）工艺力的计算

（1）第一道工序落料拉深复合。

由于卸料力由刚性卸料装置提供，推件力由刚性推件装置提供，在选择设备吨位时无须考虑，故这里只需计算落料力、拉深力和压边力。

落料力：$F_{落}=KLt\tau=1.3\times\pi\times96\times1\times300\ \text{N}=117.56\ \text{kN}$。

拉深力：$F_{拉}=K_pL_st\sigma_b=0.8\times\pi\times43\times1\times400\ \text{N}=43.21\ \text{kN}$。

压边力：$Q=Aq=\pi[48^2-(22+2)^2]\times400/150\ \text{N}=14.47\ \text{kN}$。

由于本次拉深为浅拉深，这里选用单动压力机拉深，其设备的公称压力按：$\sum F\leqslant(0.7\sim0.8)F_{机}$选用。即

$$F_{机}\geqslant\frac{F_{落}+F_{拉}+Q}{0.7\sim0.8}=\frac{117.56+43.21+14.47}{0.7\sim0.8}\ \text{kN}=250\sim219\ \text{kN}$$

可初选设备为 250 kN 的开式曲柄压力机 JB23－25。

所选设备的主要参数为：

①公称压力：250 kN。

②最大闭合高度：230 mm。

③闭合高度调节量：50 mm。

④喉深：210 mm。

⑤工作台板尺寸：700 mm×400 mm。

⑥工作台孔尺寸：250 mm×170 mm（或 ϕ210 mm）。

⑦滑块模柄孔尺寸：ϕ40 mm。

（2）第二道工序修边冲孔复合。该工序需要的冲压工艺力有修边力、冲孔力、卸料力和推件力。其中推件力由刚性推件装置提供，卸料由废料切断刀完成，因此计算总压力时只需考虑修边力和冲孔力。

修边力：$F_{修}=KLtT=1.3\times240.5\times1\times300\ \text{N}=93.795\ \text{kN}$。

冲孔力：$F_{冲}=KLt\tau=1.3\times(2\times4\pi+13\pi)\times4\times1\times300\ \text{N}=25.72\ \text{kN}$。

则总的冲压力为

$$F_{总}=F_{修}+F_{冲}=93.75\ \text{kN}+25.72\ \text{kN}=119.52\ \text{kN}$$

据此可初选 160 kN 时的开式曲柄压力机 JB23－16，所选设备的主要参数为：

①公称压力：160 kN。

②最大装模高度：180 mm。

③装模高度调节量：45 mm。

④喉深：190 mm。

⑤工作台板尺才：500 mm×335 mm。

⑥工作台孔尺寸：220 mm×140 mm（或 ϕ180 mm）。

⑦滑块模柄孔尺寸：ϕ40 mm。

3）第三道工序弯曲

该工序需要弯曲力、顶件力和推件力。其中推件力由刚性推件装置置提供，不需要计入总的冲压力中，因此只需计算弯曲力和顶件力。由于产品没有精度要求，这里选用自由弯曲的方式。

弯曲力：$F_{弯}=bt^2\sigma_b/(r+t)=14\times1^2\times400/(1+1)\ \text{N}=2.8\ \text{kN}$。

顶件力：$F_{顶}=C_DF_{弯}=0.2\times2.8\ \text{kN}=0.56\ \text{kN}$。

总的冲压力为 $F_{总}=F_{弯}+F_{顶}=2.8\ \text{kN}+0.56\ \text{kN}=3.36\ \text{kN}$。

则可初选设备 JB23－4，设备主要参数为：

①公称压力：40 kN。

②最大装模高度：135 mm。

③装模高度调节量：32 mm。

④喉深：135 mm。

⑤工作台板尺寸：350 mm×250 mm。

⑥工作台孔尺寸：130 mm×90 mm（或 ϕ100 mm）。

⑦滑块模柄孔尺寸：ϕ30 mm。

5. 工艺规程编制

上述工艺设计完成后，即可编制该零件的冲压工艺过程卡，如表 8－1 所示。

表 8－1　冲压工艺过程卡

（单位名称）	冲压工艺卡	产品型号		零件图号		共　页
		产品名称		零件名称		第　页
材料	材料技术要求	毛坯尺寸		每毛坯可制件数	毛坯质量	辅料
08		1 490 mm × 1 950 mm				

序号	工序名称	工序内容	加工简图	设备	模具	工时
1	落料 拉深	落料： ϕ96 mm 并拉深成形	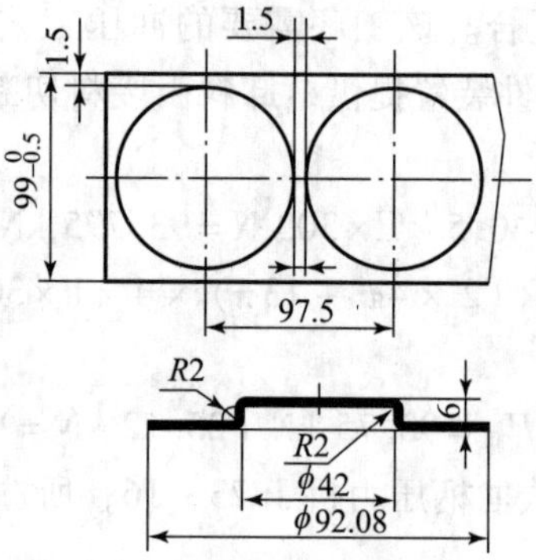	JB23－25	落料拉深 复合模	
2	切边 冲孔	冲 2 个 ϕ4 mm 孔和 ϕ13 mm 底孔并修出凸缘	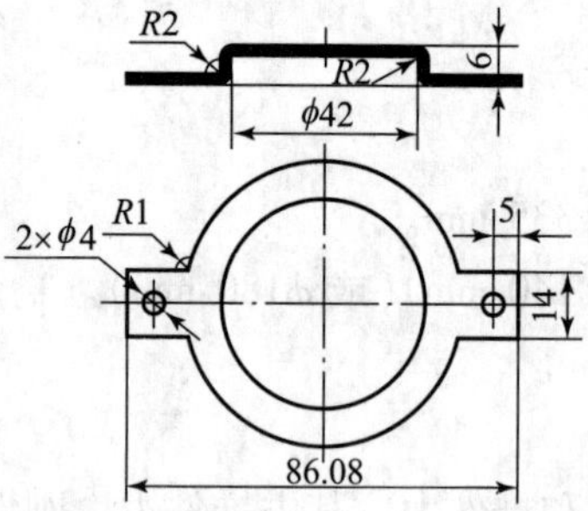	JB23－16	切边冲孔 复合模	
3	弯曲	弯向两边凸缘	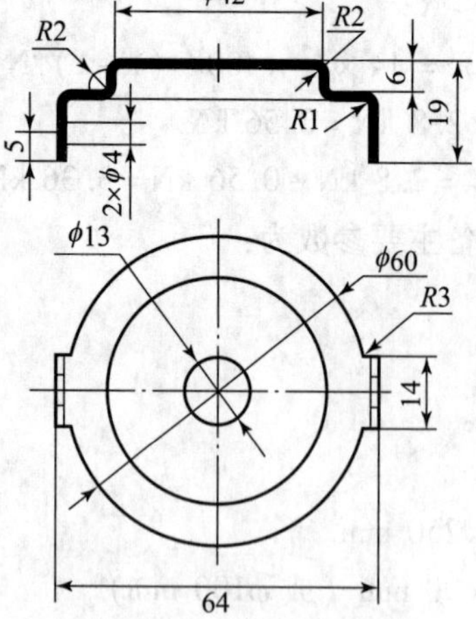	JB23－4	弯曲模	

参考文献

[1] 翁其金，徐新成．冲压工艺与模具设计［M］．北京：机械工业出版社，2012.
[2] 周耀红，王启仲．冷冲压工艺与模具设计［M］．北京：机械工业出版社，2013.
[3] 成虹．冲压工艺与模具设计［M］．北京：高等教育出版社，2014.
[4] 柯旭贵，张荣清．冲压工艺与模具设计［M］．北京：机械工业出版社，2012.
[5] 牟林，胡建华．冲压工艺与模具设计［M］．北京：北京大学出版社，2010.
[6] 冲模设计手册编写组．冲模设计手册［M］．北京：机械工业出版社，2004.
[7] 杨玉英．实用冲压工艺及模具设计手册［M］．北京：机械工业出版社，2005.
[8] 王孝培．冲压手册［M］．北京：机械工业出版社，2004.
[9] 梁炳文．冷冲压工艺手册［M］．北京：北京航空航天大学出版社，2004.
[10] 张荣清．模具设计与制造［M］．北京：高等教育出版社，2008.
[11] 贾俐俐．冲压工艺与模具设计［M］．北京：人民邮电出版社，2008.
[12] 张正修．多工位连续冲压技术及应用［M］．北京：机械工业出版社，2010.
[13] 肖祥芷，王孝培．中国模具设计大典［M］．南昌：江西科学技术出版社，2003.
[14] 模具实用技术丛书编委会．冲模设计应用实例［M］．北京：机械工业出版社，1999.